中国海洋能近海重点区资源特性与评估分析

罗续业　夏登文　主编

海洋出版社

2017年·北京

图书在版编目(CIP)数据

中国海洋能近海重点区资源特性与评估分析 / 罗续业，夏登文主编. —北京：海洋出版社，2015.2

ISBN 978-7-5027-9048-6

Ⅰ. ①中… Ⅱ. ①罗… ②夏… Ⅲ. ①近海 – 海洋动力资源 – 再生能源 – 研究 – 中国 Ⅳ. ①P7

中国版本图书馆CIP数据核字(2014)第301377号

责任编辑：苏 勤 王 溪

责任印制：赵麟苏

海洋出版社 出版发行

http://www.oceanpress.com.cn

北京市海淀区大慧寺路 8 号　　邮编：100081

北京画中画印刷有限公司印刷　　新华书店经销

2017 年 11 月第 1 版　2017 年 11 月北京第 1 次印刷

开本：889 mm × 1194 mm　1 / 16　印张：18.25

字数：420 千字　　定价：160.00 元

发行部：010-62132549　邮购部：010-68038093　总编室：010-62114335

海洋版图书印、装错误可随时退换

编写人员名单

主　　编： 罗续业　夏登文

副 主 编： 汪小勇　武　贺

编写人员： 武　贺　汪小勇　姜　波　徐辉奋　丁　杰
刘富铀　张　松　周庆伟　杜　敏　白　杨
孟　洁　张　榕　侯二虎　石　勇　孙墨寒
吴伦宇　于华明　侯　放　陈金瑞　江兴杰
杨永增　华　锋　叶　钦　杨忠良　施伟勇
张　军　贾　村

参编单位： 国家海洋技术中心
国家海洋局第一海洋研究所
国家海洋局第二海洋研究所
国家海洋局第三海洋研究所
中国海洋大学

统　　稿： 白　杨　武　贺

校　　对： 张　榕　孟　洁

审　　核： 夏登文　汪小勇

序

海洋能是指利用海洋运动过程生产出来的能源，主要包括潮汐能、潮流能、波浪能、温差能和盐差能等，其大规模的开发可以有效地补充逐渐紧张的能源需求，还可为边远海岛提供重要的能源供给，是一种重要的战略资源和补充能源。

海洋能资源调查与评估是其有效开发利用的前提条件和基础，准确评估各类海洋能的资源总量，细致刻画其时空分布特征，为海洋能综合测试场、示范工程或试验电站建设提供科学合理的站址区或试验区以及必要的工程设计参数，对于有效保障各类海洋能转化技术的试验研究具有重要实践意义，特别是对于开发利用技术已十分成熟或接近商业化的潮汐能、潮流能和波浪能 3 种可再生能源更显得尤为重要。

鉴于此，本书在 908 专项海洋能调查研究的基础上，针对上述 3 种海洋能资源丰富的浙江省、福建省、山东省和广东省等近海海域，结合海洋能专项“潮汐能和潮流能重点开发利用区资源勘查与选划”和“波浪能重点开发利用区资源勘查与选划”（OE-W01、OE-W02、OE-W03）项目研究成果，总结归纳了当前国际上主流的潮汐能、潮流能、波浪能开发利用技术和资源评估方法，采用“调查分析 + 数值模拟”的评估形式完成了我国潮汐能、潮流能、波浪能重点区域资源分析研究。潮汐能方面，本书重点描述了我国近海潮差较大的浙江省、福建省沿海主要港湾的潮汐能资源状况；潮流能方面，本书重点分析了我国潮流能资源丰富的舟山群岛、渤海海峡、琼州海峡、山东部分海湾口的潮流能资源时空分布特征，通过借鉴国外海洋能资源参数较好地刻画了潮流能大潮、小潮和全年平均状态下的潮流能资源特征，其首次引入的“有效流时”的概念也对准确估算潮流能实际年发电量提供了依据，在此基础上统计计算了 75 道断面的潮流能资源量；波浪能方面，对我国 11 个沿海地区的近海波浪调查数据进行了对比分析，详细描述了上述重点海域的有效波高、平均周期、能流密度、有效波时等重要波浪能资源评估参数，并统计了我国近海离岸 20 km 海域一线上的波浪能蕴藏量。

最后，衷心希望此书能为我国的海洋能开发利用发挥出积极的作用。

前　言

全球气候变化和能源危机的不断加剧，使世界各国都在大力发展可再生能源，海洋能源作为一类重要的可再生能源，具有蕴藏量大、无污染、预测性强（主要指潮汐能和潮流能）等特点，是未来一种重要的补充能源和战略资源。开发利用海洋能也是解决我国沿海和海岛地区能源短缺的一个重要途径。

海洋能的时间和空间分布都很不均匀，在何时何地利用何种海洋能转换设备可以达到充分合理的开采量且不会对局部和大范围的海洋环境产生巨大经济、环境、社会等影响是一个十分复杂的科学问题，因此开展海洋能资源调查与评估、海洋能优先开发利用区的选划等工作具有十分重要的科学和实践意义。

我国较大规模的海洋能资源调查评估工作到目前大致可分为三个阶段。第一阶段，20世纪50年代、70年代和80年代开展了三次海洋能普查工作，由于资金短缺和观测技术水平的限制，评估数据多取自于历史数据，采用的估算方法多为经验公式，评估能源的类型较少，其中前两次的评估要素仅限于潮汐能，第三次包括了潮汐能、潮流能和波浪能等，为我国海洋能资源评估积累了宝贵的资料和研究经验。第二阶段，2003年9月，经国务院批准，我国近海海洋综合调查与评价专项（简称“908专项”）正式启动，该专项中包括了“我国近海海洋可再生能源调查与研究”“海洋可再生能源综合利用前景评价”等海洋能调查评估系列项目，这些项目首次利用实测调查数据评估了潮汐能、潮流能、波浪能、温差能、盐差能和海洋风能等六类可再生能源，初步摸清了我国海洋可再生能源的家底；然而，前期海洋能调查评估项目多为普查性质，调查资料的密度较低、综合考虑因素较少、评估形式和方法较为简单，仍无法满足海洋能规划和建设选址的需要，对海洋能的规模化开发利用形成了瓶颈。第三阶段，2010年，财政部设立了海洋可再生能源专项资金（简称“专项资金”），该专项资金于该年和次年分别支持了“潮汐能和潮流能重点开发利用区资源勘查与选划”“波浪能重点开发利用区资源勘查与选划”（OE-WO1、OE-WO2、OE-WO3）等多个海洋能勘查选划项目，旨在908专项海洋可再生能源调查研究的基础上，遴选数十个重点区域分别开展潮汐能、潮流能和波浪能的勘查和选划研究，摸清勘查区域的潮汐能、潮流能、波浪能资源储量及其时空分布状况，最终形成我国近海潮汐能、潮流能和波浪资源分布图集，并选划出海洋能优先开发利用区，为我国近海海洋能资源的开发利用规划提供决策依据。而且，为进一步整合集成潮汐能、潮流能和波浪能的研究成果，为海洋能专项资金示范工程建设及今后的海洋能开发利用提供更好的服务，专项资金于2012年又支持了勘查选划的集成项目“海洋能资源勘查与选划成果整合与集成”，其目的则是在上述项目研究成果的基础上，结合历史资料，整合重点开发利用区海洋可再生能源数据集和图集，进一步分析研究重点区域海洋能时空分布特征和变化规律，开展开发利用综合评价专题研究，并搭建海洋能公共信息服务平台，形成我国海洋能资源重点开发利用区勘查与选划成果数据集、资源分布图集以及我国近海海洋能资源调查与评估的研究报告和专著，为建立海洋能资源开发利用基础信息服务平台提供重要基础资料，为海洋能发展规划及开发利用提供技术支撑。本书即是在总结上述项目的基础上，经过进一步分析和凝练编写而成的，是海洋能专项资金的研究成果之一。

本书主要包括海洋能概述、潮汐能、潮流能、波浪能和总结等主要部分，在潮汐能、潮流能和波浪能的章节中，分别介绍了上述海洋能源的研究区域、调查手段、评估方法并详述了我国海洋能重点开发利用区的资源分布特征，估算了浙闽近海13个海湾的潮汐能、10个重点区域（包括75个重点水道）的潮流能、13个重点区块的波浪能资源。本书共分为5章，第1章主要介绍了海洋能基本分类情况和目前开发利用技术现状，第2章介绍了浙江省和福建省近岸主要港湾的潮汐能资源状况，第3章主要介绍了渤海海峡、琼州海峡和舟山群岛等海域的潮流能资源状况，第4章介绍了我国近海波浪能资源分布情况，第5章介绍了对未来我国海洋能资源勘察工作和海洋能开发利用建议。其中，各章主要编写人员如下。

第1章：刘富铀、武贺、孟洁、白杨、周庆伟、张榕；

第2章：武贺、徐辉奋、丁杰；

第3章：武贺、张松、丁杰、吴伦宇、于华明、侯放、陈金瑞；

第4章：姜波、江兴杰、杨永增、华锋、叶钦、杨忠良、施伟勇、张军、贾村；

第5章：武贺、张松、姜波、徐辉奋；

绘　图：丁杰

本书在编写过程中，得到了来自国家海洋局第一海洋研究所、国家海洋局第二海洋研究所、中国科学院海洋研究所、中国海洋大学、河海大学等多位专家的细心指导和帮助，在此一并表示感谢。

限于本书作者的水平有限，难免有错漏之处，敬请有关专家和读者批评指正。

编　者

2017年2月于天津

目 次

第 1 章　海洋能概述

1.1　海洋能的分类

海洋能是指海洋中所蕴藏的可再生的自然能源，包括潮汐能、波浪能、潮流／海流能、温差能和盐差能，还包括海洋上空的风能以及海洋生物质能等。除了潮汐能和潮流能来源于太阳和月亮等天体对地球的引力作用以外，其他几种能源都来源于太阳辐射。在欧盟第六框架计划的能源环境与可持续发展主题的支持下，海洋能协调行动小组（Co-ordinated Action on Ocean Energy, CA-OE）与海洋能系统实施协议工作组（International Energy Agency, Implementing Agreement on Ocean Energy Systems, IEA-OES）合作，历时 3 年（2005 年—2007 年）起草了《海洋能术语》(Ocean Energy Glossary)。其中海洋能的定义为：以海水为能量载体，以潮汐、波浪、海流／潮流、温度差和盐度梯度等形式存在的潮汐能、波浪能、海流能／潮流能、温差能和盐差能。按存在形式，海洋能可分为机械能、热能和化学能。其中，潮汐能、海流能和波浪能为机械能，海水温差能为热能，海水盐差能为化学能。按所获取能量的稳定性，海洋能可分为：较稳定的海洋能，如温差能、盐差能和海流能；不稳定的海洋能，如潮汐能、潮流能和波浪能。其中，各类海洋能定义如下。

潮汐能：海水受月球和太阳对地球产生的引潮力的作用而周期性涨落所储存的势能。

潮流能：引潮力使海水产生周期性的往复水平运动时所具有的动能。其能量主要集中在狭窄的海峡或某些海湾口，潮流发电装置与海流发电装置类似，有时统称为海流发电。

波浪能：海洋表面波浪所具有的动能和势能。波浪的能量与波高的平方、波浪的运动周期以及迎波面的宽度成正比。波浪能是海洋能中能量最不稳定的一种能源。

温差能：亦称“海洋热能”。海洋表、深层海水间的温差储存的热能，其能量与表、深层温差和与深层海水具有足够温差的表层水量成正比。

盐差能：又称“浓度差能”。是两种浓度不同的溶液间以物理化学形态贮存的能量。这种能量有渗透压、稀释热、吸收热、浓淡电位差及机械化学能等多种表现形态，现在最受人们关注的是渗透压形态。

海洋能本身所具有的特别之处。①海洋能存在于海洋环境中，普遍开发难度大；②资源总量大，但能量密度小，即单位体积、单位面积或单位长度上所蕴藏的能量小；③由于波、潮、流等海洋物理现象的不稳定性，因而海洋能的稳定性较常规化石能源差；④海洋能的开发通常需要良好的海洋工程技术基础；⑤清洁无污染，其开发利用过程对环境影响很小。据

2011 年 9 月海洋能系统实施协议 (Ocean Energy System Implementing Agreement, IEA-OES) 发布的《国际海洋能发展愿景(2012)》(An International Version for Ocean Energy: 2012）提到，海洋能资源量很大，但分布很不均匀，波浪能在高纬度地区潜在量很大，海洋温差能在赤道地区分布最多，盐差能和潮汐能的分布比较分散。

由于本书的主要内容基于 2010 年、2011 年和 2012 年实施的海洋可再生能源专项资金项目“潮汐能和潮流能重点开发利用区资源勘查与选划”“波浪能重点开发利用区资源勘查与选划”（OE-WO1、OE-WO2、OE-WO3）和“海洋能资源勘查与选划成果整合与集成”项目研究成果，因此，本书中的海洋能仅指潮汐能、潮流能和波浪能三种。

1.2 海洋能开发技术现状

国际海洋能技术总体进入商业化前期。潮汐能技术已实现商业化，加拿大、韩国、法国、英国等国的潮汐能技术较为领先，世界最大的潮汐电站——韩国始华湖电站（254 MW）稳定运行 6 年，英国塞文河新型潮汐潟湖电站（320 MW）于 2016 年立项启动，潮汐能技术更加重视环境友好性；潮流能技术趋于成熟，英国、法国、荷兰等国的潮流能技术较为领先，潮流能单机功率达兆瓦级并实现实海况示范运行，英国 MeyGen 潮流能发电场（398 MW）一期 6 MW 工程并网发电已超过 200 万千瓦时，潮流能技术高可靠、低成本发展趋势明显；波浪能技术趋于成熟，发电装置种类较多，波浪能示范电站规模较小，英国、美国、西班牙、芬兰等国波浪能技术较为领先，部分百千瓦级波浪能发电装置正开展示范运行，英美等国正加大对波浪能发电关键技术研发的投入，波浪能技术向高生存、高效率、高稳定发展。法国海洋能源研究所预计，2025 年前后，国际潮流能、波浪能等技术将实现商业化。英国、美国、法国等国已将海洋能作为战略性资源储备相关技术，并将海洋能产业作为新兴的战略性产业加以培育和发展，阿尔斯通、福伊特水电、通用电气、三菱重工、现代重工等一批国际知名公司通过并购、投资等多种方式开始进军海洋能发电、装备制造、运行维护等相关产业，有力地推动了国际海洋能技术的产业化进程。

我国近年来开展了海洋能资源普查以及多种原理的海洋能发电技术研发与试验，取得了积极进展。海洋能整体研究能力得到明显提升，技术研发水平与国际差距逐步减小。潮汐能技术与国外基本同步，江厦潮汐电站（4.1 MW）已经运行 30 余年，万千瓦级潮汐电站和新型潮汐能技术研究也在积极跟进。潮流能技术取得重要突破，单机最大功率达 300 kW，总装机兆瓦级垂直轴式潮流能示范工程于 2016 年 8 月实现并网发电，120 kW 水平轴式潮流能机组实现实海况稳定发电。波浪能技术开展了多种原理的样机研发及试验，部分技术突破了长期海试发电的关键技术，100 kW 鹰式波浪能装置实海况运行超过 2 年，正部署开展兆瓦级波浪能示范工程建设。在国家政策引导下，越来越多涉海院校、科研院所以及一批有实力的企业进入海洋能技术领域，初步形成了从事海洋能理论研究、技术研发、装备制造、海上施工、运行维护的专业队伍。

1.2.1 潮汐能

作为最成熟的海洋能发电技术，传统拦坝式潮汐能技术早在数十年前就已实现商业化运行，韩国、法国、加拿大、中国等国拦坝式潮汐能电站装机在国际上领先。

1.2.1.1 国外潮汐能资源开发利用现状

拦坝式潮汐能开发利用方式主要包括单库双向、单库单向、双库单向及双库双向等，其中，单库单向和单库双向在实践中应用得较多。近年来，英国、荷兰等国研究机构还提出了潮汐潟湖 (Tidal Lagoon)、动态潮汐能 (DTP) 等环境友好型潮汐能技术。

1961 年 1 月朗斯潮汐电站在法国布列塔尼米岛正式开工建设，采用单库双向工作方式，装有 24 台机组。直到 1966 年 11 月首台 1×10^4 kW 贯流式水轮发电机组正式发电，世界上第一座大型潮汐电站——朗斯潮汐电站投入商业运行。朗斯潮汐电站总装机容量 24×10^4 kW，年均发电量 5.44×10^8 kW · h（图 1.1）。

图1.1 法国朗斯潮汐电站

1984 年加拿大安纳波利斯潮汐电站投入运行（图 1.2），电站平均潮差 6.8 m，总装机容量 17.8×10^4 kW，采用单库单向发电方式。

韩国的始华湖潮汐电站于 2003 年开工建设，2011 年完工（图 1.3），采用单库单向工作方式，装有 10 台机组。电站最大潮差 10 m，总装机 25.4×10^4 kW，单机容量 2.54×10^4 kW，年发电量 5.53×10^8 kW · h，成为目前世界上单机和总装机都是最大的潮汐电站。

图1.2　加拿大安纳波利斯潮汐电站

图1.3　世界上已建成的最大的潮汐电站——始华湖潮汐电站

2013 年，英国潮汐潟湖电力公司（Tidal Lagoon Power）开始在塞文河口附近的斯旺西海湾论证建设潮汐潟湖电站的可能性。潮汐潟湖发电原理是利用天然形成的半封闭或封闭式的潟湖，在潟湖围坝上建设潮汐电站，利用潟湖内外涨潮水落潮时形成的水位差推动低水头涡轮机发电，由于无需在河口拦坝施工，因而对当地的海域生态环境损害较小。

2014 年，TLP 公司向英国政府申请建造世界上首个潮汐潟湖电站（见图 1.4），规划为双向潮汐发电，总装机 320 MW。2014 年 7 月，英国能源及气候变化部（DECC）通过第三方评估认可了 TLP 公司提议的技术可行性，2016 年，能源及气候变化部决定通过差额合约电价（CFD）的方式给予该潮汐潟湖电站以运行政策支持。

图1.4　Swansea 潮汐潟湖电站规划

1.2.1.2 国内潮汐能资源开发利用现状

我国建国后曾建设了 100 多座小型潮汐电站，目前在运行的潮汐电站只有浙江江厦潮汐试验电站和浙江海山潮汐电站。2010 年以来，先后完成了健跳港、乳山口、八尺门、马銮湾、瓯飞等多个万千瓦级潮汐电站工程预可研。此外，还开展了利用海湾内外潮波相位差发电研究、动态潮汐能技术研究等环境友好型潮汐发电新技术研究。

位于浙江温岭的江厦潮汐试验电站是我国潮汐能开发利用的国家级试验电站（图 1.5），采用单库双向工作方式，首台机组于 1980 年并网发电，现总装机 4.1 MW。站址最大潮差 8.32 m，平均潮差 5.08 m，原设计为 6 台 500 kW 机组。1980 年 5 月第一台 500 kW 机组投入运行，第二台为 600 kW，其余 3 台为 700 kW，1985 年底 5 台机组全部投产，1986 年 5 台机组年发电量约 600×10^4 kW·h。2007 年，国家“863 计划”支持研发了 6 号机组，采用新型双向卧轴灯泡贯流式机组，增加了正反向水泵运行工况，电站总装机容量增加到 3 900 kW。2012 年，龙源电力集团股份有限公司通过海洋能专项资金支持，对 1 号机组进行增效扩容改造，2015 年 8 月完成改造，电站总装机增加到 4 100 kW。目前电站年发电接近 800 万千瓦时。

(a) 江厦潮汐试验电站外景

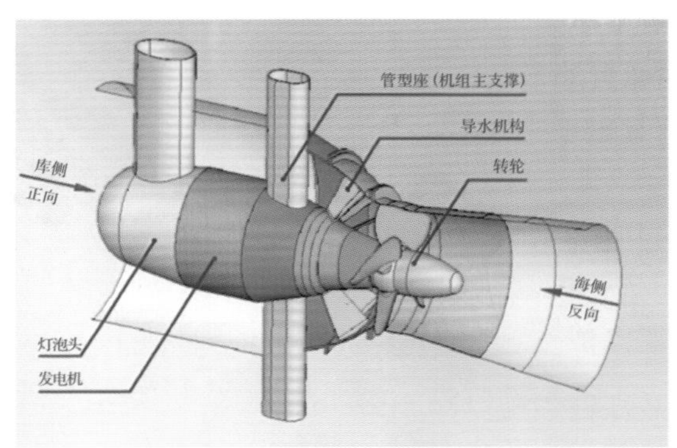

(b) 江厦6#机组模型

图1.5 江厦潮汐试验电站

1975 年建成的海山潮汐电站位于浙江玉环，是我国现存最早的海洋能电站（见图 1.6），装机容量 2×125 kW，采用双库单向发电的工作方式。2008 年，电站由浙江玉环县水务集团公司管理。由于该电站是我国现在仍运行的最早的潮汐电站，在潮汐发电、全潮蓄淡、蓄能发电和库区水产养殖综合开发等多方面优势，2011 年，电站入选浙江省重点文物保护单位。目前，该电站仅有一台机组在运行。为维护该潮汐电站的持续运行及发展，目前计划实施技术改造工程，对原老旧机组进行升级改造，研制两台各 250 kW 的双向发电机组，并对库区进行清淤，工程总投资约 1 000 万元，改造工程于 2016 年底通过地方政府审批，即将启动改造工程。

国家《可再生能源中长期发展规划》提出到 2020 年建成 10 万千瓦级的海洋潮汐电站，为了实现这一目标，近年来完成了健跳港（20 MW）、乳山口（40 MW）、八尺门（36 MW）、马銮湾（24 MW）、瓯飞（451 MW）等多个万千瓦潮汐电站建设预可研。

图1.6 海山潮汐电站、上水库及发电机组

在新型潮汐能利用技术方面，国家海洋局第二海洋研究所开展了利用海湾内外潮波相位差进行发电技术研究。华东勘测设计研究院和清华大学等单位开展了动态潮汐能技术研发等工作。

1.2.1.3 潮汐能开发利用技术小结

全世界潮能（潮差能和潮流能）的理论蕴藏量为 30×10^8 kW 左右，其中 10×10^8 kW 在较浅海域，但潮汐能蕴藏量中只有一小部分可资利用（IPCC, 2011）。2011 年底始华湖潮汐电站竣工时，全世界潮汐能发电能力也不足 60×10^4 kW。

潮汐发电所使用的水电技术相对成熟，但是还可以从一些方面进行改进。例如，如何降低潮汐变率的影响以及研究怎样减小对环境的影响，同时提升涡轮机的效率，以降低电力输出的整体成本等。未来潮汐利用主要朝着大规模和综合利用方向发展，可以预见的是，随着发电成本的不断降低，21 世纪将不断会有大型现代化潮汐电站建成使用。

经过数十年的实践，我国开发利用潮汐能的技术、设备和实践已经有较好的基础和丰富的经验积累。小型潮汐发电技术与设备已基本成熟并具备了开发万千瓦级中型潮汐电站的技术条件。我国自行设计制造的能够抵御恶劣海洋环境的单机容量为 2.6×10^4 kW 的低水头大功率潮汐发电机组达到了商业化程度，我国迫切需要开展万千瓦级潮汐能电站建设，以维持我国潮汐能技术优势，稳定潮汐能技术研发及运行管理队伍。同时，要加快环境友好型潮流能利用技术研发。

1.2.2 潮流能

潮流能发电装置按照获能结构的工作原理，可分为水平轴式、垂直轴式、振荡式和其他方式，按照支撑载体固定形式的不同，可分为固定式、悬浮式和漂浮式。IRENA 于 2015 年发布的研究报告指出，70% 以上的潮流能技术为水平轴式，12% 为垂直轴式；60% 的潮流能技术为固定式，36% 为漂浮式。目前，国际水平轴式潮流能技术基本成熟，并率先实现了潮流能发电阵列建设及运行，随着兆瓦级潮流能技术商业化进程加快，潮流能发电成本下降至有竞争力的水平有望早日实现。我国潮流能技术研发及示范在近几年取得了突破性进展，部分技术达到国际先进水平。

1.2.2.1 国外潮流能资源开发利用现状

近年来，国际潮流能技术向商业化应用发展的势头很快，英国、荷兰、法国、加拿大等国均实现了潮流能机组的并网运行。由单台 1.5 MW 机组建设的潮流能发电阵列已建成运行发电，单台 2 MW 机组也已开展了全比例样机实海况测试，为了向深远海应用，兆瓦级漂浮式潮流能机组也已开始了海试。

英国是潮流能发电技术最先进的国家。2003 年，英国海洋涡轮机公司（MCT）在 Lynmouth 海域布放了 300 kW 型 SeaFlow 水平轴式潮流能机组（见图 1.7）；2008 年 4 月，1.2 MW 型 SeaGenS 潮流能机组在北爱尔兰 Strangford 并网运行（见图 1.8），截至 2014 年 2 月，累计发电超过 900 万千瓦时。2016 年，MCT 公司被英国亚特兰蒂斯资源公司（Atlantis Resources）收购，继续研发 2-3 兆瓦型 SeaGenU 漂浮式机组。

图1.7 英国MCT公司 “SeaFlow”

图1.8 英国MCT公司 “SeaGen”

2012 年，亚特兰蒂斯资源公司获准在英国彭特兰湾建设总装机 398 MW 的潮流能发电场（见图 1.9），MeyGen 项目是迄今为止世界最大的潮流能开发利用计划。2015 年启动了 MeyGen 项目一期工程 A 阶段（装机 6 MW），由一台 Atlantis 公司的 AR1500 水平轴式机组和三台挪威 Andritz 公司的 HS1500 水平轴式机组组成。2017 年 2 月，3 台 HS1500 机组和 1 台 AR1500 机组均完成了海上布放。

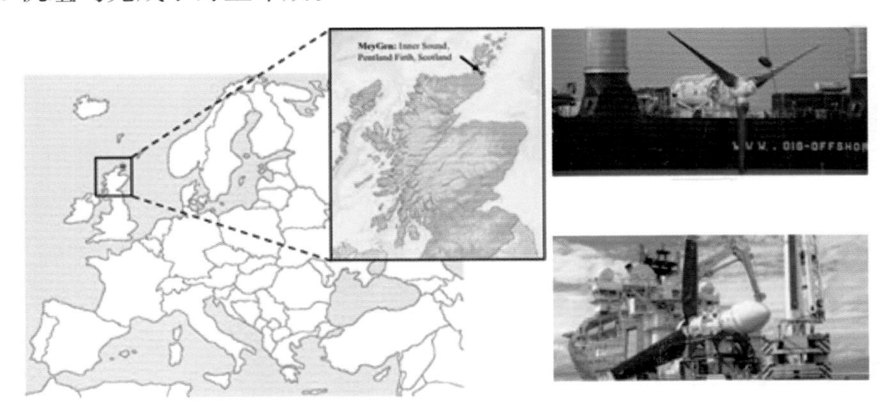

图1.9 英国MeyGen计划位置示意图及选用的机组

MeyGen 项目一期工程 A 阶段自 2016 年 11 月并网发电以来，获得了英国 ROCs（可再生能源义务制）政策的大力支持，获得该体系下最高的 5ROC 支持，即每发出 1 MW·h 电力可获得 5 份 ROC 证书。截止到 2017 年 3 月底，该项目累计发电达到 400 MW·h，满足了 1 250 个英国家庭用电，涡轮机的发电性能超过预期。

荷兰在百千瓦级水平轴机组规模化应用上处于国际领先水平。2008 年，荷兰开始建造东斯凯尔特河防风暴潮大坝，荷兰 Tocardo 公司承担了利用桥桩安装潮流能发电装置阵列的项目开发，由五台 T2 水平轴式机组集成在单一结构上的潮流能发电阵列全长 50 m、宽 20 m、总装机 1.25 MW。2015 年 9 月，潮流能机组研发机构 Tocardo 公司和海洋工程巨头 Huisman 公司联合将该潮流能阵列安装到防风暴桥相邻两根桥桩上（见图 1.10），该项目已为 1 000 户当地居民提供电力，成为国际上首个并网运行的潮流能发电阵列。

图1.10　T2 涡轮机阵列布放到东斯凯尔特河防风暴桥

此外，爱尔兰、意大利、瑞典、加拿大、德国等国还研发及示范了垂直轴式等潮流能技术，并取得一定进展。其中，爱尔兰 OpenHydro 公司研发的空心贯流式机组已开始并网运行。2006 年，OpenHydro 公司在英国 EMEC 开始测试其 250 千瓦机组 Open-Centre，2013 年 4 月，法国国家船舶制造公司（DCNS）控股了 OpenHydro 公司，继续研发 2 MW 型机组。2016 年 1 月，在法国 Paimpol-Bréhat 海域成功布放了首台机组（见图 1.11），2016 年 5 月布放了第二台机组，与之前布放的首台机组组成潮流能阵列，并于 7 月成功并网。2016 年 11 月，在加拿大 FORCE 潮流能试验场布放了一台 2 MW、直径 16 m 的 Open-Centre 机组，并实现并网，2017 年将布放第二台机组。

图1.11　Open-Centre 在 Paimpol-Bréhat 海域布放

1.2.2.2 国内潮流能资源开发利用现状

我国较系统的研究潮流能发电技术始于 20 世纪 80 年代。在“九五”、“十五”等国家科技计划支持下，哈尔滨工程大学、浙江大学、东北师范大学等最早潮流能技术研发工作。近年来，在国家科技计划和海洋能专项资金等支持下，我国潮流能技术发展迅速。尤其是最近两年，我国潮流能技术取得了突破性进展，部分技术达到了国际先进水平，使我国成为世界上为数不多的掌握规模化潮流能开发利用技术的国家。

在海洋能专项资金支持下，浙江舟山联合动能新能源开发有限公司研制了 LHD-L-1000 垂直轴式潮流能发电机组，于 2016 年 7 月完成两套共 1 MW 涡轮发电机组海上安装（见图 1.12），并于 2016 年 8 月并网。截止到 2017 年 9 月，该机组海上运行超过 5 个月，并网试运行超过 4 个月，累计发电量超过 20 万千瓦时，上网电量超 1 万千瓦时。该机组采取的“小功率水轮机、大功率发电系统”技术路径有效降低了投资风险和运营成本，运行维护便捷，为后续机组研制和布放奠定了坚实的基础。

图1.12 1 MW 机组发电并网

在海洋能专项资金和国家科技计划联合支持下，浙江大学研制的 60 kW 和 120 kW 半直驱水平轴式潮流能工程样机，2014 年 5 月开始海试，截止到 2017 年 7 月，累计发电近 4 万千瓦时（见图 1.13）。目前，以该技术为基础，正在研制 300 kW 机组，并开展了海岛独立供电系统示范。

据不完全统计，我们目前已研发近 30 个潮流能装置，其中 18 个完成了海试，100 kW 以下装置 19 个；这些装置大部分处于比例样机海试阶段，海试过程中出现了运行时间短、发电效率不高、装置易损坏等问题，表明我国潮流能装置实海况下运行的可靠性、稳定性等技术有待突破。

图1.13　60 kW/120 kW 潮流能机组

1.2.2.3　潮流能开发利用技术小结

从国际上看，目前实现并网发电的潮流能机组基本都采用水平轴式涡轮机，说明潮流能发电技术开始进入技术收敛期。同时，垂直轴式机组在水深较浅水道狭窄的海域具有更好的适用性，仍有部分机构从事垂直轴式机组研发。从载体结构形式分析，目前无论是水平轴式装置还是垂直轴式装置，大都采用固定式安装方式，随着向深远海的应用，固定式安装方式将不再适用。值得注意的是，美国 GE 公司、法国 DCNS 公司、法国 EDF 公司等国际知名公司进入潮流能领域，有望提速国际潮流能技术产业化进程。

我国潮流能发电技术取得了长期海试及并网发电的突破，已具备了工程化应用的基础，探索了小型供电装置向海上仪器供电的应用。同先进国家相比，我国在潮流能样机规模和工程示范方面差距较大，海上长期示范试验数据还不够充分，海洋可再生能源人才和研发基础条件还很薄弱。亟需加大对潮流能发电示范工程的支持力度，重点突破潮流能机组的可靠性和长期工作稳定性等关键技术，以尽早实现潮流能发电技术产业化。

1.2.3　波浪能

波浪能发电装置一般由三级能量转换机构组成。其中一级能量转换机构（波能俘获装置）将波浪能转换成某个载体的机械能；二级能量转换机构将一级能量转换所得到的能量转换成旋转机械（如水力透平、空气透平、液压马达、齿轮增速机构等）的机械能；三级能量转换通过发电机将旋转机械的机械能转换成电能。依据一级能量转换系统的不同，波浪能发电技术可分为点吸收型式、截止式、消耗式等，依据二级能量转换系统的不同，可分为气动式、液压式、液动式、直驱式等。IRENA 于 2015 年发布的研究报告指出，按照波浪能装置的布放位置，近 70% 的波浪能技术为漂浮式，约 20% 为坐底式；60% 多的波浪能技术为离岸式应用，约 20% 为近岸式应用，不到 10% 为岸基式。

目前，国际波浪能技术发展迅速，但波浪能技术种类比较分散，尚未进入技术收敛期。尽管全球有不少波浪能发电装置进行了长期海试，但在恶劣环境下发电装置的生存性、可靠性、高效转换等关键技术问题仍然有待突破。

1.2.3.1 国外波浪能利用技术发展状况

国际上，约 20 个国家正在开展波浪能发电研究，英国、芬兰、美国、澳大利亚、丹麦和西班牙等国的波浪能技术研发处于领先地位，基本上仍处于技术示范阶段，少数百千瓦级以下装置实现了长期示范运行，还没有大规模的商业化波浪能发电阵列成功的案例。部分技术经过近十年海试及示范，仍未突破高可靠、高生存等关键技术。例如，英国 Pelamis Wave Power 公司研制的 Pelamis 波浪能装置，2004 年开始在英国 EMEC 实现并网测试，由于技术迟迟无法商业化，导致该公司 2014 年破产。目前，英美等国家正加大对波浪能发电关键技术和创新性技术研发的投入，以推动国际波浪能技术加速发展。

在波浪能示范电站建设及运行方面，西班牙和以色列等国处于领先。

2011 年 7 月，西班牙 EVE 能源公司 Mutriku 振荡水柱式波浪能电站建成并网运行（见图 1.14），电站建于毕尔巴鄂北部 Amintza 的防波堤内，由 16 个气室组成，总装机 296 kW，年均发电 400 MW · h。每个气室内安装由 VOITH 公司生产的 WELLS 透平机组，透平额定功率 18.5 kW。

图1.14　Mutrico 电站及 WELLS 透平机组

2012 年 4 月，以色列 EWP 公司在克里米亚半岛一处防波堤上安装了首个 10 kW 波浪能岸基电站进行测试。2014 年 1 月，该装置完成测试运到以色列雅法港并网运行至今。在欧盟区域发展基金支持下，2014 年 6 月，公司与英属直布罗陀政府签署了 5 MW 波浪能电厂电力购买协议，可满足直布罗陀 15% 的电力需求。2016 年 7 月，一期 100 kW 工程建成并网（见图 1.15）。

美国、澳大利亚、芬兰等国的百千瓦级，甚至兆瓦级波浪能发电装置研发及示范取得了较大进展，部分技术具有较好的商业化前景。

图1.15　直布罗陀 100 kW 波浪能电站

澳大利亚 Carnegie Wave Energy 公司研制“CETO”波浪能装置，采用大型水下浮子驱动，与安装海床上的涡轮泵组相连接，除了发电，“CETO”装置还能利用波浪能进行海水淡化，利用波浪能驱动海水淡化高压泵，海水受压流过渗透膜装置，转为可饮用的淡水（见图 1.16）。2016 年 11 月，英国在康沃尔郡启动全球首座波浪能发电场的建造计划，计划到 2020 年完成 15 个 Carnegie 公司研制的“CETO 6”1 MW 波浪能发电装置的安装，能满足 6 000 户家庭的用电需求。首台“CETO 6”现已开始制造，将于 2018 年底发电。

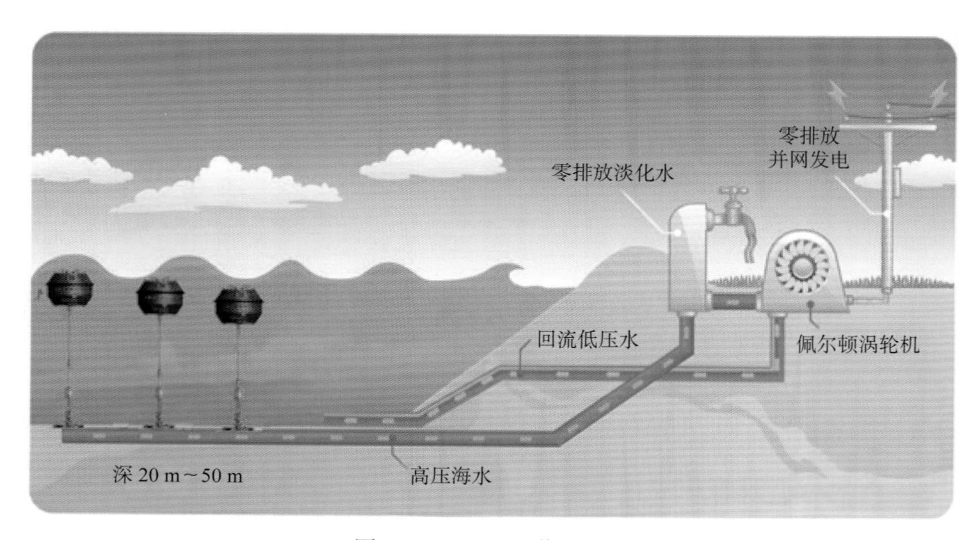

图1.16　CETO 工作原理示意

芬兰 Wello Oy 公司研发的“企鹅”（Penguin）波浪能发电装置，采用浮体船式设计，吸收波浪动能将其转化为船体内部活动部件的旋转运动，进而转换为电能，整个装置只有一个运动部件，且其位于船体内，有效避免了生物附着及海水腐蚀等问题，有效降低了维护成本。2012 年，“企鹅 1I”（1 MW）在 EMEC 进行了三年的并网测试（见图 1.17）。2017 年 3 月，该装置布放到英国 Wave Hub 试验场示范运行。

图1.17 企鹅号波浪能装置工作原理及海试

1.2.3.2 国内波浪能利用技术发展状况

我国目前有 10 多个研究所和大学在开展波浪能转换装置技术研发，中国科学院广州能源研究所等单位已具有 30 多年波浪能研发历史。目前，我国在小波况发电技术等方面取得了一定的突破，航标灯用微型波力发电装置已实现商品化，部分技术突破了长期海试发电的关键技术，但大多数波浪能技术仍在解决可靠性、实用化、高效转换等方面的技术难点。

在海洋能专项资金支持下，基于“鹰式一”号 10 kW 波浪能发电技术，中国科学院广州能源所研制了“万山”号 100 kW 鹰式波浪能发电装置（见图 1.18），2015 年 11 月开始在万山海域海试，截止到 2017 年 2 月，累计发电超过 3 万千瓦时，在周期 4 s ~ 6.5 s，波高 0.6 m ~ 2.5 m 的波况下，整机转换效率在 20% 以上，实现小波下蓄能发电，中等波况下稳定发电，初步具备了向海岛供电的技术条件。

图1.18 “万山”号装置进行海试

据不完全统计，我国目前已开发约 40 个波浪能装置，装机容量 10 W ~ 300 kW，其中 100 kW 以下装置 31 个，大部分装置完成了海试，由于基础理论研究不够等多方面原因，装置在实海况条件下运行效果较差，海试过程中出现发电效率不高、装置易破坏等问题，表明我国波浪能发电装置在实际海况下运行的可靠性、稳定性等技术亟待突破。

1.2.3.3 波浪能开发利用技术小结

从国际上看，国际波浪能技术基本处于示范运行阶段，可靠性、生存性等关键技术仍是制约波浪能技术发展的瓶颈。由于各国海域区域不同，波浪能资源形态各有特点，所适合波浪能装置的大小规格不同。但波浪能发电要实现规模化应用，阵列式比单一装置更有效。小功率波浪能发电技术实现并网运行，为波浪能技术的进一步发展积累了重要的运行经验。此外，一些水下监听等特殊军事需求仍然需要小型波浪能发电装置。

针对我国近海波浪能功率密度普遍不高的情况，我国波浪能开发利用应注重开发原创性的、高效高可靠的百千瓦级波浪能装置，为边远海岛开发和深远海开发提供电力等支持，并逐步向阵列化方向发展。

1.3 我国海洋能政策

我国政府高度重视海洋能开发利用工作。2006 年施行的《中华人民共和国可再生能源法》将海洋能纳入可再生能源范畴，对加快推动我国海洋能开发利用起到了非常重要的作用。国务院及相关部委在制定的多项法律法规及规划中都明确提出支持发展海洋能，出台了多项海洋能相关规划。中央财政加大了对海洋能的支持力度，有力促进了我国海洋能开发利用水平整体水平的快速提升。

随着我国节能减排、应对气候变化战略的实施，国家对开发利用可再生能源高度重视。《可再生能源法》确定了国家对海洋能等可再生能源发电实行全额保障性收购制度，设立可再生能源发展基金，有力促进了中国可再生能源产业的发展。《国家海洋事业发展规划纲要》《国家“十一五”海洋科学和技术发展规划纲要》和《全国科技兴海规划纲要（2008 年—2015 年）》，均提出支持发展海洋能。2010 年以来，国家和地方层面出台了数十项涉及海洋能的各级规划，2016 年国家海洋局印发的《海洋可再生能源发展“十三五”规划》，提出“到 2020 年，全国海洋能总装机规模超过 50 000 kW，建设 5 个以上海岛海洋能多能互补独立电力系统，海洋能开发利用水平步入国际先进行列”的目标，将推动实现我国海洋能装备从“能发电”向“稳定发电”的关键性转变。

加大了财政支持力度。“十二五”期间，国家高技术研究发展计划（“863 计划”），国家科技攻关计划，国家自然科学基金等持续支持了海洋能科学问题研究和技术研发。尤其是，2010 年 5 月，在国家海洋局和财政部联合推动下，中央财政从可再生能源专项资金中安排部分资金，设立了海洋能专项资金，对海洋能独立电力系统示范，海洋能并网电力系统示范，海洋能产业化示范，海洋能技术研究与试验，海洋能标准及支撑服务体系等 5 个方向进行支持，截止到 2017 年 6 月，专项资金投入经费总额近 10 亿元，充分发挥了中央财政资金在支持国家产业结构调整、培育战略性新兴产业、保障国家能源安全、探索能源结构调整等方面的引导作用，有力地支持了中国海洋能开发利用整体水平的显著提升。

启动了海洋能标准化与公共服务平台建设。为推动海洋能开发利用技术和产业化的有序、协调发展，“十二五”期间，先后编制了《海洋能源术语·调查和评价术语》《海洋可再生能源开发利用标准体系》《波浪能、潮流能和其他水流能转换装置·术语》等多个标准，初步建立了中国海洋能开发利用技术标准体系。海洋能行业组织具备了一定规模，2011 年，全国海洋标准化技术委员会海洋观测及海洋能源开发利用分技术委员会（TC283/SC2）成立，秘书处设在国家海洋技术中心；2013 年，中国海洋工程咨询协会海洋可再生能源分会成立，秘书处设在国家海洋技术中心；2014 年，全国海洋能转换设备标准化技术委员会（SAC/TC546）成立，秘书处设在哈尔滨大电机研究所。海洋能专业实验室能力建设取得显著进步，哈尔滨工程大学、大连理工大学、浙江大学、中国海洋大学、上海交通大学、中国船舶重工集团公司 710 研究所、中科院广州能源研究所、国家海洋技术中心等研建了 8 个海洋能专业实验室和海洋能水槽；海洋能海上试验场完成了总体设计，启动了国家浅海海上综合试验场建设，具备了一定的海洋能现场测试能力。

1.4 我国近海海洋能资源综述

908 专项“我国近海海洋可再生能源调查与研究”项目研究结果显示，我国近海（台湾海域除外）海洋可再生能源总蕴藏量为 15.80×10^{8} kW，理论年发电量为 13.84×10^{12} kW·h；总技术可开发装机容量为 6.47×10^{8} kW，年发电量为 3.94×10^{12} kW·h。其中：潮汐能蕴藏量 $19\,286\times10^{4}$ kW，技术可开发量 $2\,283\times10^{4}$ kW；潮流能蕴藏量 833×10^{4} kW，技术可开发量 166×10^{4} kW；波浪能蕴藏量 $1\,600\times10^{4}$ kW，技术可开发量 $1\,471\times10^{4}$ kW；温差能蕴藏量 $36\,713\times10^{4}$ kW，技术可开发量 $2\,570\times10^{4}$ kW；盐差能蕴藏量 $11\,309\times10^{4}$ kW，技术可开发量 $1\,131\times10^{4}$ kW；海洋风能蕴藏量 $88\,300\times10^{4}$ kW，技术可开发量 $57\,034\times10^{4}$ kW。我国近海海洋可再生能源蕴藏量和技术可开发量见表 1.1。

表1.1 我国近海海洋可再生能源资源统计

序号	能源	蕴藏量		技术可开发量	
		理论装机容量（10^4 kW）	理论年发电量（10^8 kW·h）	装机容量（10^4 kW）	年发电量（10^8 kW·h）
1	潮汐能	19 286①	16 887①	2 283②	626②
2	潮流能	833	730	166	146
3	波浪能	1 600	1401	1 471	1 288
4	温差能	36 713	32 161	2 570	2 251
5	盐差能	11 309	9 907	1 131	991
6	海洋风能	88 300	77 351	57 034	34 126
合计		158 041	138 437	64 655	39 428

统计范围：
1. 潮汐能：① 近海10 m等深线以浅海域的蕴藏量，② 500 kW以上的171个潜在站址的技术可开发量；
2. 潮流能：我国近海主要水道的潮流能资源蕴藏量和技术可开发量；
3. 波浪能：我国近海离岸20 km一带的波浪能资源蕴藏量和技术可开发量；
4. 海洋风能：我国近海50 m等深线以浅海域10 m高度风能蕴藏量和技术可开发量；
5. 温差能：南海表层与深层海水温差大于等于18℃水体蕴藏的温差能；
6. 盐差能：我国主要河口盐差能资源蕴藏量和技术可开发量；
7. 不包括台湾省。

第 2 章　潮汐能资源

2.1　潮汐理论基础

地球上的海水，受到月球和太阳的作用产生的一种规律性的上升下降运动叫做潮汐。产生潮汐现象的主要原因是由于地球各点离月球和太阳的相对位置不同，因而各点所受到的引力也有所差异，这种差异便导致地球上海水的相对运动。这种引力差异叫做引潮力，由引潮力引起的海面升降叫做重力潮。另外，太阳辐射强度的周期性变化会引起气象条件的周期性变化，从而也能间接地引起海面的周期性升降，这叫做辐射潮。辐射潮通常比重力潮小得多。在多数情况下，潮汐运动的平均周期为半天左右，每昼夜约有两次涨落运动，在我国古代，人们把白天上涨的称为潮，晚上上涨的称为汐，合称潮汐。现在已很少有人作这样的区分了，人们甚至简单地用“潮”字来代表潮汐现象。

引潮力和辐射强度的周期性变化也能引起地壳和大气中的潮汐运动，前者叫固体潮或地潮，后者叫大气潮，而海中的潮汐就叫做海潮。由于海潮现象最容易为人们所观测到，与人类活动关系较密切，故如不特别指明，潮汐一词通常指的是海潮，本书介绍潮汐能所讨论对象主要也是海潮。

2.1.1　潮汐名词

2.1.1.1　大潮和小潮

潮差是逐日变化的，主要与月相有关。半日潮港在朔（初一）望（十五）后二、三日，由于月球引起的潮和太阳引起的潮相加，达到半个月中的潮差最大，叫做大潮。上弦（初八左右）和下弦（廿二、廿三）后二、三日的潮差最小，叫做小潮。

大潮时的潮差叫做大潮差，平均大潮差的实际计算，可由两次大潮期间 12 个数据平均而得，月的大潮差发生于朔或望附近时刻，一次大潮的时间可计为三天，由验潮曲线中易于查出。

高潮间隙：从月中天至高潮时的时间间隔，叫做高潮间隙。其平均值叫做平均高潮间隙。潮汐既然主要是由月球引潮力所产生的，在理想情况下月中天时刻就应是高潮时刻，但因海水有惯性，而且海底深浅不一和海岸地形复杂，加之海水流动受到地转偏向力和摩擦力的作用，所以当地月中天时并不一定达到高潮，而要经过一段时间，才发生高潮，此段时间就叫高潮间隙。高潮间隙因地而异，而且同一海港的高潮间隙也随月相不同而有差异（图 2.1）。

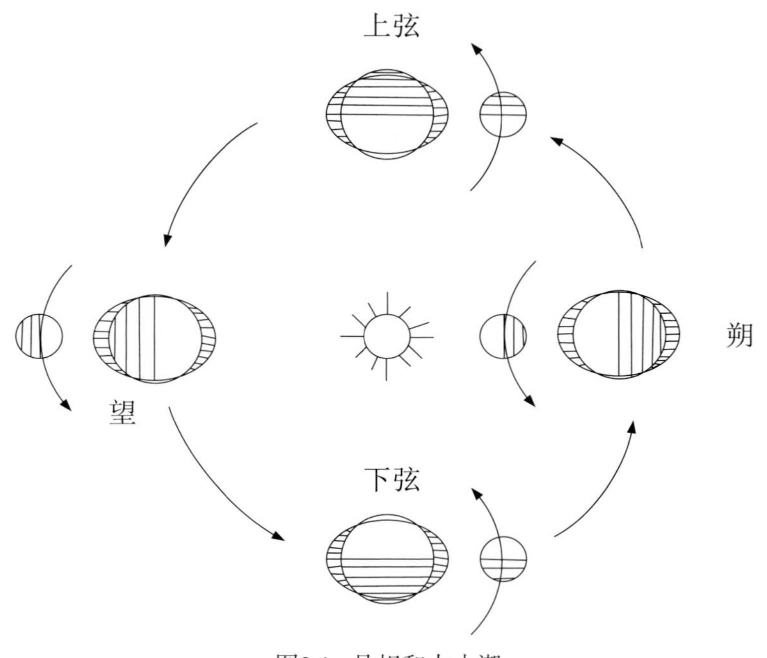

图2.1 月相和大小潮

2.1.1.2 高潮和低潮

在潮汐升降的每一周期中，当海面涨至最高时，叫做高潮或满潮。当海面降至最低时，叫做低潮或干潮。

2.1.1.3 涨潮和落潮

从低潮到高潮的过程中，海面逐渐升涨为涨潮。自高潮至低潮，海面逐渐下落为落潮。

2.1.1.4 平潮和停潮

当潮汐达到高潮的时候，海面暂停升降，此时为平潮。在低潮暂停升降现象为停潮。平潮（停潮）时间的长短因地而异，几分钟或几十分钟，最长可达一、两小时以上。一般是取平潮（停潮）的中间时刻为高潮时（低潮时）；但有些港口为了实用方便起见，也可以平潮（停潮）开始时为高（低）潮时。

2.1.1.5 潮差

相连的高潮与低潮的水位高度差，叫做潮差。潮差的大小因地因时而异。潮差的平均值叫平均潮差。

2.1.1.6 涨潮时间和落潮时间

从低潮时至高潮时所经历的时间，叫涨潮时间。从高潮时至低潮时所经历的时间，叫落潮时间。

2.1.2 潮汐类型

潮汐类型也称为潮汐性质。依据各海区高、低潮的变化情况将潮汐变化分为以下几种类型。

2.1.2.1 正规半日潮

当主要的半日分潮的半潮差远大于日分潮的半潮差时，此海港便为正规半日潮。半日潮在每太阴日（24 h 50 min）中有两次高潮和低潮且两相邻高潮或低潮的时间间隔约为 12 h 25 min。

凡 $\frac{H_{K_1}+H_{O_1}}{H_{M_2}}<0.5$ 者，属于正规半日潮型，例如我国的厦门内港为 $\frac{H_{K_1}+H_{O_1}}{H_{M_2}}=0.23$，青岛为 0.38，大沽为 0.45，均为正规半日潮港。$\frac{H_{K_1}+H_{O_1}}{H_{M_2}}$ 的比值越大，日潮不等现象就越显著。

2.1.2.2 不正规半日潮混合潮

凡 $0.5\leqslant\frac{H_{K_1}+H_{O_1}}{H_{M_2}}<2$ 为不规则半日潮混合潮型，其实质还是半日潮盛行，这种类型的港口在一太阴日中也是两次高潮和低潮，但两相邻的高潮或低潮的高度不相等，也就是说两相邻的潮差不等，而且涨潮时间与落潮时间也不相等，此种潮高和时间的不等，叫做日潮不等。必须指出：半日潮浅海潮港的两相邻高（低）潮是约相等的，涨潮时间与落潮时间不等的性质每天是相似的，而混合潮港和日潮港的潮高不等，涨潮与落潮时间的不等是每天在变化着的。

2.1.2.3 不正规日潮混合潮

凡 $2\leqslant\frac{H_{K_1}+H_{O_1}}{H_{M_2}}<4$ 者，为不正规日潮混合潮型。此类潮型在回归潮时有一天出现一次高潮和低潮的日潮现象，日潮天数多寡，主要视 $H_{K_1}+H_{O_1}$ 与 H_{M_2} 的比值而定，如我国台湾高雄，回归潮时通常有 1 天～ 2 天的日潮现象，榆林的比值为 2.7，该港在半个月中出现日潮现象约有 12 弱的天数，其余 12 强的天数则为不正规半日潮性质。广东的碣石湾为 2.82，陵水湾为 3.36，皆为不正规日潮混合潮港。

2.1.2.4 正规日潮

凡 $\frac{H_{K_1}+H_{O_1}}{H_{M_2}}>4$ 者，属于正规日潮型，此类潮型在半回归月中通常有多数的日期是一天一次高潮和低潮的日潮现象，$(H_{K_1}+H_{O_1})/H_{M_2}$ 值越大，出现日潮的天数越多，而在其余天数为混合潮性质且潮差较小。如我国的北黎、北海、乌石、涠洲岛和流沙湾等均属于此类潮港。

2.1.3 不等现象

认真观看数天的潮汐记录曲线，则可看出潮差是不相等的，而且是逐日改变的。较明显的现象是两相邻的高潮或低潮的高度并不相等，此种不等现象随着月球、太阳对地球相对位置的变化以及月球赤纬的变化而变化。

2.1.3.1 视差不等

潮差的大小还随月球与地球距离的近与远而变化，月地距离近，潮差较大，通常在月球经过近地点 2 天后，潮差为最大，而在月球经过远地点后的 2 天左右最小，此种不等现象叫视差不等。

从近地点至最大潮差的时间间隔叫视差潮龄，通常为 2 天～ 3 天。

视差不等的周期为一个近点月（1 近点月等于 27.554 55 平太阳日）。

2.1.3.2 年不等

潮汐的年周期变化起因于气候的季节变化，例如渤海、黄海、东海北端封闭，南面与太平洋相通，形似大海湾。夏季南风盛行，把外洋的海水推向湾内，加上夏季气压较低，湾内的平均海平面较高，冬季的气象情况相反，平均海平面较低，这样就形成周年变化，这种变化与太阳引潮力的长周期部分一样，决定于太阳赤纬。春分和秋分时，太阳赤纬为零，夏至时太阳北赤纬最大，冬至时，太阳南赤纬最大。地球绕太阳公转的轨道为椭圆形，因此一年之中地日之间的距离是不断变化的，地球轨道上距太阳最近时为“近日点”，离太阳最远为“远日点”，日地距离的变化使潮汐产生微弱的年不等现象。

我们用的阳历年就是根据回归年（1 回归年＝ 365.242 193 平太阳日）确定的，故由阳历月日则可确定太阳赤纬。同时，由于地球近日点的移动（其变化很慢，约 2 万年一周），故日地距离也与阳历月日有关。

此外黄道与白道的升交点移动周期为 18.61 年，使潮汐（平均海平面）产生了 18.61 年的长周期多年变化。月球近地点和远地点的移动约 8.85 年为一周，故潮汐（平均海平面）的多年变化又有 8.85 年周期。

2.1.4 我国近海潮汐特征

2.1.4.1 潮汐性质

我国北部沿海地区的辽东湾、渤海湾以及莱州湾主要以不正规半日潮为主，其中秦皇岛附近海域出现规则半日潮和不正规全日潮，旧黄河口外出现全日潮型；东海和黄海海域以正规半日潮为主；我国南部沿海地区潮汐类型复杂，其中广东大部分沿岸为不正规半日潮，北部湾北部和琼州海峡西部为正规全日潮，海南岛东部沿海海域以及西沙均以不正规全日潮为主。

图2.2 我国沿海潮汐类型分布

以我国沿海省市划分来看，辽宁、河北、天津及山东等沿海地区以不正规半日潮类型为主；江苏、上海、浙江、福建等地区沿海地区以正规半日潮为主；广东沿海地区以不正规半日潮为主；广西、海南等沿海地区以正规全日潮类型为主（图 2.2）。

2.1.4.2 潮差变化

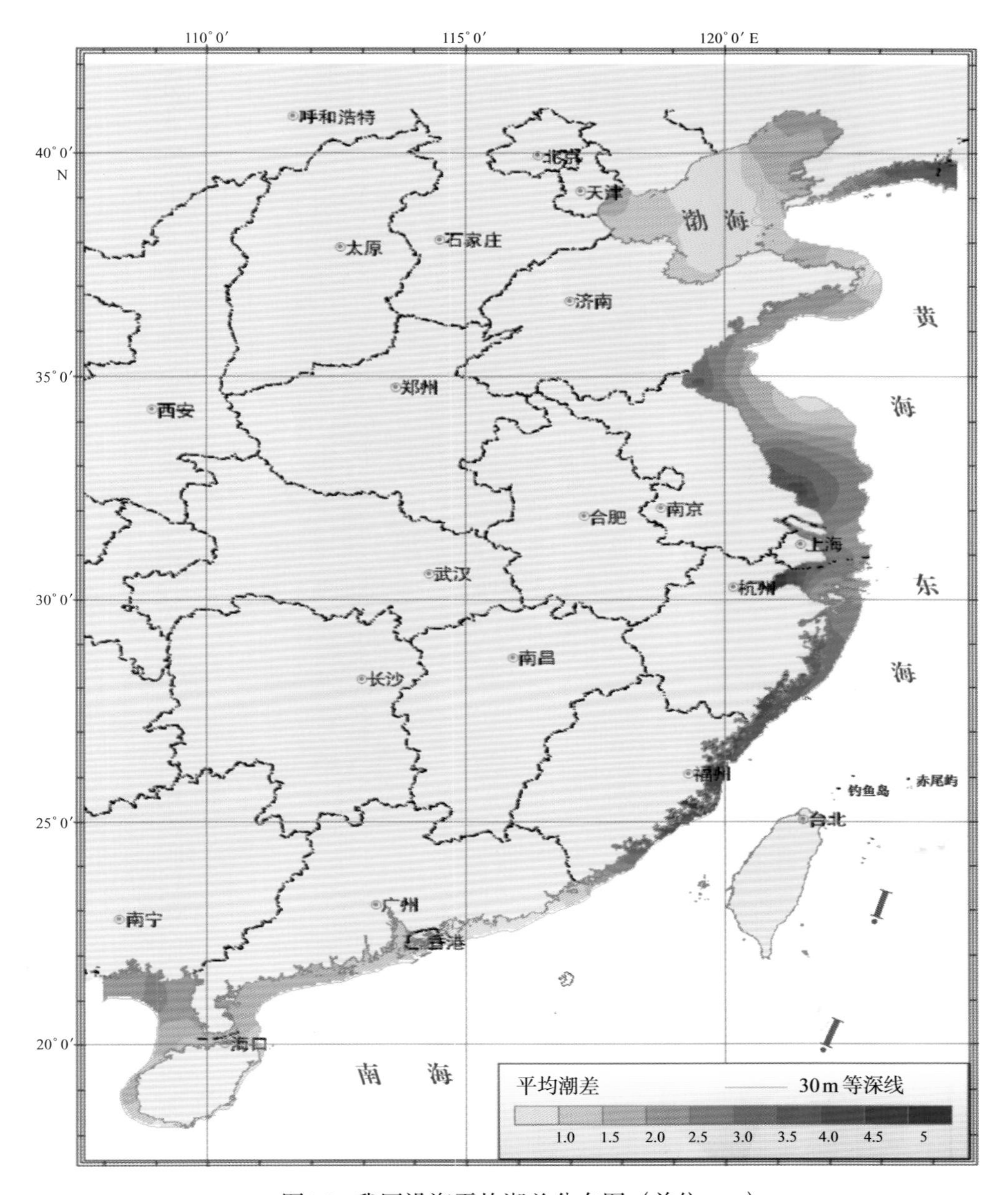

图2.3 我国沿海平均潮差分布图（单位：m）

我国沿海潮差分布基本特征为东海沿岸最大，黄海、渤海其次，南海最小；近岸大，远岸小。

辽宁省沿海大部分区域平均潮差都在 2 m 以上，最小值出现在芷锚湾海域，平均潮差不足 1 m，最大值出现在赵氏沟，平均潮差为 4.59 m，其最大潮差可达 7 m 以上。

河北省及天津沿海大部分区域平均潮差在 1 m ~ 2 m，秦皇岛沿岸潮差较小，平均潮差还不足 1 m，塘沽沿岸潮差较大，可达 2 m 以上（图 2.3）。

山东省沿海区域潮差分布不均，山东半岛北岸潮差较小，平均潮差在 1 m ~ 2 m，其中龙口和成山头附近潮差很小，平均潮差仅 0.7 m ~ 0.8 m；山东半岛南岸潮差较大，平均潮差在 2.5 m ~ 3 m，日照附近海域最大潮差可近 5 m。

江苏省沿海大部分区域平均潮差在 3.5 m ~ 4.4 m，近岸潮差分布较为均匀，其中小洋口外潮差最大，平均潮差为 4.4 m，最大潮差可达 7 m 以上。

上海沿海平均潮差在 2.4 m ~ 3.5 m。

浙江省沿海平均潮差为 2 m ~ 5 m，并且分布变化较大，其中江夏的潮差较大，平均潮差在 5 m 以上，最大潮差为 8.33 m。

福建省沿海潮差较大，大部分地区平均潮差为 4 m ~ 5 m，三都澳地区潮差最大，平均潮差为 5.16 m，最大潮差可达 8 m，福建南部潮差较小，其中东山平均潮差仅 2 m 左右。

广东省沿海平均潮差在 1 m ~ 2 m。

广西沿海平均潮差在 2 m ~ 3 m，附近岛周围海域潮差略小。

海南省沿海大部分地区平均潮差在 1 m 左右，其中东方潮差较大，平均潮差为 1.68 m，最大潮差为 3.18 m。

2.1.4.3 潮时变化

潮时用平均高潮间隙，即月球中天后至产生高潮的时间表示。黄海、渤海海区以半日分潮为主，M_2 分潮波的波峰线在一周期（12 h 25 min）内绕无潮点按逆时针旋转一周，由于波峰线到达的时刻是高潮发生的时刻，在黄海发生高潮的时间由朝鲜半岛南端开始，向北逐渐延迟。群山的平均高潮间隙为 3 h 9 min，仁川为 4 h 47 min，辽宁省的大鹿岛为 8 h 19 min，大连为 10 h 2 min，成山头为 11 h 58 min，在北黄海高潮间隙完成了一个周期变化。从山东半岛的南岸至苏北沿岸发生高潮的时间逐渐延迟。在渤海发生高潮的时间从辽宁省的南端开始，以逆时针方向沿着渤海岸边呈逐渐增加的趋势，高潮间隙在渤海沿岸完成了两个周期变化。在浙江南部和福建省，以北往南发生高潮的时间逐渐延迟，高潮间隙逐渐增加。在广东沿岸，发生高潮的时间（指分点潮而言）从东往西逐渐延迟（图 2.4）。

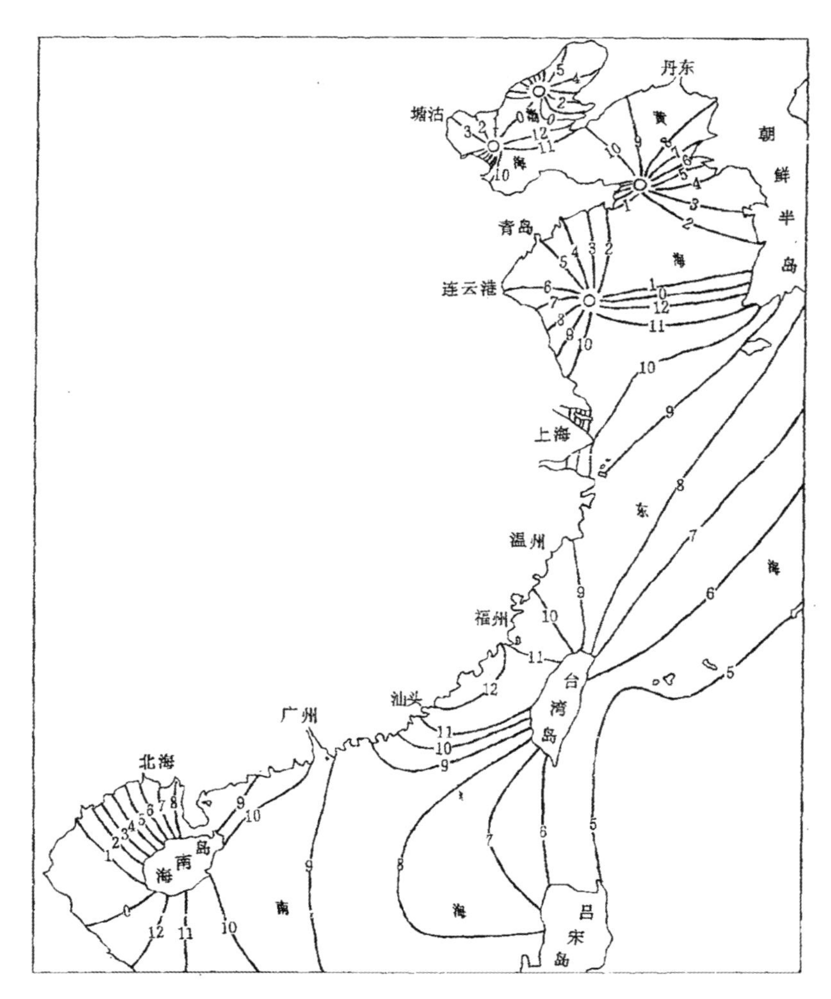

图2.4 我国海区潮时分布图
月球中天东经120°后，单位：h

2.2 潮汐能资源评估

2.2.1 潮汐能开发利用形式

事实上，任何海洋能的资源评估结果都是依赖于具体的开发利用技术、形式等多方面因素。潮汐能资源评估与其开发利用形式密切相关。潮汐能的开发形式较多，从水库的数目上区分，可分为单库式和双库式两种。单库式开发则可分为单向式和双向式，即仅利用落潮时发电和涨、落潮均发电；而双库式又分为高低库和大小库，其中，高库终日保持高水位，而低库则终日保持较低水位，两库间总存在着水位差，将水轮发电机布放在两库之间，便可终日发电。但需要指出的是，由于将库容一分为二，库容利用率减半，发电量也随之下降，因而显得不太经济。而大、小双库则是将电站水库分为正常发电水库和补充发电水库两部分，其库容比约为 3:1，使其彼此轮流互补发电，可以达到连续不断的发电效果，我国在浙江乐清湾内的茅埏岛上建立的海山潮汐电站便采用了双库的开发方式，但总体上，国际上为数不多的几座潮汐电站仍以单库式潮汐发电为主，其中包括有法国朗斯、加拿大安娜波利斯、我国江厦和韩国始华湖等。

单库式潮汐电站的单向发电过程可分为充水—等待—发电—泄水四个过程，即在涨潮时刻开放水闸，向库区充水，待大坝两侧水位相同关闭所有闸门，等到坝外水位落至可发电的最小水位差时打开水轮机发电，直至坝两侧水位差小于最小发电要求再次打开泄水闸门，完成一次发电过程（图 2.5）；双向发电与单向发电的不同之处在于涨潮时刻亦可发电（图 2.6）。

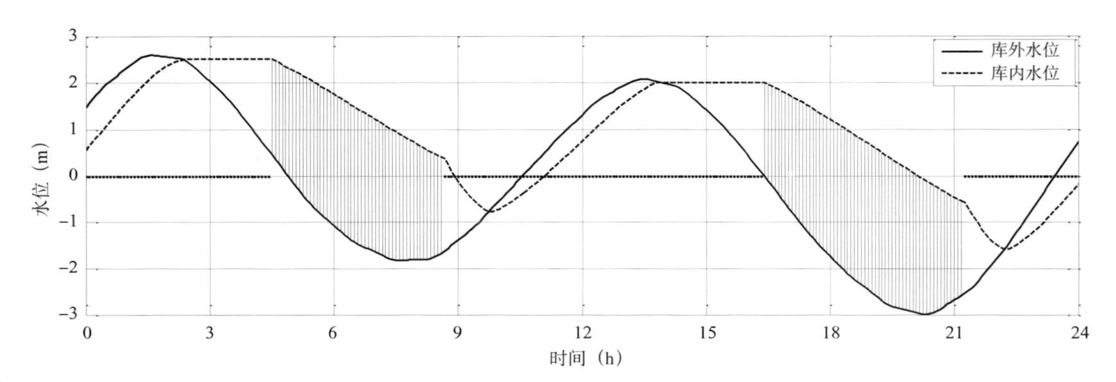

图2.5　单库潮汐电站单向发电示意图

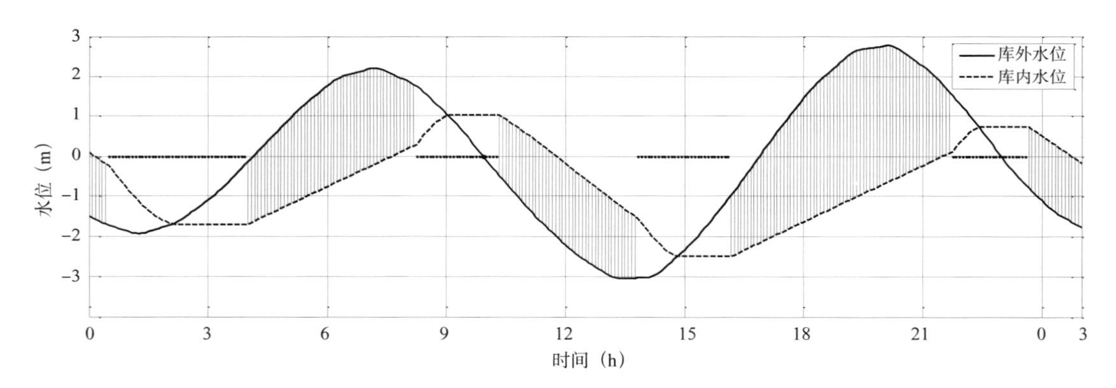

图2.6　单库潮汐电站双向发电示意图

2.2.2　评估方法

目前，潮汐能资源的分析和估算方法主要包括两类。一类是基于潮汐势能做功理论的总量简易估算方法，另一类是近期由 Xia 等（2010，2012）提出的基于潮汐数值模拟技术的估算方法。

2.2.2.1　简易估算方法

尔·勃·伯恩斯坦等认为，潮汐电站的能量是由潮汐在一年间每一次涨落周期内所做的功来表示的，因此表达其电站功率的要素不是水利电站所用的流量和水头，而是潮汐水库的面积和潮差。该方法假设海域内在涨落潮中没有水面坡度，即整个海域的水面同时升、降，而且可以瞬时充满、泄尽水库，这样对于正规半日潮海域，潮汐在一次涨落（半个潮周期）中所做的功 E，可用升高和降低的潮水重量 $AFr \times 10^6$（kN）和潮水重心上升高度的 A/2 的乘积来表示，即（统一编辑公式）

$$E = \frac{A}{2} AFr \times 10^6 = \frac{1}{2} A^2 Fr \times 10.05 \times 10^6 \tag{2.1}$$

式中，E 为功（kJ）；A 为平均潮差（m），F 为水库面积（km^2），r 为海水容量（ρg），取 10.05（kN/m^3）。

对于正规半日潮海域，潮汐能的日平均理论功率等于潮汐在一周日内所做的功 $3.87E$ 除以一周日的秒数（ $3.87 = \dfrac{24}{12.42 \times 0.5}$ 为潮汐在一周日内涨落半周期的数目），即

$$N = \frac{3.87 A^2 F \times 10.05 \times 10^6}{2 \times 24 \times 3600} = 225 A^2 F \tag{2.2}$$

需要指出的是，N 并不能用来确定潮汐电站的装机容量，因为它在此取的是平均值，但它可以表述为一种“理论”上的平均状态功率值，我们称之为理论装机容量。另外，它还可以用来确定潮汐电站的潮汐能年理论蕴藏量 E：

$$E = 24 \times 365 \times 225 A^2 F = 1.97 \times 10^6 A^2 F \tag{2.3}$$

与上述推导类似，Xia 等也引用了与公式（2.1）一般无二的理论基础，但 Xia 等认为公式（2.1）中所表示的是一个潮周期（两涨两落，正规半日潮）所蕴藏的势能，因此，他们的推导结果较王传崑（王传崑，2009）的结果小一半，即

$$N = \frac{1.935 A^2 F \times 10.05 \times 10^6}{2 \times 24 \times 3600} = 112.539 A^2 F \tag{2.4}$$

同样，一年的潮汐理论发电量也与公式（2.3）相差一倍，而且 Xia 等认为，公式（2.1）中的年发电量还应乘以目前主要水轮机的总转换效率，得到的即是潮汐能资源技术可开发的年发电量，即

$$E = N \times 24 \times 365 \times \eta = 0.987 \times 10^6 A^2 F \times \eta \tag{2.5}$$

为了检验公式（2.5）的准确性，Xia 等利用法国朗斯、加拿大安纳波利斯、我国江厦等现有潮汐电站的装机规模和发电情况与计算结果进行了对比。结果表明，除各电站的水轮机转换效率 η 所造成的区别外，公式（2.5）可以十分准确地估算出研究海域的潮汐能资源蕴藏量（表 2.1），尤其是可以准确给出装机规模和年发电量两个重要参数。

表2.1　世界各潮汐电站实际发电量与估算发电量

电站名称	国家	平均潮差（m）	库容面积（km^2）	实际装机（MW）	涡轮机效率	估算年发电量（GWh）	实际年发电量（GWh）
朗斯	法国	8.5	22.5	240	0.33	517	533
安纳波利斯	加拿大	6.4	6	20	0.2	50	50
江厦	中国	5.1	1.37	3.2	0.2	7	5.86
施华湖	韩国	5.6	43	254	0.4	538	553

此外，在我国1958年开展的第一次全国潮汐能资源普查中，分别采用公式（2.6）和公式（2.7）对各坝址的潮汐能理论装机容量和可开发装机容量（双向发电）进行了估算，估算值是利用伯恩斯坦公式计算结果的2.67倍。而且，在经过一系列的潮汐示范电站建设过程中，研究人员发现公式（2.6）至公式（2.7）的评估结果偏大。在充分研究了我国若干潮汐电站的运行状况后，于1978年开展的第二次全国沿岸潮汐能资源普查中，人们利用公式（2.8）作为正规半日潮港潮汐电站装机容量（技术可开发量）的计算公式。

$$N = 600\,A^2 F \tag{2.6}$$

$$N = 250\,A^2 F \tag{2.7}$$

$$N = 200\,A^2 F \tag{2.8}$$

其对应的单、双向年发电量的估算公式分别为

单向潮汐电站年发电量：

$$E = 0.40 \times 10^6 F A^2 \tag{2.9}$$

双向潮汐电站年发电量：

$$E = 0.55 \times 10^6 F A^2 \tag{2.10}$$

式中，E为年发电量（kW·h），A为平均潮差（m），F为水库面积（km^2）。

2.2.2.2　数值模拟方法

数值模拟方法是由Xia (2012) 等基于一维及更为普遍使用的二维海洋数值模型并结合特殊的算法来估算通过拦潮坝口门和水轮机的潮汐能资源的一种评估潮汐年发电量的方法。该方法需要较为精细的数据基础，包括水深地形、实测潮汐数据、拟建坝址位置及开发形式等相关参数，因此其评估结果更为精准。

为了能够刻画潮汐蓄水、发电的整个开发过程，该方法采用一种特殊的模拟区域分离技术（domain decomposition）将数值模型的区域分为两个子区域，这两个子区域共用一条内部开边界，即拟建的拦潮坝，而且两区域不相互重叠。

内部开边界，即在坝址口门和涡轮机之间建立了一个表征流量和水头的关系式。于是，透过拦潮坝口门的流量 Q_S 可表达为

$$Q_S = C_d A_S \sqrt{2gH} \tag{2.11}$$

其中，Q_S 的单位为 m^3/s，C_d 为流量系数，A_S 为过流面积，$H = Z_u - Z_d$ 为拦潮坝内外的水位差，即通过涡轮机前后的水位差。当 A_S 为水道最窄处截面面积时，C_d 一般取 >1.0。从 C_d 的敏感性试验来看，C_d 越大，即拦潮坝所处的水道越窄，虽然可以造成更大功率的输出，但其对年发电量的提升却十分有限。

发电流量 Q_S 和发电功率 P_t 可表示为

$$P_t = \rho g Q_t H \eta_t \tag{2.12}$$

其中，Q_t 的单位为 m^3/s，η_t 为水轮机效率，ρ 为海水密度，一般取 1 025 kg/m^3，g 为重力加速度，取 9.81 m/s^2。Goldwag 和 Potts (1981) 曾给出水头、流量和潜在最大功率三要素之间的关系式，其结果表明（图 2.7）水轮机功率随水头和流量的增加而逐渐增大，当水头达到 6.9 m 时，流量和输出功率皆达至最大，分别为 730 m^3/s 和 39 MW，且不再随水头的增长而增大。

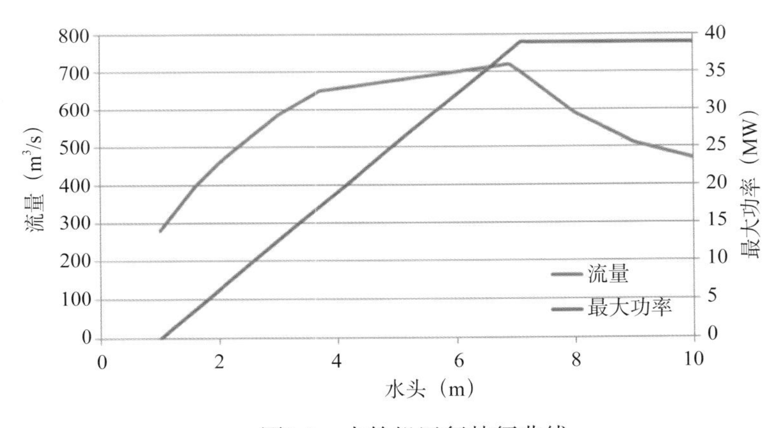

图2.7 水轮机运行特征曲线

2.2.2.3 评估方法评述及选取

伯恩斯坦提出的潮汐能总量估算方法操作简单，原理清晰，应用性广，除我国第一次潮汐能普查中使用的参数偏大外，其余普查过程中所采用的方法皆是相同的，但其不足之处主要表现在两方面。一方面，该方法估算的结果较粗，由于该方法是建立在建坝前后的水位变化等动力条件不变的假设之上，因此建坝对水位变化曲线产生的影响必然使潮汐能估算产生一定误差。Nekrasov 等曾指出，拦潮坝建立后库区内的平均水位将会降低，拦潮坝外的水位

将会升高，而且如果拦潮坝圈出的海域面积过大，还将对数百千米外的海岸线产生影响。另一方面，该评估方法仅能够估算潮汐能理论装机容量总量和年发电量，但无法给出潮汐能随时间变化的状况以及不同发电形式下（如单向发电或双向发电）的发电时长、最大装机功率及平均装机功率等对于潮汐能电站设计和建设的重要参数。相比之下，基于数值模拟技术的潮汐能评估法则弥补了上述的不足，较为准确地预测建坝后的潮汐能资源的总量及其时间变化特征，但却存在着评估条件苛刻、操作困难且存在一定的不确定性等问题。例如，数值模拟的建模需要评估海域精确的水深地形数据、岸线资料、尽可能多的海流水位实测数据、拦潮坝的初设方案作为输入条件；由于目前此类方法一般皆由物理海洋学等专业技术人员使用，应用案例较少且无相关标准规程可用，因此存在着模型选择、网格水平分辨率和模型配置的各参数设置，甚至是潮汐能总量的具体算法皆不尽相同等问题，使得其评估结果的可重复性和可对比性较差，而且该方法只能针对已经初步设计完成的潮汐能电站，即明确潮汐发电形式（单向或双向）、水轮机运行特征曲线和装机数量、泄水口面积及数量等重要参数进行资源量估算，难以确定潮汐能的最大可开发量和最优水轮机装机数量等，并不适合潮汐能初步评估及其技术可开发量的计算。

本书将基于数值模拟方法中通量守恒原理和特定水轮机运行特征，结合伯恩斯坦方法的评估原理提出一种更为简单实用的估算方法，该方法既摆脱了数值模拟方法复杂的评估程序，又较伯恩斯坦的简易方法增加了多个重要评估参数。其基本原理如下。

针对一个有较大潮差的海湾，湾口修建拦潮坝及潮汐电站相关设施，受到港湾近岸海域潮间带、浅滩等影响，库区面积随水位涨落而不断变化，假设库内水位同升降，海水密度不变化，流量不受降雨、蒸发、河流等因素影响且发电过程对坝外侧水位无影响，若潮汐能水轮机类型、发电形式、港湾水深地形及泄水能力确定或已知，则根据流量守恒原则，除去等待时刻，即潮汐电站处于发电、泄水或充水阶段，其库区内第 n+1 时刻的水位值即为第 n 时刻容积与流量变化（发电、充水或泄水流量）差与此时库容面积之商，详见计算公式（2.13）。

$$H_{n+1} = \left(\int_0^{H_n} S_n dh - Q_n\right) / S_n \tag{2.13}$$

其中，H_{n+1} 为库区内第 $n+1$ 时刻的水位，S_n 为第 n 时刻的库容面积，Q_n 为水轮机发电总流量 Q_t、泄水或充水流量 Q_s。

由此可以看出，当发电形式确定，泄水口面积相同以及水轮机类型一致时，水轮机个数过多将使库区水位下降过快导致发电时间过短，水轮机个数过少则使得库区内水位变化不及时，上述两种情况都将得到一个潮汐能的总发电量 P_n，因此，必然存在一个合适的水轮机数目 N，使总发电量达到最大，即 $P_{\max}$，近而求得该电站的潮汐能最大装机功率，平均装机功率，发电时长（年发电小时数）等参数。需要指出的是，最大装机功率并非是特定型号水轮机的额定装机功率与水轮机个数之积，而是发电阶段最大潮差下所对应的所有水轮机功率之和。

$$P_{\max} = \max(P_t) \quad i = 1, 2, \cdots, N \tag{2.14}$$

2.3 我国近海潮汐能资源评估历史

截至 2010 年，中国共开展了 4 次较大规模的潮汐能资源调查与评估，潮汐能资源总量估算皆采用了伯恩斯坦提出的估算公式或是在其基础上修改后的公式，评估结果仍属于普查层面上的简单统计。事实上，精确的潮汐能资源评估与其开发形式密切相关。由于潮汐能开发受到库坝类型、发电方向（单向或双向）、水头设计及发电时长等因素的影响，因此，以往的潮汐能资源评估方法及评估结果难以反映出不同开发形式间的差异和优劣。

表2.2 我国近海500 kW以上潮汐能站址资源统计

地点	站址（个）	装机容量（10^4 kW）	占全国比重（%）	年发电量（10^8 kW·h）	占全国比重（%）
辽宁	24	52.63	2.3	14.48	2.3
河北	1	0.09	0.003 8	0.02	0.002 7
山东	13	17.99	0.79	3.60	0.58
上海	1	70.91	3.1	19.50	3.1
浙江	19	856.85	37.5	235.60	37.6
福建	64	1 210.46	53	332.87	53.13
广东	23	35.26	1.55	9.70	1.55
广西	16	35.15	1.54	9.66	1.54
海南	10	3.57	0.16	0.98	0.16
全国	171	2 282.91	100.00	626.41	100.00

第一次潮汐能资源调查始于 1958 年，由水利部勘测设计总局主持开展，采用前苏联的经验公式（2.6）至公式（2.7）估算了我国近海 500 处河口和海湾的潮汐能蕴藏量。普查结果显示，我国沿岸潮汐能年理论储量为 $2\ 751.6 \times 10^8$ kW·h，理论装机容量为 1.1×10^8 kW。其中，可开发装机容量为 $3\ 584 \times 10^4$ kW，年发电量为 874.3×10^8 kW·h。

1978 年，在水利部规划设计管理局的领导下，由水电部水利水电规划设计院主持，沿海 9 省（市、区）的水利电力勘测设计院等单位参加，进行了第二次全国沿岸潮汐能资源普查。在此次普查中，潮汐能估算公式中的参数较 1958 年有了一定的调整，即在潮差和库容面积相同的情况下，评估结果下降为之前的 80%。评估结果表明，全国沿岸单坝址装机容量 500 kW 以上的 156 个海湾和 33 个河口的总年发电量为 618.7×10^8 kW·h，而总理论装机容量为 $2\ 158 \times 10^4$ kW。

第三次大规模潮汐能资源评估系 1986 年水电部科技司和国家海洋局科技司组织开展的沿海农村海洋能资源区划。在此次调查评估时，采用与第二次相同的潮汐能资源估算公式，重点对我国沿海主要海湾内部 200 kW ～ 1000 kW 的小湾进行了补充调查。评估结果认为，我国近海 200 kW 以上坝址的潮汐能装机容量为 2 179.6 × 10^4 kW，而年发电量为 624.18 × 10^8 kW。虽然此次评估的坝址数达到 426 个，较第二次调查评估增加了 184 个，但由于港湾的面积偏小，因此潮汐能估算总量仅增加了约 1%。

第四次大规模的潮汐能资源调查评估是 908 专项任务“中国近海海洋可再生能源调查与研究（908-01-NY）”中的一部分。该项目自 2004 年开始实施，旨在通过对我国近岸海域、潮间带、海岛及沿海地区潮汐能、潮流能、波浪能、风能、温差能、盐差能等海洋可再生能源相关要素的调查，取得全面、系统的第一手数据，经分析处理后，摸清我国近海海洋可再生能源的蕴藏量和分布，同时有针对性地开展调查区域社会经济发展对海洋可再生能源的需求状况及开发利用现状，为海洋可再生能源开发与利用综合评价提供技术支撑。该项目除采用了 100 余个潮汐站的水位数据外，还在重要区域增设了潮汐观测站位 49 个，估算公式与第三次普查保持一致，项目实施过程中还对拟选坝址位置进行了现场踏勘并进行了可行性分析。研究表明，我国近海潮汐能资源技术可开发装机容量大于 500 kW 的坝址（韩家新，2014）共 171 个，总技术装机容量为 2 282.91 × 10^4 kW，年发电量约 626.41 × 10^8 kW · h（表 2.2）。其中，大部分潮汐能资源主要集中在浙江和福建两省（图 2.8），其潮汐能技术可开发装机容量为 2 067.34 × 10^4 kW，年发电量为 568.48 × 10^8 kW · h，分别占全国可开发量的 90.5% 和 90.73%。

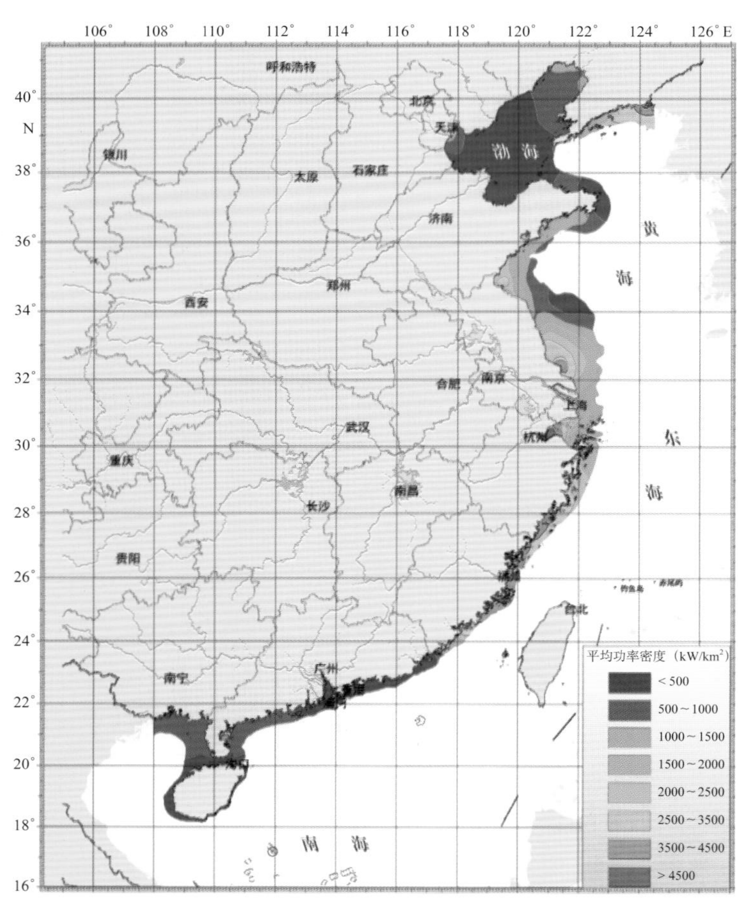

图2.8　我国近海潮汐能功率密度分布

比较而言，第一次潮汐能全国普查多采用较粗略的历史数据进行估算且没有核计工程的经济性和技术可行性，第二次潮汐能估算总体上较第一次的估算更为科学、细致，但由于评估工作是由不同单位的技术人员完成的，所以在选址标准、评估细节、评估深度等方面存在着的不够统一的问题，第三次潮汐能资源普查是对第二次普查工作的补充，尤其是对装机容量较小的海湾进行了统计分析，进一步明确了我国潮汐能资源的总体概况，而第四次潮汐能资源普查则是对前三次评估结果进行了修订，不仅更新了由于自然变化和海涂围垦等造成的库容面积变化以及坝址的改变，而且采用了更多实测数据，从而提高了估算结果的精度。但这次评估也没有过多地考虑潮汐能装置类型及发电方式。需要指出的是，数次普查结果表明，我国的潮汐能资源总量总体上呈下降趋势，这可能与以下三方面的原因有关。其一是由评估公式中的参数不同引起的，由于第二次和第三次潮汐能资源评估均采用了公式（2.8），即参数由原来的 250 改为 200，因此得到的潮汐能资源总量较第一次明显减少。其二是由于自然演变或围海造田、海港工程建设等造成的岸线变化，使得港湾面积和潮汐库容面积减小甚至是无建站的可能性。其三是在后来的潮汐能资源评估中使用了精度较高的平均潮差，这对评估结果带来一定的影响。总体而言，我国潮汐能资源调查评估正处于大面普查至工程勘察阶段，评估内容不断增多，评估手段和评估结果的精度进一步提升，可为潮汐能开发利用规划、选址论证提供重要的参考依据，但尚存在着对海洋环境影响机制尚不清晰等问题。为此，中国财政部和国家海洋局于 2010 年联合启动了海洋能专项资金项目并专门成立了海洋能开发利用管理中心，负责在研专项项目的监督管理工作。其间，专项资金先后资助了“潮汐能和潮流能重点开发利用区资源勘查与选划”“乳山口 4 万千瓦级潮汐电站站址勘查及预可研”“厦门市马銮湾万千瓦级潮汐电站建设的站址勘查、选划及工程预可研”“福建沙埕港八尺门万千瓦级潮汐电站站址勘查及工程预可研”“温州瓯飞万千瓦级潮汐电站建设工程预可研”等项目，对潮汐能资源丰富的浙江、福建及山东沿海的重点海湾进行了潮汐能和潮流能工程勘察、选址评估等可行性研究工作。初步研究结果表明，浙闽沿海 29 个重点港湾的潮汐能理论蕴藏量约为 $1\ 331.9 \times 10^4$ kW，其中沙埕港八尺门最大理论装机容量超过 3×10^4 kW，拟装机容量约 2.1×10^4 kW，温州鸥飞规划装机容量 45.1×10^4 kW，乳山口最大装机容量为 4.5×10^4 kW，拟装机容量约为 4×10^4 kW。

2.4 浙闽近海潮汐特征值分析

2.4.1 浙江沿海

通过对潮汐数值模拟计算结果进行调和分析，得到了该海域 M_2、S_2、K_1 和 O_1 四个分潮的调和常数。比较各分潮的振幅大小，不难发现，其中 M_2 分潮所占比重最大，S_2 次之，K_1 和 O_1 大小相当，居第三。所以，综合来看，浙江沿海区域是以半日潮波为主的。进一步分析可知，浙江近海的潮波传播有着如下几个主要特点。

M_2、S_2 分潮同潮时线的走向基本一致。同潮时线的这一分布特征表明，半日潮波进入陆架后，由东南向西北挺进，然后到达浙江近岸后，分南、北两支传播。K_1 和 O_1 潮波系统大致相似。等潮时线分布表明，K_1 和 O_1 分潮大致由北向西南传播，而在杭州湾的传播方向则基本为东—西向。

由图 2.9 可知，浙江沿海海域大部分比值均小于 0.5，除了镇海、舟山群岛附近为不规则半日潮型外，其余海域均属于正规半日潮。

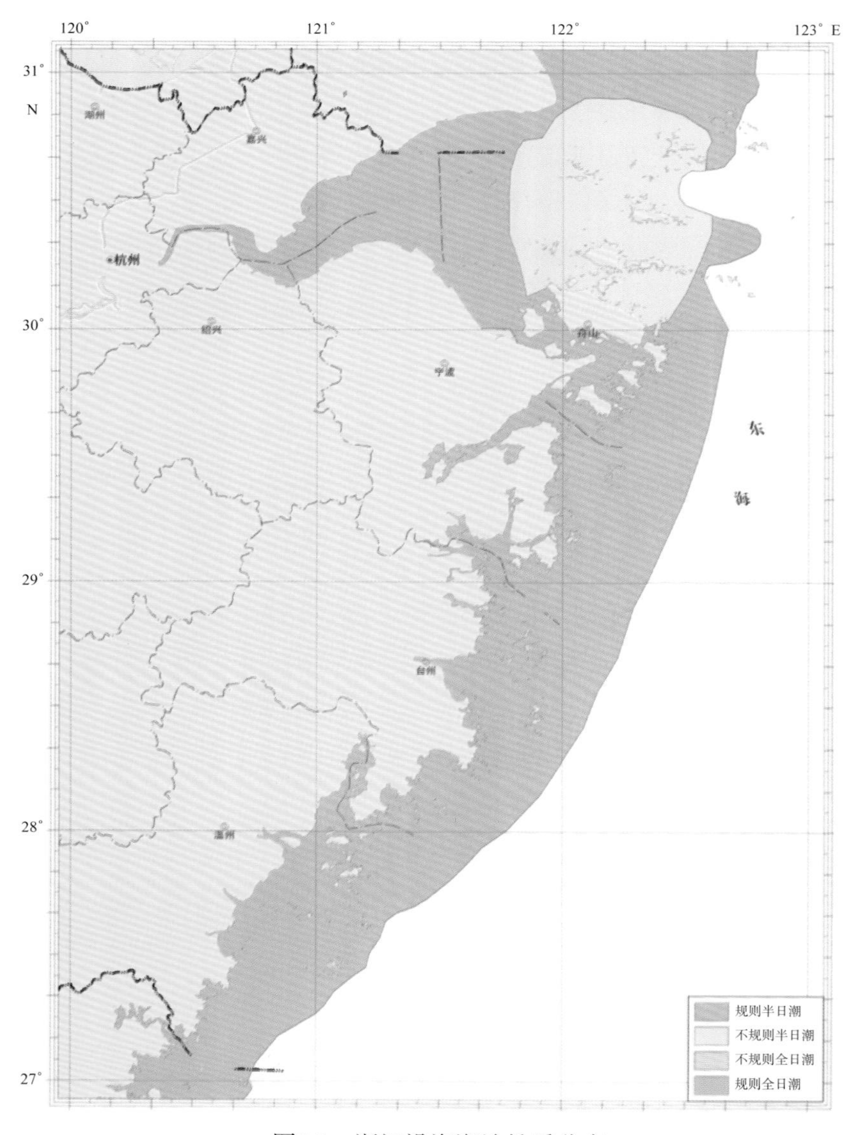

图2.9　浙江沿海潮汐性质分布

浙江沿海潮差普遍较大，为我国强潮海区之一。我们根据数值模拟结果得到了模拟区域的最大可能潮差和平均潮差（图 2.10、图 2.11）。其中，最大可能潮差是通过 $2\times(1.29H_{M_2}+1.23H_{S_2}+H_{O_1}+H_{K_1})$ 计算得到的，而平均潮差为计算时间内各时刻潮差的统计平均值。

由图可知，最大可能潮差和平均潮差的分布规律基本一致，潮差分布具有明显的区域性。最大潮差出现在杭州湾，为 8.6 m，其次为乐清湾（最大可能潮差 8.5 m 以上，平均潮差 4.5 m）和三门湾（最大可能潮差 7.5 m 以上，平均潮差 4 m），最小潮差区在镇海两侧与连及舟山群岛的部分区域。潮差分布规律为：近岸和岛屿附近海区潮差从北往南、从东向西逐渐增大。港湾区潮差由湾口向湾顶增大，越靠近岸边潮差越大。

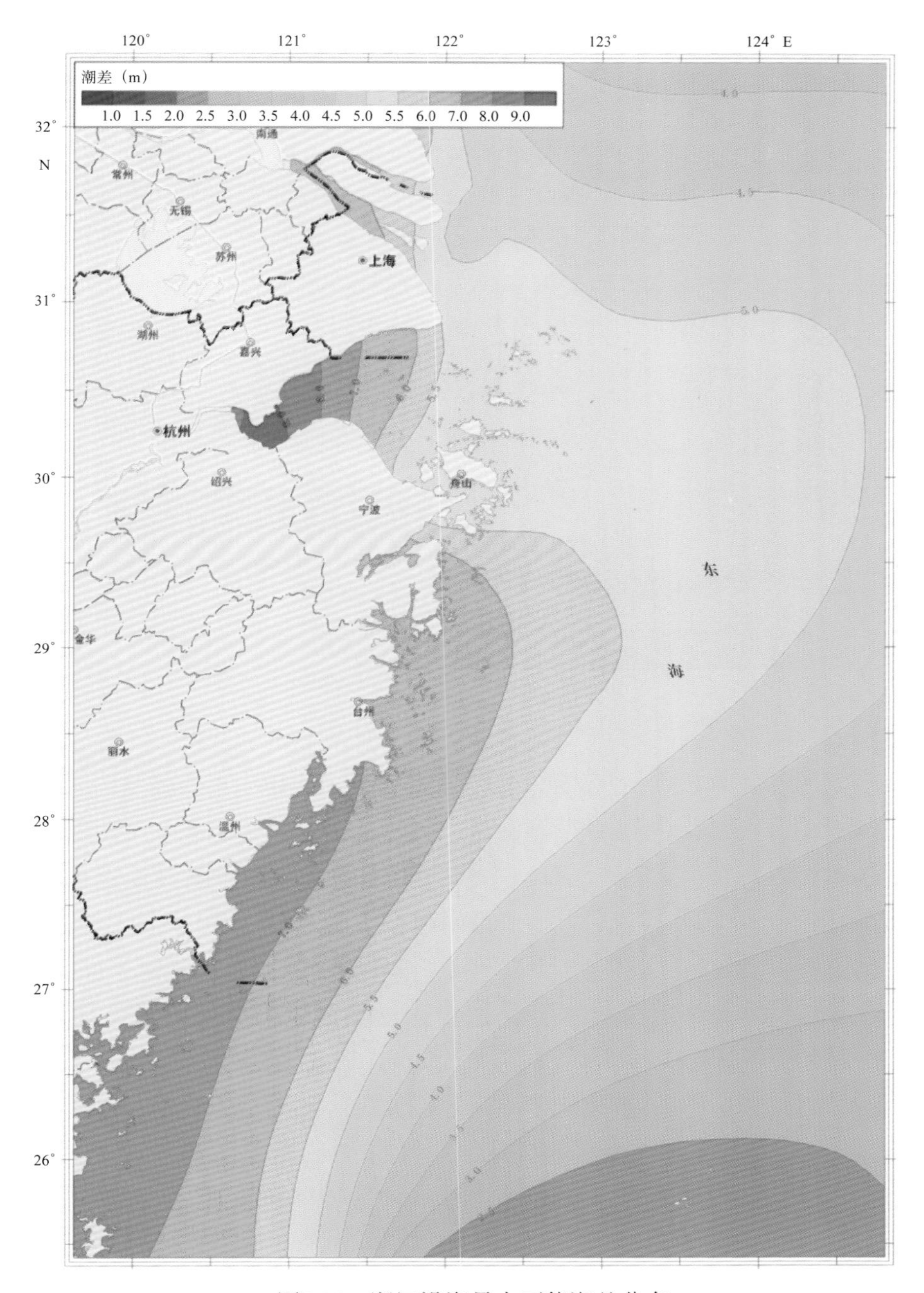

图2.10　浙江沿海最大可能潮差分布

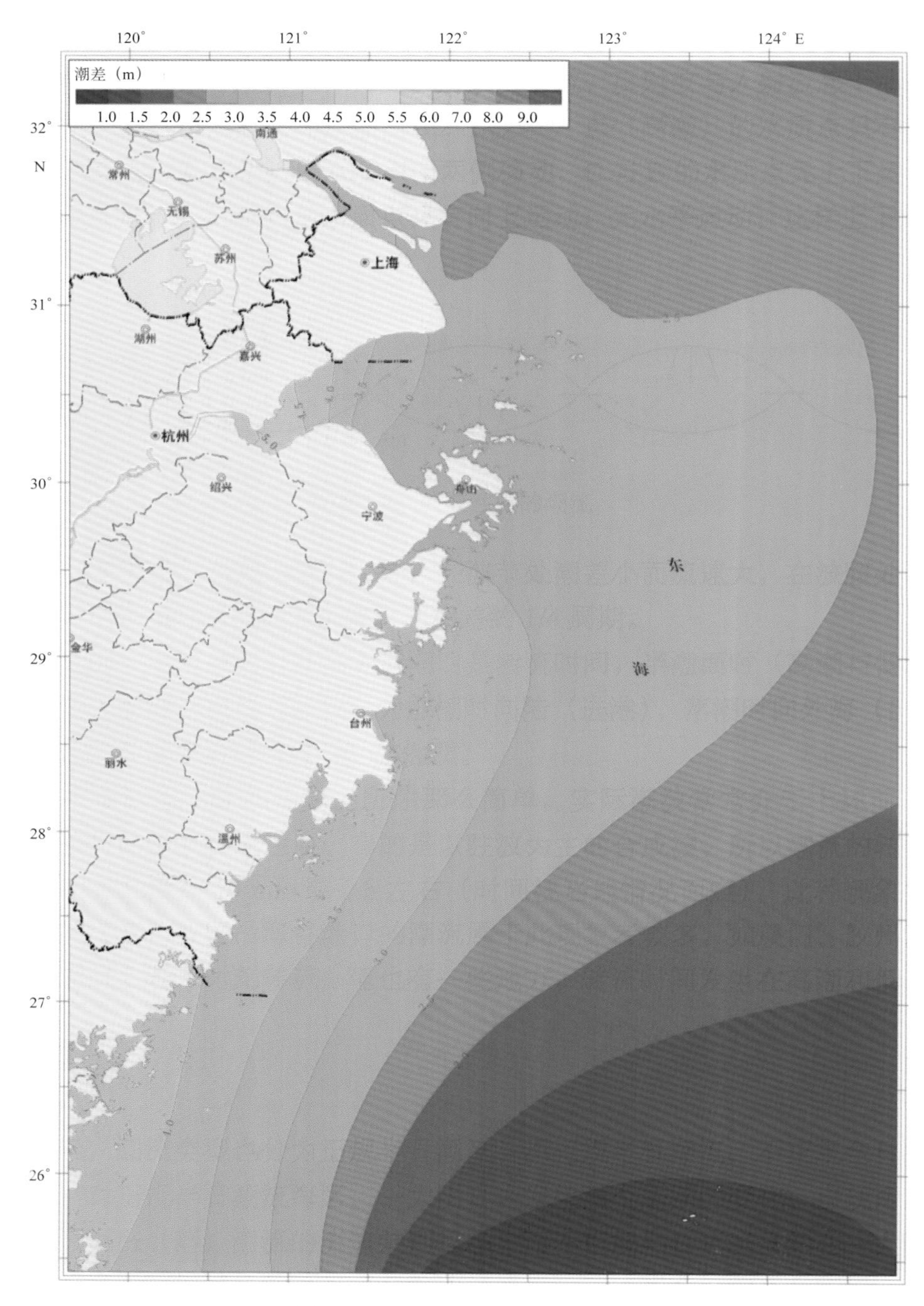

图2.11　浙江沿海平均潮差分布

按 10 m 等深线以浅的海域面积进行潮汐能统计算得出，浙江省潮汐能平均功率密度全省平均值约 3 000 kW/km^2。如图 2.12 所示，浙江省潮汐能主要分布在杭州湾、象山湾和乐清湾等港湾，特别是江厦站附近，潮汐能功率密度达到了 5 500 kW/km^2 以上。

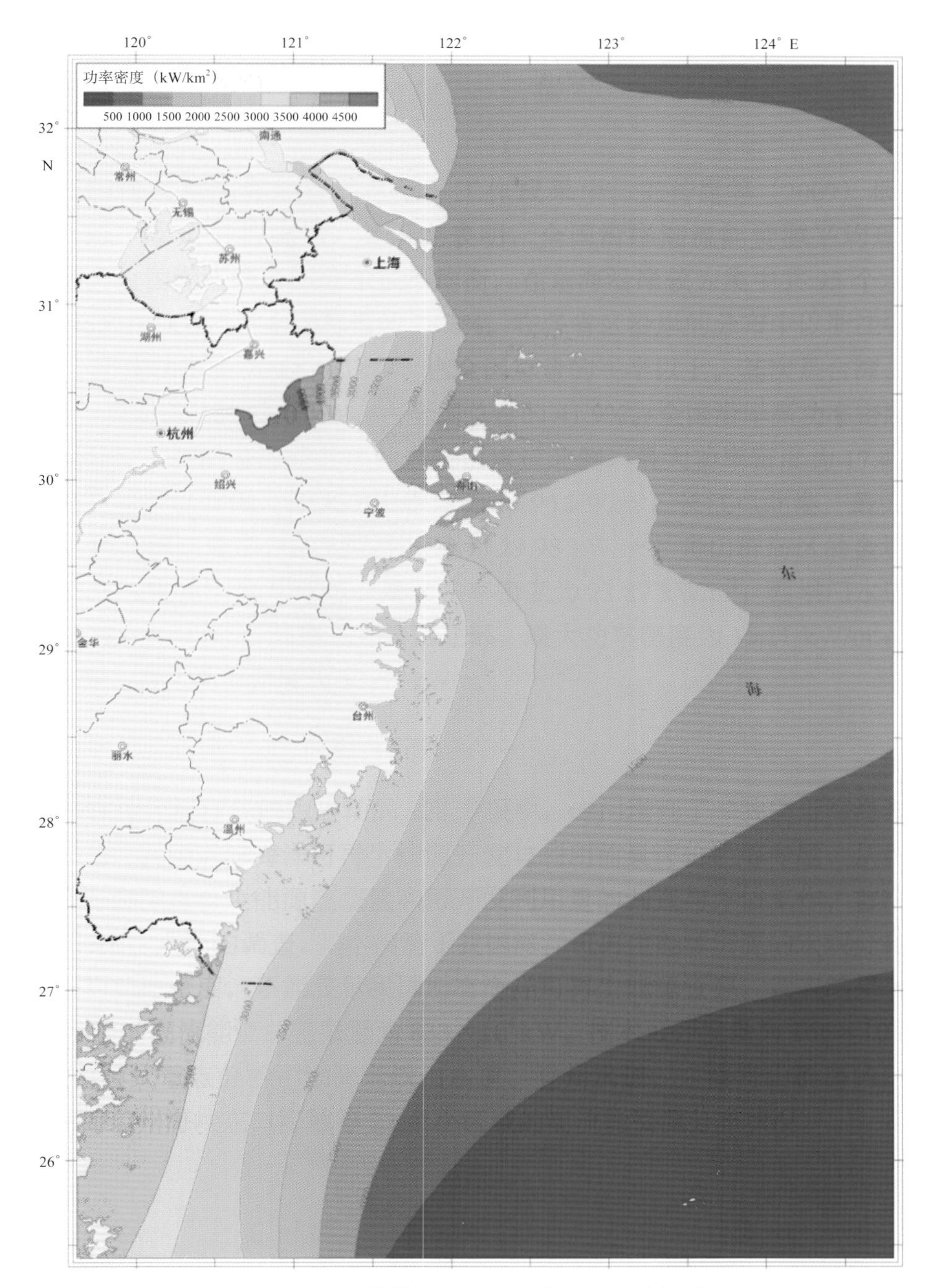

图2.12　浙江沿海潮汐能（平均功率密度）分布

2.4.2　福建沿海

由图 2.13 可知，福建沿海海域除了南部有一小部分属于不规则半日潮外，其余海域均属于正规半日潮。

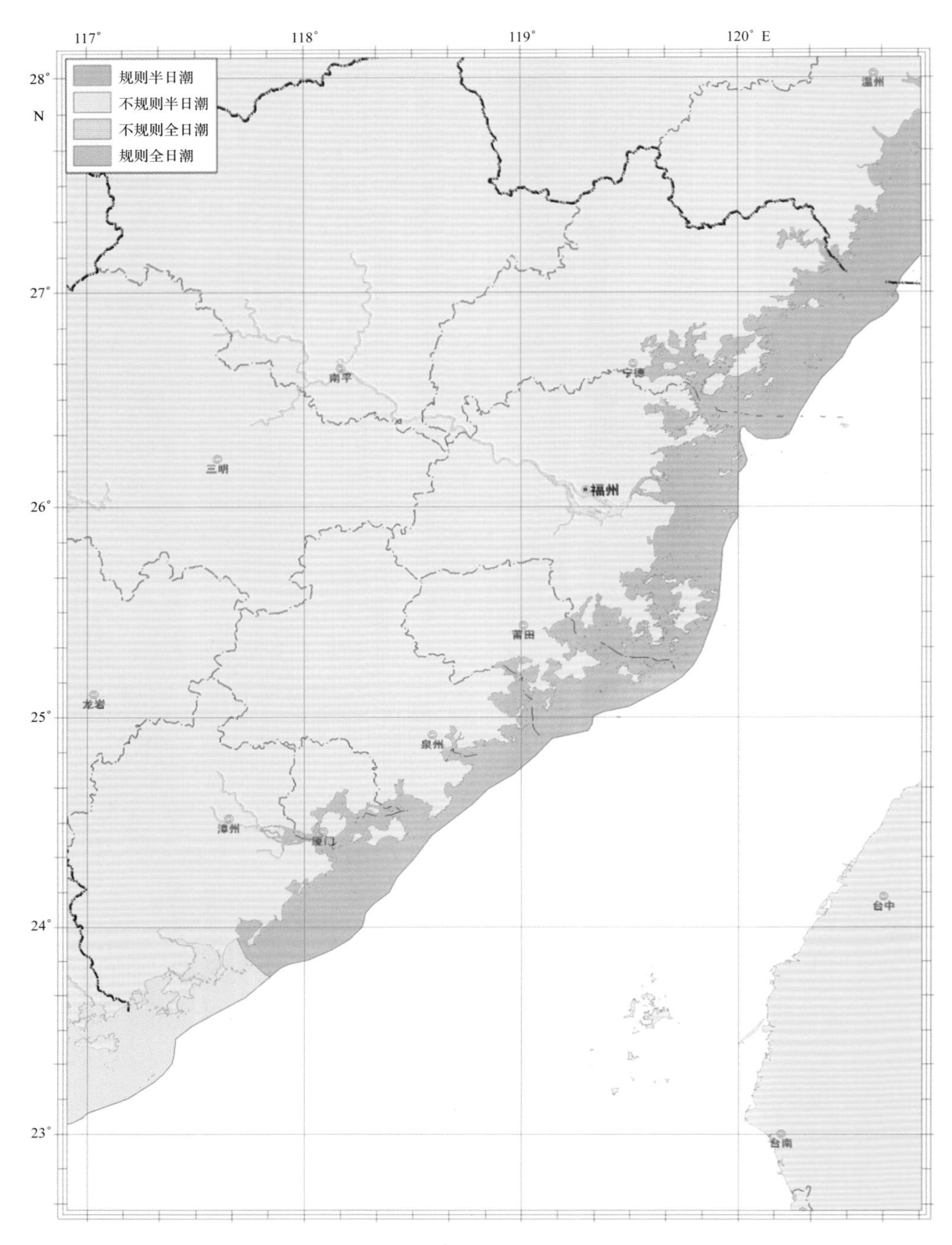

图2.13 福建沿海潮汐性质分布

如图 2.14—图 2.15 所示，福建省沿海潮差较大，大部分地区平均潮差为 4 m ～ 5 m，福建沿海北部潮差较大，实测最大潮差为 8 m，理论最大可能潮差可达 10 m 以上，福建南部潮差较小，其中东山平均潮差仅 2 m 左右。

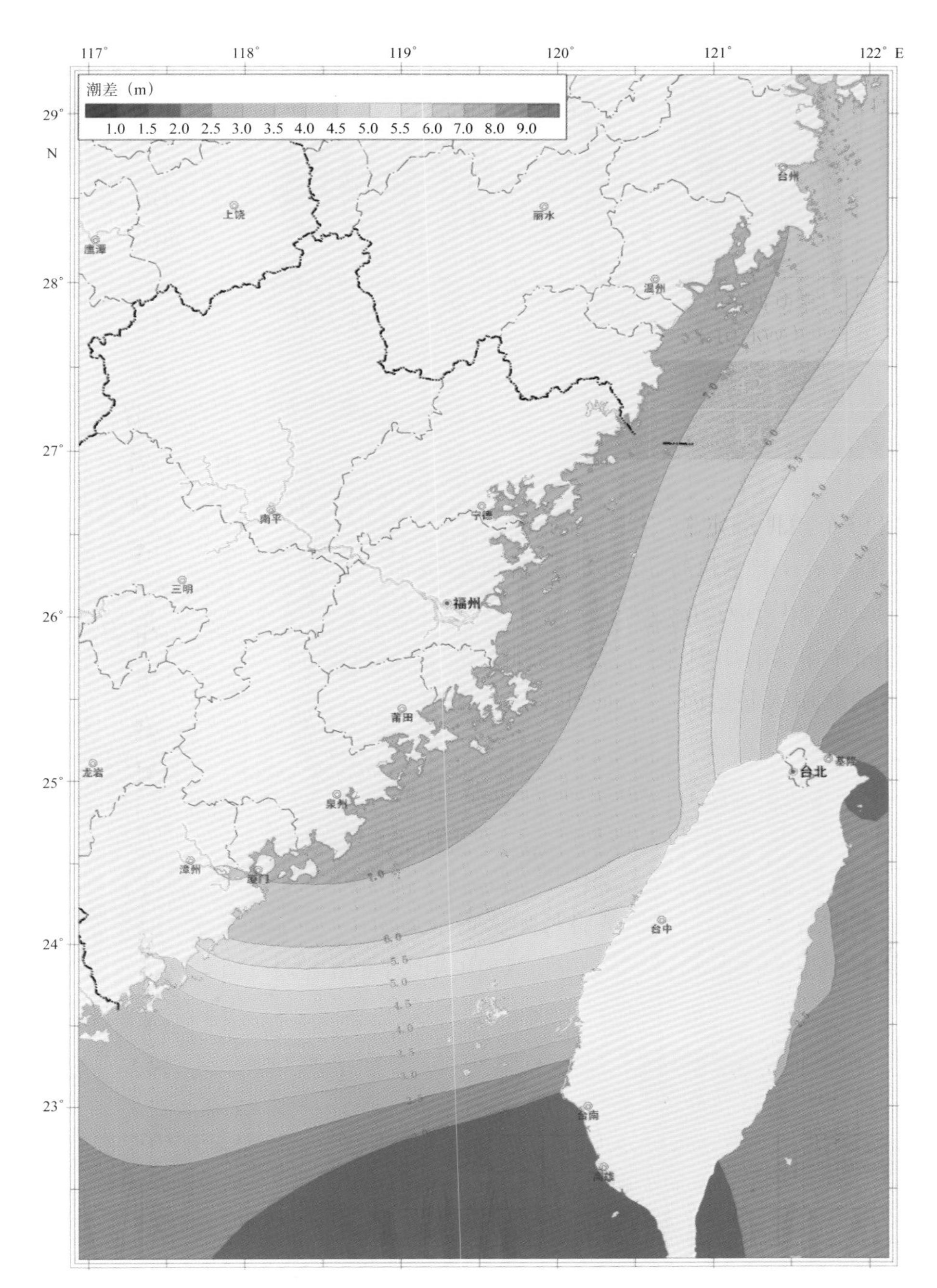

图2.14　福建沿海最大可能潮差分布

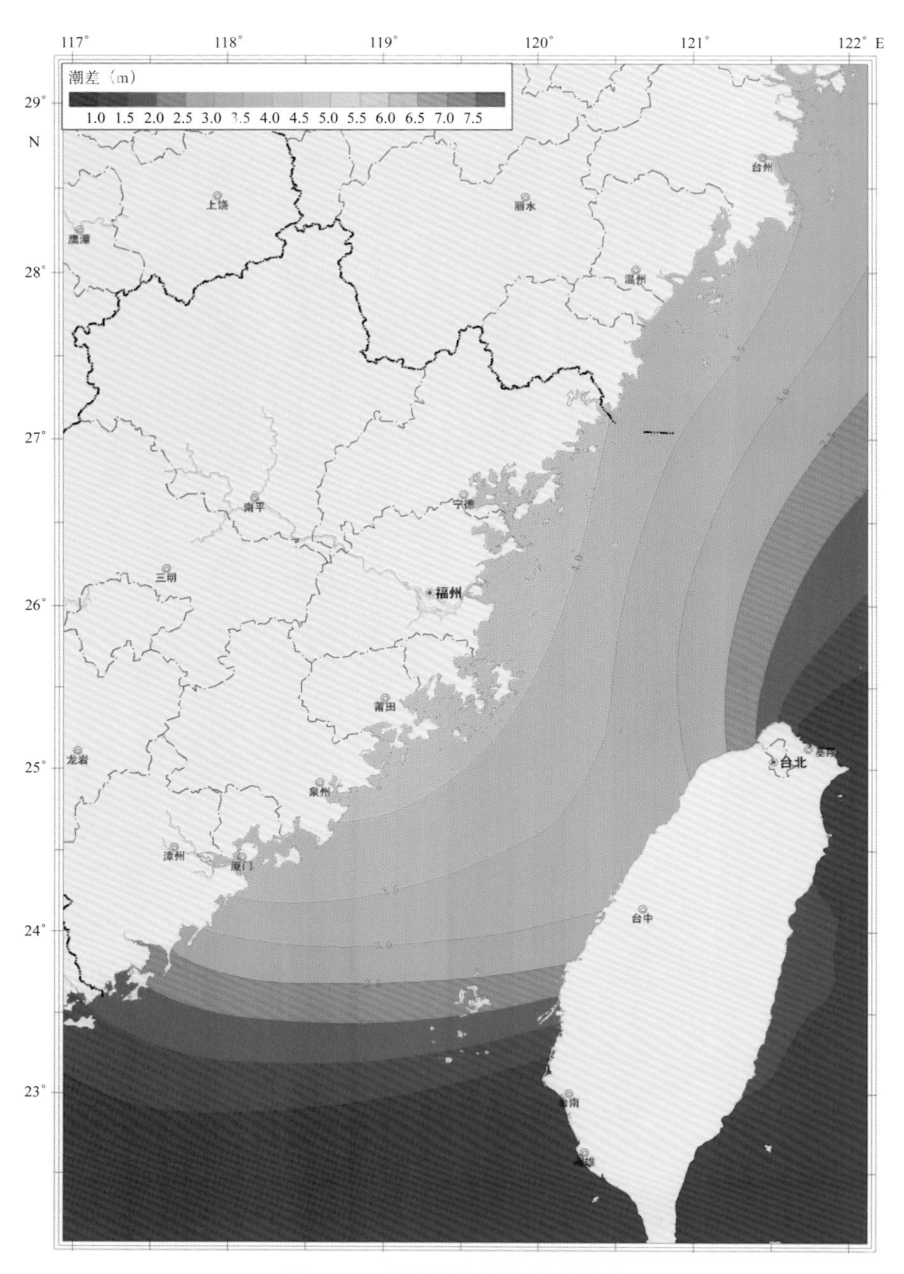

图2.15　福建沿海平均潮差分布

福建省沿海处于东海，大陆海岸线呈东北一西南走向，海岸多为基岩海岸港湾型，地质条件较好，港湾口一般朝向东南，口外有山丘或者岛屿，封闭性较好。潮差普遍较大，能量密度高。如图 2.16 所示，按 10 m 等深线以浅的海域面积进行潮汐能统计算得出，福建省潮汐能平均功率密度全省平均值超过 3 000 kW/km^2，大部分地区平均功率密度达到 4 000 kW/km^2 以上，湄洲湾、三都澳、罗源湾、兴化湾、福清湾等海域是福建省潮汐能较富集的地区。

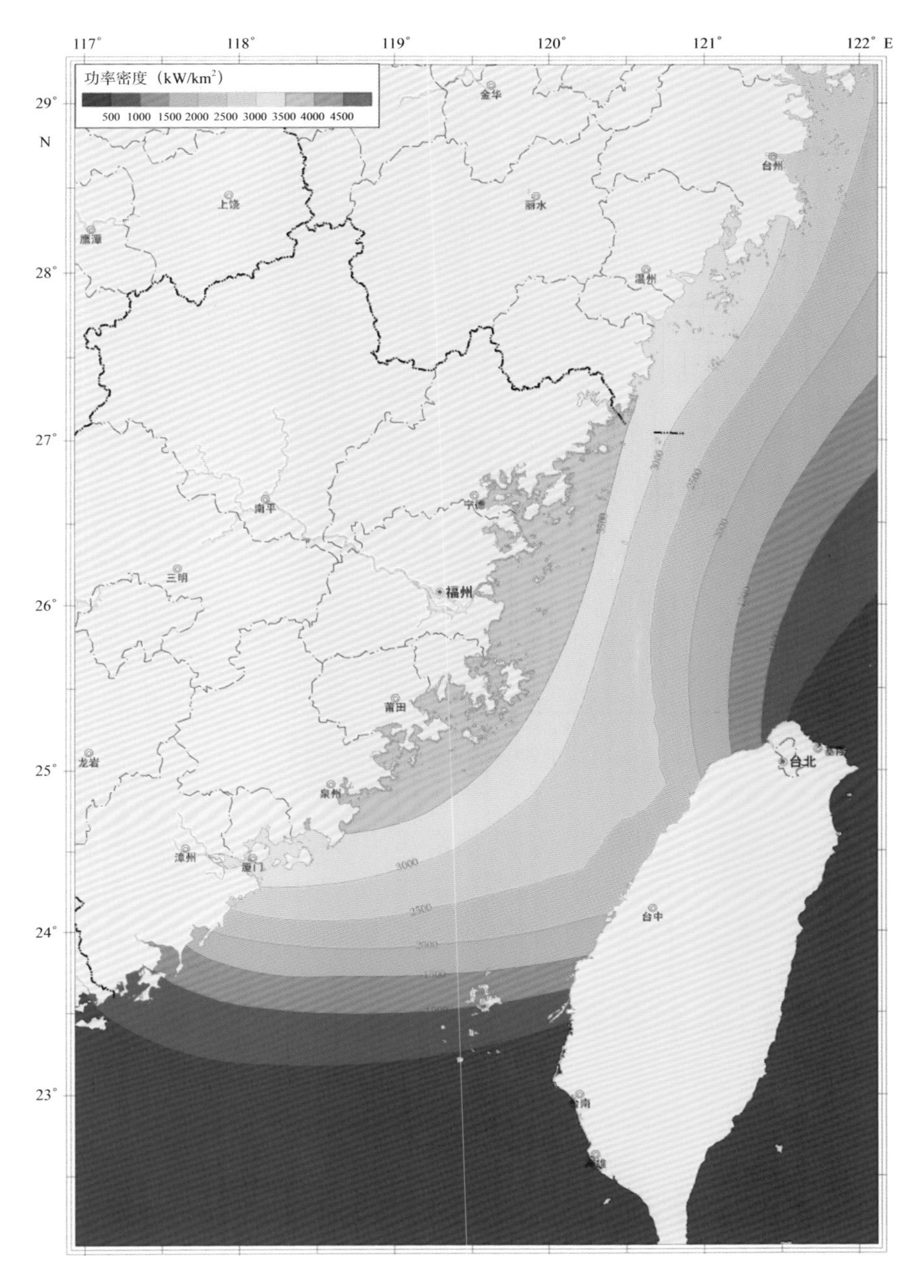

图2.16　福建省沿海潮汐能（平均功率密度）分布

2.5 浙闽主要港湾潮汐能资源分析

2.5.1 浙江省

2.5.1.1 杭州湾

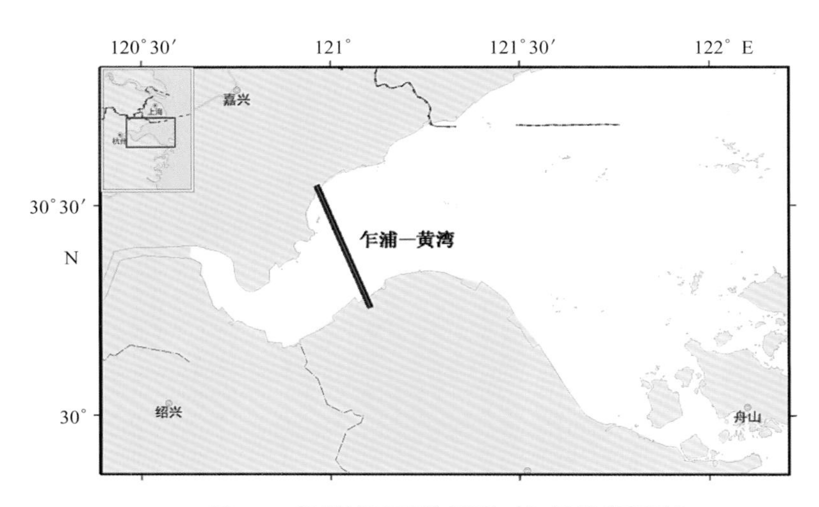

图2.17 杭州湾地理位置图（包括拟建坝址）

杭州湾（图 2.17）位于浙江省北部、上海市南部，东临舟山群岛，西有钱塘江注入。杭州湾的范围，东起上海市南汇县芦潮港至镇海区甬江口；西接钱塘江河口区，其界线是从海盐县澉浦长山至慈溪、余姚两地交界处的西三闸；杭州湾北岸为杭嘉湖平原；南岸是宁波平原、三北平原。

杭州湾的潮波运动能量来自于外海潮波，由于水域面积较小，由天体引潮力直接产生的天文潮很微弱。太平洋潮波传至东海后，其中一小部分进入杭州湾内。大洋的半日潮波由东南向西北方向传播，在舟山附近受阻而转向西，几乎与纬线平行。在湾内其同潮时线呈弧形，南北两岸发生高潮早于湾中央。杭州湾是以半日潮波为主的海区。M_2 分潮波在湾内传播过程中，波形和结构不断发生变化，潮波振幅急剧增大，波形畸变，波峰前坡陡直，后坡平缓。进入澉浦后由于江面变窄及存在巨大沙坎，在尖山附近潮波发展成钱塘涌潮。

杭州湾的潮汐性质为半日潮类型。杭州湾内落潮历时除镇海外普遍大于涨潮历时，北岸的张、落潮历时差约 1 h 30 min，沿程变化不明显。南岸的涨潮历时与落潮历时之差由湾口向湾顶递增，但差值不大。钱塘江河口区的落潮历时远大于涨潮历时且越往上游差值越大。杭州湾的潮差具有湾口小、湾内大的特点。

杭州湾水浅，海底地势平坦，呈喇叭状，地形的集能作用使湾内潮流和潮差向湾顶递增，基本属于强潮流区。

杭州湾属于半日潮流海区，该海区的涨潮流历时普遍短于落潮流历时。杭州湾的潮流以往复流为主，仅有微弱的旋转流。该海湾的涨潮流流速呈现为湾口小、湾内大之特点。

杭州湾沿岸（金山咀）的表层水温，多年平均为 17.3℃，最高值为 35.8℃，而最低值为 -1.0℃，平均年变幅为 33.1℃；

杭州湾受钱塘江和长江冲淡水的影响，盐度的平面分布是湾顶低于湾口，北部低于南部。海盐附近盐度的平均值仅为 8。在 122° E 以西，丰水期平均盐度为 13，而枯水期平均盐度为 14。湾口南部盐度较高，平均值在 20 ～ 25 之间。

杭州湾的年平均波高为 0.2 m ～ 0.5 m，年平均周期为 1.4 s ～ 3.8 s。最大波高为 4.0 m ～ 6.1 m, 浪向随季节因地而异。该区的波型也存在着区域性差异。

杭州湾湾口至乍浦，海底地形平坦，平均水深 8 m ～ 10 m，在乍浦以西，海床以 0.1×10^{-3} ～ 0.2×10^{-3} 的坡度向钱塘江上游抬升，至仓前附近最高高出基线约 10 m。杭州湾北岸深槽沿岸分布，总长度约 60 km，其水深一般为 30 m ～ 40 m，最深处达 51 m，杭州湾南岸七姐八妹列岛附近，有一条长 20 km、脊线高出周围海底 3 m ～ 7 m 的突起地形。

杭州湾的悬浮泥沙含量一般在 0.5 kg/m^3 ～ 3.0 kg/m^3 之间，其中最低值为 0.002 kg/m^3, 出现在乍浦—金山区域的表层，而最高值则为 51.1 kg/m^3, 见于尖山附近。

杭州湾内拟建潮汐电站一座，位于乍浦—黄湾一线，拟建坝长约 36.4 km，电站库容面积约为 785 km^2。电站以单库单向或双向形式发电，其水轮机组参数参见 2.2 节中所述，最小发电潮差设计为 2 m。为提高电站泄水和充水能力，设计泄水口 270 个，总面积约为 56 700 m^2。

（1）乍浦—黄湾

表2.3　潮汐能资源评估参数统计

发电形式	水轮机个数	年发电量（10^8 kW·h）	最大装机功率（10^4 kW）	平均装机功率（10^4 kW）	年发电时间（h）
单向发电	238	63.1	319.5	229.6	2 749
双向发电	320	93.8	409.1	258.8	3 623

单向发电形式下，杭州湾内乍浦—黄湾拟建站址的潮汐能资源特征为：最优水轮机组个数为 238 台，年发电量约为 63.1×10^8 kW·h，年发电小时数约为 2 749 h，平均装机容量约为 229.6×10^4 kW。发电过程中，最大发电潮差约为 3.1 m，对应最大装机容量约为 319.5×10^4 kW。图 2.18 显示了该站位发电过程及拦潮坝内外水位曲线，统计表明：小潮期（48 h）平均累计发电时间约 16 h，日均发电时间约 8 h；中潮（72 h）期间发电时间显著增加，平均累计发电时间约 29.8 h；大潮期间平均发电时间约 20.6 h。

双向发电形式下，乍浦—黄湾拟建潮汐能电站最优水轮机组个数为 320 台，年发电量增至 93.8×10^8 kW·h，较单向发电增加了 30.7×10^8 kW·h，年发电小时数达到 3 623 h，年平均装机容量约为 258.8×10^4 kW，发电过程中，最大发电潮差约为 3.1 m，最大装机容量约为 409.1×10^4 kW。图 2.18 显示了该站位发电过程及拦潮坝内外水位曲线，统计表明：小潮期平均发电时长 19.1 h，中潮期间平均发电时间约为 39.4 h，其中大潮平均发电时间约为 28.7 h（表 2.3）。

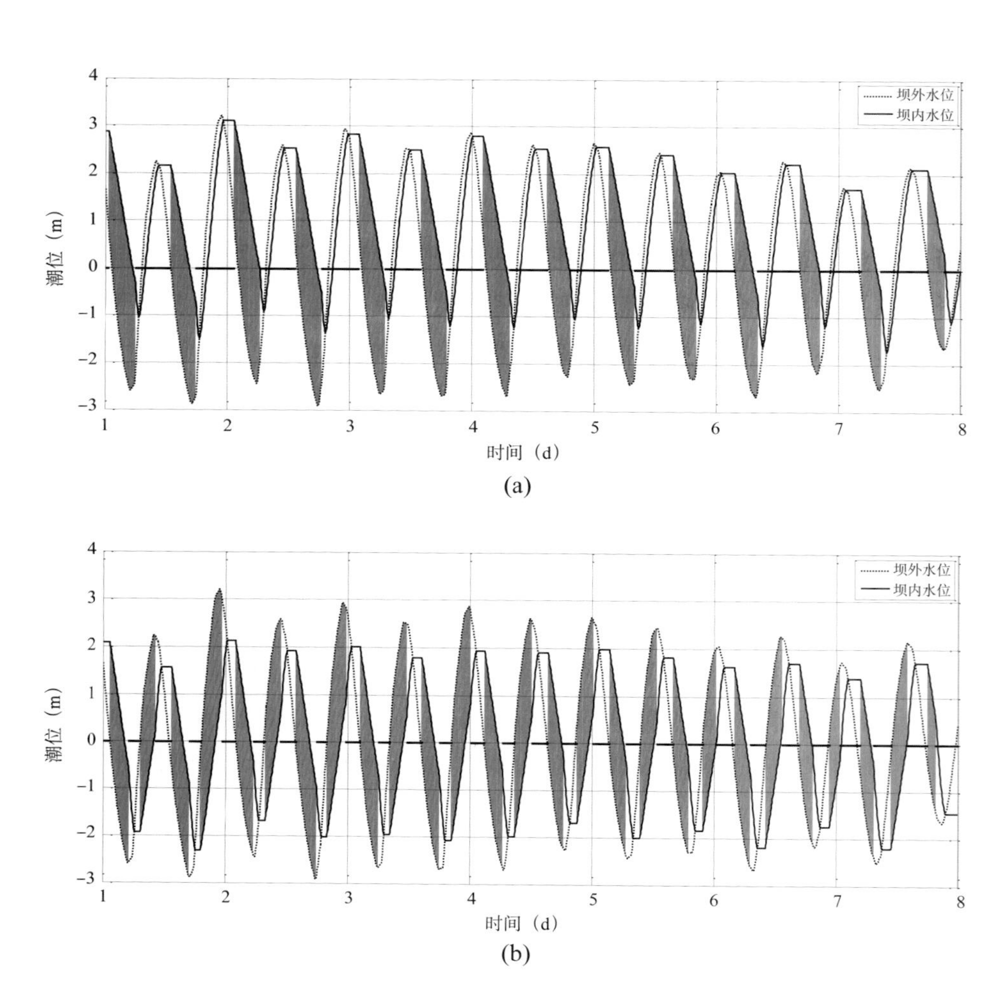

图2.18　乍浦—黄湾潮汐能发电过程曲线

(a) 单向发电；(b) 双向发电；阴影处为发电时段

2.5.1.2　象山港

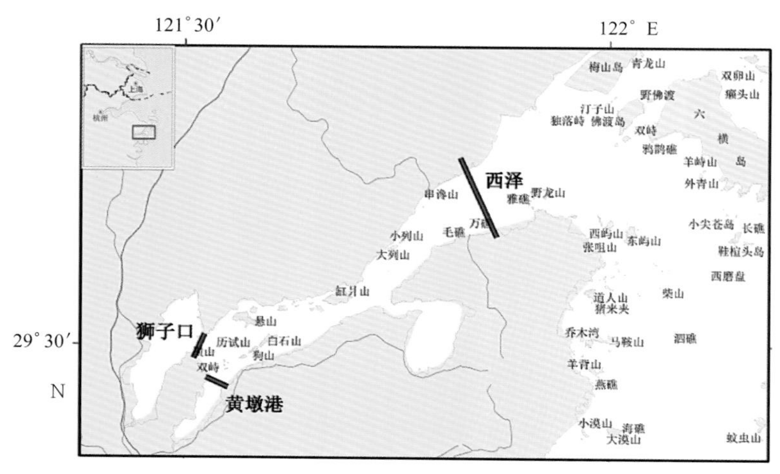

图2.19　象山港地理位置图（包括拟建坝址）

象山港（图 2.19）位于浙江北部沿海，北面紧靠杭州湾，南邻三门湾，东侧为舟山群岛。象山港的东界从北岸郭巨乡石门坑山咀，往西南经捕舌岛、青龙山，过汀山灯标、雷古山南侧，穿越牙牌礁，至南岸象山县钱仓乡青湾山连线。

象山港为半日潮港，但涨潮历时大于落潮历时，其差值约 10 min 至 3 h 不等，越往港内涨潮历时越长。港口的钱仓涨、落潮历时差值仅 10 min，港中的湖头渡为 1 h 51 m，而港顶附近的峡山则长达 2 h 32 min。象山港的潮差均较大且越往港顶潮差越大。

象山港属于半日潮流区。潮流的运动形式明显受地形和边界条件制约，旋转性不强，港口附近，因其较为开阔而略带旋转外，其余水域均属往复流性质。涨、落潮流基本与岸线走向平行。港内落潮流速大于涨潮流速，涨潮历时长于落潮历时且沿程流速不等。潮流流速分布具有从港口向港顶递减的趋势，大潮港口平均涨潮流速为 50 cm/s，落潮流速为 57 cm/s，至港顶部的黄墩港口和铁港口平均流速仅为 20 cm/s ～ 30 cm/s。

港内深水区的盐度为 20.92 ～ 28.13，其中 7 月最高（27.23），12 月最低（22.44）。四季都是底层高于表层，但差值较小。在纵向分布上，除 10 月外，盐度均由港口向港顶递减，而 10 月份则相反。浅水区 9 月和 12 月的盐度在 20.16 ～ 26.12 之间，其水平分布与深水区基本一致，但深水区的盐度要高于浅水区。

象山港口门段的年平均波高为 0.4 m，年平均周期为 4.5 s，实测最大波高 1.8 m，最大周期为 17.0 s。各月平均波高在 0.3 m ～ 0.5 m 之间，平均周期为 3.0 s ～ 6.3 s。全年波浪以风浪为主，但 6 月—10 月盛行以涌浪为主的混合浪。全年最多的风浪向为 N—NW 和 SE—SSE，频率分别为 43% 和 20%。最多的涌浪向为 ENE—ESE，频率为 30%。

象山港南、西、北三面为低山丘陵环抱，口外有六横等众多岛屿为屏障。它呈东北—西南走向的狭长形半封闭海湾，纵深 60 km，口门宽约 20 km，水深 7 m ～ 8 m，东北通过佛渡水道、双屿门水道与舟山海域毗邻，东南通过牛鼻山水道与大目洋相通。港内狭窄，宽约 3 km ～ 8 km，水深 10 m ～ 20 m，港中部达 20 m ～ 55 m。

象山港内终年水色清澈，悬沙含量低，一般在 0.007 kg/m^3 ～ 0.492 kg/m^3 之间，其中最大值为 0.862 kg/m^3，而最小值仅 0.001 kg/m^3。

象山港内存在三处潜在潮汐电站，分别位于湾口的西泽、湾底的狮子口和黄墩港，三处电站拟建坝分别为长约 10.6 km、3.2 km、3.3 km，电站库容面积分别为 302 km^2、43.1 km^2、19.3 km^2。分别考虑单库单向或单库双向形式潮汐发电，其中，西泽坝址设计泄水口 100 个，总面积约为 21 000 m^2、狮子口坝址设计泄水口 15 个，总面积约为 3 150 m^2、黄墩港坝址设计泄水口 6 个，总面积约为 1 260 m^2。需要注意的是，象山港内的三处潜在潮汐能电站站址一般仅能开发其一，尤其是对于湾口的西泽站址，如果建坝则对湾内水动力环境产生较大影响，其余两个潜在站址也将不复存在。显然，对于该海湾的潮汐能资源总量也不宜由三个站址简单累加，其余港湾中的亦有相类似情况，不再赘述。

（1）西泽

表2.4 潮汐能资源评估参数统计

发电形式	水轮机个数	年发电量（10^8 kW·h）	最大装机功率（10^4 kW）	平均装机功率（10^4 kW）	年发电时间（h）
单向发电	98	15.6	144.1	94.2	1 658
双向发电	135	22.3	172.6	108.7	2 261

单向发电形式下，西泽拟建站址的潮汐能资源特征为：最优水轮机组个数为98台，年发电量约为15.6×10^8 kW·h，年发电小时数约为1 658 h，平均装机容量约为94.2×10^4 kW。发电过程中，最大发电潮差约为3.3 m，对应最大装机容量约为144.1×10^4 kW。图2.20显示了该站位发电过程及拦潮坝内外水位曲线，统计表明：小潮期（48 h）平均累计发电时间约0.5 h，日均发电时间约0.2 h；中潮（72 h）期间发电时间显著增加，平均累计发电时间约12 h；大潮期间平均发电时间约13.8 h。

双向发电形式下，西泽拟建潮汐能电站最优水轮机组个数为135台，年发电量增至22.3×10^8 kW·h，较单向发电增加了6.7×10^8 kW·h，年发电小时数达到2 261 h，年平均装机容量约为108.7×10^4 kW，发电过程中，最大发电潮差约为2.7 m，最大装机容量约为172.6×10^4 kW。图2.20显示了该站位发电过程及拦潮坝内外水位曲线，统计表明：小潮期平均发电时长0.3 h，中潮期间平均发电时间约为12.6 h，其中大潮平均发电时间约为18.7 h（表2.4）。

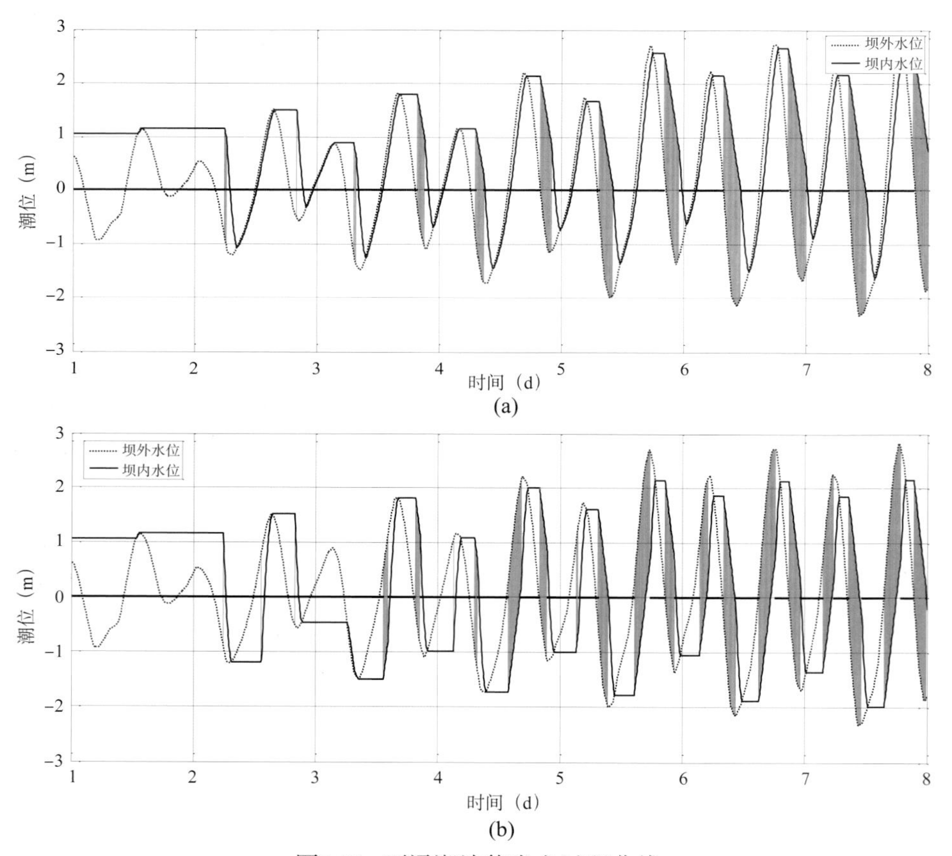

图2.20 西泽潮汐能发电过程曲线

(a) 单向发电；(b) 双向发电；阴影处为发电时段

（2）狮子口

表2.5 潮汐能资源评估参数统计

发电形式	水轮机个数	年发电量（10^8 kW·h）	最大装机功率（10^4 kW）	平均装机功率（10^4 kW）	年发电时间（h）
单向发电	13	2.2	19.9	12.7	1 712
双向发电	19	3.1	23	15.2	2 058

单向发电形式下，狮子口拟建站址的潮汐能资源特征为：最优水轮机组个数为 13 台，年发电量约为 2.2×10^8 kW·h，年发电小时数约为 1 712 h，平均装机容量约为 12.7×10^4 kW。发电过程中，最大发电潮差约为 3.8 m，对应最大装机容量约为 19.9×10^4 kW。图 2.21 显示了该站位发电过程及拦潮坝内外水位曲线，统计表明：小潮期（48 h）平均累计发电时间约 0.7 h，日均发电时间约 0.3 h；中潮（72 h）期间发电时间显著增加，平均累计发电时间约 12.4 h；大潮期间平均发电时间约 14.2 h。

双向发电形式下，狮子口拟建潮汐能电站最优水轮机组个数为 19 台，年发电量增至 3.1×10^8 kW·h，较单向发电增加了 0.9×10^8 kW·h，年发电小时数达到 2 058 h，年平均装机容量约为 15.2×10^4 kW，发电过程中，最大发电潮差约为 2.7 m，最大装机容量约为 23×10^4 kW。图 2.21 显示了该站位发电过程及拦潮坝内外水位曲线，统计表明：小潮期平均发电时长 0.3 h，中潮期间平均发电时间约为 12.7 h，其中大潮平均发电时间约为 18.8 h（表 2.5）。

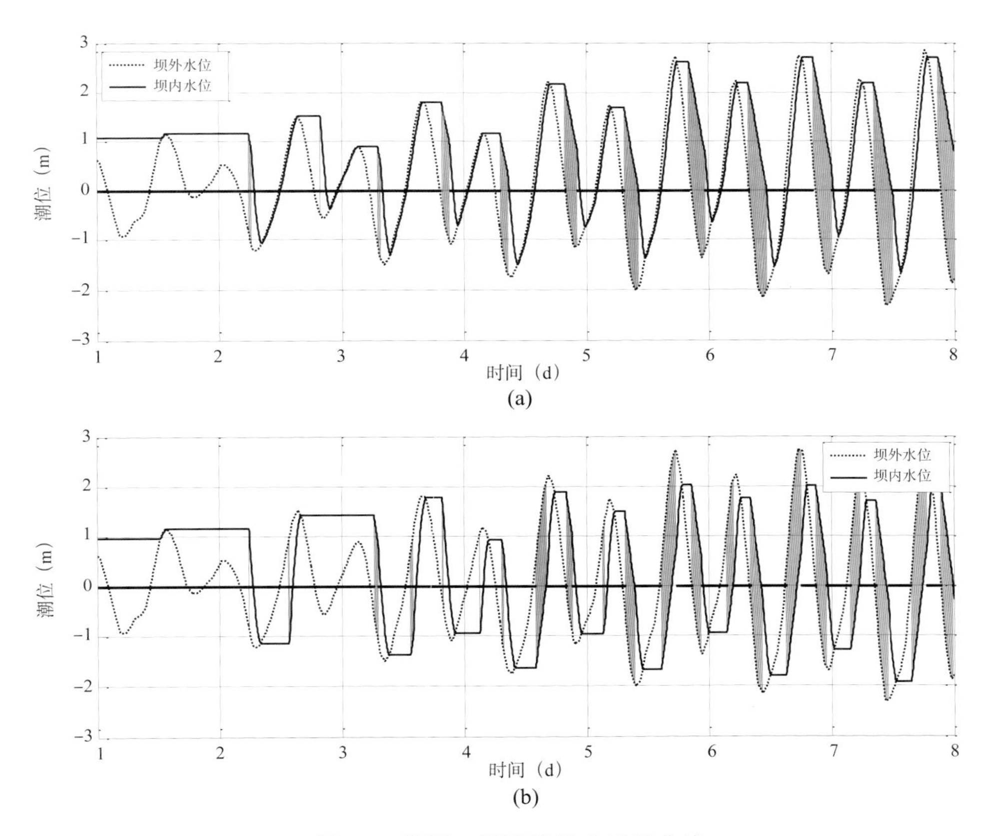

图2.21 狮子口潮汐能发电过程曲线

(a) 单向发电；(b) 双向发电；阴影处为发电时段

（3）黄墩港

表2.6　潮汐能资源评估参数统计

发电形式	水轮机个数	年发电量（10^8 kW·h）	最大装机功率（10^4 kW）	平均装机功率（10^4 kW）	年发电时间（h）
单向发电	6	0.98	8.8	5.8	1 688
双向发电	9	1.4	10.9	7.2	1 940

单向发电形式下，黄墩港拟建站址的潮汐能资源特征为：最优水轮机组个数为6台，年发电量约为9 794 × 10^4 kW·h，年发电小时数约为1 688 h，平均装机容量约为5.8 × 10^4 kW。发电过程中，最大发电潮差约为3.4 m，对应最大装机容量约为8.8 × 10^4 kW。图2.22显示了该站位发电过程及拦潮坝内外水位曲线，统计表明：小潮期（48 h）平均累计发电时间约0.7 h，日均发电时间约0.3 h；中潮（72 h）期间发电时间显著增加，平均累计发电时间约12.3 h；大潮期间平均发电时间约14 h。

双向发电形式下，乍浦—黄湾拟建潮汐能电站最优水轮机组个数为9台，年发电量增至1.4 × 10^8 kW·h，较单向发电增加了约0.6 × 10^8 kW·h，年发电小时数达到1 940 h，年平均装机容量约为7.2 × 10^4 kW，发电过程中，最大发电潮差约为2.7 m，最大装机容量约为10.9 × 10^4 kW。图2.22显示了该站位发电过程及拦潮坝内外水位曲线，统计表明：小潮期平均发电时长0.2 h，基本无法有效发电，中潮期间平均发电时间约为11.8 h，其中大潮平均发电时间约为18.2 h。

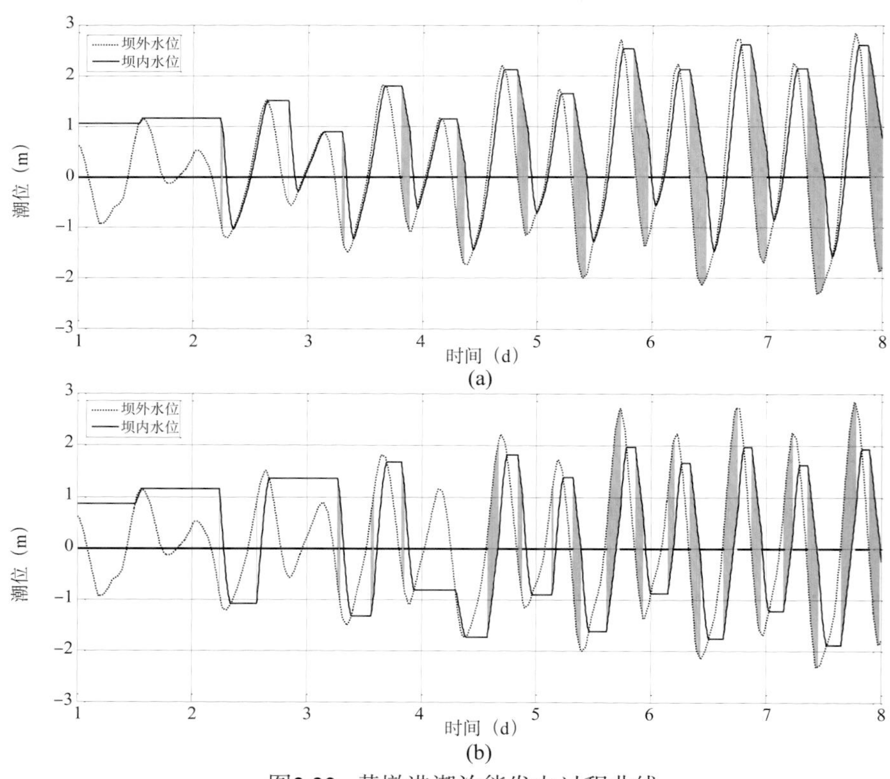

图2.22　黄墩港潮汐能发电过程曲线

(a) 单向发电；(b) 双向发电；阴影处为发电时段

2.5.1.3 三门湾

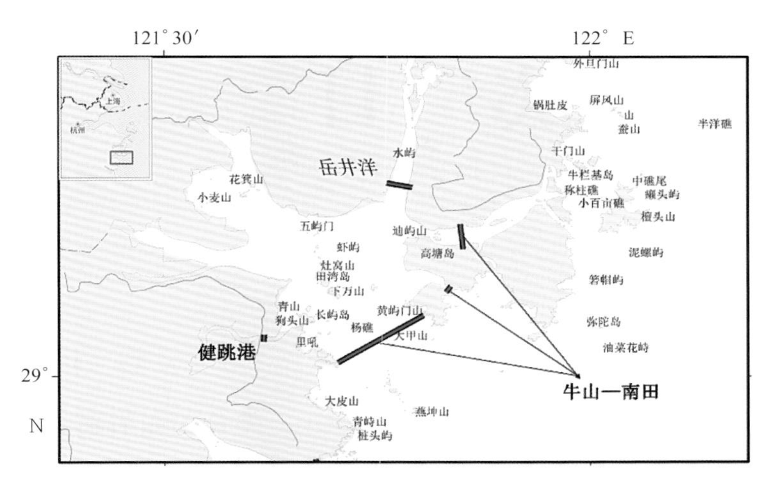

图2.23　三门湾地理位置（包括拟建坝址）

三门湾居全国岸线之中心，为浙东的门户。三门湾北与象山港接壤，南邻台州湾，东界为南田岛南急流咀与牛头门、宫北嘴连线，东与猫头洋毗邻（图 2.23）。

三门湾的潮波以由外海传入的潮波引起的胁迫振动为主，潮波形态为驻波。三门湾属于正规半日潮港，其涨潮历时略长于落潮历时，涨、落潮历时差一般在 30 min 以内，但湾顶的涨潮历时长于湾口，涨、落潮历时差也大于湾口。该海湾的潮差具有以下特点：潮差大，湾内平均潮差在 4 m 以上；潮差由湾口向湾顶逐渐增大。

三门湾属于半日潮流区，潮流历时不等，涨潮流历时略长于落潮流历时。夏季，表层，湾口约长 15 min，湾顶的蛇蟠水道约长 30 min。由于受港湾地形控制，湾内潮流运动形式为往复流。但在局部区域，底层转流时间长且有顺时针和逆时针转流两种情况。

三门湾的年平均（四个季节平均）表层水温为 19.23℃，而底层水温则略低，为 18.84℃；海湾的平均水温存在着明显的季节变化。其中，冬季水温最低（10.08℃），夏季最高（28.36℃），而春、秋季介于两者之间，分别为 21.00℃和 17.48℃。

三门湾年平均表层盐度为 26.76，而底层盐度则略高，为 27.10；海湾的平均盐度也存在着较明显的季节变化。其中，冬季盐度最低（25.62），夏季最高（28.74），而春、秋季则介于两者之间，分别为 27.47 和 25.88。

根据石浦和大陈两站的风况推算三门湾的海浪特征，结果表明，三门湾可能出现的最大风浪，夏季为 1.0 m ~ 3.7 m，而冬季则为 1.0 m ~ 3.1 m。还应指出的是，由于外海波浪对三门湾有一定影响，特别是在台风涌浪发生时，波高可达 5.0 m 以上。

三门湾南、西、北三面皆为峰峦叠嶂，群山环抱，沿海岸有小快平原发育，通过东南湾口及石浦水道与猫头洋相通，呈西北一东南向的半封闭海湾，其形状犹如伸开五指的手掌，港汊呈指状深嵌内陆。湾口宽度为 22 km，从湾口到湾顶纵深 42 km，从湾口至大甲山附近，海面变窄，为 10 km，再往湾内又变宽。三门湾内岛屿罗列，有大小岛屿 130 余个，其中三门岛位于湾口，三山矗立，形成三条航门，为船舶出入必经之路，“三门”即取名于此。

三门湾悬沙含量最大值为 2.32 kg/m³，见于珠门港的夏季大潮，而最小值则为 0.008 kg/m³，出现在健跳港内的夏季小潮。

三门湾内存在三处潜在潮汐电站，分别位于三门湾口的牛山—南田一线、湾东北侧岳井洋和湾西侧的健跳港，三处电站拟建坝分别为长约 17.3 km、3.6 km、0.8 km，电站库容面积分别为 820 km²、41.7 km² 、9.26 km²。分别考虑单库单向或单库双向形式潮汐发电，其中，牛山—南田坝址设计泄水口 270 个，总面积约为 56 700 m²、岳井洋坝址设计泄水口 15 个，总面积约为 3 150 m²、健跳港坝址设计泄水口 3 个，总面积约为 630 m²。

（1）牛山—南田

表2.7 潮汐能资源评估参数统计

发电形式	水轮机个数	年发电量（10^8 kW·h）	最大装机功率（10^4 kW）	平均装机功率（10^4 kW）	年发电时间（h）
单向发电	228	56.4	408.1	233.4	2 415
双向发电	331	80.7	465.6	269.6	2 994

单向发电形式下，牛山—南田拟建站址的潮汐能资源特征为：最优水轮机组个数为 228 台，年发电量约为 56.4×10^8 kW·h，年发电小时数约为 2 415 h，平均装机容量约为 233.4×10^4 kW。发电过程中，最大发电潮差约为 3.8 m，对应最大装机容量约为 408.1×10^4 kW。图 2.24 显示了该站位发电过程及拦潮坝内外水位曲线，统计表明：小潮期（48 h）平均累计发电时间约 6.5 h，日均发电时间约 3.2 h；中潮（72 h）期间发电时间显著增加，平均累计发电时间约 26.9 h；大潮期间平均发电时间约 19.4 h。

双向发电形式下，乍浦—黄湾拟建潮汐能电站最优水轮机组个数为 331 台，年发电量增至 80.7×10^8 kW·h，较单向发电增加了 24.3×10^8 kW·h，年发电小时数达到 2 994 h，年平均装机容量约为 269.6×10^4 kW，发电过程中，最大发电潮差约为 2.8 m，最大装机容量约为 465.6×10^4 kW。图 2.24 显示了该站位发电过程及拦潮坝内外水位曲线，统计表明：小潮期平均发电时长 3.7 h，中潮期间平均发电时间约为 36 h，其中大潮平均发电时间约为 28.1 h。

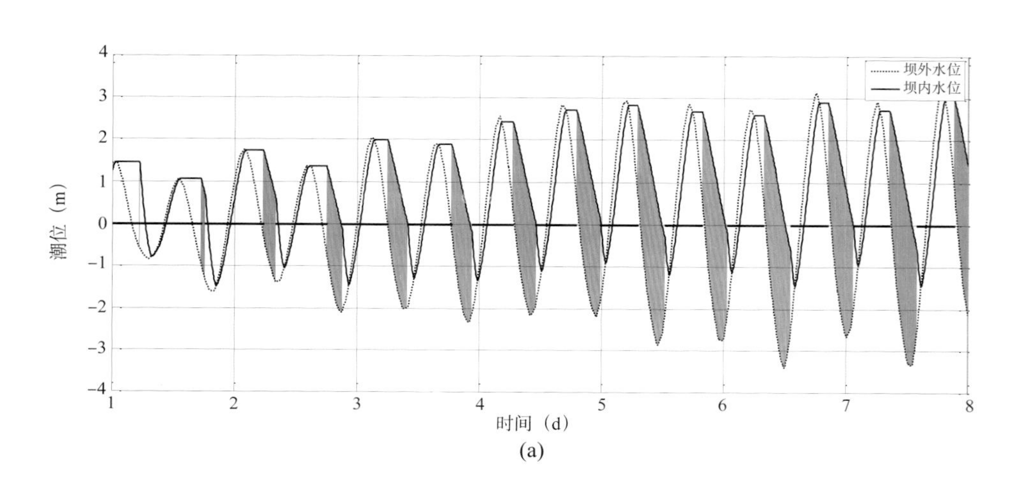

(a)

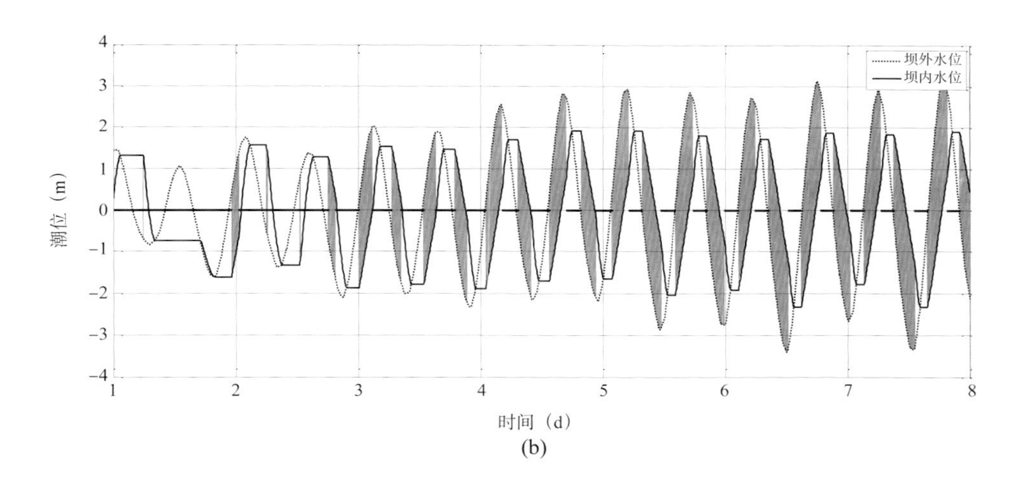

图2.24 牛山—南田潮汐能发电过程曲线

(a) 单向发电；(b) 双向发电；阴影处为发电时段

（2）岳井洋

表2.8 潮汐能资源评估参数统计

发电形式	水轮机个数	年发电量（10^8 kW·h）	最大装机功率（10^4 kW）	平均装机功率（10^4 kW）	年发电时间（h）
单向发电	13	2.6	18.3	12.6	2 062
双向发电	20	3.7	24.2	15.8	2 327

单向发电形式下，岳井洋拟建站址的潮汐能资源特征为：最优水轮机组个数为 13 台，年发电量约为 2.6×10^8 kW·h，年发电小时数约为 2 062 h，平均装机容量约为 12.6×10^4 kW。发电过程中，最大发电潮差约为 3.3 m，对应最大装机容量约为 18.3×10^4 kW。图 2.25 显示了该站位发电过程及拦潮坝内外水位曲线，统计表明：小潮期（48 h）平均累计发电时间约 0.4 h，日均发电时间约 0.2 h；中潮（72 h）期间发电时间显著增加，平均累计发电时间约 15.3 h；大潮期间平均发电时间约 16.3 h。

双向发电形式下，岳井洋拟建潮汐能电站最优水轮机组个数为 20 台，年发电量增至 3.7×10^8 kW·h，较单向发电增加了 1.1×10^8 kW·h，年发电小时数达到 2 327 h，年平均装机容量约为 15.8×10^4 kW，发电过程中，最大发电潮差约为 2.5 m，最大装机容量约为 24.2×10^4 kW。图 2.25 显示了该站位发电过程及拦潮坝内外水位曲线，统计表明：小潮期平均发电时长 0.2 h，中潮期间平均发电时间约为 14.8 h，其中大潮平均发电时间约为 21 h（表 2.8）。

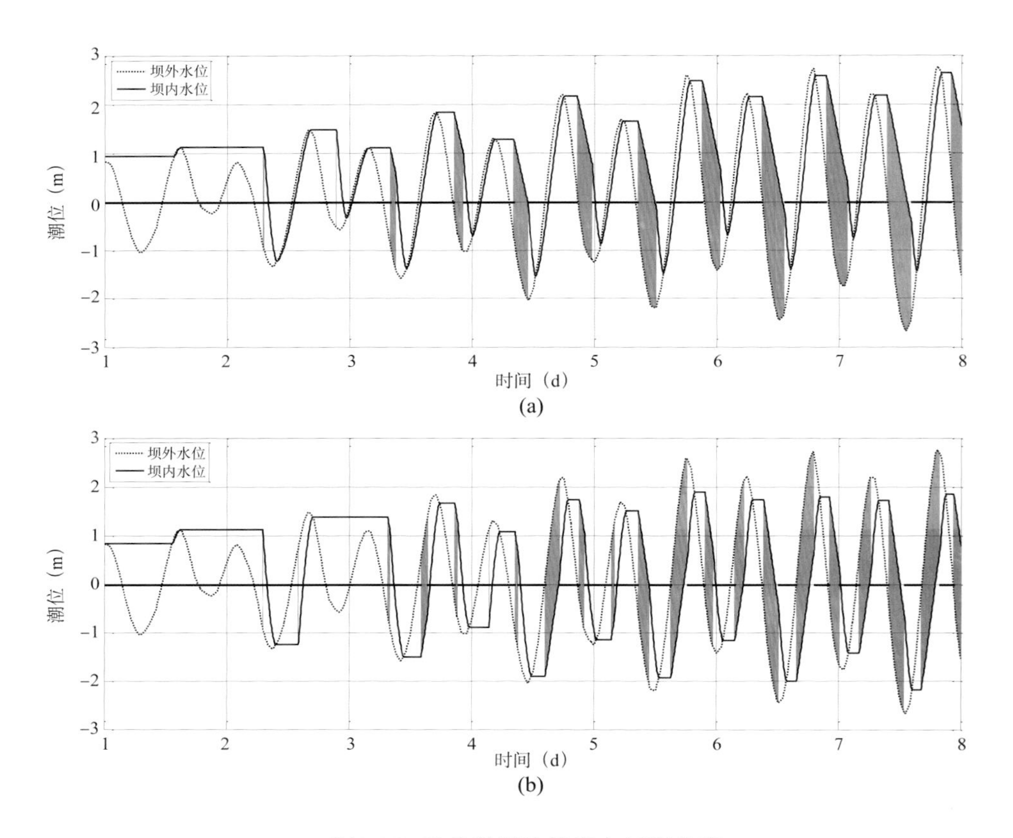

图2.25 岳井洋潮汐能发电过程曲线

(a) 单向发电；(b) 双向发电；阴影处为发电时段

（3）健跳港

表2.9 潮汐能资源评估参数统计

发电形式	水轮机个数	年发电量（10^4 kW·h）	最大装机功率（10^4 kW）	平均装机功率（10^4 kW）	年发电时间（h）
单向发电	3	6 287	4.8	2.9	2 172
双向发电	4	9 024	5.4	3.2	2 817

单向发电形式下，健跳港拟建站址的潮汐能资源特征为：最优水轮机组个数为3台，年发电量约为6 287 × 10^4 kW·h，年发电小时数约为2 172 h，平均装机容量约为2.9 × 10^4 kW。发电过程中，最大发电潮差约为3.5 m，对应最大装机容量约为4.8 × 10^4 kW。图2.26显示了该站位发电过程及拦潮坝内外水位曲线，统计表明：小潮期（48 h）平均累计发电时间约3 h，日均发电时间约1.5 h；中潮（72 h）期间发电时间显著增加，平均累计发电时间约20 h；大潮期间平均发电时间约16.8 h。

双向发电形式下，健跳港拟建潮汐能电站最优水轮机组个数为4台，年发电量增至9 024 × 10^4 kW·h，较单向发电增加了2 737 × 10^4 kW·h，年发电小时数达到2 817 h，年平

均装机容量约为 3.2×10^{4} kW，发电过程中，最大发电潮差约为 2.7 m，最大装机容量约为 5.4×10^{4} kW。图 2.26 显示了该站位发电过程及拦潮坝内外水位曲线，统计表明：小潮期平均发电时长 2.2 h，中潮期间平均发电时间约为 24.4 h，其中大潮平均发电时间约为 23.1 h（表 2.9）。

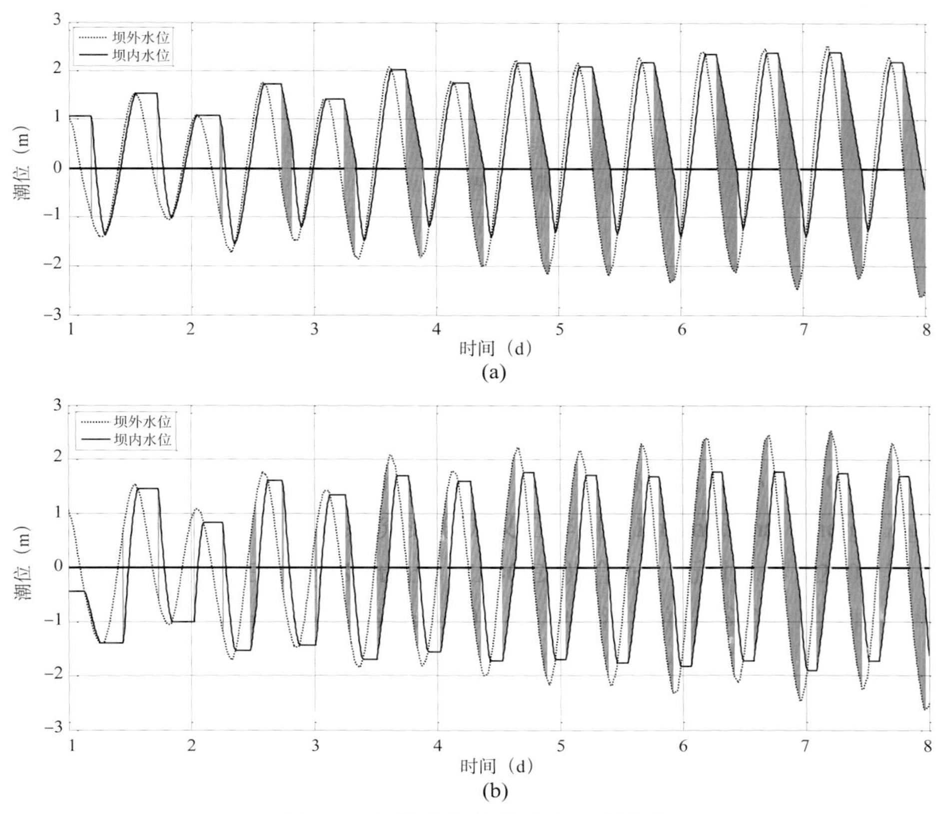

图2.26 健跳港潮汐能发电过程曲线

(a) 单向发电；(b) 双向发电；阴影处为发电时刻

2.5.1.4 浦坝港

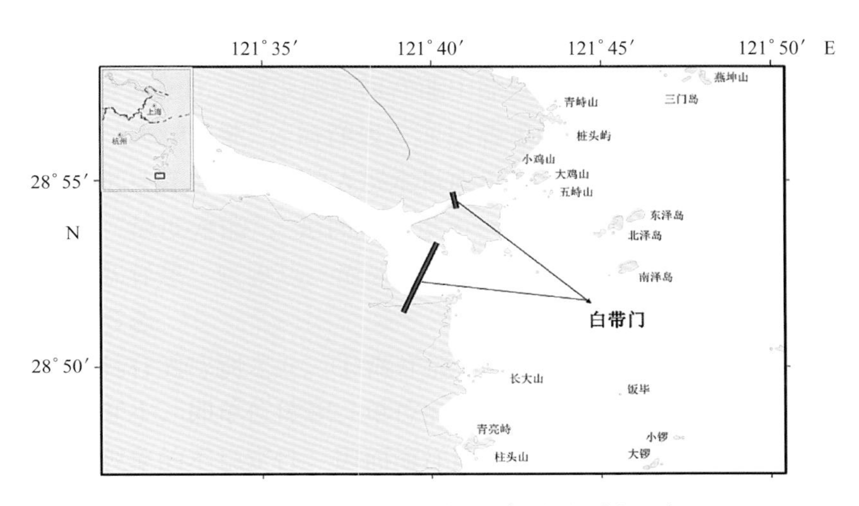

图2.27 浦坝港地理位置（包括拟建坝址）

浦坝港地处三门湾以南、椒江口以北。毗邻三门湾与台州湾，其潮汐特征与它们相近，也属于正规半日潮港并且属于强潮港区（图 2.27）。

浦坝港为正规半日潮流区。潮流运动受港湾地形控制，为往复流形式。白带门的涨潮流历时长于落潮流历时，涨潮流历时为 6 h 20 min，而落潮流历时为 6 h 2 min。牛头门涨潮流历时仅为 5 h 39 min，涨潮流历时短于落潮流历时。涨、落潮流的流速也存在着明显的区域性。

浦坝港口门的盐度一般在 23 ～ 29 之间，白带门大潮的最高盐度为 29.01，出现在底层涨憩时；最低盐度为 23.42，见于中层涨潮初时。牛头门大潮最高盐度为 28.78，出现于底层涨憩时，而最低盐度为 25.01，见于中层涨潮初时。

浦坝港三面群山环抱，口门有壳塘山岛为屏障并将浦坝港分成牛头门和白带门两水道注入猫头洋，湾顶有羊峙港、花桥港和吴都港。浦坝港西起关头乡红旗塘，东至青山峙、壳塘山岛外侧到小门山连线，纵深 19 km，口门宽 5 km，港域面积 57 km^2。

浦坝港港道宽浅，港宽 300 m ～ 1 900 m，水深约 3 m ～ 7 m。岸线总长 56 km，其中人工和淤泥质海岸为 41.4 km，基岩沙砾海岸为 14.5 km，潮滩面积 39.6 km^2，其中海岸线至平均海平面的面积为 21.5 km^2。

浦坝港夏季大潮悬沙含量一般在 0.2 kg/m^3 ～ 0.8 kg/m^3 之间，白带门平均悬沙含量为 0.416 kg/m^3，而其最大、最小值分别为 1.229 kg/m^3 和 0.048 kg/m^3。

浦坝港内存在一处潜在潮汐电站，即位于湾口的白带门坝址，拟建坝长约 4.8 km，电站库容面积约为 49 km^2。设计泄水口 12 个，总面积约为 2 520 m^2。

白带门

表2.10　潮汐能资源评估参数统计

发电形式	水轮机个数	年发电量（10^8 kW·h）	最大装机功率（10^4 kW）	平均装机功率（10^4 kW）	年发电时间（h）
单向发电	14	3.1	23.2	13.7	2 262
双向发电	19	4.3	26.7	15.4	2 822

单向发电形式下，白带门拟建站址的潮汐能资源特征为：最优水轮机组个数为 14 台，年发电量约为 3.1×10^8 kW·h，年发电小时数约为 2 262 h，平均装机容量约为 13.7×10^4 kW。发电过程中，最大发电潮差约为 3.7 m，对应最大装机容量约为 23.2×10^4 kW。图 2.28 显示了该站位发电过程及拦潮坝内外水位曲线，统计表明：小潮期（48 h）平均累计发电时间约 2.2 h，日均发电时间不足 1 h；中潮（72 h）期间发电时间显著增加，平均累计发电时间约 19.3 h；大潮期间平均发电时间约 16.5 h。

双向发电形式下，白带门拟建潮汐能电站最优水轮机组个数为 19 台，年发电量增至 4.3×10^4 kW·h，较单向发电增加了 1.2×10^8 kW·h，年发电小时数达到 2 822 h，年平均装机容量约为 15.4×10^4 kW，发电过程中，最大发电潮差约为 2.8 m，最大装机容量约为 26.7×10^4 kW。图 2.28 显示了该站位发电过程及拦潮坝内外水位曲线，统计表明：小潮期平均发电时长 1.3 h，中潮期间平均发电时间约为 20.1 h，其中大潮平均发电时间约为 22.3 h（表 2.10）。

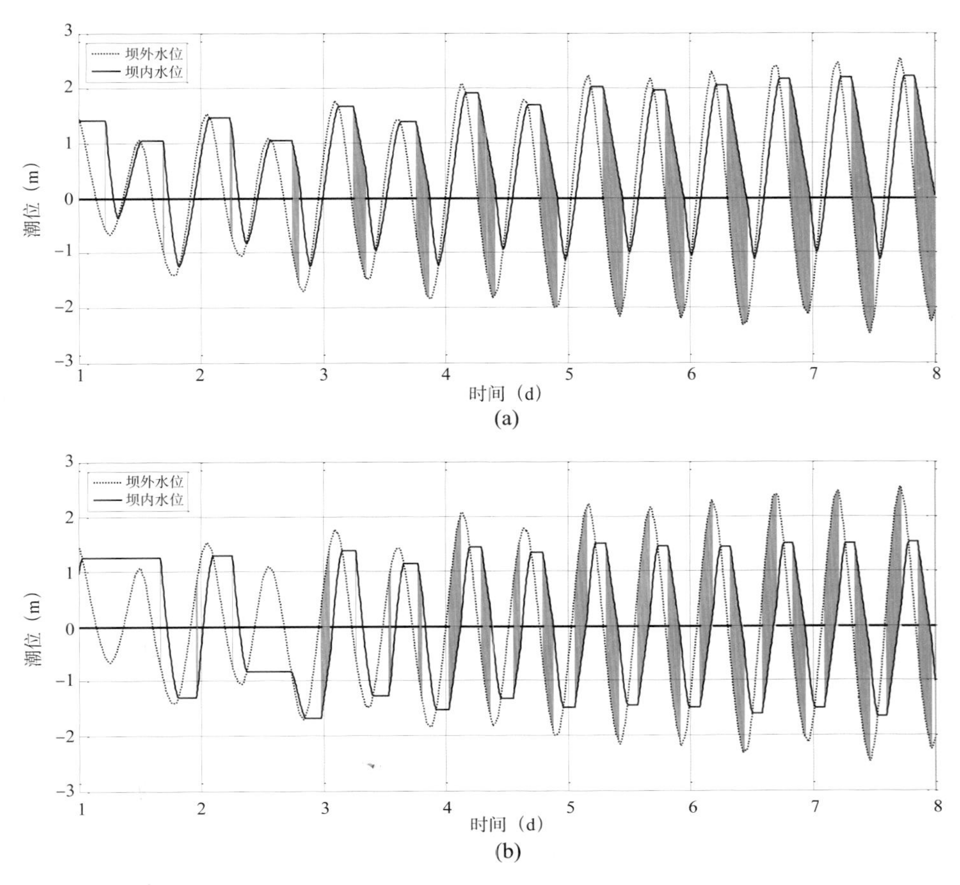

图2.28 白带门潮汐能发电过程曲线

(a) 单向发电；(b) 双向发电；阴影处为发电时刻

2.5.1.5 乐清湾

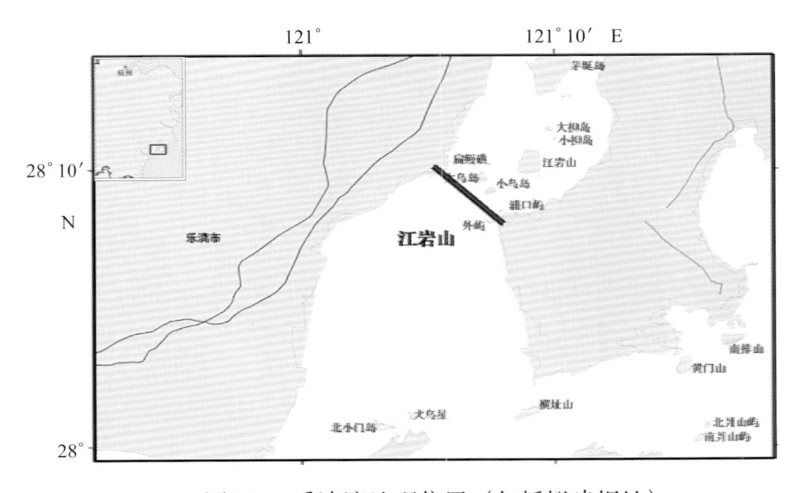

图2.29 乐清湾地理位置（包括拟建坝址）

乐清湾位于浙江省南部沿海、欧江口北侧。乐清湾属于半封闭海湾。湾北和湾西为雁荡山脉，东部为玉环岛，门口有大门岛、小门岛、北小门岛等岛屿作屏障，湾内相当隐蔽。经湾口向西（由沙头水道）可进入欧江，直通温州，出口门向东过玉环（南部）水道，或向东南过黄大峡，可通往全国各港口乃至世界各地（图 2.29）。

乐清湾除海山和江厦为非正规半日潮港外，其余均属正规半日潮港。从乐清湾口门外，从东向西，从湾口到湾顶，浅水分潮逐渐增大。乐清湾各站的涨潮历时均长于落潮历时，涨、落潮历时差口门小，向湾顶逐渐增大。乐清湾是我国强潮海湾之一。潮差较大，平均潮差在 4 m 以上。

乐清湾为半日潮流海区。湾内的潮流运动形式具有往复流性质，最大潮流方向因地而异。在湾口呈西北—东南向，在湾中部为西南—东北向，而在湾顶则接近南—北向。涨潮流速小于落潮流速。

乐清湾盐度具有夏季高、冬季低的季节变化。夏季平均盐度为 29.59，而冬季则为 25.01。由于乐清湾属于伸入内陆的半封闭性海湾，湾内虽无较大河流注入，但溪流众多，受溪流影响也颇明显。在 0 m ~ 5 m 浅海区，无论夏季或冬季，盐度明显低于水深大于 5 m 的深水海域。5 m 以深海域的年平均盐度为 27.32，变化范围为 24.67 ~ 30.76，5 m 以浅海域夏季和冬季盐度的变化范围为 13.77 ~ 17.63。

乐清湾内以局地风作用下的风浪为主，外海波浪影响不大。海湾的主浪向出现在 N 和 NNE 向，频率分别为 17.3% 和 12.3%，其次为 S 和 SSE 向，频率分别为 8.1% 和 7.3%。本湾可能出现的最大风浪：冬季波高在 1.4 m ~ 2.8 m 之间，周期为 4.1 s ~ 6.0 s；夏季波高在 1.8 m ~ 2.8 m 之间，周期为 4.4 s ~ 5.9 s。

乐清湾三面环陆，向西南开口，其口门界线：东起玉环岛西南角大岩头灯标，向西南过乌星屿、北小门岛，到乐清县南部欧江口北岸崎头山的崎头嘴。其走向大致呈 NNE—SSW，纵深达 42 km，平均宽度约 10 km，口门宽约 21 km，中部窄处约 4.5 km，呈葫芦状。

乐清湾的悬沙含量低，但具有明显的时空变化。表、底层的最大含沙量分别为 0.576 kg/m^3 和 1.560 kg/m^3，而最小值则分别为 0.005 kg/m^3 和 0.044 kg/m^3。大潮期全潮垂向平均含沙量为 0.034 kg/m^3 ~ 0.331 kg/m^3。湾内悬沙含量大致存在着两个较高区和两个较低区。两个较高区分别位于湾口中部东侧和乌屿至江岩山间地段，含沙量分别为 0.331 kg/m^3 和 0.319 kg/m^3；两个较低区出现在湾口西侧和湾顶，含沙量分别为 0.248 kg/m^3 和 0.134 kg/m^3。

乐清湾内存在一处潜在潮汐电站，即位于湾口的江岩山坝址，拟建坝长约 6.7 km，电站库容面积约为 178.3 km^2。设计泄水口 50 个，总面积约为 10 500 m^2。

江岩山

表2.11　潮汐能资源评估参数统计

发电形式	水轮机个数	年发电量（10^8 kW·h）	最大装机功率（10^4 kW）	平均装机功率（10^4 kW）	年发电时间（h）
单向发电	60	15.7	111.2	63.2	2 478
双向发电	82	22.5	110.1	68.2	3 302

单向发电形式下，江岩山拟建站址的潮汐能资源特征为：最优水轮机组个数为 60 台，年发电量约 15.7×10^8 kW·h，年发电小时数约为 2 478 h，平均装机容量约为 63.2×10^4 kW。发电过程中，最大发电潮差约为 3.9 m，对应最大装机容量约为 111.2×10^4 kW。图 2.30 显示了该站位发电过程及拦潮坝内外水位曲线，统计表明：小潮期（48 h）平均累计发电时间约 4.4 h，日均发电时间不足 2.2 h；中潮（72 h）期间发电时间显著增加，平均累计发电时间约 23.7 h；大潮期间平均发电时间约 18.3 h。

双向发电形式下，江岩山拟建潮汐能电站最优水轮机组个数为 82 台，年发电量增至 22.5×10^8 kW·h，较单向发电增加了 6.8×10^8 kW·h，年发电小时数达到 3 302 h，年平均装机容量约为 68.2×10^4 kW，发电过程中，最大发电潮差约为 3.1 m，最大装机容量约为 110.1×10^4 kW。图 2.30 显示了该站位发电过程及拦潮坝内外水位曲线，统计表明：小潮期平均发电时长 3.5 h，中潮期间平均发电时间约为 30.1 h，其中大潮平均发电时间约为 28.7 h（表 2.11）。

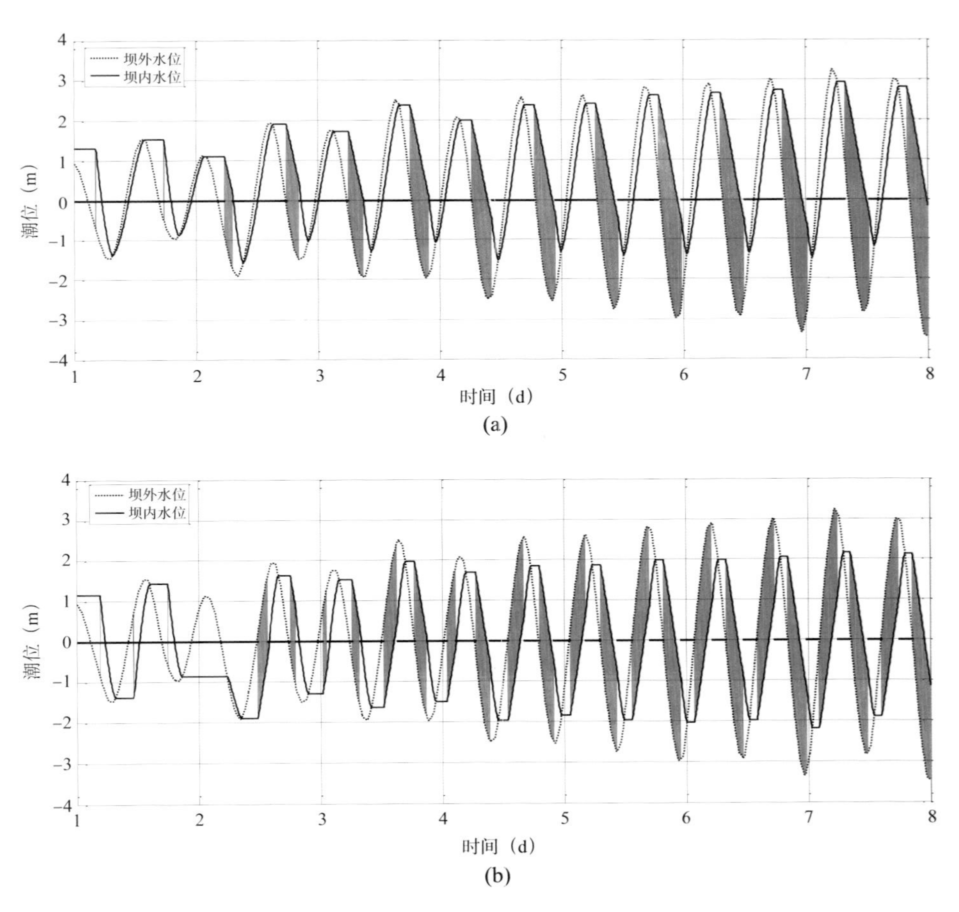

图2.30　江岩山潮汐能发电过程曲线

(a) 单向发电；(b) 双向发电；阴影处为发电时刻

2.5.2 福建省

2.5.2.1 沙埕港

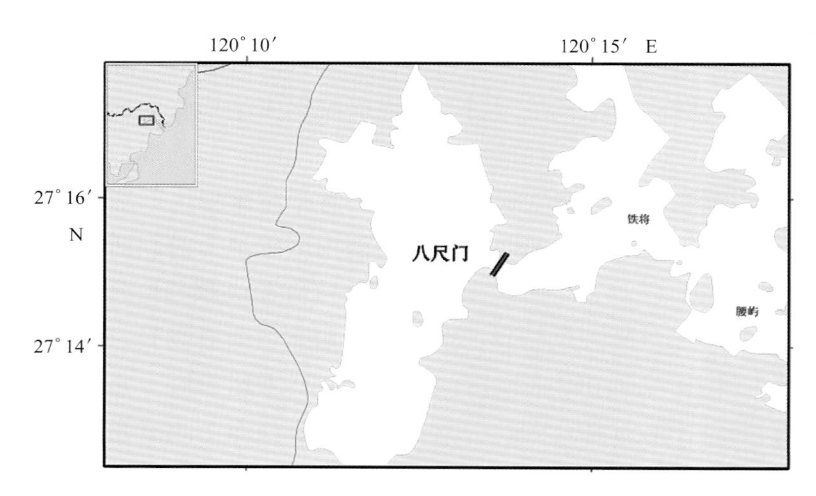

图2.31 沙埕港地理位置（包括拟建坝址）

沙埕港位于福建省东北部沿海，在福鼎县境内。沙埕港口门的东北侧和浙江省苍南县沿浦湾毗连，口部有南关岛作为屏障，是闽东北天然良港湾之一（图 2.31）。

沙埕港属于正规半日潮港，潮流性质为正规半日潮流。但由于本区水浅，浅水分潮流相当显著，浅水分潮流大于日分潮流。沙埕港的主要半日分潮的涨、落潮流呈往复式流动。

沙埕港位于福建沿海的最北部，湾内两岸丘陵夹峙，周围有高山掩护，湾口外又有南关岛和老鼠尾等岛屿阻挡，因此港湾水面平静，是东南沿海良好的避风港。

沙埕港呈狭长弯曲状，由西北向东南延伸，港口朝向东入东海，口门宽为 2 km。该港海岸线曲折，港内南北两岸高山耸立，山体直逼岸边，港内常有小岛出露，地势险要且隐蔽性较好，海岸主要由基岩海岸组成，岸线长度达 148.68 km。

沙埕港纵深长达 35 km，平均宽度不足 2 km，总面积达 76.62 km^2，其中滩涂面积为 46.79 km^2，水域面积为 29.83 km^2，港内大部分水深均在 10 m 以上，特别是从口门至八尺门之间的中心航道多处出现水深大于 20 m 的冲刷深槽，最大水深达 45 m。

沙埕港大潮期间海流流速较大，因而海水携带泥沙的能力比较强，导致大潮期间海水的含沙量远远地高于小潮期间。底层海水的含沙量远远高于其他层次，海水的含沙量基本上随着深度的减少而减少，表层海水含沙量最低。海水的含沙量波动自湾内响湾外逐渐变大，可能是因为湾内掩护条件好，波浪很小，故对泥沙扰动低。

沙埕港内存在一处潜在潮汐电站，即位于湾底的八尺门站址，其坝址长约 700 m，电站库容面积约为 19.6 km^2，设计泄水口 10 个，总面积约为 2 100 m^2。

八尺门

表2.12 潮汐能资源评估参数统计

发电形式	水轮机个数	年发电量（10^8 kW·h）	最大装机功率（10^4 kW）	平均装机功率（10^4 kW）	年发电时间（h）
单向发电	7	1.7	13.4	7.6	2 295
双向发电	9	2.7	13.2	7.8	3 432

单向发电形式下，八尺门拟建站址的潮汐能资源特征为：最优水轮机组个数为 7 台，年发电量约 1.7×10^8 kW·h，年发电小时数约为 2 295 h，平均装机容量约为 7.6×10^4 kW。发电过程中，最大发电潮差约为 4.0 m，对应最大装机容量约为 13.4×10^4 kW。图 2.32 显示了该站位发电过程及拦潮坝内外水位曲线，统计表明：小潮期（48 h）平均累计发电时间约 2.5 h，日均发电时间不足 2 h；中潮（72 h）期间发电时间显著增加，平均累计发电时间约 20.2 h；大潮期间平均发电时间约 17.4 h。

双向发电形式下，八尺门拟建潮汐能电站最优水轮机组个数为 9 台，年发电量增至 2.7×10^8 kW·h，较单向发电增加了 1.0×10^8 kW·h，年发电小时数达到 3 432 h，年平均装机容量约为 7.8×10^4 kW，发电过程中，最大发电潮差约为 3.4 m，最大装机容量约为 13.2×10^4 kW。图 2.32 显示了该站位发电过程及拦潮坝内外水位曲线，统计表明：小潮期平均发电时长 2.2 h，中潮期间平均发电时间约为 28.3 h，其中大潮平均发电时间约为 27.8 h（表 2.12）。

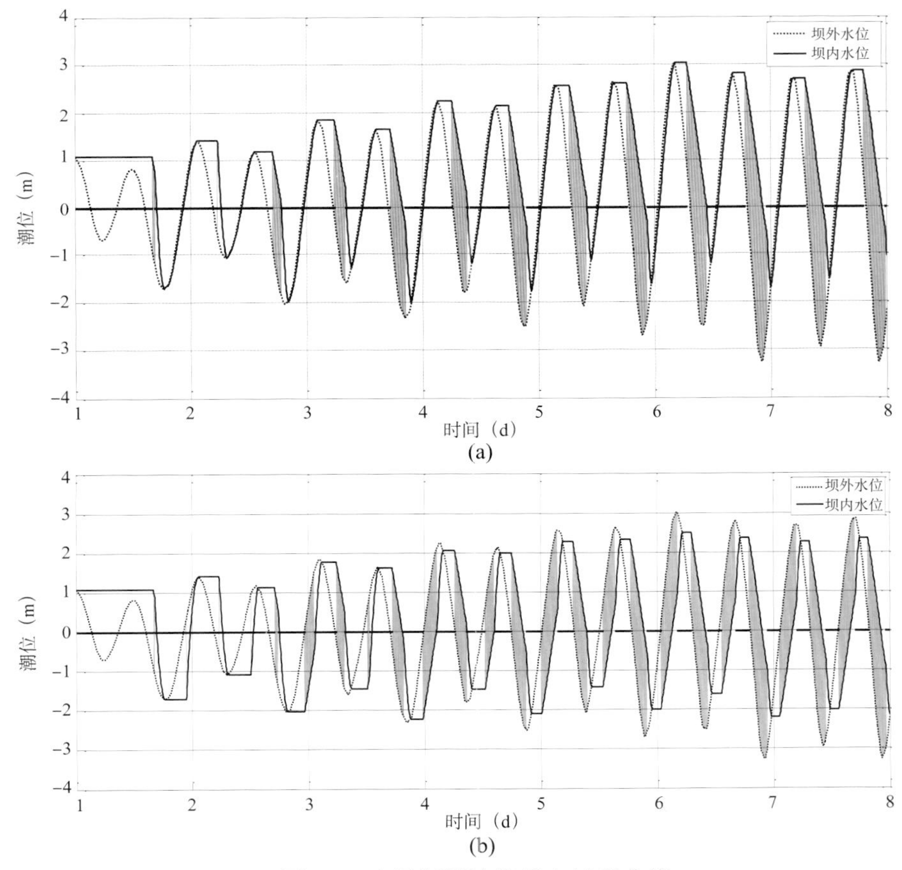

图2.32 八尺门潮汐能发电过程曲线

(a) 单向发电；(b) 双向发电；阴影处为发电时刻

2.5.2.2 三沙湾

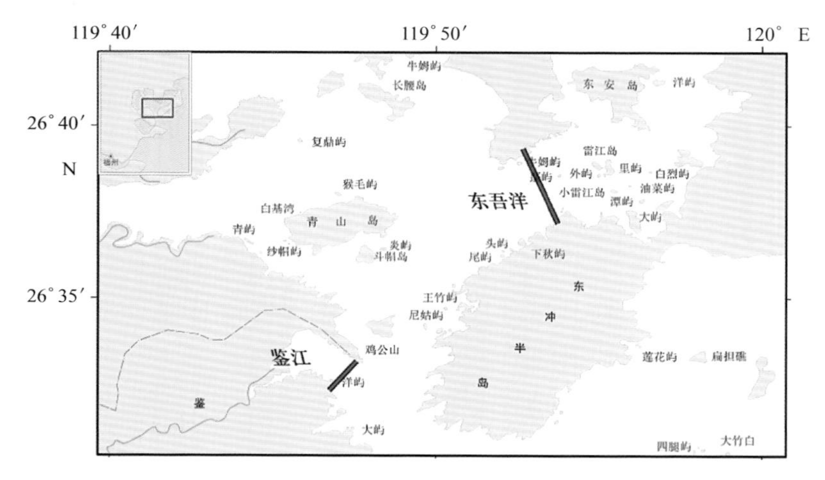

图2.33 三沙湾地理位置图（包括拟建坝址）

三沙湾位于福建省东北部沿海，地处霞浦、福安、宁德、罗源四县市滨岸交界处，东北侧近邻福宁湾、西南侧与罗源湾紧密相连，是我国天然良港之一。三沙湾形状似伸展的右手掌，海湾被罗源、东冲半岛怀抱，仅在东南方向有一个狭口——东冲口与东海相同，口门宽仅 3 km，是个半封闭型的海湾。三沙湾由一澳（三都澳）、三港（卢门港、白马港、盐田港）、三洋（东吾洋、官井洋、福鼎洋）等次一级海湾汇集而成，是个湾中有湾，港中有港的复杂海湾（图 2.33）。

三沙湾潮汐形态数小于 0.5，潮汐性质为正规半日潮；本海区的主要分潮为 M_2 分潮，其次是 S_2 分潮，浅海分潮影响较小。各站潮差，下白石测站最大，霞山测站次之，东冲口测站最小；各站平均潮差达 5 m 以上，最大潮差接近 8 m，说明三沙湾是一个强潮型海湾。三沙湾内平均海平面起伏不同，观测期间下白石平均海平面最高，霞山次之，东冲口最低。

三沙湾潮流属半日潮型且浅海分潮较发育。同时可以看出控制本海区的主要分潮流为 M_2 分潮流，其次是 S_2 分潮流，浅海分潮影响较大，其量级大体与日分潮相当。由于本海区地形复杂，岛屿星罗棋布，水域多呈水道形式，潮流呈往复流，流向与水道走向基本一致。

三沙湾常浪向 E，频率 21%，次常浪向 ENE，频率 12%。平均波高 0.1 m，最大平均波高 0.2 m。静浪频率 17%。

三沙湾四周为山环绕，海岸曲折复杂，主要由基岩、台地和人工海岸组成，岸线总长度为 449.98 km。三沙湾水域开阔，海湾总面积为 570.04 km^2，其中滩涂面积为 308.03 km^2，水域面积为 262.01 km^2。湾内海底地形崎岖不平，侵蚀和堆积地形都很发育，湾内有许多可航水道、暗礁、岛屿和浅滩。三都、东安、青山等岛屿是湾内主岛；东冲水道、青山水道和金梭门水道是湾内主航道；湾内各小湾顶及浅水航道两侧常有浅滩和干出滩发育。三沙湾是个断陷盆地成因的海湾，湾内最大水深达 90 m。

三沙湾泥沙主要来源于交溪和霍童溪的入海泥沙，其次是洪水期周边小溪和冲沟中的冲洪积层随雨流向海湾的下泄以及枯水期湾外沿岸南下浑水随潮流由湾口向湾里扩散和运移。

三沙湾含沙量比较低，实测最高值 0.218 2 kg/m^3，最低值 0.001 5 kg/m^3，洪水期 0.023 3 kg/m^3。含沙量分布受潮汐影响，大潮时含沙量高于小潮，涨潮高于落潮并以秋季最高，春季最低。

三沙湾内存在两处潜在潮汐能电站，即位于湾口东北侧的东吾洋站址和湾口的鉴江站址，其中，东吾洋站址坝址长约 4.5 km，电站库容面积约为 190.4 km^2，设计泄水口 50 个，总面积约为 10 500 m^2；鉴江站址坝址长约 2.3 km，电站库容面积约为 3.1 km^2，设计泄水口 1 个，总面积约为 180 m^2。

（1）东吾洋

表2.13 潮汐能资源评估参数统计

发电形式	水轮机个数	年发电量（10^8 kW·h）	最大装机功率（10^4 kW）	平均装机功率（10^4 kW）	年发电时间（h）
单向发电	60	13.4	103.6	60.3	2 230
双向发电	84	19.4	107.4	68.9	2 815

单向发电形式下，东吾洋拟建站址的潮汐能资源特征为：最优水轮机组个数为 60 台，年发电量约 13.4×10^8 kW·h，年发电小时数约为 2 230 h，平均装机容量约为 60.3×10^4 kW。发电过程中，最大发电潮差约为 3.7 m，对应最大装机容量约为 103.6×10^4 kW。图 2.34 显示了该站位发电过程及拦潮坝内外水位曲线，统计表明：小潮期（48 h）平均累计发电时间约 5.4 h，日均发电时间不足 2.7 h；中潮（72 h）期间发电时间显著增加，平均累计发电时间约 20.2 h；大潮期间平均发电时间约 15.2 h。

双向发电形式下，东吾洋拟建潮汐能电站最优水轮机组个数为 84 台，年发电量增至 19.4×10^8 kW·h，较单向发电增加了 6.0×10^8 kW·h，年发电小时数达到 2 815 h，年平均装机容量约为 68.9×10^4 kW，发电过程中，最大发电潮差约为 3.1 m，最大装机容量约为 107.4×10^4 kW。图 2.34 显示了该站位发电过程及拦潮坝内外水位曲线，统计表明：小潮期平均发电时长 2.9 h，中潮期间平均发电时间约为 25.2 h，其中大潮平均发电时间约为 21.8 h（表 2.13）。

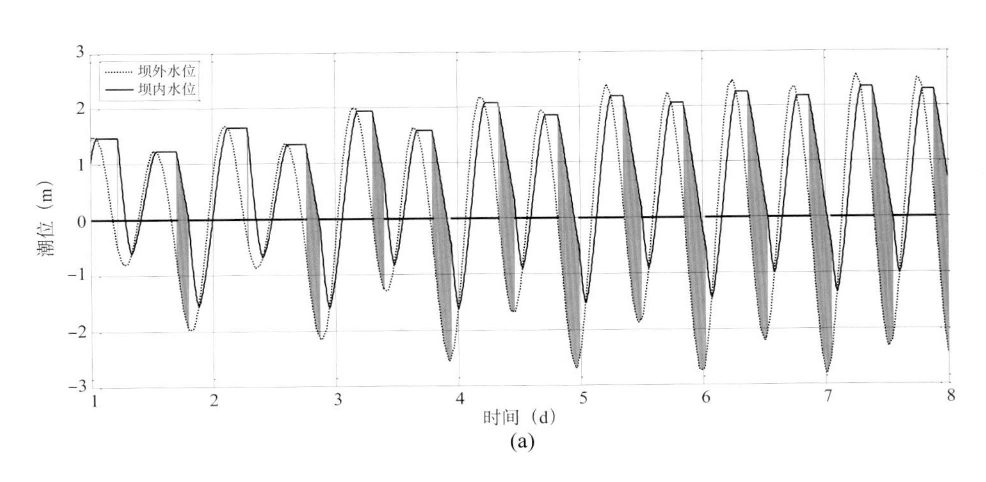

(a)

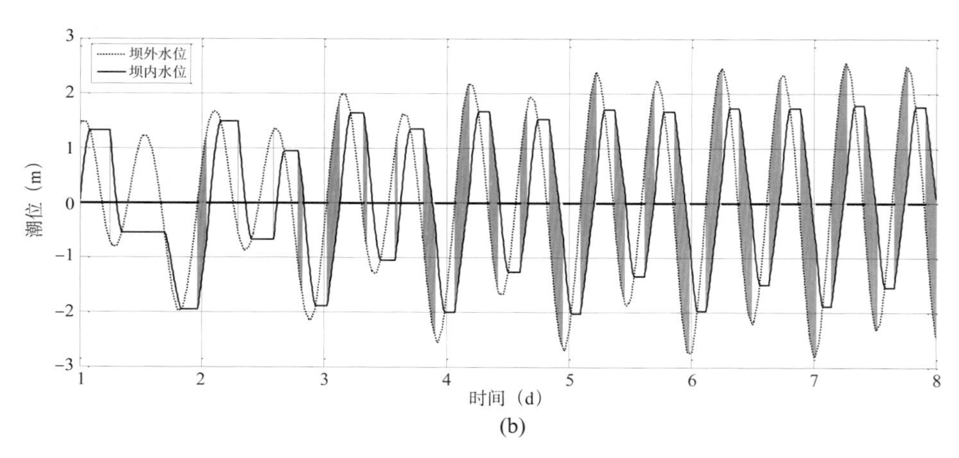

图2.34　东吾洋潮汐能发电过程曲线
(a) 单向发电；(b) 双向发电；阴影处为发电时刻

（2）鉴江

表2.14　潮汐能资源评估参数统计

发电形式	水轮机个数	年发电量（10^4 kW·h）	最大装机功率（10^4 kW）	平均装机功率（10^4 kW）	年发电时间（h）
单向发电	1	2 757	1.7	1.0	2 168
双向发电	1	2 879	1.4	0.9	3 245

单向发电形式下，鉴江拟建站址的潮汐能资源特征为：最优水轮机组个数为 1 台，年发电量约 2 757 × 10^4 kW · h，年发电小时数约为 2 168 h，平均装机容量约为 1 × 10^4 kW。发电过程中，最大发电潮差约为 3.8 m，对应最大装机容量约为 1.7 × 10^4 kW。图 2.35 显示了该站位发电过程及拦潮坝内外水位曲线，统计表明：小潮期（48 h）平均累计发电时间约 5.4 h，日均发电时间约 2.7 h；中潮（72 h）期间发电时间显著增加，平均累计发电时间约 20.1 h；大潮期间平均发电时间约 15.2 h。

双向发电形式下，鉴江拟建潮汐能电站最优水轮机组个数为 1 台，年发电量增至 2 879 × 10^4 kW · h，较单向发电增加了 122 × 10^4 kW · h，年发电小时数达到 3 245 h，年平均装机容量约为 0.9 × 10^4 kW，发电过程中，最大发电潮差约为 3.3 m，最大装机容量约为 1.4 × 10^4 kW。图 2.35 显示了该站位发电过程及拦潮坝内外水位曲线，统计表明：小潮期平均发电时长 3.3 h，中潮期间平均发电时间约为 31 h，其中大潮平均发电时间约为 24.1 h（表 2.14）。

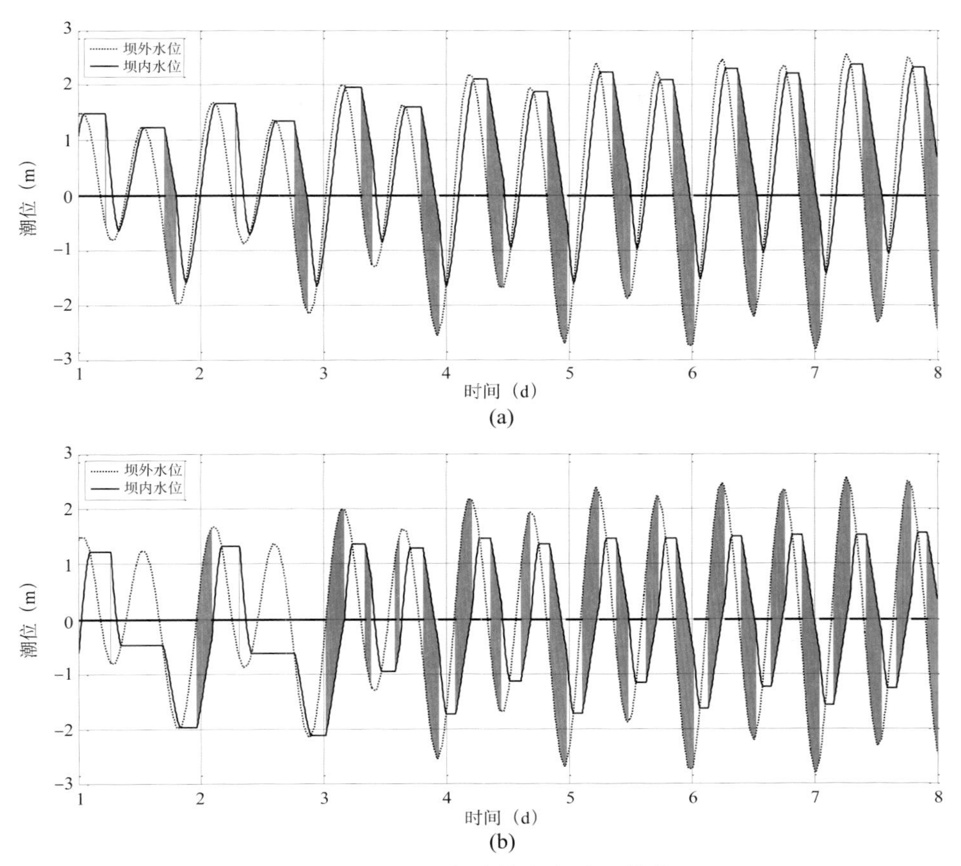

图2.35　鉴江潮汐能发电过程曲线

(a) 单向发电；(b) 双向发电；阴影处为发电时刻

2.5.2.3　罗源湾

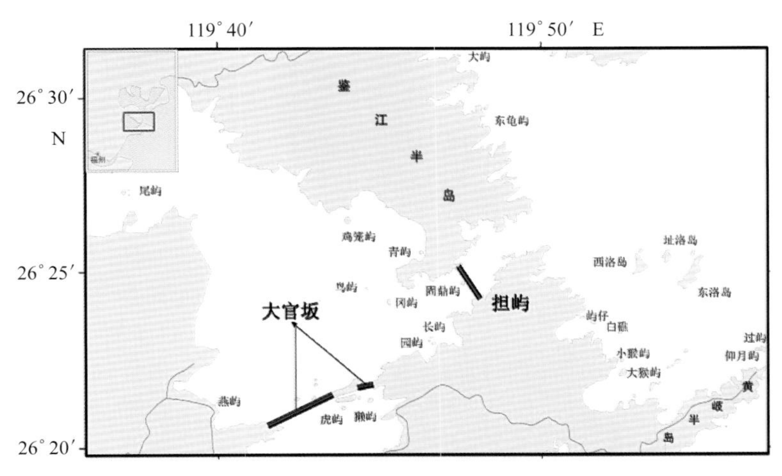

图2.36　罗源湾地理位置（包括拟建坝址）

罗源湾位于福建省东北部，是一个典型的口小腹大的港湾。境内三面环山，一面临海。北邻沙湾，南隔黄岐半岛与闽江口连接。罗源湾形似倒壶葫芦，口小腹大（图 2.36）。

罗源湾潮汐类型属正规半日潮，为强潮型海湾，潮差从口门至湾内沿程递增，根据历史资料统计得到多年一遇潮位值：100 年一遇高潮位：4.81 m；200 年一遇高潮位：5.00 m；100 年一遇低潮位：–4.42 m。

罗源湾内涨、落潮水流为往复流，流向基本与深槽平行且随时间的变幅不大，旋转性很小。湾内东北侧深槽水域，涨潮主流向平均约 311°，落潮主流向平均约 133°；湾内南侧门边至可门深槽段，涨潮主流向平均约 237°，落潮主流向平均约 54°。湾内流速较小，其分布具有深槽大于浅水区、口门大于湾内的特点。北侧深槽涨潮平均流速介于 0.29 m/s ~ 0.46 m/s 之间、落潮平均流速介于 0.31 m/s ~ 0.38 m/s 之间；南侧涨潮平均流速介于 0.12 m/s ~ 0.23 m/s 之间，落潮平均流速介于 0.16 m/s ~ 0.27 m/s 之间；口门段涨潮平均流速 0.60 m/s，落潮平均流速 0.48 m/s。湾内余流流速较小，均介于 0.01 m/s ~ 0.19 m/s 之间，流向主要集中在 NNE — SW 范围内，即大部分都是指向湾内的浅滩水域。

罗源湾口门附近强风向为 SSE 和 NE 向，常风向为 ENE 向，出现频率 23.2%，多年年平均风速为 5.1 m/s；湾内强风向为 WNW 向，常风向为 SE 向，出现频率 13%，多年年平均风速为 2.8 m/s，罗源湾海域因周边岛屿掩护的作用，湾内波浪一般情况下都很小。湾口海区常浪向为 NNE 向，出现频率 25%；湾内实测最大波高 1.4 m，年内波高大于等于 0.8 m 仅为 18 天。每年 7 月—9 月为台风季节，平均每年约 5.4 次；受台风影响，最大风速可达 40 m/s，期间往往伴随大浪和暴潮增水，具有一定的破坏力。

罗源湾属基岩溺谷海湾，周边以侵蚀剥蚀的低山丘陵为主，大部分地区岩体直逼海岸，构成了基岩岬角和小型海湾相间的分布格局。湾内水深条件良好，口门水道水深平均在 30 m 以上，最大水深可达 80 m；湾内东北侧为深水区，一条 5 m 以深的深槽贯穿湾内，西侧则为广大的浅水区域。

罗源湾海区表层沉积物主要由黏土质粉砂和粉砂质黏土等细颗粒物质组成，平均中值粒径介于 0.003 9 mm ~ 0.008 2 mm，在潮流为主的动力作用下，湾内泥沙的运移形态主要呈悬移质运动。

由于周边无较大河溪注入且受岛屿的掩护作用，罗源湾海域水体含沙量较低，湾内平均含沙量仅 0.05 kg/m^3，属低含沙量海区。涨潮平均含沙量为 0.049 7 kg/m^3，最大含沙量为 0.169 3 kg/m^3；落潮平均含沙量为 0.043 7 kg/m^3，最大含沙量为 0.153 1 kg/m^3 。

罗源湾内存在两处潜在潮汐能电站，即位于湾口的担屿站址和湾内南侧的大官坂站址，其中，担屿站址坝址长约 2.2 km，电站库容面积约为 198.9 km^2，设计泄水口 70 个，总面积约为 14 700 m^2；大官坂站址坝址长约 5.3 km，电站库容面积约为 9.1 km^2，设计泄水口 3 个，总面积约为 630 m^2。

（1）担屿

表2.15 潮汐能资源评估参数统计

发电形式	水轮机个数	年发电量（10^8 kW·h）	最大装机功率（10^4 kW）	平均装机功率（10^4 kW）	年发电时间（h）
单向发电	63	17.7	128.9	66.6	2 658
双向发电	88	26.5	129.4	75.4	3 511

单向发电形式下，担屿拟建站址的潮汐能资源特征为：最优水轮机组个数为 63 台，年发电量约 17.7×10^{8} kW·h，年发电小时数约为 2 658 h，平均装机容量约为 66.6×10^{4} kW。发电过程中，最大发电潮差约为 4.2 m，对应最大装机容量约为 128.9×10^{4} kW。图 2.37 显示了该站位发电过程及拦潮坝内外水位曲线，统计表明：小潮期（48 h）平均累计发电时间约 11.4 h，日均发电时间约 5.7 h；中潮（72 h）期间发电时间显著增加，平均累计发电时间约 27.2 h；大潮期间平均发电时间约 21.9 h。

双向发电形式下，担屿拟建潮汐能电站最优水轮机组个数为 88 台，年发电量增至 26.5×10^{8} kW·h，较单向发电增加了 8.8×10^{8} kW·h，年发电小时数达到 3 511 h，年平均装机容量约为 75.4×10^{4} kW，发电过程中，最大发电潮差约为 3.3 m，最大装机容量约为 129.4×10^{4} kW。图 2.37 显示了该站位发电过程及拦潮坝内外水位曲线，统计表明：小潮期平均发电时长 12.6 h，中潮期间平均发电时间约为 36.1 h，其中大潮平均发电时间约为 29.2 h。

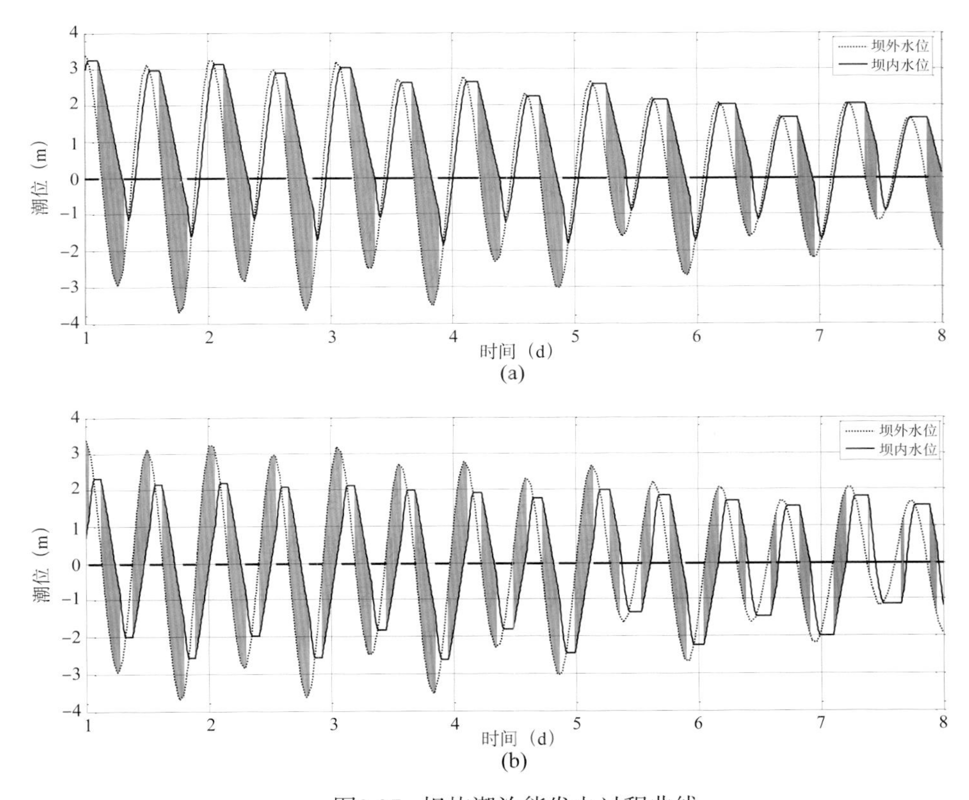

图2.37 担屿潮汐能发电过程曲线

(a) 单向发电；(b) 双向发电；阴影处为发电时刻

（2）大官坂

表2.16 潮汐能资源评估参数统计

发电形式	水轮机个数	年发电量（10^{8} kW·h）	最大装机功率（10^{4} kW）	平均装机功率（10^{4} kW）	年发电时间（h）
单向发电	3	0.8	5.9	3.1	2 577
双向发电	4	1.2	5.8	3.4	3 465

单向发电形式下，大官坂拟建站址的潮汐能资源特征为：最优水轮机组个数为 3 台，年发电量约 8 020 × 10^4 kW · h，年发电小时数约为 2 577 h，平均装机容量约为 3.1 × 10^4 kW。发电过程中，最大发电潮差约为 4.1 m，对应最大装机容量约为 5.9 × 10^4 kW。图 2.38 显示了该站位发电过程及拦潮坝内外水位曲线，统计表明：小潮期（48 h）平均累计发电时间约 11 h，日均发电时间约为 5.5 h；中潮（72 h）期间发电时间显著增加，平均累计发电时间约 26.7 h；大潮期间平均发电时间约 25.6 h。

双向发电形式下，大官坂拟建潮汐能电站最优水轮机组个数为 4 台，年发电量增至 1.2 × 10^8 kW · h，较单向发电增加了约 0.4 × 10^8 kW · h，年发电小时数达到 3 465 h，年平均装机容量约为 3.4 × 10^4 kW，发电过程中，最大发电潮差约为 3.1 m，最大装机容量约为 5.8 × 10^4 kW。图 2.38 显示了该站位发电过程及拦潮坝内外水位曲线，统计表明：小潮期平均发电时长 12.5 h，中潮期间平均发电时间约为 36 h，其中大潮平均发电时间约为 28.9 h（表 2.16）。

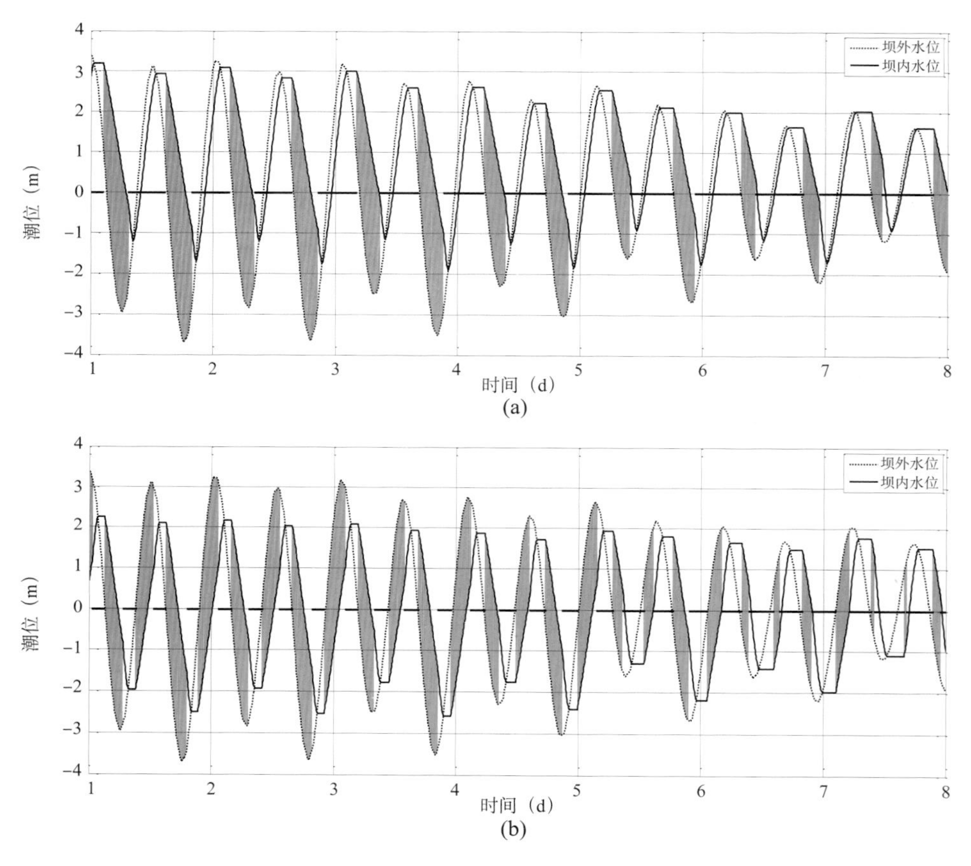

图2.38　大官坂潮汐能发电过程曲线

(a) 单向发电；(b) 双向发电；阴影处为发电时刻

2.5.2.4 兴化湾

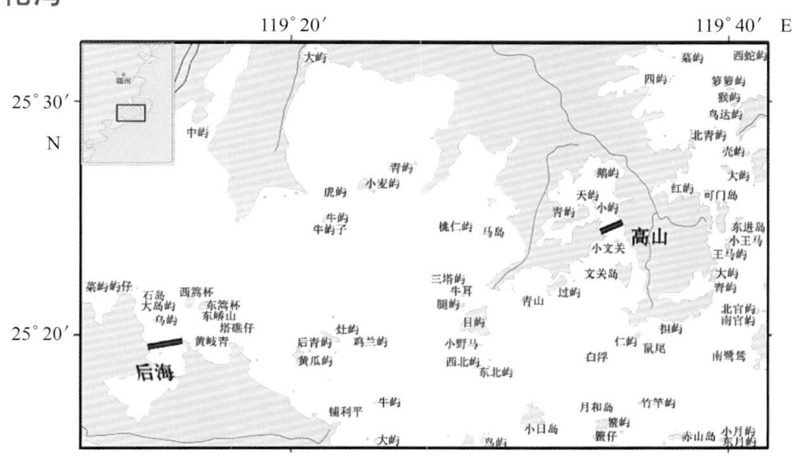

图2.39 兴化湾地理位置（包括拟建坝址）

兴化湾位于福建沿海中部的莆田市和福清市境内，北有福清湾，南邻湄州湾，是福建省最大的海湾。海湾东西长 28 km，南北宽 23 km，总面积约为 622 km^2。海湾略呈长方形，主槽由西北朝向东南湾口，经兴化水道和南日水道与台湾海峡相通。海湾深入内陆，岬湾相间，岸线曲折，岛礁棋布（图 2.39）。

兴化湾的潮汐为正规半日潮型，且浅水分潮较小。最高高潮位、平均高潮位、平均海平面和潮差系由湾口逐向湾内增大。平均落潮历时长，平均涨潮历时短。值得注意的是，不同地点、不同时间，潮汐特征是不一样的。

兴化湾潮流属正规半日潮流，但浅海分潮都较明显，潮流呈往复流方式。潮流分别由南日水道和兴化水道涨入，从东南往西北流向湾内，然后流到江阴岛的东、西港，落潮流则相反。最大流速、流向因地而异，流向一般与当地等深线走向一致，最大流速一般出现在次表层或表层，往下递减，底层流速最小。最大流速的平面分布，基本上是湾口部最大，向湾顶逐渐减小，湾顶流速最小；深槽水域的流速也较大，向两侧逐渐减小，岸边流速较小。

兴化湾常浪向 NE，频率 46.6%，次浪向 SSW，频率 11.7%。强浪向 SE，最大波高 7.5 m。平均波高 0.7 m，平均周期 3.4 s。

兴化湾内大部分水深在 10 m 以浅，深槽水深在 10 m 以上，湾口附近的深槽水深可达 30 m 以上。兴化湾是一个淤积型的基岩海湾，潮滩面积较大，水深在 0 m 之内的滩涂面积为 233 km^2，占湾内面积的 37% 左右。

兴化湾泥沙主要来自于木兰溪的入海泥沙及沿岸小溪或冲沟向海的输沙。平均悬浮泥沙含量 0.044 1 kg/m^3，涨潮平均含沙量 0.047 1 kg/m^3，落潮平均含沙量 0.042 6 kg/m^3。大潮平均含沙量 0.054 3 kg/m^3。小潮平均含沙量 0.032 3 kg/m^3。大潮时含沙量远大于小潮，说明潮流强度对含沙量的分布变化起着重要作用。

兴化湾内存在两处潜在潮汐能电站，即位于湾口北侧的高山站址和湾内西南侧的后海站址，其中，高山站址坝址长约 2.1 km，电站库容面积约为 22.6 km^2，设计泄水口 9 个，总面积约为 1 890 m^2；后海站址坝址长约 3.1 km，电站库容面积约为 5 km^2，设计泄水口 2 个，总面积约为 400 m^2。

（1）高山

表2.17 潮汐能资源评估参数统计

发电形式	水轮机/个数	年发电量（10^8 kW·h）	最大装机功率（10^4 kW）	平均装机功率（10^4 kW）	年发电时间（h）
单向发电	8	2.5	16.9	8.4	2 900
双向发电	11	3.7	17.5	9.4	3 956

单向发电形式下，高山拟建站址的潮汐能资源特征为：最优水轮机组个数为 8 台，年发电量约 2.5×10^8 kW·h，年发电小时数约为 2 900 h，平均装机容量约为 8.4×10^4 kW。发电过程中，最大发电潮差约为 4.3 m，对应最大装机容量约为 16.9×10^4 kW。图 2.40 显示了该站位发电过程及拦潮坝内外水位曲线，统计表明：小潮期（48 h）平均累计发电时间约 14.3 h，日均发电时间约 7.1 h；中潮（72 h）期间发电时间显著增加，平均累计发电时间约 29.0 h；大潮期间平均发电时间约 21.2 h。

双向发电形式下，高山拟建潮汐能电站最优水轮机组个数为 11 台，年发电量增至 3.7×10^8 kW·h，较单向发电增加了 1.2×10^8 kW·h，年发电小时数达到 3 956 h，年平均装机容量约为 9.4×10^4 kW，发电过程中，最大发电潮差约为 3.4 m，最大装机容量约为 17.5×10^4 kW。图 2.40 显示了该站位发电过程及拦潮坝内外水位曲线，统计表明：小潮期平均发电时长 19.4 h，中潮期间平均发电时间约为 41 h，其中大潮平均发电时间约为 30 h（表 2.17）。

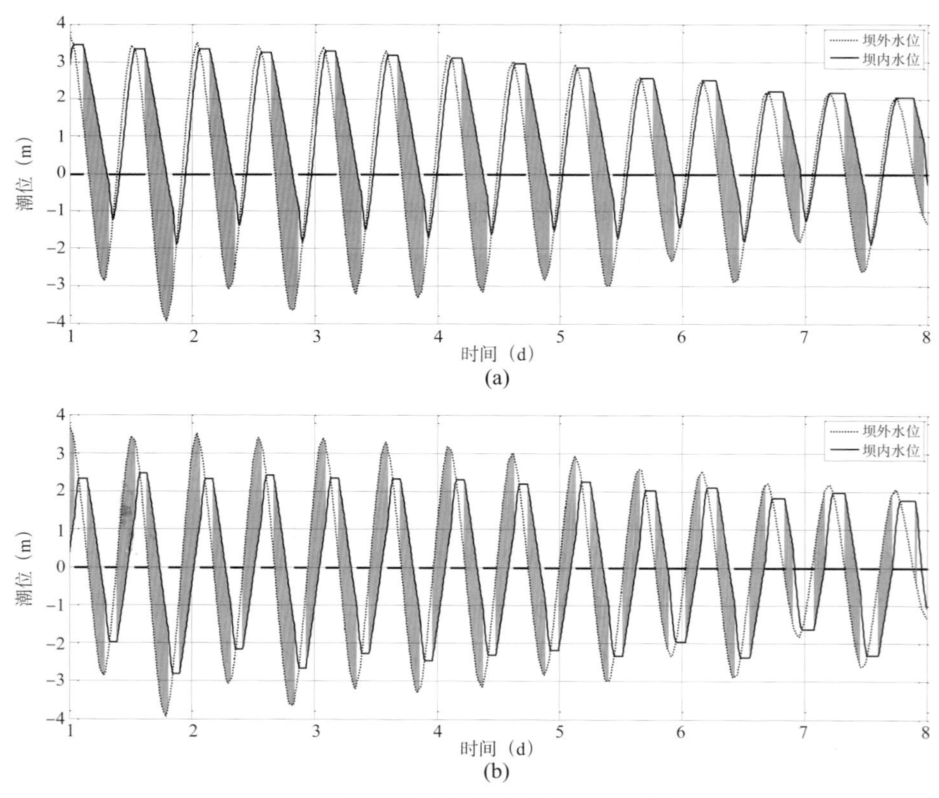

图2.40 高山潮汐能发电过程曲线

(a) 单向发电；(b) 双向发电；阴影处为发电时刻

（2）后海

表2.18 潮汐能资源评估参数统计表

发电形式	水轮机个数	年发电量（10^4 kW·h）	最大装机功率（10^4 kW）	平均装机功率（10^4 kW）	年发电时间（h）
单向发电	2	5 307	3.8	1.9	2 684
双向发电	2	7 939	3.4	1.8	4 336

单向发电形式下，后海拟建站址的潮汐能资源特征为：最优水轮机组个数为 2 台，年发电量约 5 307 × 10^4 kW·h，年发电小时数约为 2 684 h，平均装机容量约为 1.9 × 10^4 kW。发电过程中，最大发电潮差约为 4.1 m，对应最大装机容量约为 3.8 × 10^4 kW。图 2.41 显示了该站位发电过程及拦潮坝内外水位曲线，统计表明：小潮期（48 h）平均累计发电时间约 12.7 h，日均发电时间约 6.3 h；中潮（72 h）期间发电时间显著增加，平均累计发电时间约 27.7 h；大潮期间平均发电时间约 21.2 h。

双向发电形式下，后海拟建潮汐能电站最优水轮机组个数为 2 台，年发电量增至 7 939 × 10^4 kW·h，较单向发电增加了 2 632 × 10^4 kW·h，年发电小时数达到全年一般时间，约为 4 336 h，年平均装机容量约为 1.8 × 10^4 kW，发电过程中，最大发电潮差约为 3.6 m，最大装机容量约为 3.4 × 10^4 kW。图 2.41 显示了该站位发电过程及拦潮坝内外水位曲线，统计表明：小潮期平均发电时长 21.9 h，中潮期间平均发电时间约为 42.8 h，其中大潮平均发电时间约为 30.6 h（表 2.18）。

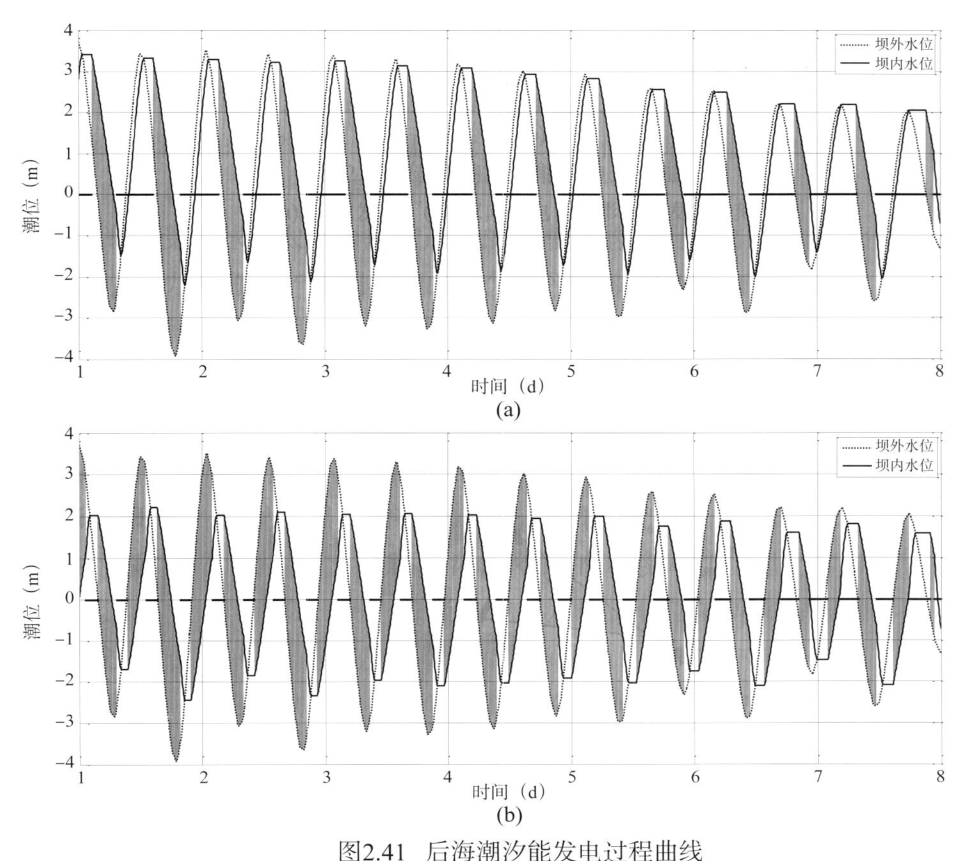

图2.41 后海潮汐能发电过程曲线

(a) 单向发电；(b) 双向发电；阴影处为发电时刻

2.5.2.5 湄洲湾

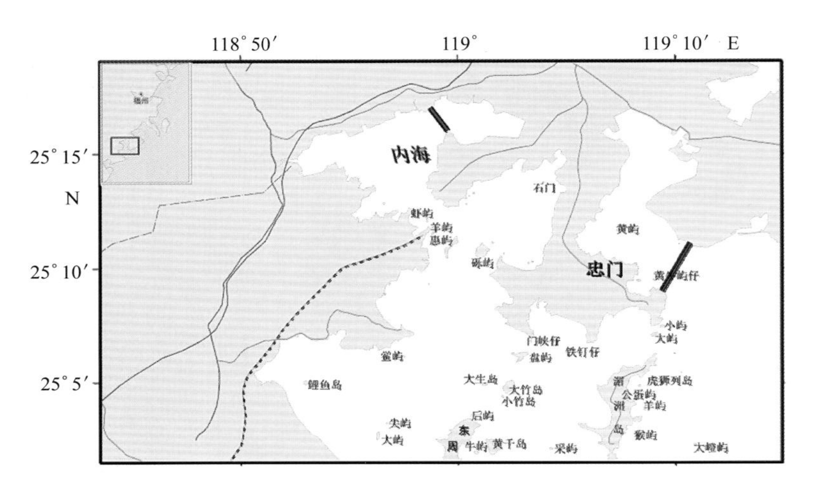

图2.42　湄洲湾地理位置（包括拟建坝址）

湄州湾位于福建中部沿海，北邻兴化湾，南邻泉州湾，湾口有湄州岛作为屏障，是福建沿海天然优良港湾之一。湾内三面被大陆环抱，东面为莆田县，西面为惠安县，西北面为仙游县，港口朝向东南，入台湾海峡（图 2.42）。

湄州湾潮汐属于正规半日潮，平均海平面及平均半潮面不仅有从湄州湾外向湾内稍事升高的趋势，其量值约为 5 cm，而且在 1 月—7 月，平均海平面一般低于历年平均海面，但 8 月—12 月则反之；整个湄州湾的潮差均较显著且月平均潮差变化幅度较小；平均涨潮历时稍长于平均落潮历时。

湄州湾的潮流受地形所制约，为比较稳定的往复流，涨潮流流向向湾内，落潮流流向湾外，属于正规的半日潮流，涨潮流最大流速一般发生在主港高潮前后 2 h ~ 3 h。湄州湾涨潮流流速小于落潮流流速，最大流速一般出现在湾口或狭窄水道，湾口门段涨潮流流速大于落潮流流速，秀屿以内则相反，落潮流大于涨潮流，秀屿与门口之间的涨落潮流几乎相等。

湄洲湾以 NE 向和 SSW 向的风浪为主，有 S 向至 SE 向的外海涌浪侵入，多年的月平均波高多在 0.5 m ~ 0.9 m 之间，平均波周期在 2.8 s ~ 3.2 s 之间，而多年的月最大波高在 1.7 m ~ 5.5 m 之间，最大波周期在 5.1 s ~ 7.9 s 之间。另外，多年各方向的平均波高在 0.4 m ~ 1.0 m 之间，平均周期在 2.1 s ~ 3.5 s 之间，各方向的最大波高在 0.5 m ~ 5.5 m 之间，全年的强浪为 S 向，次强浪向为 ESE 向，而全年的常浪向是 NE 向，次常浪向是 SSW。

湄州湾海岸线曲折，线长 186.7 km，海湾总面积达 423.77 km^2，其中滩涂面积为 207.04 km^2，水域面积为 216.73 km^2，湾内大部分水深均在 10 m 以上，最大水深达 52 m，岸线主要由基岩组成，局部出现淤泥质、沙质和红树林海岸。

湄州湾泥沙的主要来源是周边溪流入海泥沙及其海岸侵蚀向海输沙等陆域来沙。悬沙平均含量一般在 0.010 0 kg/s^2 ~ 0.043 3 kg/s^2 之间且冬季高于夏季，落潮一般高于涨潮，湾口高于湾内，深槽高于两侧。含沙量高值一般出现于半潮位涨、落急时段并形成与底层。

湄洲湾内存在两处潜在潮汐能电站，即位于湾口北侧的忠门站址和湾顶的内海站址，其中，内海站址坝址长约 2.4 km，电站库容面积约为 11.1 km^2，设计泄水口 3 个，总面积约为 630 m^2；忠门站址坝址长约 4.7 km，电站库容面积约为 40.2 km^2，设计泄水口 12 个，总面积约为 2 520 m^2。

（1）内海

表2.19 潮汐能资源评估参数统计

发电形式	水轮机个数	年发电量（10^8 kW·h）	最大装机功率（10^4 kW）	平均装机功率（10^4 kW）	年发电时间（h）
单向发电	4	1.1	7.2	4.2	2 609
双向发电	5	1.6	7.6	4.4	3 727

单向发电形式下，内海拟建站址的潮汐能资源特征为：最优水轮机组个数为 4 台，年发电量约 1.1×10^8 kW·h，年发电小时数约为 2 609 h，平均装机容量约为 4.2×10^4 kW。发电过程中，最大发电潮差约为 3.8 m，对应最大装机容量约为 7.2×10^4 kW。图 2.43 显示了该站位发电过程及拦潮坝内外水位曲线，统计表明：小潮期（48 h）平均累计发电时间约 11.2 h，日均发电时间约 5.6 h；中潮（72 h）期间发电时间显著增加，平均累计发电时间约 24.6 h；大潮期间平均发电时间约 17.8 h。

双向发电形式下，内海拟建潮汐能电站最优水轮机组个数为 5 台，年发电量增至 1.6×10^8 kW·h，较单向发电增加了 0.5×10^8 kW·h，年发电小时数达到全年一般时间，约为 3 727 h，年平均装机容量约为 4.4×10^4 kW，发电过程中，最大发电潮差约为 3.2 m，最大装机容量约为 7.6×10^4 kW。图 2.43 显示了该站位发电过程及拦潮坝内外水位曲线，统计表明：小潮期平均发电时长 15.3 h，中潮期间平均发电时间约为 34.8 h，其中大潮平均发电时间约为 26.1 h（表 2.19）。

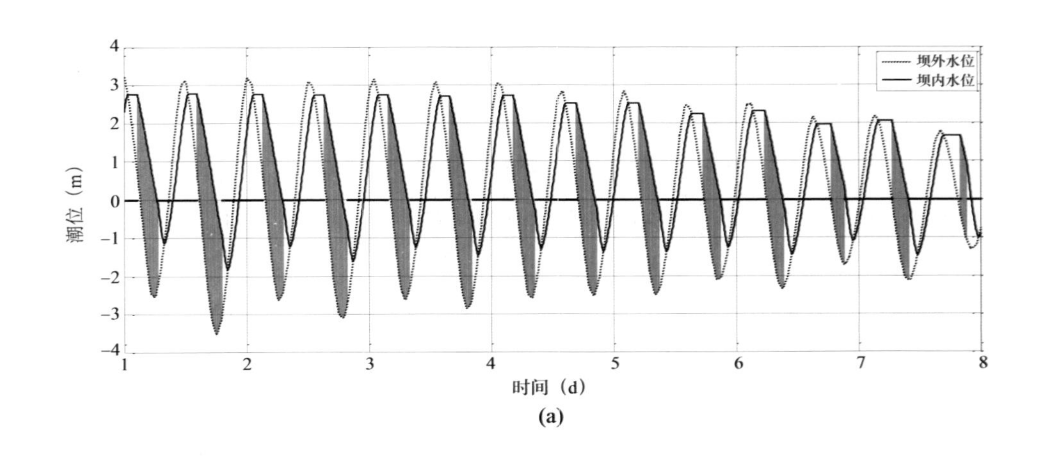

(a)

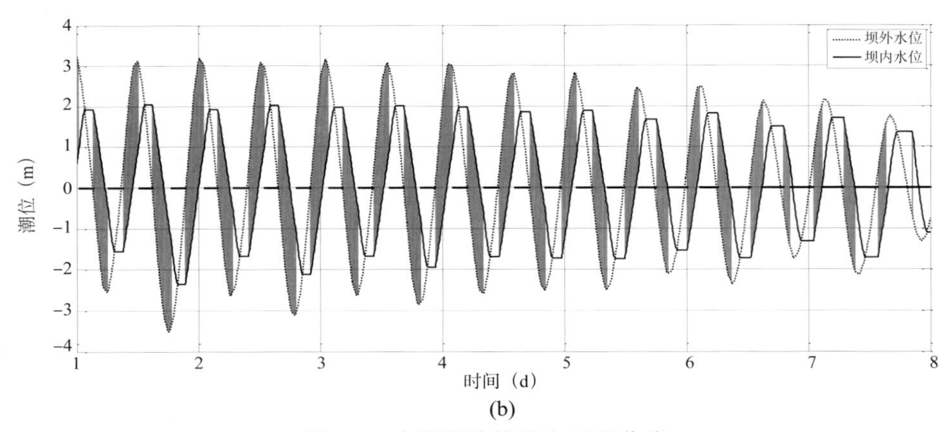

(b)

图2.43 内海潮汐能发电过程曲线

(a) 单向发电；(b) 双向发电；阴影处为发电时刻

（2）忠门

表2.20 潮汐能资源评估参数统计

发电形式	水轮机个数	年发电量（10^8 kW·h）	最大装机功率（10^4 kW）	平均装机功率（10^4 kW）	年发电时间（h）
单向发电	14	4.0	25.0	14.8	2 722
双向发电	20	6.1	28.1	17.1	3 598

单向发电形式下，忠门拟建站址的潮汐能资源特征为：最优水轮机组个数为 14 台，年发电量约 4.0×10^8 kW·h，年发电小时数约为 2 722 h，平均装机容量约为 14.8×10^4 kW。发电过程中，最大发电潮差约为 3.9 m，对应最大装机容量约为 25.0×10^4 kW。图 2.44 显示了该站位发电过程及拦潮坝内外水位曲线，统计表明：小潮期（48 h）平均累计发电时间约 11.9 h，日均发电时间约 6 h；中潮（72 h）期间发电时间显著增加，平均累计发电时间约 25.7 h；大潮期间平均发电时间约 18.6 h。

双向发电形式下，忠门拟建潮汐能电站最优水轮机组个数为 20 台，年发电量增至 6.1×10^8 kW·h，较单向发电增加了 2.1×10^8 kW·h，年发电小时数达到全年一般时间，约为 3 598 h，年平均装机容量约为 17.1×10^4 kW，发电过程中，最大发电潮差约为 3.1 m，最大装机容量约为 28.1×10^4 kW。图 2.44 显示了该站位发电过程及拦潮坝内外水位曲线，统计表明：小潮期平均发电时长 14.3 h，中潮期间平均发电时间约为 34.1 h，其中大潮平均发电时间约为 25.9 h（表 2.20）。

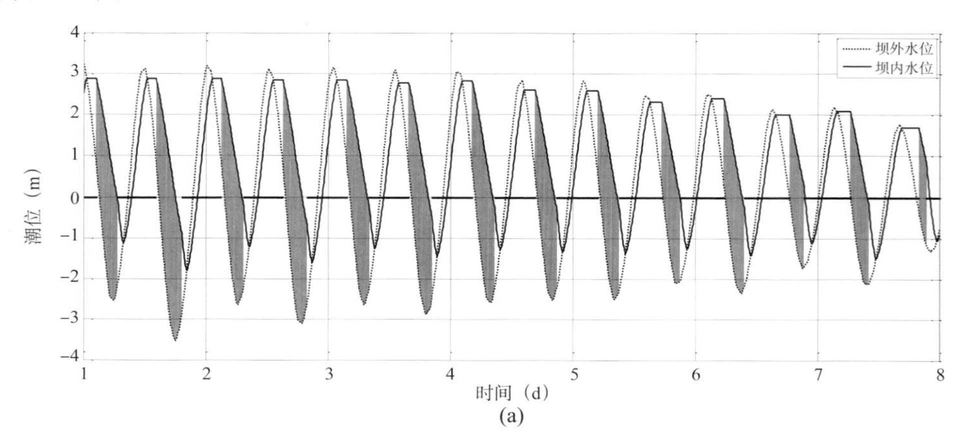

(a)

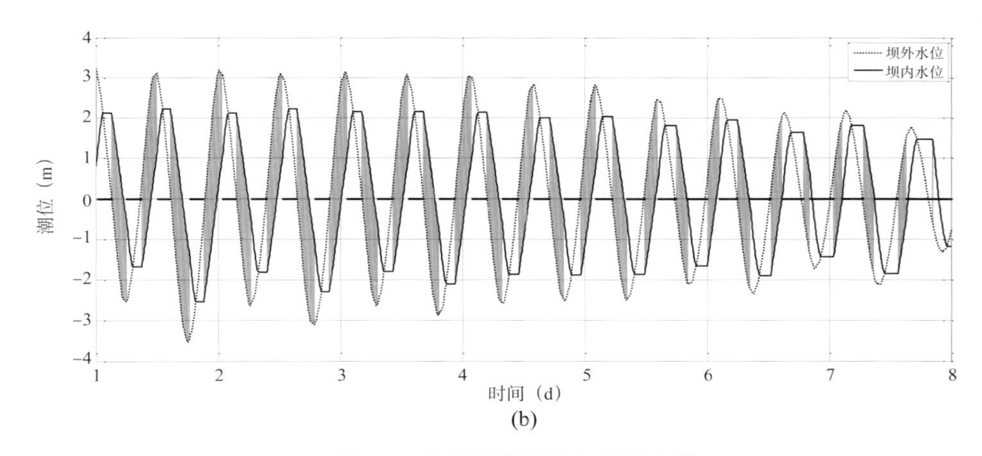

(b)

图2.44 忠门潮汐能发电过程曲线

(a) 单向发电；(b) 双向发电；阴影处为发电时刻

2.5.2.6 泉州港

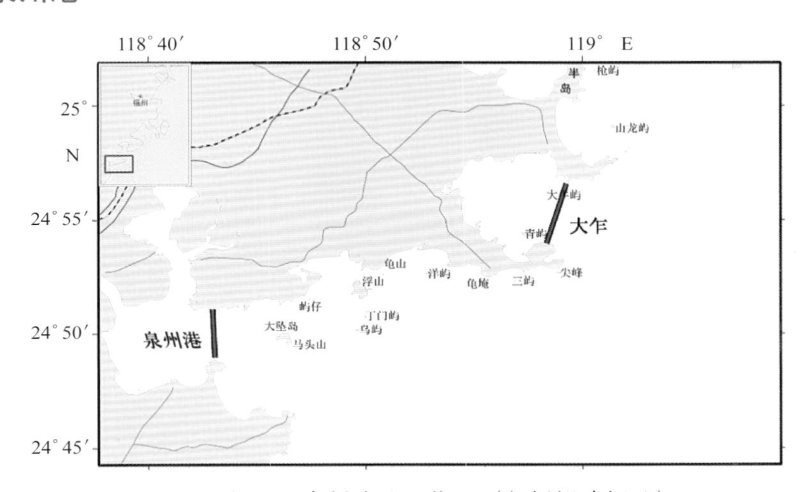

图2.45 泉州湾地理位置（包括拟建坝址）

泉州湾于福建东南部沿海，东北侧为惠安县、西北侧为泉州市、西南侧为晋江市、东南侧为石狮市。湾口向东敞开，北起惠安县下洋村岸边，口门宽 8.9 km，口门中部有大、小坠岛横亘，属于开敞式海湾（图 2.45）。

泉州湾属于正规半日潮。多年平均海平面有明显季节性变化，最高值出现在 10 月，最低值出现在 4 月、7 月；最大变幅为 28 cm，最小变幅为 3 cm。

泉州湾属于正规半日潮流，潮流运动形式为比较稳定的往复型潮流，涨潮时流向湾内，落潮时流向湾外。流速垂向分布特点为：流速上层大，下层小，表层平均流速大于底层，最大流速出现时间分别在高潮前、后 2 h ～ 3 h，即半潮面前后流速最强。

泉州湾常年以 NNE—NE 向、SSW 向的风浪与 SE 向的涌浪所形成的混合浪为主。累年月平均波高在 0.7 m ～ 1.1 m 之间，平均波周期在 3.7 s ～ 4.2 s 之间；而累年月最大波高多在 2.3 m ～ 6.5 m 之间，最大波周期在 7.0 s ～ 9.6 s 之间。累年各方向上的平均波高多在 0.7 m ～

1.2 m 之间，平均波周期在 3.4 s ~ 5.1 s 之间，各方向上最大波高在 1.2 m ~ 6.5 m 之间。全年的强浪向为 SE 向，次强浪向为 ENE 向；而全年的常浪向为 SE 向，次常浪向为 NNE 向。

泉州湾岸线曲折，总长度为 80.18 km，海湾面积为 128.18 km^2，其中滩涂面积达 80.42 km^2，水域面积 47.46 km^2。湾内最大水深为 24 m。海湾四周主要由花岗岩缓丘、红土台地和冲积平原组成，自惠安县秀涂至石狮市蚶江连线以东为砂质海岸并以砂质海滩为主；连线以西为淤泥质海岸并以淤泥质潮滩为主，特别是湾内西南侧晋江河口处为宽阔平坦的黏土质粉砂潮滩。

泉州湾主要的泥沙主要来源于晋江的泥沙下泄。据《中国海湾志》记载，后渚港平均含沙量有夏季自东向西降低，冬季则由西向东增高的特点。在港区西侧或航道上涨潮含量高于落潮，航道东侧及其白沙滩为落潮高于涨潮。

泉州湾内存在一处潜在潮汐能电站，即位于湾口泉州站址，拟建坝址长约 3.9 km，电站库容面积约为 17 km^2，设计泄水口 4 个，总面积约为 840 m^2。此外，泉州湾与湄洲湾之间亦有一处小海湾具有潜在潮汐能站址，即大乍站，亦将此站址放入泉州湾一并介绍，该站址拟建坝址长约 5.2 km，电站库容面积约为 49.8 km^2，设计泄水口 13 个，总面积约为 2 730 m^2。

（1）泉州

表2.21　潮汐能资源评估参数统计

发电形式	水轮机个数	年发电量（10^8 kW·h）	最大装机功率（10^4 kW）	平均装机功率（10^4 kW）	年发电时间（h）
单向发电	5	1.2	8.0	4.9	2 515
双向发电	6	1.6	12.1	5.6	3 101

单向发电形式下，泉州拟建站址的潮汐能资源特征为：最优水轮机组个数为 5 台，年发电量约 1.2×10^8 kW·h，年发电小时数约为 2 515 h，平均装机容量约为 4.9×10^4 kW。发电过程中，最大发电潮差约为 3.5 m，对应最大装机容量约为 8.0×10^4 kW。图 2.46 显示了该站位发电过程及拦潮坝内外水位曲线，统计表明，小潮期（48 h）平均累计时间约 9.1 h，日均发电时间约 4.5 h；中潮（72 h）期间发电时间显著增加，平均累计发电时间约 22.3 h；大潮期间平均发电时间约 16.9 h。

双向发电形式下，泉州拟建潮汐能电站最优水轮机组个数为 7 台，年发电量增至 1.6×10^8 kW·h，较单向发电增加了 0.4×10^8 kW·h，年发电小时数达到全年一般时间，约为 3 101 h，年平均装机容量约为 5.6×10^4 kW，发电过程中，最大发电潮差约为 2.8 m，最大装机容量约为 12.1×10^4 kW。发电过程曲线显示：小潮期平均发电时长 8.2 h，中潮期间平均发电时间约为 26.2 h，其中大潮平均发电时间约为 22.7 h（表 2.21）。

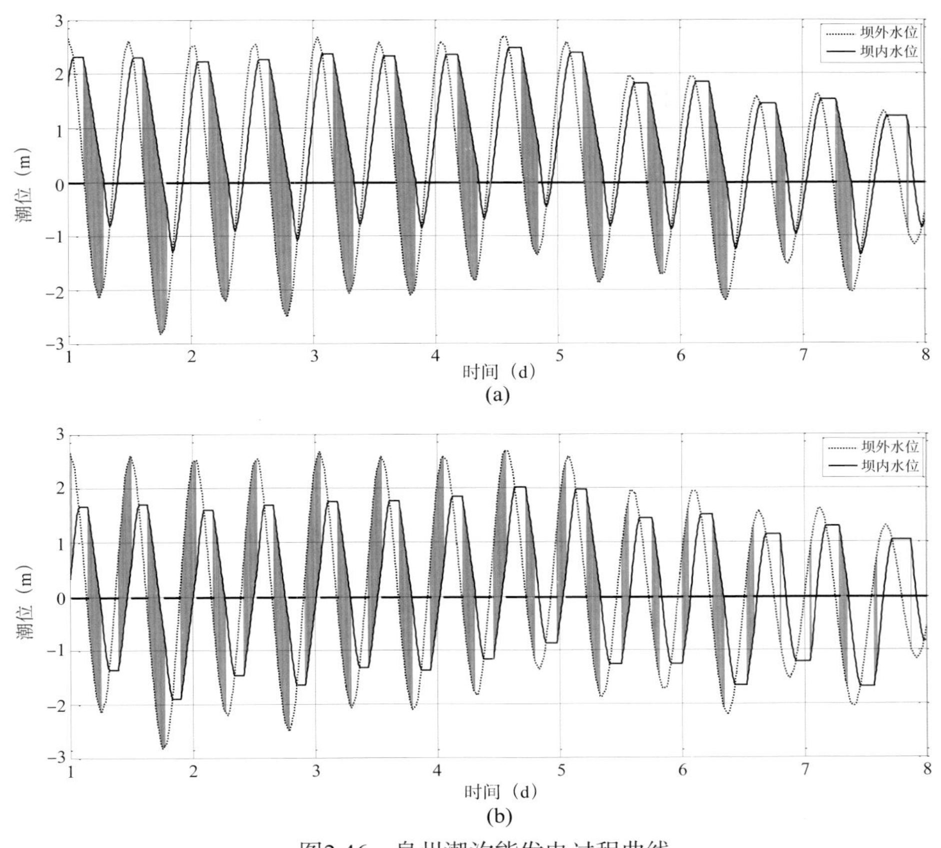

图2.46　泉州潮汐能发电过程曲线

(a) 单向发电；(b) 双向发电；阴影处为发电时刻

（2）大乍

表2.22　潮汐能资源评估参数统计

发电形式	水轮机个数	年发电量（10^8 kW・h）	最大装机功率（10^4 kW）	平均装机功率（10^4 kW）	年发电时间（h）
单向发电	15	3.7	23.9	14.7	2 530
双向发电	22	5.3	40.7	17.5	3 053

单向发电形式下，大乍拟建站址的潮汐能资源特征为：最优水轮机组个数为 15 台，年发电量约 3.7×10^8 kW・h，年发电小时数约为 2 530 h，平均装机容量约为 14.7×10^4 kW。发电过程中，最大发电潮差约为 3.5 m，对应最大装机容量约为 23.9×10^4 kW。图 2.47 显示了该站位发电过程及拦潮坝内外水位曲线，统计表明：小潮期（48 h）平均累计发电时间约 11.5 h，日均发电时间约 5.7 h；中潮（72 h）期间发电时间显著增加，平均累计发电时间约 24.7 h；大潮期间平均发电时间约 17.6 h。

双向发电形式下，大乍拟建潮汐能电站最优水轮机组个数为22台，年发电量增至5.3×10^8 kW·h，较单向发电增加了1.6×10^8 kW·h，约为3 053 h，年平均装机容量约为17.5×10^4 kW，发电过程中，最大发电潮差约为2.8 m，最大装机容量约为40.7×10^4 kW。发电过程曲线显示：小潮期平均发电时长12.1 h，中潮期间平均发电时间约为30.8 h，其中大潮平均发电时间约为22.8 h（表2.22）。

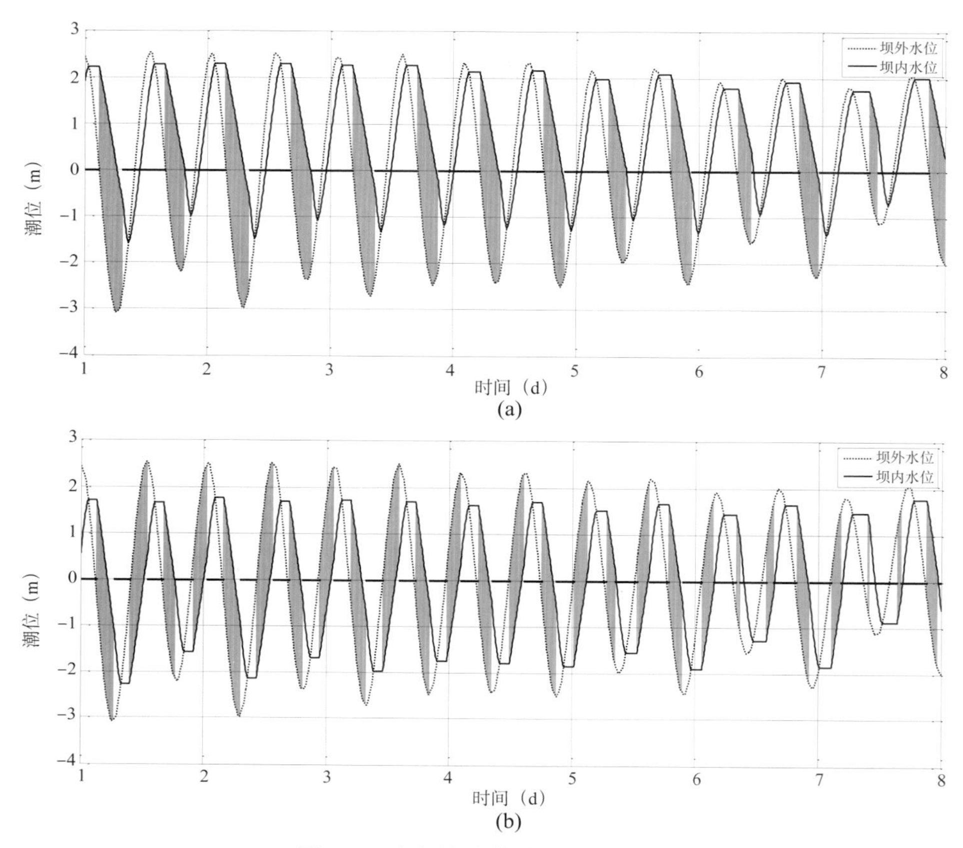

图2.47　大乍潮汐能发电过程曲线

(a) 单向发电；(b) 双向发电；阴影处为发电时刻

2.5.2.7　厦门港

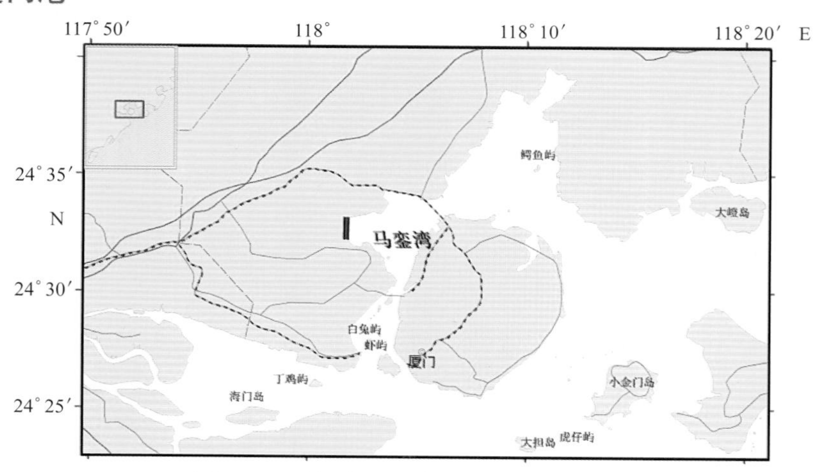

图2.48　厦门港地理位置（包括拟建坝址）

厦门港位于福建省沿海南部金门湾，九龙江入海口，分为内港（含九龙江口）和外港，内港位于厦门岛西侧，外港在厦门岛南侧。港湾外有大、小金门、大担、二担、青屿、浯屿诸岛屿环绕，形成天然屏障；港内又有鼓浪屿、鸡屿、火烧屿等岛屿屹立，是我国东南沿海天然深水良港之一（图 2.48）。

厦门港潮汐属于正规半日潮。

厦门港潮流属半日潮流，往复流。一般表层的落潮流速大于涨潮流速，底层则相反；在垂直方向上，从表层到次表层，潮流流速稍有增加，从次表层到底层，流速递减。

厦门港湾内外波要素有很大差别，波高从流会至东渡逐渐减小，流会最大波高 6.9 m，沙尾坡、虎头山最大波高 4 m ～ 5 m 而东渡的最大波高仅 1.3 m，是流会最大波高的 19%，东渡波高平均 0.2 m，是流会平均波高的 20%。流会涌浪出现的频率大于风浪，东渡则以风浪为主。

厦门港水域狭长，港区四周山峦屏障岸线曲折，岸线长达 109.55 km，海岸主要由基岩岬角海岸组成，局部有河口平原岸和红土台地岸。本港口门朝向东南，北起厦门岛的白石炮台，经大担、二担青屿至龙海县港尾乡的塔角，宽达 13.75 km。厦门港面积达 230.14 km^2，其中滩涂面积为 75.96 km^2，水域面积为 154.18 km^2，大部分水深在 5 m ～ 20 m 之间，最大水深达 31 m。

厦门港泥沙主要来源于河流输沙、潮流输沙和少量其他陆源物质，其中潮流输沙量最大，海水中泥沙平均含量一般在 0.020 kg/m^3 ～ 0.050 kg/m^3，仅少数断面超过 0.050 kg/m^3 并且含沙量在空间和时间上均存在较大差异。本港海水中泥沙含量有北低南高的特点，自厦门外港和九龙江河口向湾顶方向沿程含沙量逐渐减少，外港和九龙江河口海水中含沙量高于厦门西港内断面。

湄洲湾内存在一处潜在潮汐能电站，即位于湾顶中部的马銮湾站址，其坝址长约 1.7 km，电站库容面积约为 20.8 km^2，设计泄水口 6 个，总面积约为 1 260 m^2。

马銮湾

表2.23 潮汐能资源评估参数统计

发电形式	水轮机个数	年发电量（10^8 kW·h）	最大装机功率（10^4 kW）	平均装机功率（10^4 kW）	年发电时间（h）
单向发电	4	1.1	7.2	4.2	2 609
双向发电	5	1.6	7.6	4.4	3 727

单向发电形式下，马銮湾拟建站址的潮汐能资源特征为：最优水轮机组个数为 6 台，年发电量约 1.3×10^8 kW·h，年发电小时数约为 2 456 h，平均装机容量约为 5.5×10^4 kW。发电过程中，最大发电潮差约为 3.3 m，对应最大装机容量约为 8.4×10^4 kW。图 2.49 显示了该站位发电过程及拦潮坝内外水位曲线，统计表明：小潮期（48 h）平均累计发电时间约 9.5 h，日均发电时间约 4.7 h；中潮（72 h）期间发电时间显著增加，平均累计发电时间约 22.7 h；大潮期间平均发电时间约 17.0 h。

双向发电形式下，马銮湾拟建潮汐能电站最优水轮机组个数为 8 台，年发电量增至 1.8×10^8 kW·h，较单向发电增加了 0.5×10^8 kW·h，年发电小时数约为 2 963 h，年平均装机容量约为 6.2×10^4 kW，发电过程中，最大发电潮差约为 2.5 m，最大装机容量约为 10.2×10^4 kW。图 2.49 显示了该站位发电过程及拦潮坝内外水位曲线，统计表明：小潮期平均发电时长 9.1 h，中潮期间平均发电时间约为 26.4 h，其中大潮平均发电时间约为 22.8 h（表 2.23）。

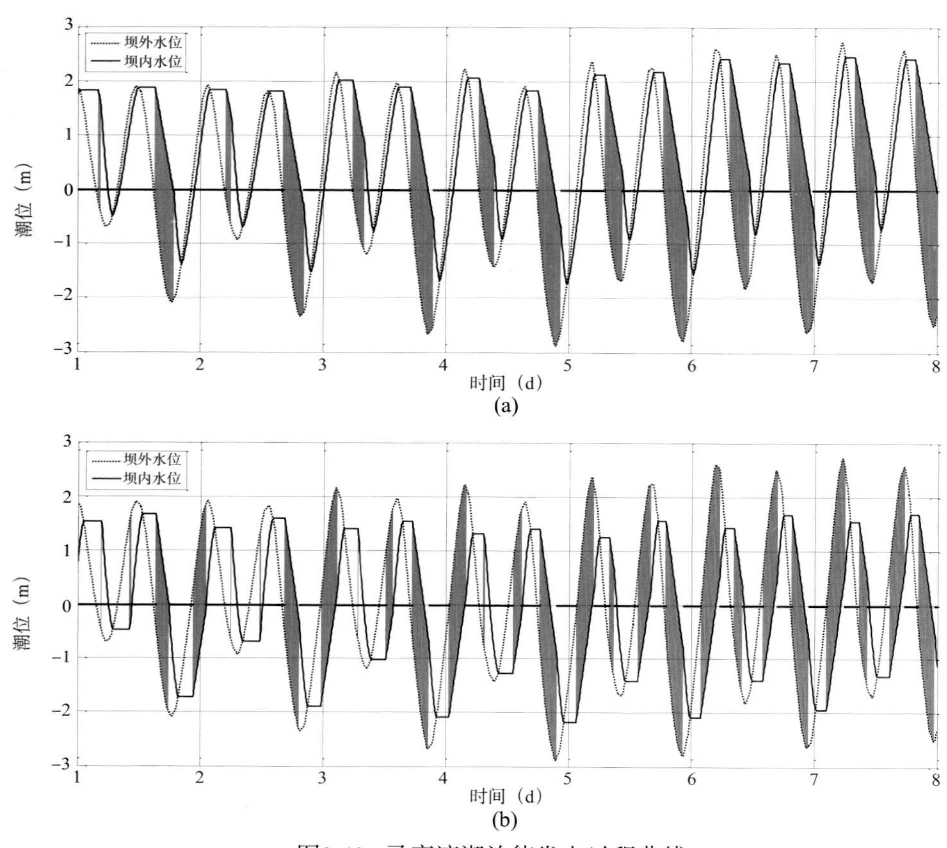

图2.49　马銮湾潮汐能发电过程曲线

(a) 单向发电；(b) 双向发电；阴影处为发电时刻

2.6 小结

采用传统的伯恩斯坦方法和基于通量守恒的潮汐能评估方法对浙江省、福建省近海 13 个港湾 21 个站址进行了潮汐资源特性分析和资源总量估算。其中，伯恩斯坦方法主要用来计算各港湾的潮汐能资源理论蕴藏量，通量守恒法则主要用来估算潮汐能资源可开发量（包括年平均装机功率和年发电量）、年发电时长等参数。

2.6.1　理论蕴藏量分析

基于伯恩斯坦的简易潮汐能资源方法计算简单，只需得到港湾面积和平均潮差即可，对于潮汐能资源总量来讲，潮差的对资源总量的贡献要较库容面积小很多。研究结果表明：从潮汐能资源质量方面来看，浙闽近海 13 个港湾 21 个站址的平均潮差相差并不十分大，均介于 3.2 m ~ 5.15 m，其中，东吾洋、鉴江、大官坂、高山、后海等站址平均潮差皆大于 5 m，潮汐能资源质量更好；相比之下，象山港内西泽、狮子口、黄墩港等站址平均潮差不足 4 m，潮汐能资源质量较差，其余站址平均潮差均介于 4 m ~ 5 m 之间，资源质量属于中间水平。从潮汐能资源总量（数量）方面来看，由于乍浦—黄湾、西泽、牛山—南田、东吾洋、江岩山、担屿等站址位于大海湾的湾口处，库容面积巨大，使其理论平均功率均处于 50 万千瓦级以上，尤其是位于杭州湾内的乍浦—黄湾站址和三门湾口的牛山—南田站址，库容面积均在 800 km^2 左右，使其潮汐能的理论平均功率达到了 300 万千瓦级，理论年发电量也超过 300×10^8 kW·h，但目前的潮汐能发电成本仍较传统化石能源高出很多，加之巨大的拦潮坝工程将造成的巨额投入和较大的海洋环境影响，使上述电站设计实施的可能性较小。相对而言，三门湾的健跳港、三沙湾的鉴江、罗源湾的大官坂、兴化湾的后海等站址库容面积均不足 10 km^2，其拦坝工程规模和环境影响自然较前者小很多，现阶段则更有优势实施其潮汐能资源的开发利用计划。其余站址的特点基本介于上述两类之间，不再赘述。总体上，浙闽沿海 13 个港湾 21 个站址（其中 5 个站址的库区已经被包括在其他站址的库区内，不参与统计，包括象山港内的狮子口站、黄墩港站，三门湾内的岳井洋和健跳港站以及罗源湾的大官坂站址）理论平均总功率约为 $1\,187 \times 10^4$ kW，理论年发电量约为 $1\,039.9 \times 10^8$ kW·h（表 2.24）。

表2.24 浙闽近海港湾潮汐能资源理论蕴藏量

站号	所属港湾	站址	平均潮差 (m)	库容面积 (km^2)	理论平均功率 (10^4 kW)	理论年发电量 (10^8 kW·h)
1	杭州湾	乍浦—黄湾	4.50	785	357.67	313.32
2	象山港	西泽	3.20	302	69.58	60.95
3	象山港*	狮子口站	3.95	41.3	14.50	12.70
4	象山港*	黄墩港站	3.91	19.3	6.64	5.82
5	三门湾	牛山—南田	4.50	820	373.61	327.28
6	三门湾*	岳井洋站	3.93	47.1	16.37	14.34
7	三门湾*	健跳港站	4.22	9.26	3.71	3.25
8	浦坝港	白带门	4.00	49	17.64	15.45
9	乐清湾	江岩山	4.54	178.3	82.69	72.44
10	沙埕港	八尺门	4.72	19.6	9.81	8.60
11	三沙湾	东吾洋	5.1	190.4	111.40	97.59
12	三沙湾	鉴江	5.02	3.1	1.73	1.52
13	罗源湾	担屿	4.46	198.9	89.04	78.00
14	罗源湾*	大官坂	5.02	9.1	5.16	4.52
15	兴化湾	高山	5.15	22.6	13.49	11.82
16	兴化湾	后海	5.15	5.0	2.97	2.60
17	湄州湾	内海	4.55	11.1	5.18	4.54
18	湄州湾	忠门	4.42	40.2	17.68	15.49
19	泉州湾	泉州	4.25	17.0	6.91	6.06
20	泉州湾	大乍	4.25	49.8	20.23	17.72
21	厦门港	马銮湾	3.99	20.8	7.45	6.53
总 计					1 187	1 039.9

注：带*站址不参与平均理论功率和理论年发电量的总量统计。

2.6.2 技术可开发量分析

伯恩斯坦方法和通量守恒法均可以给出潮汐资源技术可开发量，前者是利用以实际潮汐能电站运行结果为基础经验公式计算得出，后者则是以具体港湾水深地形数据、潮汐数据、泄水口面积数据为基础，在现有开发利用技术条件（特定潮汐水轮机）下通过计算最优水轮机个数及其年有效发电时长得到的最大年发电量。表 2.25 为两种方法计算得到的浙闽近海各潮汐能站址（双向发电）的技术可开发量对比结果。总体上，两种方法计算的潮汐能资源技术可开发量中的平均装机功率较为接近，尤其是库容面积较小潮汐能站址，平均装机功率颇为十分一致，但库容面积较大的站址差异较大，可能由于伯恩斯坦法忽略了库区水深地形的变化对水体通量的影响（由于水深地形的变化，不同潮位下库容面积不同，伯恩斯坦公式中的库容面积是恒定的，而通量守恒法中参与计算的库容面积则根据水位不断变化）。相比之下，通过通量守恒法计算得到的个站址的潮汐能年发电量较伯恩斯坦法要更多一些，这可能由于通量守恒法中依赖的水轮机参数及其效率更先进高效的缘故。

表2.25　浙闽近海港湾潮汐能技术可开发量

站号	所属港湾	站址	伯恩斯坦法		通量守恒法	
			平均装机功率 (10^4 kW)	年发电量 (10^8 kW·h)	平均装机功率 (10^4 kW)	年发电量 (10^8 kW·h)
1	杭州湾	乍浦一黄湾	317.93	63.59	258.8	93.8
2	象山港	西泽	61.85	12.37	108.7	22.3
3	象山港	狮子口站	12.89	2.58	15.2	3.1
4	象山港	黄墩港站	5.90	1.18	7.2	1.4
5	三门湾	牛山一南田	332.10	66.42	269.6	80.7
6	三门湾	岳井洋站	14.55	2.91	15.8	3.7
7	三门湾	健跳港站	3.30	0.66	3.2	0.9
8	浦坝港	白带门	15.68	3.14	15.4	4.3
9	乐清湾	江岩山	73.50	14.70	68.2	22.5
10	沙埕港	八尺门	8.72	1.74	7.8	2.7
11	三沙湾	东吾洋	99.02	19.80	68.9	19.4
12	三沙湾	鉴江	1.54	0.31	0.9	0.3
13	罗源湾	担屿	79.15	15.83	75.4	26.5
14	罗源湾	大官坂	4.59	0.92	3.4	1.2
15	兴化湾	高山	11.99	2.40	9.4	3.7
16	兴化湾	后海	2.64	0.53	1.8	0.8
17	湄州湾	内海	6.62	1.32	4.4	1.6
18	湄州湾	忠门	15.72	3.14	17.1	6.1
19	泉州湾	泉州	6.14	1.23	5.6	1.6
20	泉州湾	大乍	17.98	3.60	17.5	5.3
21	厦门港	马銮湾	6.62	1.32	4.4	1.6

2.6.3 有效发电时间分析

图 2.50 为利用通量守恒法计算的各潮汐能电站的有效发电时间统计图，图中表明：单向发电形式下，浙闽近海各潮汐能站址的一年中发电时间介于 1 500 h ～ 3 000 h，总体上福建站址大于浙江站址，但杭州湾的乍浦—黄湾站址除外，其中西泽、狮子口、黄墩港三站最少，不足 2 000 h，高山站址有效发电时间最长，约 2 900 h。双向发电形式的有效发电时间较单向要长，总体分布与单向发电趋势一致，平均增加发电时长约占单向时长的 1/4，其中仍以西泽、狮子口、黄墩港三站为最少，发电时长不足 2 500 h，以后海站为最长，年发电超过 4 000 h，约占全年时间的一半，其余站位多介于 2 500 h ～ 3 500 h。

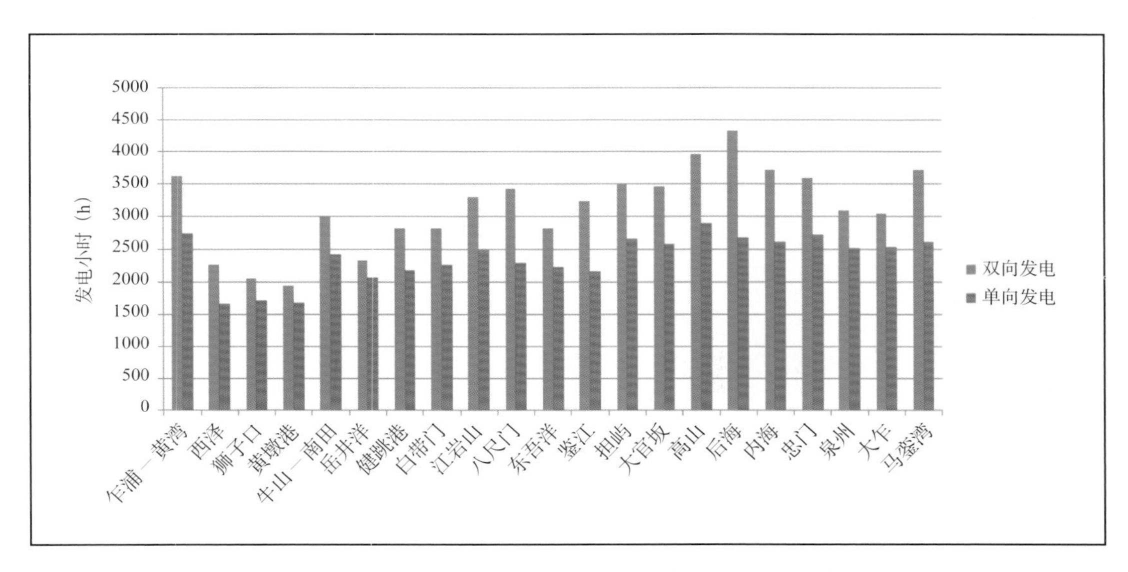

表2.50 浙闽近海港湾潮汐能有效发电时间统计

第 3 章　潮流能资源

3.1　潮流理论基础

海水受月球和太阳的作用，除产生潮汐现象外，同时还产生周期性的水平流动，此种现象叫潮流。潮汐为海水上下的垂直运动，潮流为水平运动。通常把由外海经内海向港湾流动的潮流，叫做涨潮流；由港湾流向外海的潮流，叫落潮流，潮流在涨潮流与落潮流的转流时刻，一般流速度较小，如流速为零，叫憩流或转流。

在多数地点，潮汐的升降与潮流涨退的类型是相似的，潮汐的上升是外海海水涨潮流流入所致，潮汐的下落，是海水流向外海的结果。但也有些地区，潮汐与潮流的类型不一致，就是潮汐性质与潮流性质不相同，例如，在秦皇岛附近，潮汐基本属于规则日潮性质，而潮流却为半日潮流性质；在烟台外海的潮汐为半日潮性质，而潮流却为日潮流性质。这些潮汐与潮流相似的或者两者不相似类型的现象，可用各海区的潮波系统的分布来解释。

方国洪等（1986）、黄祖珂等（2005）都曾对此潮汐潮流理论进行过详细的论述，本书不再赘述，仅将有关潮流能资源评估过程中涉及的潮流运动形式、潮流类型等基本概念简单描述。

由于受到沿岸地形的影响，潮流可能变得十分复杂，在海峡、水道或湾口等处的潮流流速可能很大，正因如此，《海洋科技名词》（第二版）（2007）中对潮流能的定义为：月球和太阳的引潮力使海水产生周期性的往复水平运动时形成的动能，集中在岸边、岛屿之间的水道或湾口。

3.1.1　潮流运动形式

潮流以流向的变化来划分可分为往复式和回转式两种。

3.1.1.1　往复式或直线式潮流

在海峡、水道或狭窄港湾内的潮流，因受地形条件的限制，一般为往复式潮流。在外海的某些地方，如处于右回转式潮流与左回转式潮流的交界处，也可出现往复式潮流。往复式潮流的方向交换如东西两方对换或南北对换，流速有变化。半日周期的往复式潮流，在每一涨潮流或落潮流期间（平均 6 h 12.5 min）速度不断地变化且有每半个月大小潮期间的变化。

3.1.1.2 回转式潮流

亦称八卦流，凡在江河入海的外方，外海或在广阔的海区，一般皆有回转式潮流发生。此种潮流的方向和速度，不断随时间而改变，一般在北半球流向是向右转的多，在南半球向左转的多。半日潮流，每 12 h 25 min 回转一周。如果从某一原点开始，将各流速绘成矢量，则在一个周期内，当没有其他流存在时，这些矢量之和为零。

3.1.2 潮汐与潮流的关系

潮汐与潮流之间的关系，实际是测区中潮汐升、降与潮流涨、落之间的相位关系。这一关系，通常用来判别潮波的属性，或掌握潮流的特征时刻如涨急、落急、转流（憩流）与潮位特征时刻如低潮、高潮、半潮面（低潮至高潮、或高潮至低潮）之间相位的匹配情形。潮流的转流时间与高潮和低潮的关系随地区不同而不同。一般人常以为高潮或低潮时为转流时间，其实除了这种现象外，尚有其他的现象。为了便于解释各种现象，首先讨论波和驻波中水质点的运动情况。

3.1.2.1 转流时间发生在高潮与低潮的中间时刻

潮波速度和潮流流速并不相同。潮波的速度要比潮流速度大得多，前者是波形的传播速度，潮流为海水水平方向的真实移动（水质点的位移）。波之传播速度与水质点速度不同，波虽以甚大的速度传至远处，但仅为表面波形之传播，水质点的运动，只是作圆形或椭圆形轨道运动，往复于较短的距离间。若潮波为一种前进波，如图 3.1 波峰 A 点（波之最高点）虽使水质点向前进（水质点的水平速度最大），但波谷 B 点（波之最低点）却使之向后退（水质点的水平运动向后退速度最大），与波之行进方向适相反，由于 A 点与 B 点水质点堆积，C 点水质点向上移（无水平运动）而成下一波之峰。这种现象可由浮于海面的东西见到，物体在大波浪中动摇而上下浮动，略呈前后移动而已。

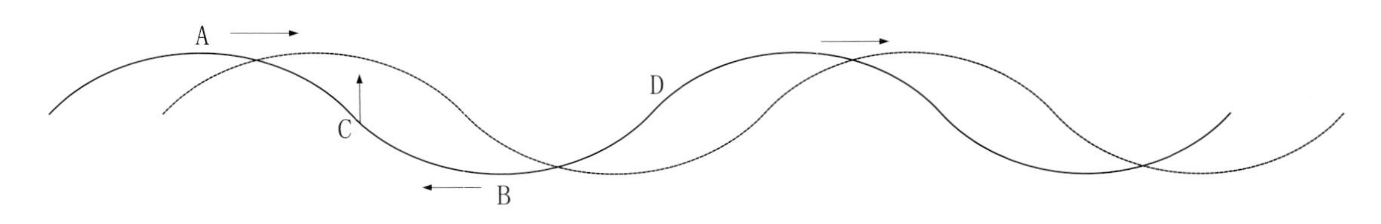

图3.1 前进波性质的潮流

潮波向前传播，海水质点必循圆形或椭圆形移动，在每相隔半个周期之后，潮流改变一次方向，椭圆运动的垂直短轴长度，与潮差相等，不过数米，而长轴表示潮流使海水往复流动的距离，可达数千米。至于潮流方向与高潮和低潮关系如图 3.1 所示，在 A 时（高潮）流速最大，高潮后，潮渐低落，流速亦渐减，经过 3 h 许，至 C 点（高潮与低潮中间时刻）无水平运动而成转流（憩流），憩流之后，潮流之方向又与前相反，再经过 3 h 许，达 B 点而为低潮，流速亦最大，后至 D 点而成转流。此种潮流一般出现在外海，潮流受地形影响较小地区，或江河中。如我国舟山定海附近约在高潮和低潮后 2 h 转流。

3.1.2.2 转流时间发生在高潮和低潮时

潮波前进传播时，为海岸所阻，完全反射成反射波，反射波与入射波起干涉现象，形成驻波。驻波在同一地点增减其波高，如图 3.2 中波峰 A 点（高潮）的水质点只有向下运动，没有水平运动，其他在 A 点附近的水质点向两侧移动，C 与 B 的水质点无上下运动，但水平运动最大，此两点叫节。在 D 点的水质点只有向上运动，无水平运动，这样上下运动的 D 与 A 点叫腹。

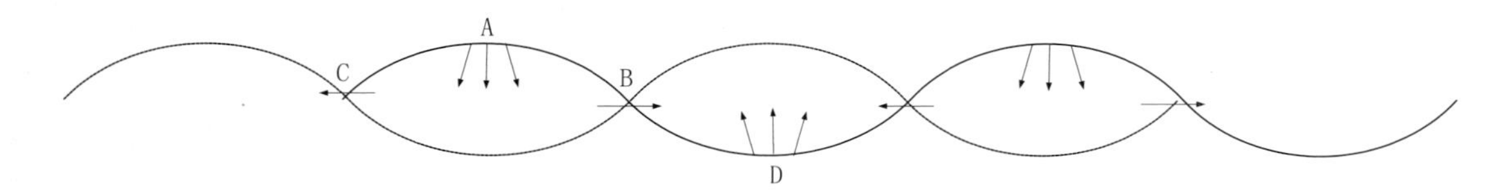

图3.2　驻波性质的潮流

驻波除了可能构成节点（无潮点）外，在波节处潮差小而流速大，在波腹处潮差大而流速弱且在波腹附近高潮时间与最大潮流时间相差约 1/4 周期。

在海岸附近的一定海域内，高潮和低潮时是转流时间，半潮面时（高潮与低潮时的中间时刻）则出现最大潮流流速，一般表现为涨潮时向陆（进港），落潮时向外海（出港）。我国塘沽新港和连云港等很多港口均属于驻波性质。

实际海洋中潮波运动并不是如上所述那么简单，实际潮波常常介于上述前进波与驻波之间，具有驻波与前进波合成性质。有的是以驻波为主的合成波，所以潮流的转流时间发生于高潮时和低潮时之后数 10 min 或 1 h 左右（时间视当地情况而定），此种现象一般多出现在入口较广阔的海湾，我国沿海各港口的潮流属于此现象者较多，如厦门、胶州湾口外海区约在高潮和低潮时后若干时刻转流。但也有一些地方，转流时间发生在高潮和低潮前的若干时刻。

3.1.3 潮流类型

与潮汐类似，潮流类型也分为正规半日潮流、不正规半日潮流、不正规全日潮流和正规全日潮流四类，对正规半日潮流海区，一太阴日内发生两个周期的变化，出现两次最大涨、落潮流。两次最大涨（落）潮流的流速差别很小。而不正规半日潮流虽然在一太阴日内也有两次最大涨、落潮流，但潮流的日不等现象比较明显。不正规全日潮流和正规全日潮流依据一月中每天出现一次涨、落潮流和两次涨、落潮流的天数来确定。具体分类标准见 表 3.1。

表3.1　潮流性质类型

潮流类型	判别标准
正规半日潮流	$W_{O_1}+W_{K_1}/W_{M_2} \leqslant 0.5$
不正规半日潮流	$0.5 < W_{O_1}+W_{K_1}/W_{M_2} \leqslant 2$
不正规全日潮流	$2 < W_{O_1}+W_{K_1}/W_{M_2} \leqslant 4$
正规全日潮流	$4 < W_{O_1}+W_{K_1}/W_{M_2}$

3.2 我国潮流能资源评估历史

3.2.1 我国第一次潮流能资源普查

在《中国沿海农村海洋能资源区划》工作成果中，王传崑等（2009）根据当时海图潮流资料对 130 个水道进行统计，其研究表明，全国沿岸潮流能资源平均理论总功率为 1 396 × 10^4 kW。全国潮流能资源分布很不均衡，在东海沿岸较为集中共 95 个水道，理论平均功率为 1 096 × 10^4 kW，占全国总量的 78.6%。在各省区沿岸的分布中以浙江省沿岸最多，有 37 个水道，平均功率为 709 × 10^4 kW，占全国总量的一半以上。其次是台湾、福建、山东和辽宁省沿岸，共计为 587 × 10^4 kW，占全国总量的 41.9%。全国沿岸高功率密度的水道及其最大功率密度分别是：渤海海峡北部的老铁山水道北侧，最大功率密度为 17.41 kW/m^2；渤海海峡南部的北隍城岛北侧，最大功率密度为 13.96 kW/m^2；长江口北港，最大功率密度为 10.30 kW/m^2；杭州湾口北部，最大功率密度为 29.98 kW/m^2；舟山群岛区的金塘水道，最大功率密度为 25.93 kW/m^2；龟山水道，最大功率密度为 23.89 kW/m^2；西堠门水道，最大功率密度为 19.08 kW/m^2；福建三都澳三都角西北部，最大功率密度为 15.11 kW/m^2；台湾澎湖列岛渔翁岛西南侧，最大功率密度为 13.69 kW/m^2。

3.2.2 我国第二次潮流能资源普查

2004 年，在国家海洋局组织启动的 908 专项中，专门增列了"我国近海海洋可再生能源调查与研究"和"我国近海海洋可再生能源开发与利用前景评价"等专题，从而全面开展了我国海岛和沿海海洋可再生能源蕴藏量和可开发利用量的调查与评估工作，首次对各类海洋能资源进行了全面、系统的调查，基本摸清了我国海洋可再生能源资源的宏观分布状况，图 3.3 只是潮流能平均功率密度，不能表示我国所有海洋可再生能源资源。调查结果表明，我国近海 99 个主要水道的潮流能资源蕴藏量为 833 × 10^4 kW，技术可开发量为 166 × 10^4 kW。其中，利用 POM 数值模式重点分析了渤海老铁山水道、登州水道，东海舟山群岛的龟山航门、西堠门水道和南海琼州海峡东口海域等 22 个小区域的潮流能资源分布状况。

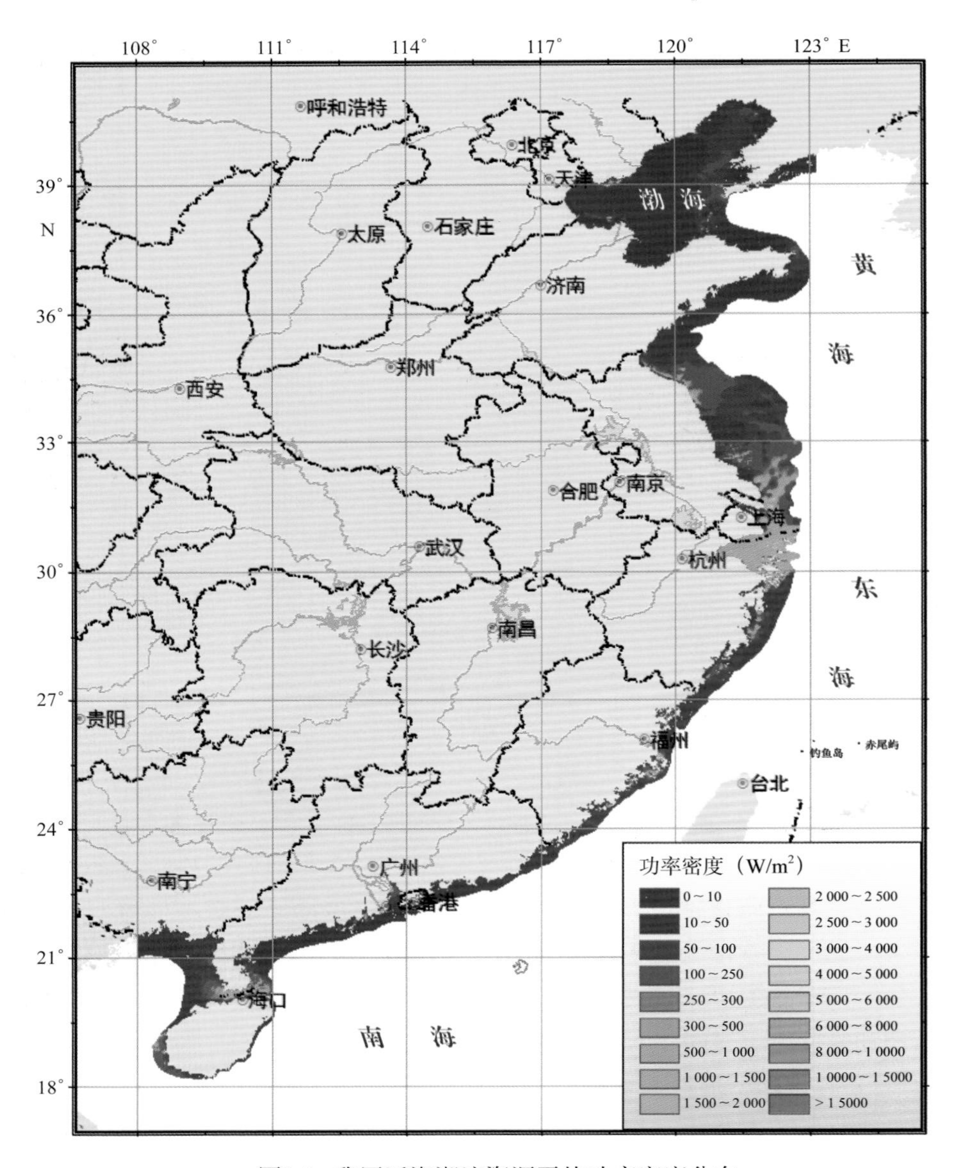

图3.3 我国近海潮流资源平均功率密度分布

3.2.3 我国特定海区的潮流能资源评估

国内有很多学者和研究机构对我国近海特定海域的潮流能进行过分析和评估研究。前期的潮流能资源评估主要基于实测单点潮流数据展开，其中包括：高祥帆（1979）利用舟山西堠门水道预报的大小潮期间潮流逐时流速资料计算了西堠门水道的潮流能功率；匡国瑞（1987）曾利用短期实测潮流数据结合郑志南提出的方法对成山头外海域的潮流能进行了初步估算，之后武贺（2008）利用潮流调和分析预报重新对成山头外潮流能资源进行了分析；何世钧（1982）对舟山海域西堠门、灌门、龟山航门等数十条水道潮流能资源状况进行了评估，王智峰（2010）等利用舟山海域高亭水道 5 个站位、灌门水道 8 个站位的连续 26 h 实测潮流资料进行了分析并采用 Farm 方法和 FLUX 方法分别对高亭水道和灌门水道潮流能进行了估算。随着计算机和数值模拟技术的不断发展，国内也逐渐开始采用成熟的潮波数值模拟技术开展潮流能资源评估研究工作，其中，吕新刚等（2010）在国内首次利用 POM 环流数值模型对胶州湾口潮流能资源进行了分析和总量估算；随后，武贺等（2010）采用 ECOMSED 模式对老铁山水道潮流能资源进行了初步分析，吴伦宇等（2013）利用非结构化网格有限体积方法的海洋模式 FVCOM 分析了渤海海峡的潮波运动状况并讨论了该海域潮流能资源总体分布情况；陈金瑞等（2013）同样采用 FVCOM 模式建立了一个厦门湾及其邻近海域三维潮汐潮流数值模型，分析统计了金门岛附近海域潮流能资源分布状况。侯放等（2014）也利用此模式分析评估了舟山海域潮流能资源时空分布特征。

3.3 潮流能资源勘查

3.3.1 调查范围

1987 年开展的“中国沿海农村海洋能资源区划”和 2004 年开始实施的 908 专项“我国近海海洋可再生能源调查与研究”等研究项目曾对中国上百条水道或海域的潮流能资源进行评估，2010 年开展的海洋能资金专项“潮汐能和潮流能重点开发利用区资源勘查与选划”项目是我国最近一次有关潮流能大规模调查与研究任务，旨在上述研究的基础上，对潮流能具有开发利用前景的重点区域进行资源勘查并收集历史资料，查清区域性潮汐能和潮流能利用的资源储量与可开发量，编绘我国潮汐能和潮流能资源分布图，开展潮汐能和潮流能优先开发利用区的资源选划工作，为国家海洋可再生能源发展规划提供科学依据。本书主要以该项目研究成果为基础，针对其重点研究的 4 个重点海域内的 68 条水道（估算断面）的潮流能资源状况进行了评估分析。

4 个重点海域主要分为渤海、黄海、东海以及南海北部区域，其中渤海区主要包括了老铁山水道和庙岛群岛海域，黄海主要包括成山头外海域、胶州湾口、斋堂岛水道，东海海域包括长江口外、杭州湾和舟山海域诸水道，其中，舟山海域诸水道主要包括了龟山航门、西堠门水道、灌门水道等大小 58 条水道以及东海南部的三沙湾和厦门湾（金门水道）海域，南海北部主要指琼州海峡（图 3.4）。

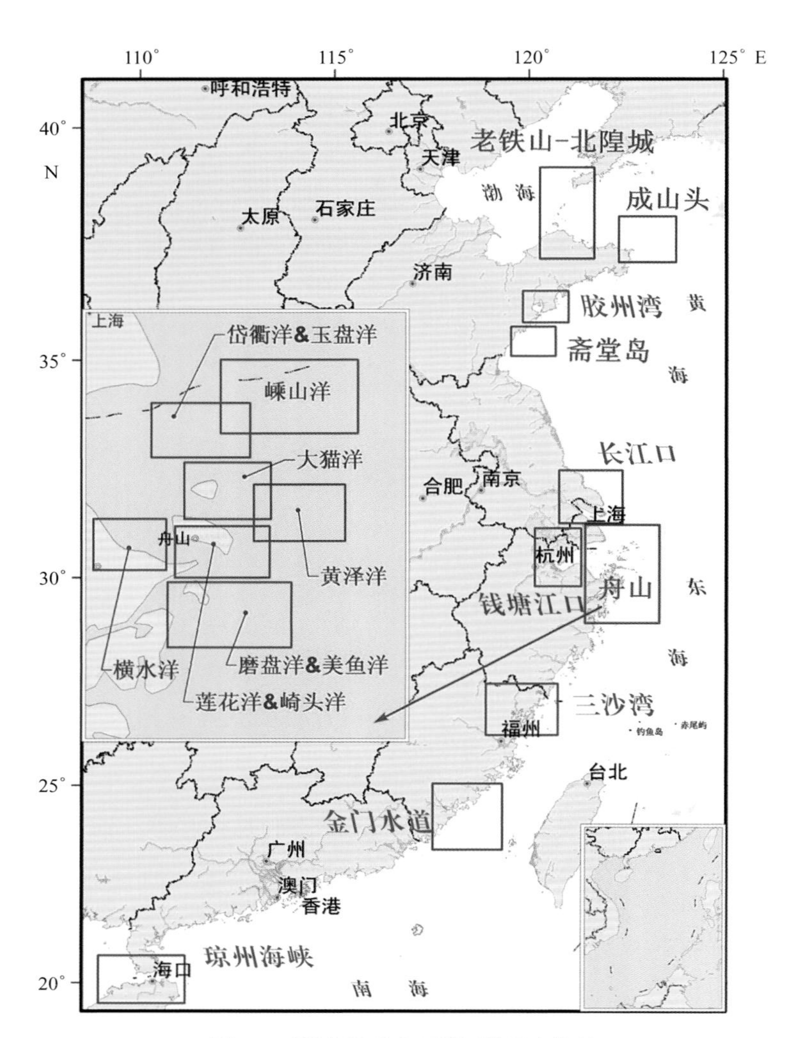

图3.4　潮流能重点开发利用区索引

3.3.2　调查要素

潮流能调查要素主要包括：

① 流速、流向；

② 水深。

定点测流技术指标见表3.2。

表3.2　流速、流向、水深观测技术指标

要素	流速（cm/s）				流向（°）	水深（m）	
准确度	当流速小于100 cm/s且水深小于等于200 m时，准确度应优于±5 cm/s	当流速小于100 cm/s且水深大于200 m时，准确度应优于±3 cm/s	当流速大于等于100 cm/s且水深小于等于200 m时，准确度应优于±5%	当流速大于等于100 cm/s且水深大于200 m时，准确度应优于±3%	±5	水深小于等于30 m时，准确度应优于±0.3	当水深大于30 m时，准确度应优于±1%

3.3.3 调查仪器和观测方法

潮流能调查其实质是利用传统的海流调查仪器在代表性的海域开展海流测量，为估算潮流能资源时空分布特征提供实测数据支撑。因此，其调查仪器仍是传统的海流调查仪器，但主要包括机械式海流计、电磁海流计、声学多普勒海流剖面仪（ADCP）等，其中推荐使用电磁海流计和 ADCP 两类设备开展观测，有助于获取时间间隔较短、连续性较好的实测海流数据。

在潮流现场的观测方式上，多采用定点连续观测和走航观测相结合的观测方式，前者主要用来确定评估海域潮流能随时间的变化特性，后者则更多反映估算水道潮流能资源的截面分布。其中，定点连续观测采样频率应大于 2 Hz，数据采集时间间隔应小于 10 min，一般应不少于 3 次符合良好天文条件的周日连续观测，当然如果潮流能资源评估工作已进入工程设计阶段，调查时间应按照需要合理延长。欧洲可再生能源中心编写的《潮流能资源评估技术规程》里曾将潮流能资源调查分为三个阶段，分别为普查阶段、可行性分析阶段和工程建设阶段。表 3.3 列出了潮流能资源勘查各阶段定点连续潮流观测对应的观测周期。对于走航观测来说，走航式 ADCP 采样间隔应小于 0.5 s，观测时间应选择良好天文观测条件的日期进行，观测周期不少于一周日。

而且为更精确地评估研究海域的潮流能资源状况，还应尽可能收集该海域潮流历史调查数据、调查报告、研究论文等调查资料，另外还包括研究海域的水深地形数据、岸线数据、水位数据等现场调查。

观测方式方面，潮流能观测应包括定点连续观测和走航观测，观测步骤和要求按 GB/T 12763.2—2007 中 7.2 规定执行。

水深地形观测应采用走航连续观测，测深要求按照 GB/T 12763.10—2007 第 5 章和第 6 章中规定执行。

3.3.4 观测站设站要求

潮流能资源调查时观测站位的设站要求主要包括以下两点：

① 定点连续观测站位布设应选择调查海域的流速最大区域，水深应不小于 20 m，能反映调查海域的潮流分布特征和变化规律；

② 走航观测的航线应通过定点连续观测站位且垂直于海流主流向，能反映调查海域截面的流速梯度变化。

2010 年海洋能专项资金“潮汐能和潮流能资源勘查与选划成果整合与集成”项目中，共开展 8 个重点水道的海流现场测量，具体调查时间、地点的相关情况见表 3.3。

表3.3　各定点调查站位信息

调查站位	纬度（N）	经度（E）	调查时间	调查仪器	站位水深（m）
老铁山水道	38° 41.801′	121° 05.831′	2009-03-10—11	RDI ADCP WHS300k	55
北隍城北	38° 24.500′	120° 56.632′	2011-07-03—20	Nortek AWAC600k	27
成山头外	37° 23.839′	122° 42.785′	2009-07-10—29	Nortek AWAC600k	28
灌门水道	30° 07.033′	122° 11.100′	2006-09-30—10-07	Nortek AWAC600k	20
龟山航门	30° 11.823′	122° 10.650′	2008-06-24—07-04	RDI ADCP WHS300k	62
西堠门水道	30° 03.985′	121° 53.786′	2011-05-17—06-02	Nortek AWAC600k	25
清滋门水道	29° 51.356′	122° 17.106′	2011-06-03—06	Nortek AWAC600k	30
三沙湾	26° 32.780′	119° 48.234′	2006-04-14—19	RDI ADCP WHS300k	56
琼州海峡	20° 11.098′	110° 37.181′	2009-02-26—03-05	RDI ADCP WHS300k	33

3.3.5　数据处理方法

质量控制方面，根据《海洋调查规范 第 2 部分：海洋水文观测》（GB/T 12763.2-2007）中 7.3 要求，对海流数据进行资料处理。

ADCP 观测数据的处理使用通过鉴定的软件进行，基本规则和步骤如下。

① 首先对原始采集数据进行以下几方面的质量控制：

—— 剔除良好率较低的数据；

—— 剔除由于船速过快，或仪器发生故障等原因产生的坏数据；

—— 标识受干扰层，剔除来自鱼群等物体的干扰。

② 剔除 ADCP 观测资料中的船速，计算得到真实流速。

③ 插值计算出各标准层的流速并将处理结果按规定格式存入数据文件。

④ 绘制流的时间序列矢量图和垂直分布图。

潮流数据标准化方面，根据相关规范和技术要求，测量层次当观测点水深大于等于 5 m 采用六点法（即表层下 0.5 m、0.2 H、0.4 H、0.6 H、0.8 H 和底层上 0.5 m，H 表示测验时水深）；在大于等于 1.5 m 且小于 5 m 采用三点法（即表层、0.6 H 和底层）；水深小于 1.5 m 采用一点法（即 0.6 H 层）。由表 3.3 可见，各水道（海域）海流定点测站的水深均远大于 5 m，故均采用 6 点法对 ADCP 数据进行整理。

3.4 调查数据分析

3.4.1 最大流速和涨落潮变化

表3.4 大潮最大流速、流向统计

站号	潮向	表层		0.2*H*		0.4*H*		0.6*H*		0.8*H*		底层		垂向平均	
		流速(cm/s)	流向(°)	流速(cm/s)	流向(°)	流速(cm/s)	流向(°)	流速(cm/s)	流向(°)	流速(cm/s)	流向(°)	流速(cm/s)	流向(°)	流速(cm/s)	流向(°)
老铁山水道	F	1.79	313	1.76	313	1.65	314	1.62	314	1.56	315	1.41	316	1.63	314
	E	1.26	141	1.21	140	1.17	138	1.10	135	1.04	133	0.90	130	1.11	136
北隍城北	F	1.10	319	1.09	316	0.95	318	0.98	318	0.98	326	0.63	324	0.96	320
	E	0.78	118	0.72	126	0.68	129	0.65	140	0.62	145	0.58	156	0.67	136
成山头外	F	1.29	206	1.38	191	1.42	183	1.33	177	1.15	174	1.07	173	1.27	184
	E	1.53	32	1.59	26	1.58	20	1.59	23	1.63	31	1.25	33	1.53	28
灌门水道	F	1.01	255	1.09	260	0.96	268	1.22	277	1.05	286	0.90	289	1.04	273
	E	0.83	153	0.62	181	0.52	171	0.50	179	0.43	174	0.34	157	0.54	169
龟山航门	F	3.48	278	3.28	278	3.18	279	3.40	277	3.07	289	1.99	289	3.07	282
	E	2.19	97	2.19	96	2.21	95	2.09	98	1.82	103	0.78	106	1.88	99
西堠门水道	F	1.05	303	1.06	307	1.06	308	0.99	312	0.93	312	0.88	310	1.00	309
	E	0.8	162	0.78	152	0.76	148	0.73	144	0.65	146	0.65	145	0.73	150
清滋门水道	F	0.89	285	0.73	303	0.63	303	0.53	303	0.49	299	0.24	303	0.59	299
	E	1.0	147	0.92	143	0.89	146	0.85	141	0.83	138	0.74	144	0.87	143
三沙湾	F	1.40	218	1.26	228	0.98	228	0.86	226	0.82	222	0.74	216	1.01	223
	E	0.44	34	0.56	38	0.94	32	1.08	30	1.24	42	1.04	44	0.88	37
琼州海峡	F	1.19	264	1.20	263	1.17	261	1.18	258	1.23	258	0.3	233	1.05	256
	E	1.14	81	1.1	80	1.0	81	1.01	80	0.8	81	0.6	89	0.94	82

注：F（flood）代表涨潮，E（ebb）代表落潮。

表3.5 小潮最大流速、流向统计

站号	潮向	表 层		0.2*H*		0.4*H*		0.6*H*		0.8*H*		底层		垂向平均	
		流速(cm/s)	流向(°)	流速(cm/s)	流向(°)	流速(cm/s)	流向(°)	流速(cm/s)	流向(°)	流速(cm/s)	流向(°)	流速(cm/s)	流向(°)	流速(cm/s)	流向(°)
老铁山水道	F	1.55	314	1.53	313	1.47	315	1.34	315	1.26	315	1.03	318	1.36	315
	E	1.24	140	1.21	140	1.18	137	1.12	134	1.06	134	0.80	131	1.10	136
北隍城北	F	1.46	326	1.36	332	1.30	340	1.19	339	0.96	337	0.78	347	1.18	337
	E	0.95	107	0.83	114	0.8	118	0.85	116	0.68	107	0.66	105	0.80	111
成山头外	F	1.12	169	1.08	103	1.13	176	1.06	176	0.88	177	0.66	203	0.99	167
	E	0.89	34	0.83	23	0.83	27	0.79	29	0.86	28	0.76	36	0.83	30

续 表

站号	潮向	表层		0.2H		0.4H		0.6H		0.8H		底层		垂向平均	
		流速(cm/s)	流向(°)	流速(cm/s)	流向(°)	流速(cm/s)	流向(°)	流速(cm/s)	流向(°)	流速(cm/s)	流向(°)	流速(cm/s)	流向(°)	流速(cm/s)	流向(°)
灌门水道	F	0.72	279	0.70	277	0.70	274	0.68	270	0.66	283	0.66	293	0.69	279
	E	0.37	118	0.30	109	0.30	103	0.26	93	0.24	96	0.17	51	0.27	95
龟山航门	F	2.94	271	2.89	271	2.90	270	2.92	267	2.69	266	1.89	259	2.71	267
	E	2.47	96	2.40	93	2.24	88	2.17	80	2.18	76	1.52	71	2.16	84
西堠门水道	F	0.60	330	0.54	311	0.66	308	0.65	307	0.75	315	0.65	312	0.64	314
	E	0.58	147	0.61	146	0.57	147	0.52	143	0.42	142	0.37	126	0.51	142
清滋门水道	F	0.50	313	0.51	309	0.57	293	0.67	290	0.67	288	0.47	285	0.57	296
	E	0.83	126	0.84	128	0.85	110	0.78	100	0.62	82	0.51	88	0.74	106
三沙湾	F	1.02	202	0.66	196	0.66	206	0.74	210	0.68	216	0.44	216	0.70	208
	E	0.22	64	0.52	56	0.76	44	0.84	34	0.92	28	0.50	30	0.63	43
琼州海峡	F	0.93	266	0.91	264	0.83	268	0.81	269	0.73	269	0.63	273	0.81	268
	E	0.96	84	0.96	85	0.78	81	0.69	84	0.62	84	0.65	83	0.78	84

注：F（flood）代表涨潮，E（ebb）代表落潮。

表3.4和表3.5是各水道潮流实测站位大潮和小潮的最大流速和流向的统计结果，表中显示，龟山航门水道实测站位流速最大，大潮期间表层涨落潮流速峰值分别达到3.48 m/s和2.19 m/s，垂向平均值也可达到3.71 m/s和1.88 m/s，显然涨潮流大于落潮流，小潮流速峰值较大潮略有下降，但降幅不大，其涨落潮流速峰值分别为2.94 m/s和2.47 m/s，垂向平均值分别为2.71 m/s和2.16 m/s；老铁山水道、成山头外近海海域两站次之，大潮期流速峰值可达1.5 m/s以上，其余实测站位流速并不很大，多约1.0 m/s，这其中潮流能资源总体丰富的西堠门、灌门等水道由于调查难度大等问题，并未选取流速最大区域开展海流实际测量，这也反映出潮流能资源的水平分布十分的不均匀，仅利用单点数据代表整个水道的评估结果会造成巨大误差，因此，在此次潮流能调查评估任务[①]当中，开展潮流实测工作的主要目的是用于海域的潮流性质特征分析和潮流数值模拟验证，尽管如此，上述结果仍能准确反映站位周边一小片海域的潮流能资源特征。

① 该任务指2010年海洋可再生能源专项资金项目“潮汐能和潮流能重点开发利用区资源勘查与选划”。

3.4.2 流速垂向分布

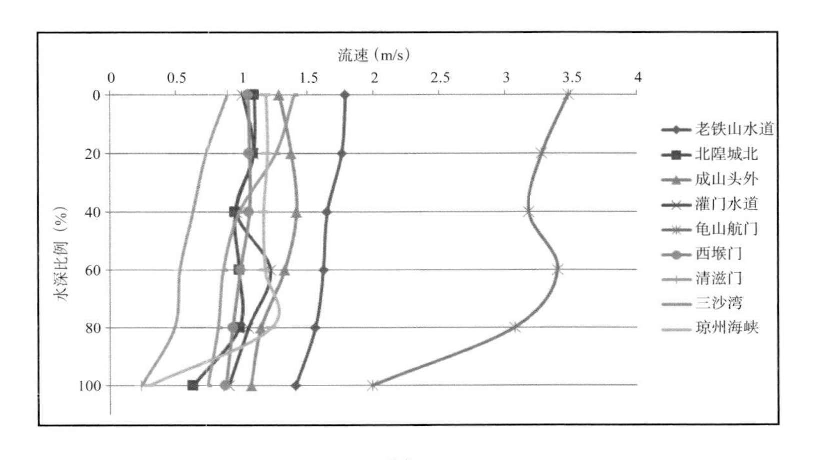

(a)

(b)

图3.5 各站位大潮涨急(a)和落急(b)流速垂向分布

纵轴0代表表层，100%代表底层

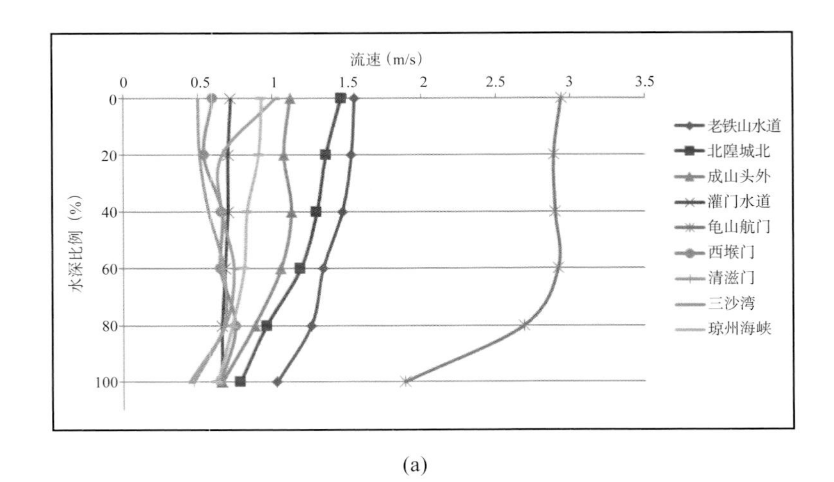

(a)

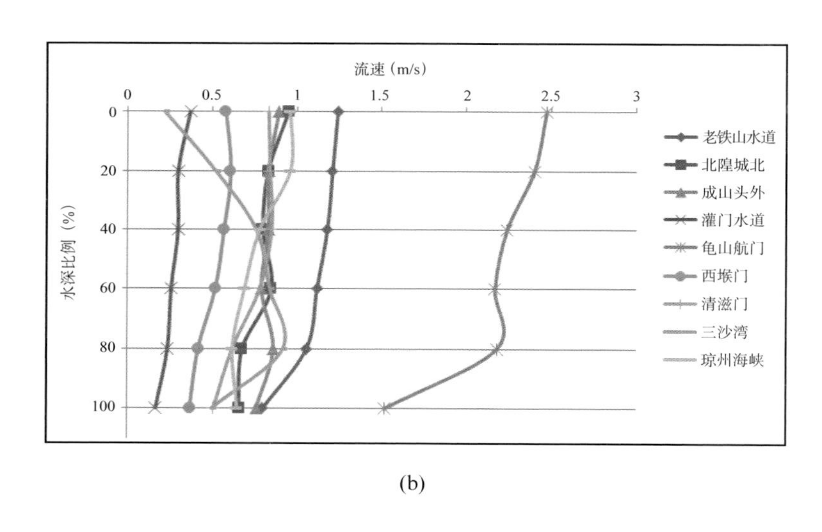

(b)

图3.6 各站位小潮涨急（a）和落急（b）流速垂向分布
纵轴0代表表层，100%代表底层

流速垂向分布对于潮流能开发过程中发电装置的布放深度意义重大。大潮、小潮流速涨急和落急垂向分布图（图 3.5，图 3.6）显示，受到海底底摩擦力的影响，各站位一般都表现出表、中层流速大于底层流速，但流速随深度下降速率并不相同。图中显示，多数调查站位的最大流速均发生在表层，但成山头海域和三沙湾海域的最大流速则发生在次表层或中层，其中，成山头海域的涨急和落急数据均反映出中层流速略高于表层流速的特点，如果采用坐底式发电装置的布放形式，则既能够充分开发资源质量较好的中层海水，还不影响船只通航。相比之下，三沙湾海域的类似情况仅出现在该海域潮流落潮的过程中，其可靠性仍需进一步的调查分析检验。从各站位垂向分布的梯度来看，龟山航门和琼州海峡垂向变化较大，其中两站位中层以浅流速变化梯度都较小，但从 0.6H 以下变化剧烈，琼州海峡的表、中、底层的流速比约为 1:0.99:0.39。龟山航门对应比值约为 1:0.96:0.49，其余站位垂向变化较小，梯度值较为固定。

3.4.3 流向分布特征

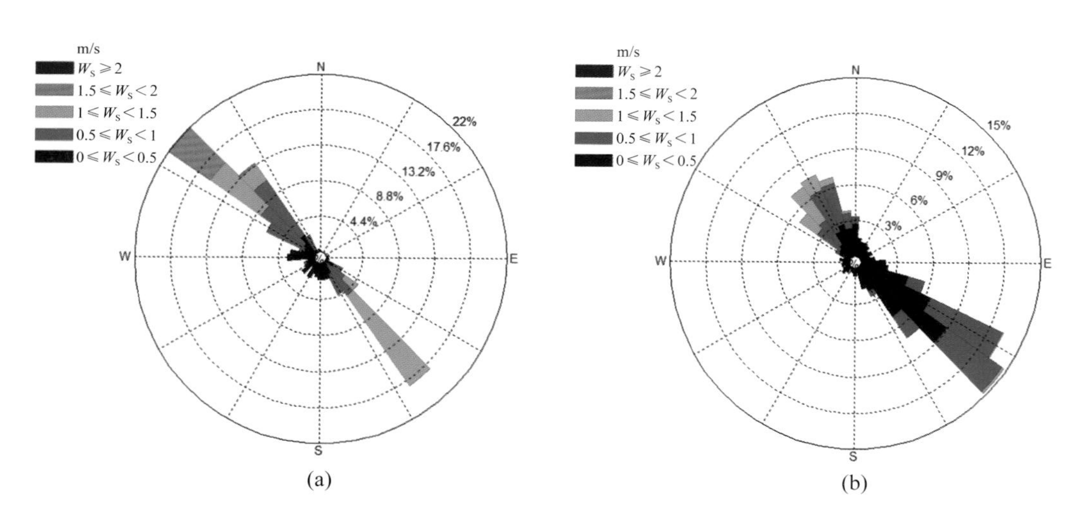

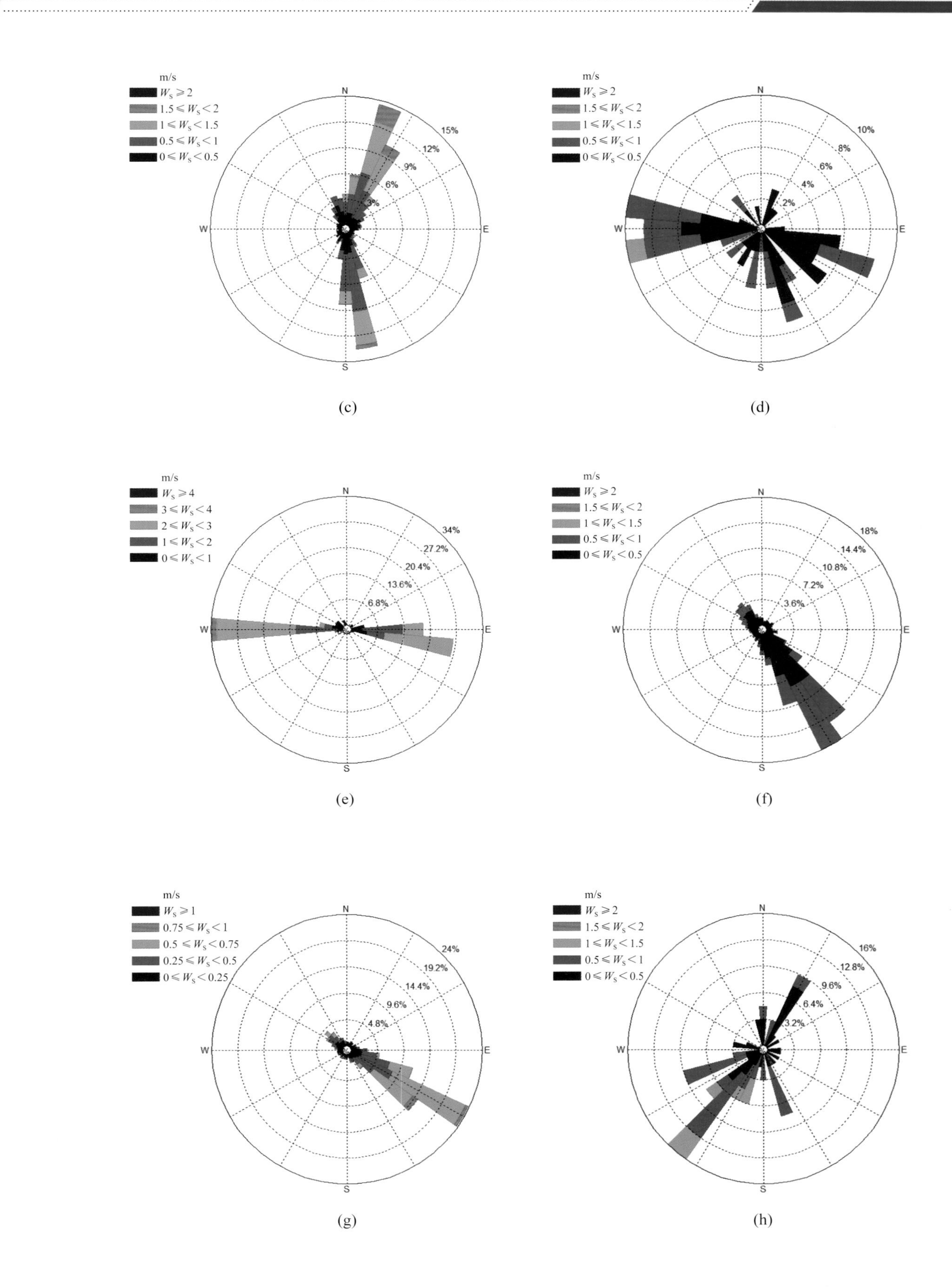
m/s
$W_S \geqslant 2$
$1.5 \leqslant W_S < 2$
$1 \leqslant W_S < 1.5$
$0.5 \leqslant W_S < 1$
$0 \leqslant W_S < 0.5$
N
E
S
W
3%
6%
9%
12%
15%
2%
4%
6%
8%
10%
$W_S \geqslant 4$
$3 \leqslant W_S < 4$
$2 \leqslant W_S < 3$
$1 \leqslant W_S < 2$
$0 \leqslant W_S < 1$
6.8%
13.6%
20.4%
27.2%
34%
3.6%
7.2%
10.8%
14.4%
18%
$W_S \geqslant 1$
$0.75 \leqslant W_S < 1$
$0.5 \leqslant W_S < 0.75$
$0.25 \leqslant W_S < 0.5$
$0 \leqslant W_S < 0.25$
4.8%
9.6%
14.4%
19.2%
24%
3.2%
6.4%
9.6%
12.8%
16%

(c)

(d)

(e)

(f)

(g)

(h)

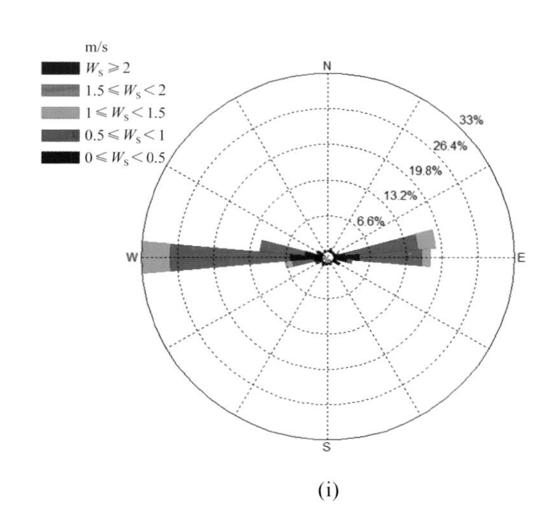

(i)

图3.7　各水道海流观测站位表层潮流玫瑰图

(a) 老铁山水道；(b) 北隍城北；(c) 成山外；(d) 灌门水道；(e) 龟山航门
(f) 西堠门水道；(g) 清滋门水道；(h) 三沙湾；(i) 琼州海峡

表3.6　偏离主轴角度对潮流能资源开发的影响

偏离主轴角度（°）	方向误差
0	1.00
5	1.00
10	0.98
15	0.97
20	0.94
25	0.91
30	0.87
35	0.82
40	0.77

潮流玫瑰图是在极坐标底图上点绘出的定点站位某时段内各流速、流向出现的频率统计图，以便更为直观地了解定点海流站位某段时间内流速、流向的频率状况，对于水平轴式潮流能开发装置的选择尤为重要。由表 3.6（EMEC, 2008）可知，当流向偏离主流向 40° 时，该方向误差使得有效的流速分量（即与潮流能发电装置迎流面呈法相相交的部分）仅为原值的 77%。

各水道海流观测站位表层潮流玫瑰图（图 3.7）显示，各站位海流的往复流特征非常明显，多数站位的涨、落潮流主轴方向较为对称，其中，老铁山水道涨落潮主流向为东北—西南向，主要集中在 305°～325° 和 135°～145° 之间；北隍城北海域涨落潮主流向为西北一东南向，主要集中在 325°～345° 和 115°～135° 之间；龟山航门和琼州海峡潮流主流向分布情基本类似，其涨落潮主流向为西一东向，且潮流旋转角度很小，主要集中在 265°～275° 和 85°～105° 之间；西堠门水道和清滋门水道情况也颇为类似，涨落潮主流向为东南一西北向，主要集中在 305°～325° 和 125°～145° 之间；三沙湾内观测站涨落潮主流向为东北一西南向，主要集中在 25°～35° 和 115°～125° 之间。

3.4.4 流速累计时间频率

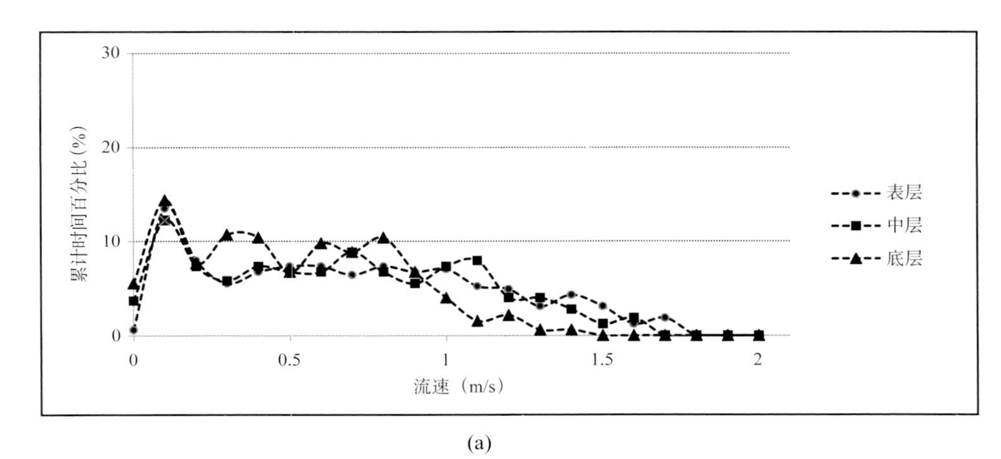

(a)

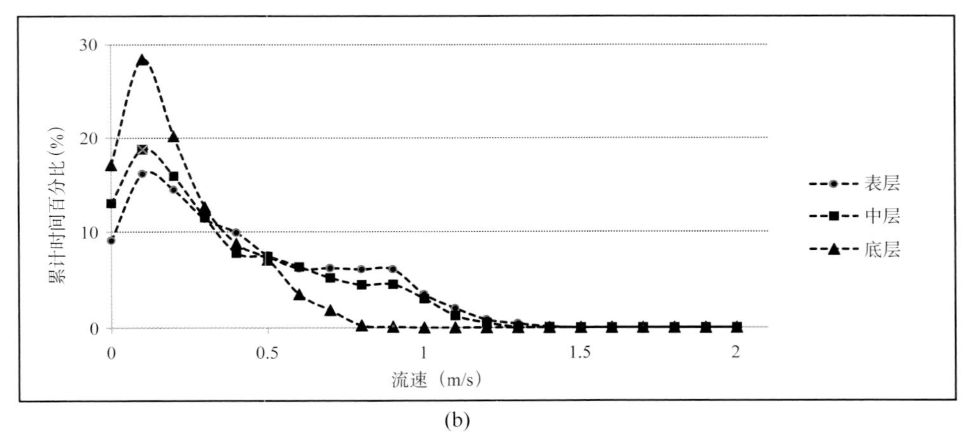

(b)

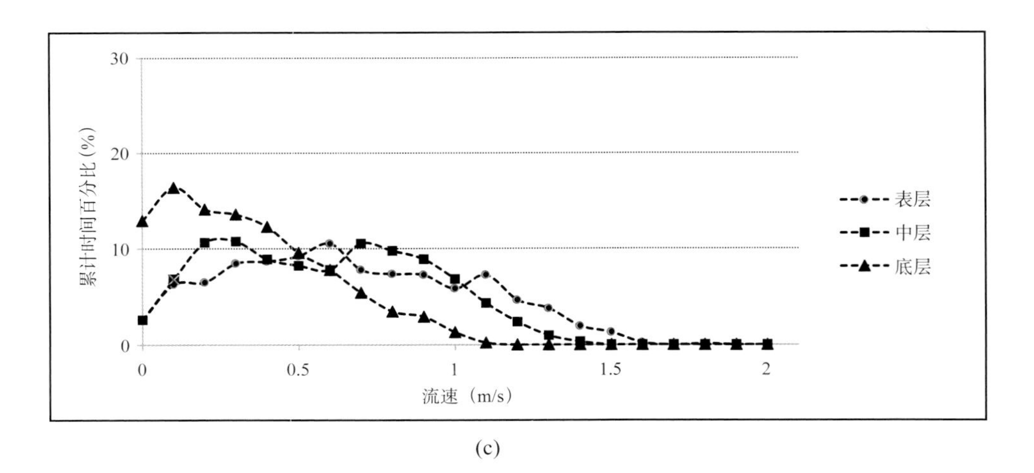

(c)

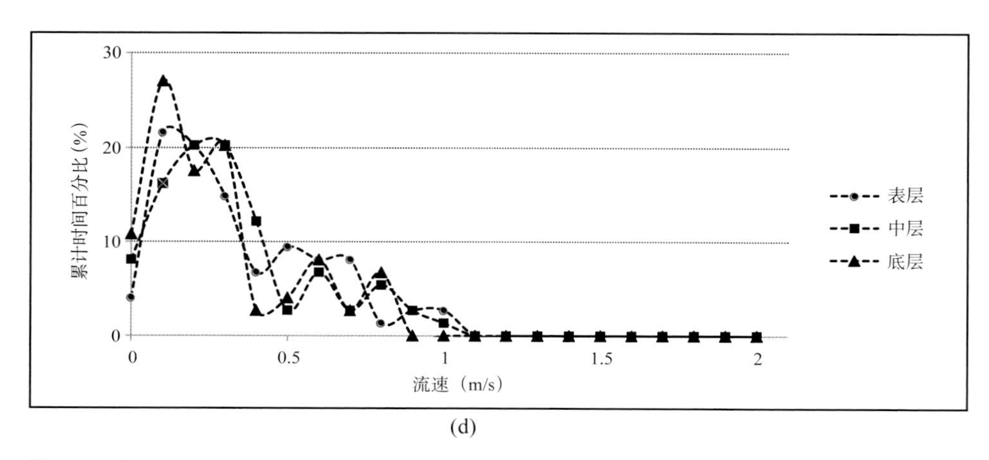
30
20
10
0
累计时间百分比(%)
0
0.5
1
1.5
2
流速（m/s）
表层
中层
底层

(d)

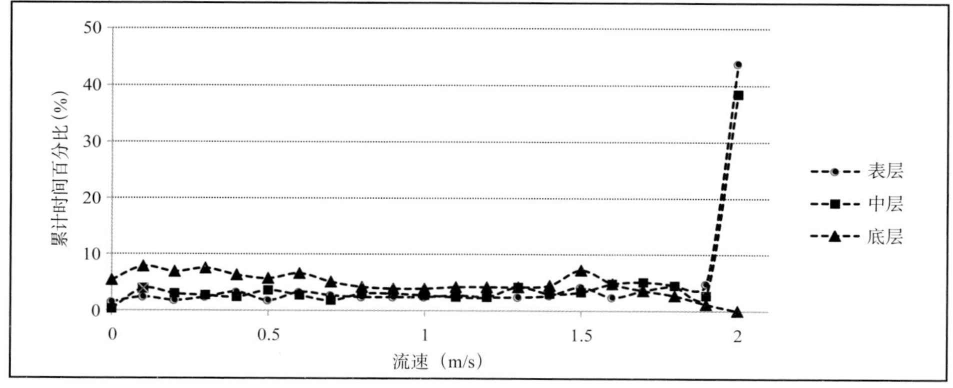
50
40
30
20
10
0
累计时间百分比(%)
0
0.5
1
1.5
2
流速（m/s）
表层
中层
底层

(e)

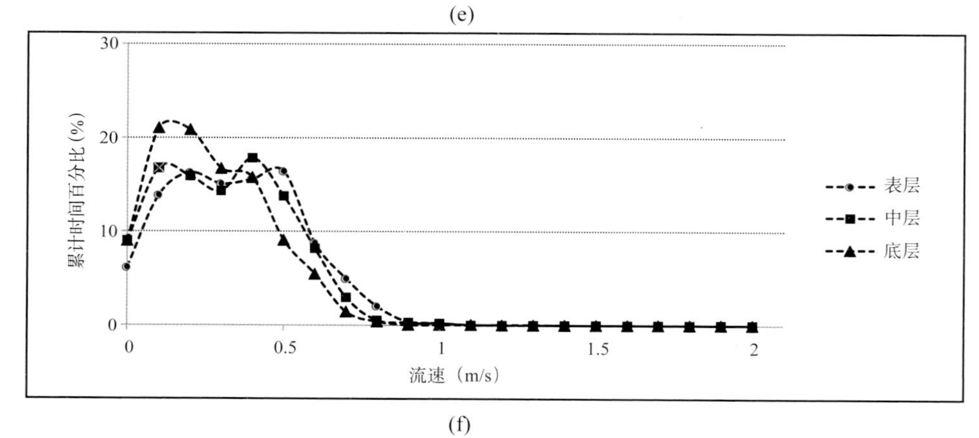
30
20
10
0
累计时间百分比(%)
0
0.5
1
1.5
2
流速（m/s）
表层
中层
底层

(f)

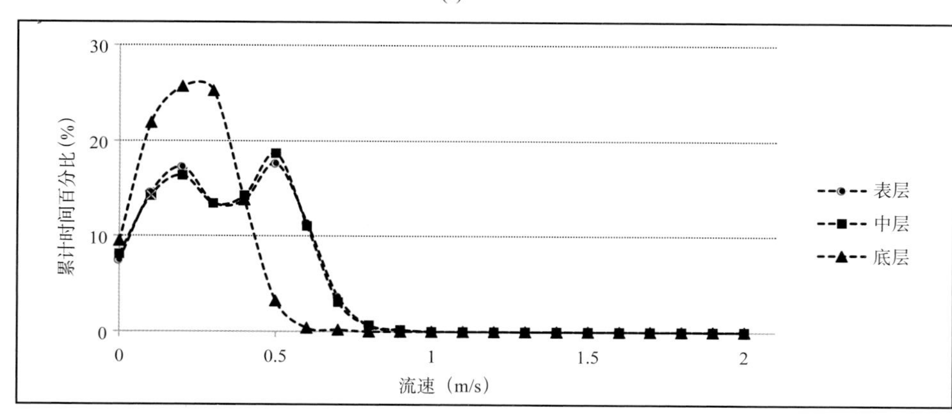
30
20
10
0
累计时间百分比(%)
0
0.5
1
1.5
2
流速（m/s）
表层
中层
底层

(g)

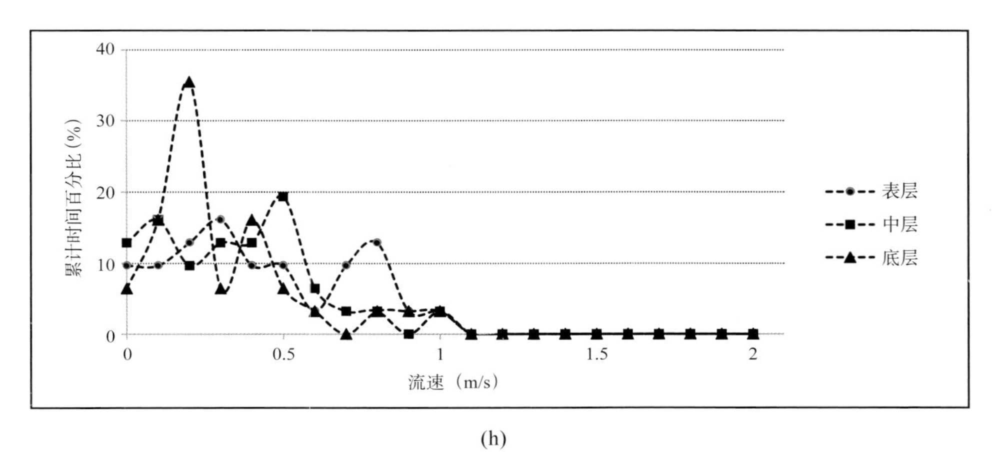

(h)

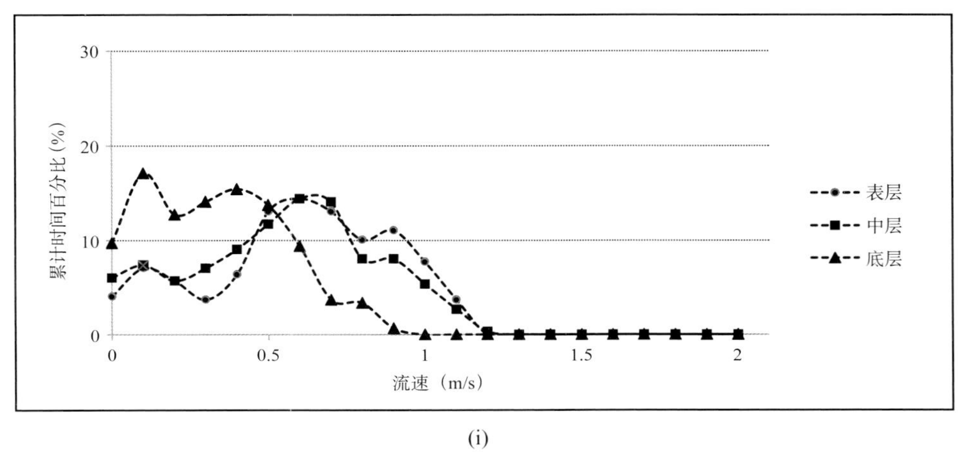

(i)

图3.8 海流观测站位各级流速累计时间频率

(a) 老铁山水道；(b) 北隍城北；(c) 成山外；(d) 灌门水道；(e) 龟山航门
(f) 西堠门水道；(g) 清滋门水道；(h) 三沙湾；(i) 琼州海峡

图 3.8 为各潮流观测站位（大潮和小潮期间）各级流速累计时间频率变化曲线，流速共分为 21 级，每级流速区间间隔 0.1 m/s，即 0 m/s ～ 0.1 m/s，0.1 m/s ～ 0.2 m/s，0.2 m/s ～ 0.3 m/s，…，1.9 m/s ～ 2.0 m/s，＞2.0 m/s。总体上看，多数站位各级流速累计时间频率变化曲线分布趋势相似，从低流速至高流速区累计时间频率不断减小，但减小的速率各不相同，其中，龟山航门站位不同，该站位低流速累计时间较短，高流速累计时间长，表层和中层 2 m/s 以上流速累计时间分别占总时间比例的 43% 和 38%。其余站位中，老铁山潮流站位的各级流速分布较为平均，表层、中层、底层流速大于 1.0 m/s 的累计时间所占比例约为 30%、29% 和 8%，北隍城潮流站位流速主要位多集中于 0.5 m/s 以下，其表层、中层流速大于 1.0 m/s 的累计时间所占比例仅为 7%、5%，底层没有观测到 1 m/s 以上的流速值；成山头潮流站位流速主要位多集中于 1m/s 以下，其表层、中层、底层流速大于 1.0 m/s 的累计时间所占比例为 25%、14% 和 1%；灌门、三沙湾、西堠门站位大于 1.0 m/s 的累计时间皆不超过 3%，清滋门站位不存在 1 m/s 以上的流速；琼州海峡站位表层、中层大于 1.0 m/s 的累计时间约为 11% 和 8%。

3.4.5 潮汐和潮流关系

表3.7 各站位潮波类型统计

实测站位	高潮一涨急时差	潮波主要类型
老铁山水道北侧	1 h 30 min	前进波
北隍城北	–50 min	前进波
成山头外	50 min	前进波
灌门水道	2 h 40 min	驻波
龟山航门	2 h 20 min	驻波
西堠门水道	2 h 50 min	驻波
清滋门水道	2 h 30 min	驻波
三沙湾	3 h 20 min	驻波
琼州海峡	–20 min	前进波

注："高潮—涨急时差"表示（潮位）高潮时刻与（潮流）涨急时刻差值的平均值；其中涨急、落急时刻针对于垂向平均流速。

表 3.7 各站位潮波类型统计表显示，舟山海域灌门水道、龟山航门、西堠门水道、清滋门水道和福建近海的三沙湾海域的潮波类型主要表现为驻波性质，舟山诸水道高潮时刻落后与涨急时刻时长约 2 h 20 min ～ 2 h 50 min 之间，三沙湾海域落后时长约 3 h 20 min；老铁山水道、北隍城北、成山头外海域、琼州海峡四站位潮流数据反映出当地潮流类型以驻波为主，高潮时刻落后与涨急时刻时长约 2 h 20 min ～ 2 h 50 min 之间，低潮时刻落后与落急时刻约主要介于 50 min ～ 1 h 30 min。

3.4.6 潮流调和分析

表 3.8 为各站垂向平均潮流数据经过短期调和分析（方国洪，1986）的潮流类型统计表，由表可知，老铁山水道北侧、北隍城北海域及舟山海域的灌门水道属于不正规半日潮流区，成山头外海域、三沙湾、龟山航门等舟山海域其他水道皆属于正规半日潮流海区，琼州海峡属于正规全日潮流海区。另外，各水道 M_2 分潮、K_1 分潮的椭圆率值都很小，绝对值皆不大于 0.2，说明往复流是各水道潮流的主要运动形式。

表3.8 潮流类型统计表

实测水道	潮流类型数	M_2 椭圆率	K_1 椭圆率
老铁山水道	1.1	0.0	–0.1
北隍城	1.3	–0.1	0.1
成山头外	0.1	0.1	–0.1
灌门水道	0.7	0.0	–0.2
龟山航门	0.3	0.0	0.0
西堠门水道	0.2	0.0	0.2
清滋门水道	0.2	0.0	0.1
三沙湾	0.3	0.1	–0.2
琼州海峡	7.5	0.1	0.0

3.5 潮流能资源评估方法

目前，我国正在积极研究制定有关潮流能资源调查评估的相关标准规范，但尚未颁布。狭义上讲，潮流能资源评估方法仅指潮流能资源总量的估算理论基础和计算公式，相比之下，广义上的潮流能资源评估方法应包括评估数据的获取形式（如现场调查、潮流数值模拟等）、评估参量种类（功率密度、理论蕴藏量、技术可开发量等）、具体的计算公式、分析工具等。

3.5.1 评估源数据的获取形式

潮流能资源评估的基础数据可大致分为两类：一类为实测数据，主要包括利用各种观测手段测量得到的潮流数据，如 ADCP、机械式海流计、电磁海流计等观测设备的测量结果；另一类则是潮流数值模拟得到的潮流场数据，欧洲海洋能源中心（Europe Marine Energy Centre, 简称“EMEC”）发布的“潮流能资源评估规范”（The European Marine Energy Centre, Ltd., 2009）中曾推荐了国际上广泛使用的几十种潮流数值模式。此外，FVCOM、POM、ECOMSED 等海洋模式也多次被用以开展潮流能资源评估工作，为了既满足潮流能估算的基本需求，又能将观测成本控制在合适的范围之内，还能获得所研究海区时空连续的潮流结果，我们参照潮汐能资源评估的方式，在现场潮流调查及分析计算基础上，利用数值模拟手段对潮流能进行高分辨率的数值估算。

FVCOM（Chen et al, 2006a, 2006b）模型全称是非结构网格有限体积法海洋数值模式（The Finite-Volume Coastal Ocean Model）。在水平方向上采用非结构三角形网格，每个三角形网格由三个节点、一个中心和三条边组成，可以对关心区域进行局部加密处理，从而使该模式具有几何易曲性的特点，能够更精确地拟合复杂曲率的岸界和海底地形：采用有限体积法，通过体积通量的积分方法，求解流体力学原始控制方程组，保证在每个单元和整个计算区域内都能满足动量，能量和质量的守恒。因此，FVCOM 模型同时具备了有限元方法的网格易曲性和有限差分方法的计算速度快的特点，这也是 FVCOM 模式最大的特色和优点。基于 FVCOM 以上所述的特点以及较其他海洋数值模式的优点且其程序源代码是公开的，具有良好的可修改性和兼容性，本书中也采用该模型为潮流资源评估提供基础数据。

3.5.2 潮流能资源评估参数

潮流能资源评估参数是表征潮流能资源总量大小、时空分布趋势的重要内容。总量方面，我国在潮流能资源表征过程中一般借鉴水利科学中的表征方式，分为理论蕴藏量（资源总储量）、技术可开发量、经济可开发量等，英国、美国等欧美国家的潮流能资源评估则主要以“可开发量”（exploitable or extractable energy）作为表征参数，该参数与我国的技术可开发量略有几分相似。时空分布方面，平均功率密度是世界各国采用最多的一类特征值，而且为体现潮流能有大潮、小潮显著地半月周期，英国潮流能资源分布图（ABP Marine environmental research Ltd, 2008）采用了年平均大潮（小潮）最大流速和年平均大潮（小潮）最大功率密度，本书也借鉴了上述参数的表现形式并根据我国潮汐潮流大、小潮的定义习惯进行了一定修改和调整。此外，我们在潮流能评估参数中引入了“潮流能有效小时数”、“可能最大流速”

两个重要特征参量，可为潮流能开发利用过程中的年发电量统计和工程设计提供参考和科学依据。

3.5.2.1 潮流能理论蕴藏量

一年内通过某水道截面的潮流动能量的平均功率（吕新刚，2008）。具体计算公式为

$$P = \frac{\rho}{2T}\int_{t}^{t+T}\int_{0}^{L}\int_{-H}^{0}|V|^{3}\ \mathrm{d}z\,\mathrm{d}x\,\mathrm{d}t \tag{3.1}$$

式中，P——潮流能理论蕴藏量；

t——初始时刻；

T——评估周期，一年；

L——水道宽度；

H——水深；

ρ——为海水密度，取 1 025 kg/m^3。

本评估方法主要依赖于潮流数值模拟数据作为评估主要基础数据。

3.5.2.2 潮流能（技术）可开发量

目前，对于潮流能资源（技术）可开发量的估算方法在国际上争议比较大。大致可分为：基于能通量和基于动力分析的评估方法，其中基于能通量的方法主要包括 FARM 方法（European Commission, 1996）、FLUX 方法（Black & Veatch Consulting, Ltd, 2004, 2005），以及国内郑志南提出的简易评估法，基于动力分析的方法主要指 Garrett 和 Cummins 提出的新方法，一般被称为“Garrett 方法”（吕新刚，2008）后文中详细介绍时写的 GC 法，建议统一。

1）郑志南法

国内的潮流能资源技术可开发量的评估方法中，主要为郑志南 (1987) 提出的近似正弦曲线法，该方法利用潮波显著的半月周期构造了潮流正弦变化曲线，并通过一些简单近似和机组效率因子得到潮流能技术可开发量。其思路为：

潮流流速存在多个周期的变化，包括日周期，半月周期，月周期，年周期，18.61 年周期等，其中，以半日周期（$T=12.4\,h$）和半月周期（$T_{\mathrm{sn}}=14.75\,d$）最为明显，因此该方法通过对大潮、小潮的流速极值构造了一个振幅逐渐变化的正弦函数曲线，经数学推导后得到公式 (3.2)：

$$\overline{P} = \frac{1}{12\pi}(5+3a+3a^{2}+5a^{3})P_{\mathrm{s}} \tag{3.2}$$

式中，$a=V_{\mathrm{n}}/V_{\mathrm{s}}$。

在技术可开发量的估算方面，该方法亦采取了类似 FARM 方法，即将理论蕴藏量计算结果与各种效率相乘，得到潮流资源技术可开发量。

2）FARM方法

FARM 方法是 1996 年在开展欧洲沿岸潮流能资源调查工作时提出的，此方法可以理解为涡轮机阵列或发电装置群。思路类似于风能计算法，先假定有多台相同的设备组成一个阵

列，安装在潮流通道上，可开发的资源总量等于各台设备开发量的总和。采用该方法进行潮流能资源的估算依赖于开发装置的种类、效率、安装方式等。

平均功率密度 P_m：

$$P_m = \frac{1}{2}\rho V^3 \tag{3.3}$$

单台涡轮机的平均功率密度 P_d 计算式为

$$P_d = P_m A_s \eta_t \tag{3.4}$$

式中，$A_s = \pi\left(\frac{D^2}{4}\right)$，为涡轮转子扫过的面积，D 为转子直径。$\eta_t$ 为总效率，它包含了转子效率、齿轮传动效率、发电机效率以及电力传输效率，所以这个数值依赖于具体设备。

基于 FARM 方法，总的可开发潮流能 P_t 为

$$P_t = P_d \rho_d A \tag{3.5}$$

式中，A 为潮流能开发海区的表面积，ρ_d 为单位面积海区的涡轮机数目。

3）FLUX方法

又称为通量法，仅考虑潮流经过水道的能通量和有效影响因子（SIF），与设备无关。基于 FLUX 方法，水道潮流能的总平均功率 P_E（可理解为总蕴藏量）即为平均功率密度和与潮流方向垂直的水道断面面积 A_{cs} 之乘积：

$$P_E = P_m A_{cs} \tag{3.6}$$

潮流能的总蕴藏量中，只有一部分是可以被开发利用的，其中一个主要的原因是当在潮流通道上安装了潮流开发装置进行发电之后，潮流流速会发生改变，尤其当为了获取高的潮流能开发量而将设备布放得比较密集时，上下游的潮流流速会发生很大的变化，所以，如果希望在开发潮流能的同时基本保持潮流场的原有动力形态，可供开发的潮流能只能保持在一定比例范围之内。有效影响因子 SIF 是指在不产生显著环境或经济影响的前提下，可供开发利用的潮流能占总潮流能资源的百分比。

潮流的可开发量可简单表示为总蕴藏量与有效影响因子的乘积：

$$P_t = P_E SIF \tag{3.7}$$

4）GC（Garrett）方法

Garrett 和 Cummins 针对水道和小海湾两种情形开展理论研究，在一定假设的前提下，提出一种不同的潮流能可开发量计算方法，针对狭长水道的计算公式：

$$P_{max}=\gamma\cdot\rho\cdot g\cdot \mathrm{a}\cdot Q_{max} \tag{3.8}$$

式中，a 为水道两端的最大水位差；Q_{max} 为自然状态下水道最大水体通量；系数γ为 0.21 ~ 0.24。上式是在只考虑一个主要分潮时得出来的，若考虑多个分潮，该式可做修正。

针对小海湾的情形，Garrett 和 Cummins 假定海湾足够小，湾内水位均匀分布，而湾外水位表示为 $\mathrm{a}\cdot\cos(\omega_t)$，潮流由湾内与湾外的水位差驱动。涡轮机置于湾口，当涡轮机带来的摩擦使得内潮差变为自然状态下潮差的 74% 时，获得最大潮流能 P_{max}，Garrett 将其计算式总结为：

$$P_{max}=0.24\,\rho\cdot g\cdot \mathrm{a}\cdot Q_{max} \tag{3.9}$$

吕新刚（2008）曾对上述方法进行过详细介绍并指出，对潮流能理论可开发量的计算至今没有一个公认的准确的计算方法，在对大范围水域的实际评估中用的最多的是 Farm 法和 FLUX 法。这两种方法都是基于潮流能能通量来计算潮流能理论可开发量。其中 Farm 法计算思路清晰，便于理解但潮流能理论可开发量与所用的涡轮机装置的效率直接相关，而且涡轮机的布放方式也直接影响着潮流能理论可开发量的计算，在实际计算中的计算结果往往会偏大。FLUX 法计算简单，潮流能理论蕴藏量的计算与设备无关只与当地海域类型有关，目前 SIF 取值范围主要在 10% ~ 20% 之内，908 专项“我国近海海洋可再生能源调查与研究”项目就采用 FLUX 方法开展评估工作，为方便比较和保持一贯性，本书中亦采用该方法估算我国重点海域的潮流能资源可开发量，影响因子系数取值见表 3.9。

表3.9　FLUX方法有效影响因子取值列表

序号	海域类型	原推荐取值	本书取值
1	水道（Inter-island channels）	10%～20%	15%
1	开阔水域（Open Sea Sites）	10%～20%	20%
3	海岬（Headlands）	10%～20%	20%
4	海湖（Sea Loches）	＜50%	—
5	共振河口（Resonant estuaries）	< 10%	10%

3.5.2.3　潮流能时空分布表征量

① 功率密度：又称能流密度，是单位时间通过单位迎流面积的潮流能量，以 *P* 表示。单位：kW/m^2。

② 大潮年平均功率密度：为一年中所有的大潮期（连续三日）流速峰值对应功率密度的平均值，以 spr*P* 表示。单位：kW/m^2。

③ 小潮年平均功率密度：为一年中所有的小潮期（连续三日）流速峰值对应功率密度的平均值，以 neap*P* 表示。单位：kW/m^2。

④ 年平均功率密度：一年中逐时功率密度的平均值，以 mean$P$ 表示。单位：kW/m^2。

⑤ 最大可能流速：该要素的计算方式视研究海域的潮流类型而定，以 pro$V$ 表示。计算公式来源于《中国海岸带水文》(1995)。其中正规半日潮流海域的计算公式为式（3.10），正规全日潮流海域的计算公式为式（3-11），对于不正规半日潮流和不正规全日潮流海域的可能最大流速取上述两者较大者。单位：m/s。

$$V = 1.29W_{M_2}+1.23W_{S_2}+W_{K_1}+W_{O_1} \tag{3.10}$$

$$V = W_{M_2}+W_{S_2}+1.68W_{K_1}+1.46W_{O_1} \tag{3.11}$$

⑥ 潮流能有效小时数（简称“有效流时”）：统计一年中流速介于 0.6 m/s ～ 3.5 m/s 之间累计小时数，以 sig$H$ 表示。该特征值是在充分考虑当前主流潮流能转换装置启动流速参数基础上，结合我国风能资源评估的相关参数而提出。单位：h。

3.5.2.4 潮流能等级划分

潮流能资源的质量因海域、位置的不同差异较大，目前国内外并无公认的等级划分标准。英、美等相关专家认为最大流速超过 2 m/s 的区域才具有开发价值，王传崑（2009）等曾以最大流速 1.28 m/s 为界限，统计了我国 130 条水道的潮流能资源，908 专项“我国近海海洋可再生能源调查与研究”项目中采用了表 3.10 的划分标准，本书也借鉴该标准将潮流能划分为如下四类区域。将潮流能资源分为 4 级，分别是丰富区（一类区）、较丰富区（二类区）、可开发区（三类区）及贫乏区（四类区）。

表3.10 我国近海潮流能资源区划等级

区划等级	丰富区	较丰富区	可开发区	贫乏区
区划类别编号	1	2	3	4
大潮平均功率密度（P）(kW/m^2)	$P \geqslant 8$	$8 > P \geqslant 4$	$4 > P \geqslant 0.8$	$P < 0.8$
最大流速参考值（V）(m/s)	$V \geqslant 2.5$	$2.5 > V \geqslant 2$	$2 > V \geqslant 1.2$	$V < 1.2$

3.6 数值模型配置与验证

3.6.1 基本配置

根据潮流能重点开发利用区的地理分布，利用 FVCOM 数值模型建立了 8 个区域潮流数值模型，其网格最小分辨率介于 50 m ～ 500 m 之间（表 3.11），计算时间是从 2009 年 12 月 27 日到 2011 年 1 月 1 日，最初的 5 天用于模型稳定，不用于本文潮流能参数的数据统计，将模拟的 2010 年整年数据用于统计潮流能主要参数。

在海洋数值模拟中，特别是近海海湾的数值模拟，海湾岸线和海底地形对近海的潮汐潮流的数值模拟起着至关重要的作用。本文模拟区域岸线和水深数据主要来源于中华人民共和国海事局出版的海图以及部分现场水深调查数据，将二者拟合的水深数据插值到模拟区域的网格点上。

3.6.2 边界条件与初始条件

模型的陆地边界采用法向流速为零，即$V_n=0$；在近海潮汐的水动力数值模拟中，开边界条件显然是非常重要的，其结果准确与否直接决定模型结果的好坏。根据前人总结的结论，开边界选在离模拟关心区域较远的地方。用8个主要天文分潮（M_2、S_2、N_2、K_2、K_1、O_1、P_1、Q_1）的调和常数，然后利用T_tide软件后报模型开边界模拟时间段的水位，来驱动本文的数值模式。开边界的调和常数来源于OTIS潮汐同化数据 (http://volkov.oce.orst.edu/tides/YS.html)。开边界节点上的水位后报，计算公式见（3.12）：

$$\eta=\sum_{i=1}^{n} f_i h_i \cos(\omega_i t+\nu_{0i}+u_i-g_i),\ i=1,2,\cdots,8 \tag{3.12}$$

其中，η为水位，h_i、g_i为第i个分潮的调和常数，ω_i为分潮的角速度，t为时间，f_i为分潮的交点因子，ν_{0i}为天文分潮的初位相，u_i为分潮的交点订正角。

本模型为正压模型，不考虑温度、盐度随时空的变化，水温场和盐度场取为常数，20℃和32PSU。初始时刻的水位场和流场均为0，即$\eta=0$；$U=V=0$。在数值模拟中没有考虑气象要素，如风场、蒸发、降水、河流径流和底淡水。

3.6.3 模型检验

通过历史调查资料、国家908专项调查成果资料和海洋能专项资金项目调查资源对上述模型进行了验证和误差分析，结果显示（表3.11），大多数模型的流速平均相对误差均小于20%，见公式（3.13），流向平均相对误差小于15%，仅有三沙湾海域、厦门湾海域、琼州海峡模型误差稍大，为准确评估各重点开发利用区潮流能资源总量、精确刻画潮流能资源时空分布特征奠定基础。

$$平均相对误差=\frac{1}{N}\sum_{i=1}^{n}\left|\frac{X_0-X_m}{X_0}\right| \tag{3.13}$$

其中，N为实测与模拟对比个数，X_0为实测值，X_m为模拟值。

表3.11 重点开发区对应模型

序号	模拟区域	重点开发利用区	最小分辨率（m）	验证点位（个）	流速误差	流向误差
1	渤海	老铁山水道北侧 北隍城北侧	100	2	10.6%	17.0%
2	渤海、黄海	成山头	500	2	14.0%	13.2%
3	斋堂岛 附近海域	斋堂岛	100	3	10.6%	14.5%

续 表

序号	模拟区域	重点开发利用区	最小分辨率（m）	验证点位（个）	流速误差	流向误差
4	胶州湾	胶州湾口	50	2	10.2%	12.5%
5	长江口 及舟山海域	龟山航门 西堠门水道 灌门水道条等	50	3	10%	14%
6	三沙湾海域	三沙湾口	200	1	22.4%	7.4%
7	厦门湾海域	厦门湾	100	3	21.5%	15%
8	琼州海峡	琼州海峡	100	2	19.6%	12.5%

3.7 重点区潮流能资源分析

3.7.1 渤海海峡

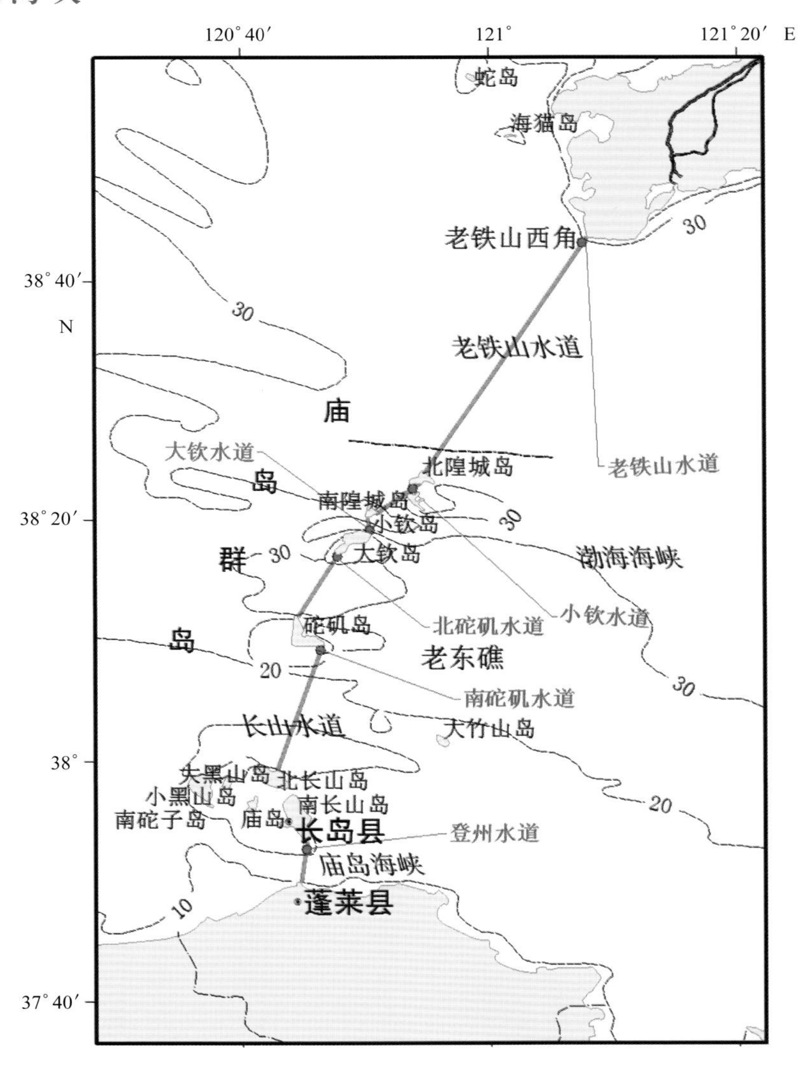

图3.9 渤海海峡海域水深分布及潮流能估算断面示意图

渤海海峡（图 3.9）指辽东半岛南端老铁山西南角至山东半岛蓬莱登州头一带水域，南北宽约 106 km，东西长约 115 km，庙岛群岛散落在海峡中，把渤海海峡分割成 6 个主要水道，各水道的宽度和深度差异较大，但总体趋势是：北面的水道宽而深，南面的窄而浅。6 个水道自北向南是老铁山水道、小钦水道、大钦水道、北陀矶水道、南陀矶水道、登州水道。其中，老铁山西南角至北隍城一带水域，是渤海海峡最重要的水道，宽约 40 km，水深 50 m ～ 65 m，最大深度 86 m；小钦水道指北隍城岛与小钦岛之间的水域，宽约 18.5 km，水深 45 m 左右；北隍城岛和南隍城岛之间也存在着一条约 2 km 的小水道；大钦水道为小钦岛与大钦岛之间的水域，宽仅 3.7 km，水深约 34 m；北陀矶水道是大钦岛至陀矶岛一带水域，宽 9 km ～ 11 km，水深 30 m ～ 45 m；南陀矶水道是由陀矶岛至北长山岛之间的水域，宽约 18.5 km，水深 20 m 左右；登州水道指南长山头岛至登州头一带水域，宽 5.6 km ～ 7.5 km，水深 12 m ～ 20 m，北部的老铁山水道是外海水进入渤海的主要通道，南部的水道是渤海水流出渤海的主要通道（孙湘平，2008）。该海域为正规半日潮区，年平均潮差约 2 m 且由于受到水道南部 O_1、K_1 两分潮的无潮点的影响，潮差自北向南逐渐减小。老铁山水道潮流主要以往复流为主，涨落潮的主流向为西西北—东东南。

潮流能资源水平分布图（图 3.10）显示，潮流能资源富集区主要位于海峡北侧的老铁山水道，呈半圆形分布于老铁山角西南侧海域，总体上西部海域略高于东部且由南至北逐渐增大，峰值区位于老铁山西南角，离岸 2 km 左右，大潮年平均功率密度约 4.7 kW/m^2，小潮年平均功率密度和潮流能年平均功率密度分别为 1.4 kW/m^2 和 1.5 kW/m^2，最大可能流速达 3.5 m/s。此外，海峡南部的庙岛群岛诸水道中心海域也存在一定的高值区，主要包括北隍城北侧近岸、大钦水道、登州水道等，离岸较近，一般不超过 2 km，但面积较小。

渤海海峡潮流能可利用面积共计 41.2 km^2，其中三类资源区面积 40.2 km^2，二类区仅为 1.0 km^2。

渤海海峡有效流时分布（图 3.11）总体趋势与资源分布基本一致，峰值区位于老铁山西南角海域，有效流时可达 4 253 h，占全年的 48%。潮流能有效流时统计表（表 3.12）显示，该海域潮流能三类区以上海域（优于三类区海域，即一类区、二类区和三类区）有效流时平均值为 3 272 h，其中 2 000 h 以下海域面积 1.63 km^2，占该海域可开发面积的 4.0%；2 000 h ～ 3 000 h 之间海域面积约为 8.15 km^2，约占整个可开发海域的 19.8%；3 000 h ～ 4 000 h 之间海域面积约为 29.56 km^2，约占整个可开发海域的 71.7%；4 000 h ～ 5 000 h 以上海域面积约为 1.88 km^2，约占整个可开发海域的 4.6%。

表3.12　有效流时统计

单位：h

有效流时（h）	<2 000	2 000～3 000	3 000～4 000	4 000～5 000	≥5 000
面积（km^2）	1.63	8.15	29.56	1.88	0.00
比例（%）	4.0	19.8	71.7	4.6	0.0

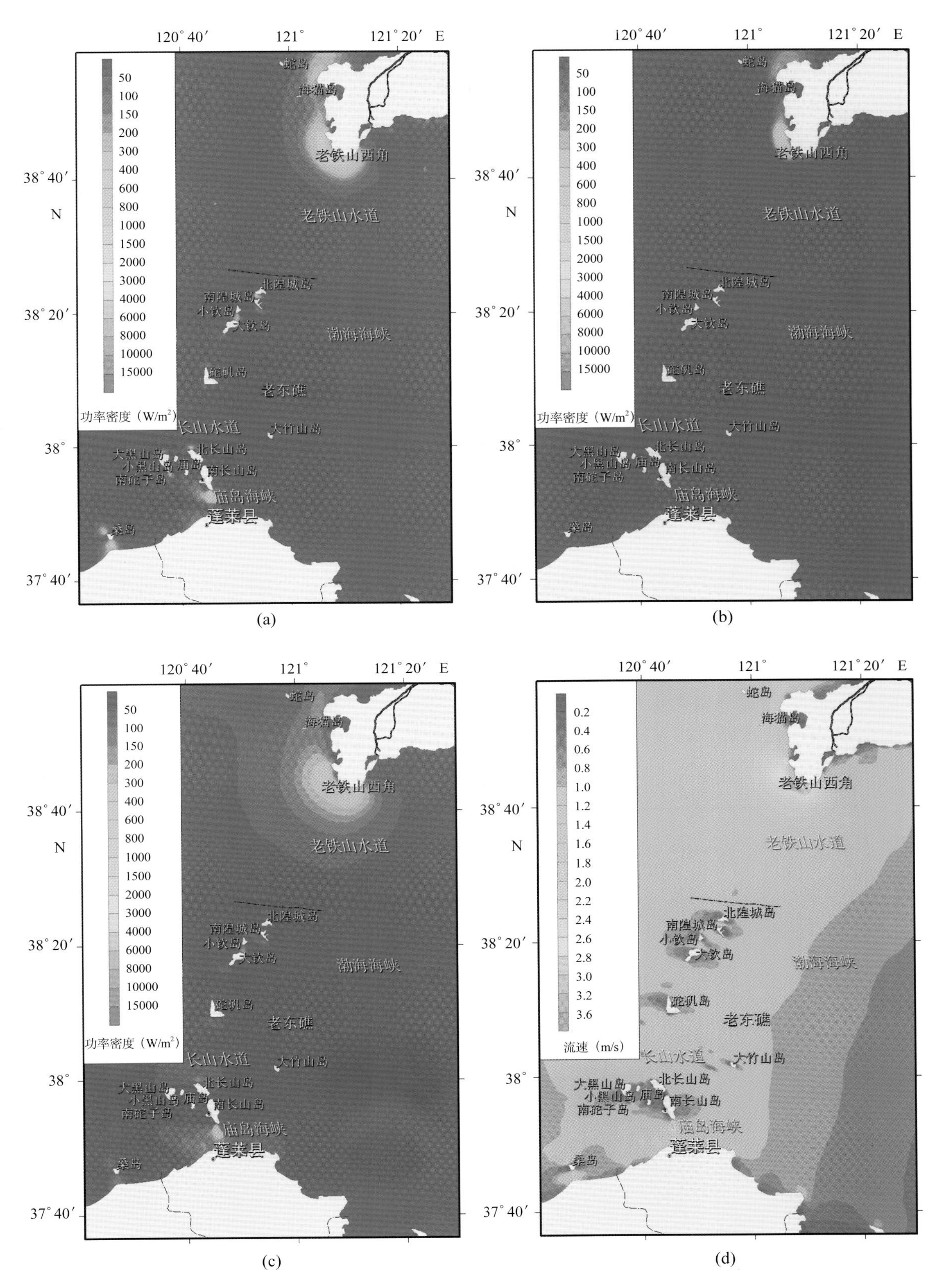

图3.10 渤海海峡潮流能资源水平分布

(a) spr$P$；(b) neap$P$；(c) mean$P$；(d) pro$V$

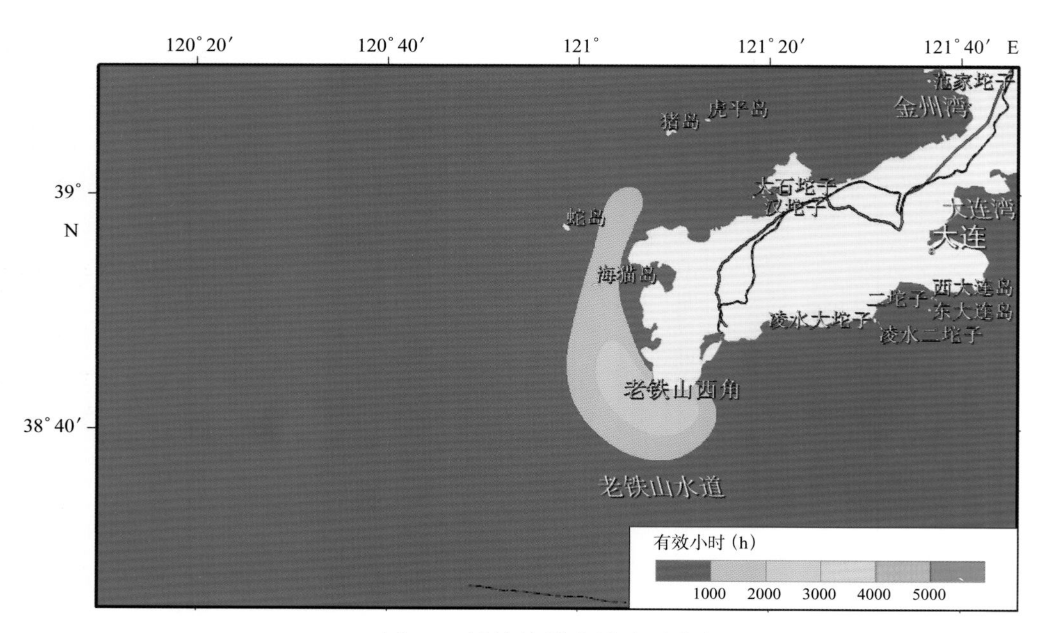

图3.11 渤海海峡有效流时分布

3.7.2 成山头海域

成山头（图 3.12）位于山东半岛的最东端，三面环海，角外水深变化剧烈，离岸 1 km 的海域水深即可达 50 m，其特殊的地理位置和地形结构使得该海域的潮流流速很大，实测流速 2 m/s。该海域属于不正规半日潮区，距离黄海的 M_2、S_2 无潮点很近，潮差较小，年平均潮差约为 0.8 m，但该海域的潮流性质为正规半日潮，以往复流为主，流向为东北—西南。

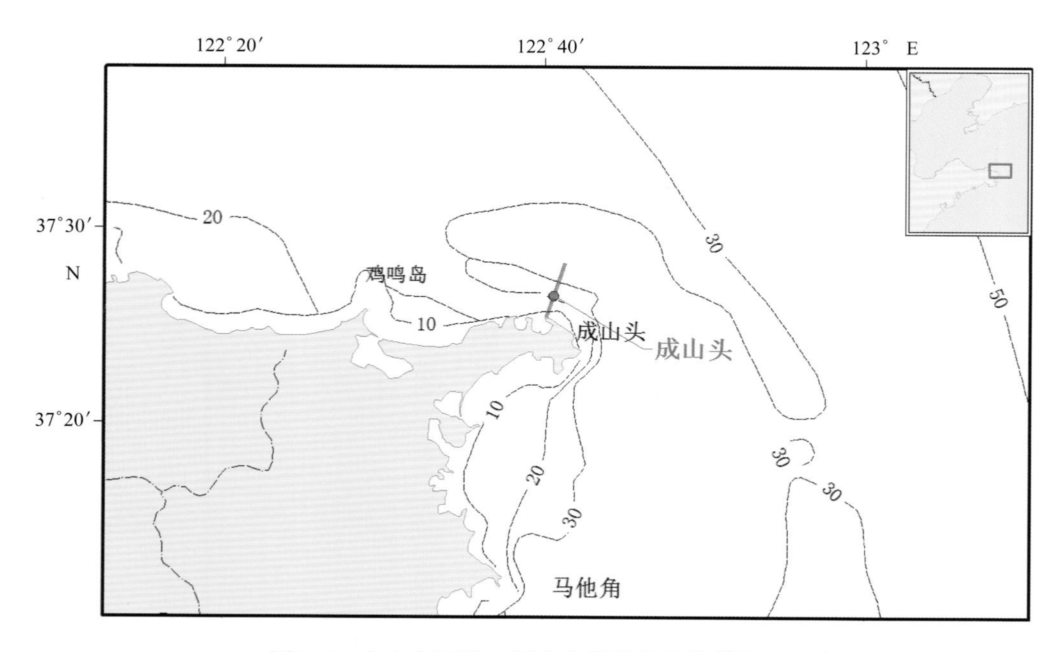

图3.12 成山头海域水深分布及潮流能估算断面示意图

潮流能资源水平分布图（图 3.13）显示，成山头外海域潮流能资源富集区主要位于成山角东北侧海域，呈西北—东南带状分布，离岸 1 km 左右，峰值区大潮年平均功率密度约 3.9 kW/m^2，小潮年平均功率密度和潮流能年平均功率密度分别为 0.6 kW/m^2 和 0.9 kW/m^2，最大可能流速达 2.8 m/s。但角西南侧湾内海域受到水深地形影响，大潮年平均功率密度小于 0.1 kW/m^2。

成山头外海域潮流能可利用面积共计 29.0 km^2，其中三类资源区面积 27.8 km^2，二类区仅为 1.2 km^2。

成山头有效流时分布（图 3.14）总体趋势与资源分布基本一致，峰值区位于成山头东北侧海域，有效流时达 4 366 h，占全年的 49%。潮流能有效流时统计表（表 3.13）显示，该海域潮流能三类区以上海域有效流时平均值为 2 914 h，其中 2 000 h 以下海域面积 0.05 km^2，占该海域可开发面积的 0.2%；2 000 h ～ 3 000 h 之间海域面积约为 17.14 km^2，约占整个可开发海域的 59.1%；3 000 h ～ 4 000 h 之间海域面积约为 11.52 km^2，约占整个可开发海域的 39.7%；4 000 h ～ 5 000 h 以上海域面积约为 0.29 km^2，约占整个可开发海域的 1%。

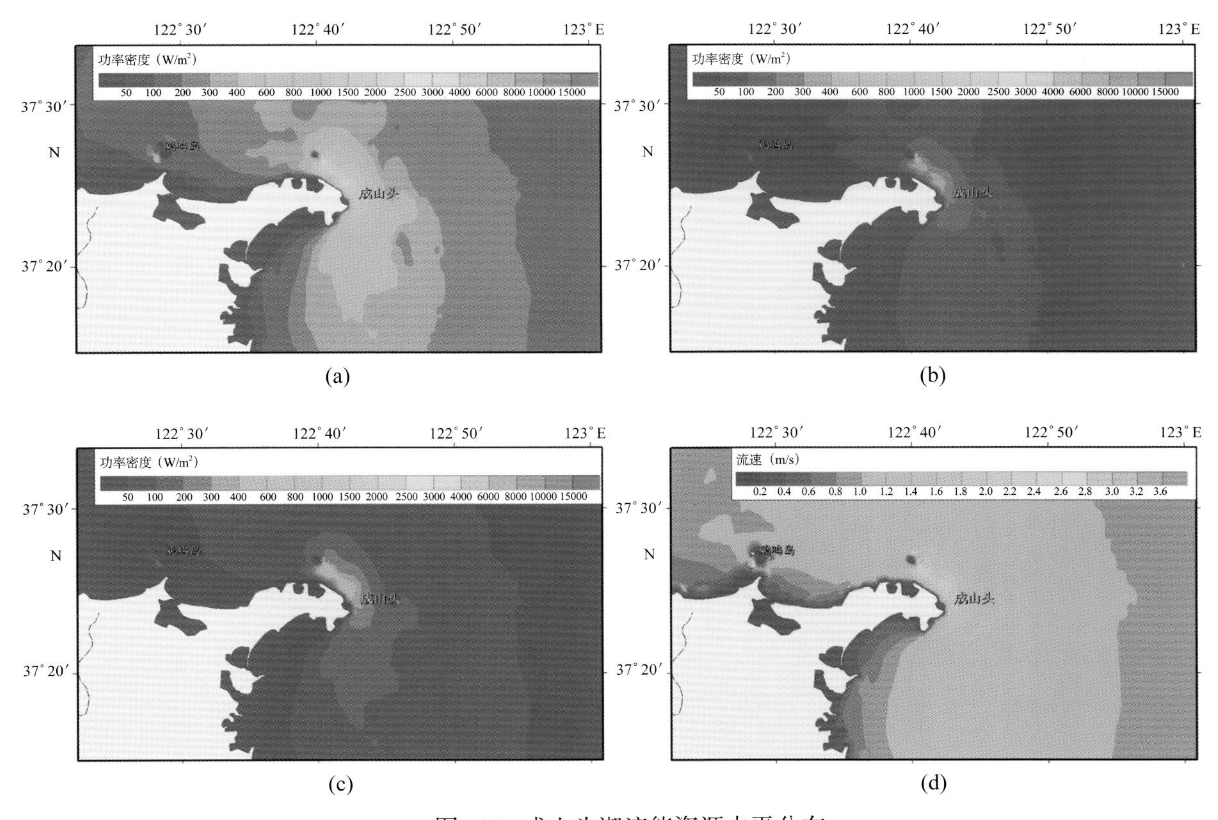

图3.13　成山头潮流能资源水平分布

(a) spr$P$；(b) neap$P$；(c) mean$P$；(d) pro$V$

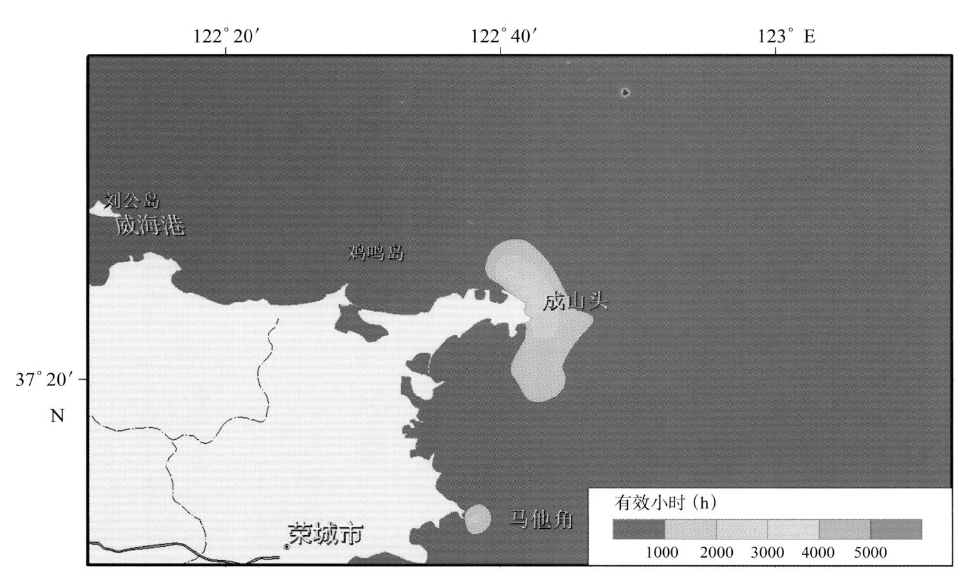

图3.14　成山头外海域有效流时分布

表3.13　有效流时统计

有效流时（h）	< 2000	2 000～3 000	3 000～4 000	4 000～5 000	> 5000
面积（km^2）	0.05	17.14	11.52	0.29	0.00
比例（%）	0.20	59.10	39.70	1.00	0.00

3.7.3　胶州湾口

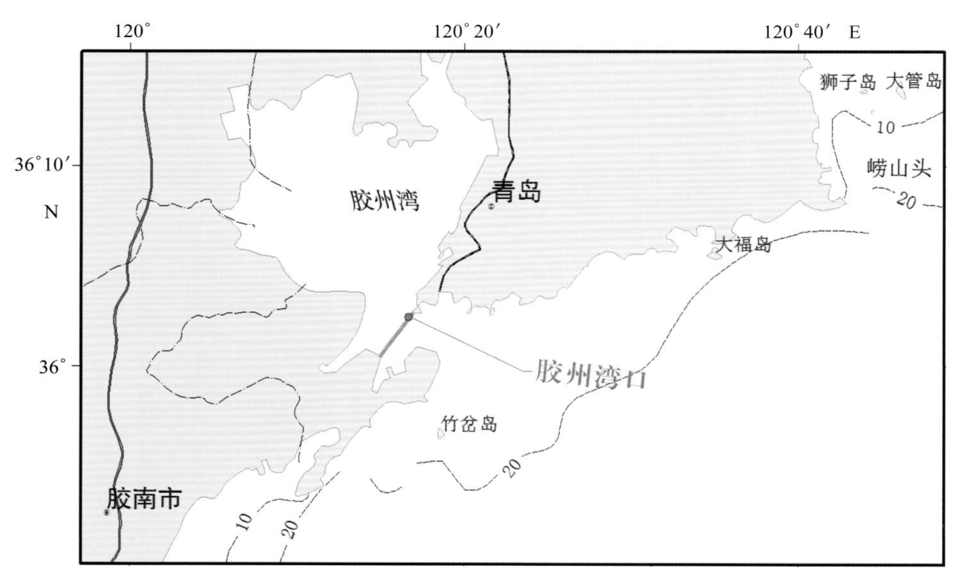

图3.15　胶州湾海域水深分布及潮流能估算断面示意图

胶州湾（图 3.15）位于山东半岛南部，是以团岛头与薛家岛脚子石连线为界、与黄海相通的半封闭式海湾《中国海湾志》编纂委员会，1991）。海湾东西宽 27.8 km，南北长 33.3 km，湾口开向东南，口门最窄处 3.1 km，海湾面积 397 km^2，湾内最大水深 64 m，平均水深 7 m，该海域属于正规半日潮区，年平均潮差约为 2.8 m，潮流性质为正规半日潮，湾口以往复流为主，流向为西北—东南。

潮流能资源水平分布图（图 3.16）显示，胶州湾潮流能资源富集区域主要位于胶州湾口处，呈西北—东南向带状分布，总体分布上，湾口外侧区域潮流能资源质量略优于内侧，离岸距离 2 km 左右。峰值区位于湾口团岛附近，大潮年平均功率密度约 2.0 kW/m^2，小潮年平均功率密度和潮流能年平均功率密度分别为 0.4 kW/m^2 和 0.5 kW/m^2，最大可能流速约 2.6 m/s。

胶州湾海域潮流能可利用面积共计 4.5 km^2，仅为三类资源区。

胶州湾有效流时分布（图 3.17）总体趋势与资源分布基本一致，峰值区位于成山头东北侧海域，有效流时可达 3 942 h，占全年的 45%。潮流能有效流时统计表（表 3.14）显示，该海域潮流能三类区以上海域有效流时平均值为 2 788 h，其中 2 000 h 以下海域面积 0.01 km^2，占该海域可开发面积的 0.2%；2 000 h ～ 3 000 h 之间海域面积约为 3.12 km^2，约占整个可开发海域的 69.4%；3 000 h ～ 4 000 h 之间海域面积约为 1.37 km^2，约占整个可开发海域的 30.5%。

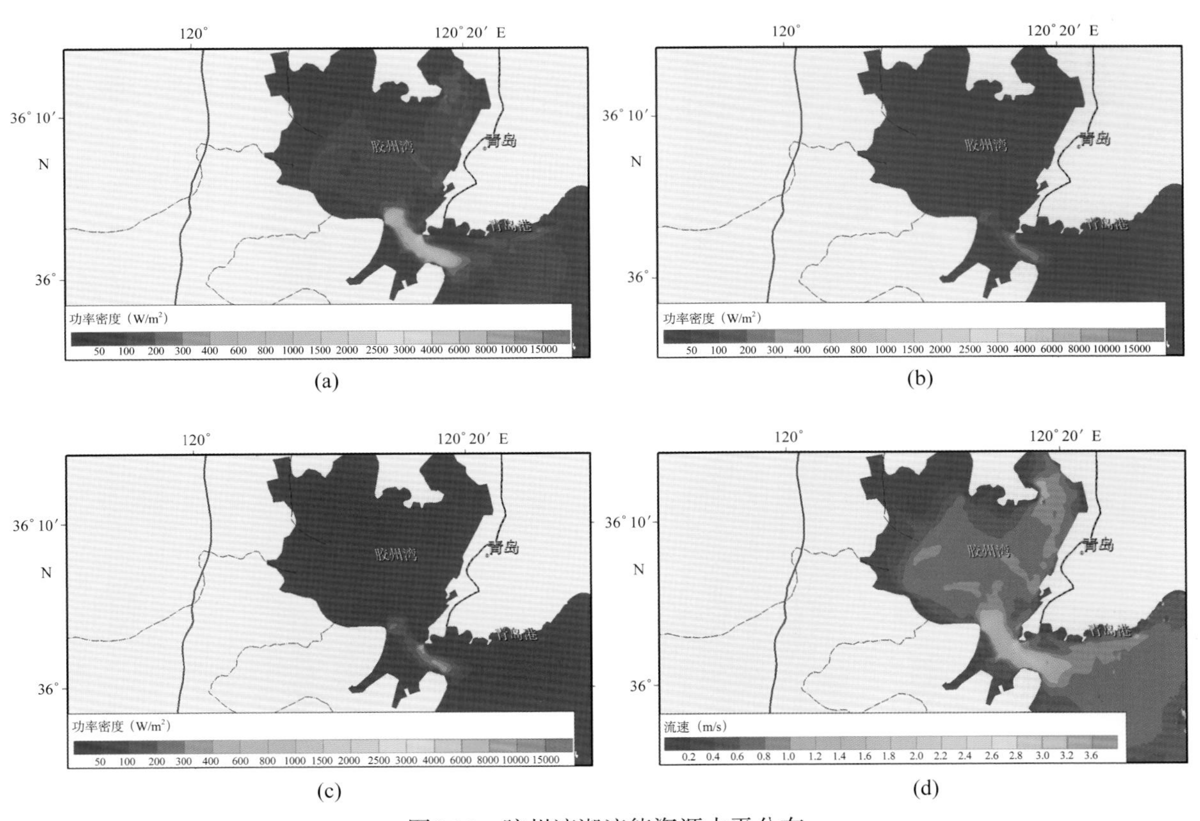

图3.16　胶州湾潮流能资源水平分布

(a) spr$P$；(b) neap$P$；(c) mean$P$；(d) pro$V$

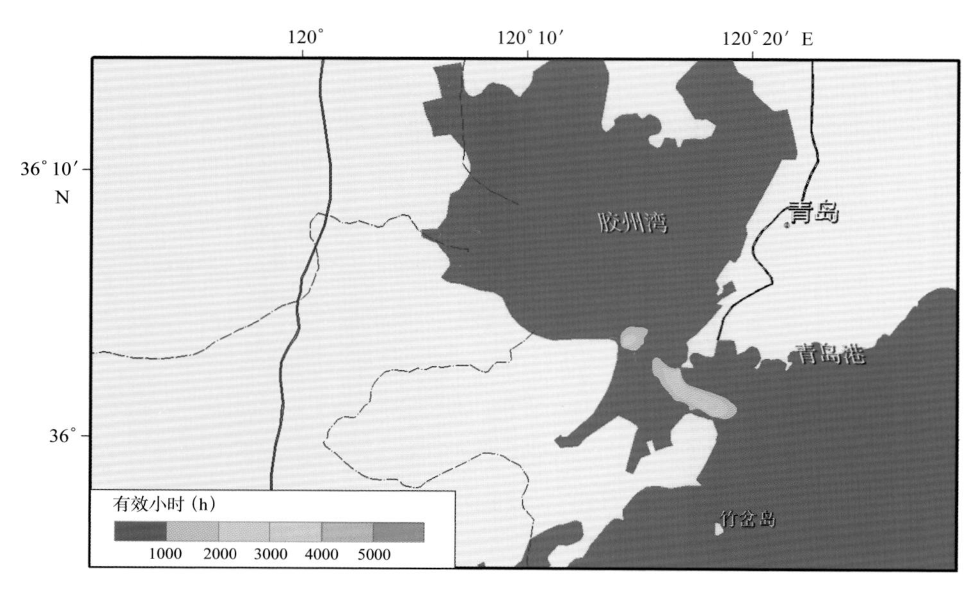

图3.17　胶州湾海域有效流时分布

表3.14　有效流时统计

有效流时（h）	<2 000	2 000～3 000	3 000～4 000	4 000～5 000	>5 000
面积（km^2）	0.01	3.12	1.37	0.00	0.00
比例（%）	0.2	69.4	30.5	0.0	0.0

3.7.4　斋堂岛海域

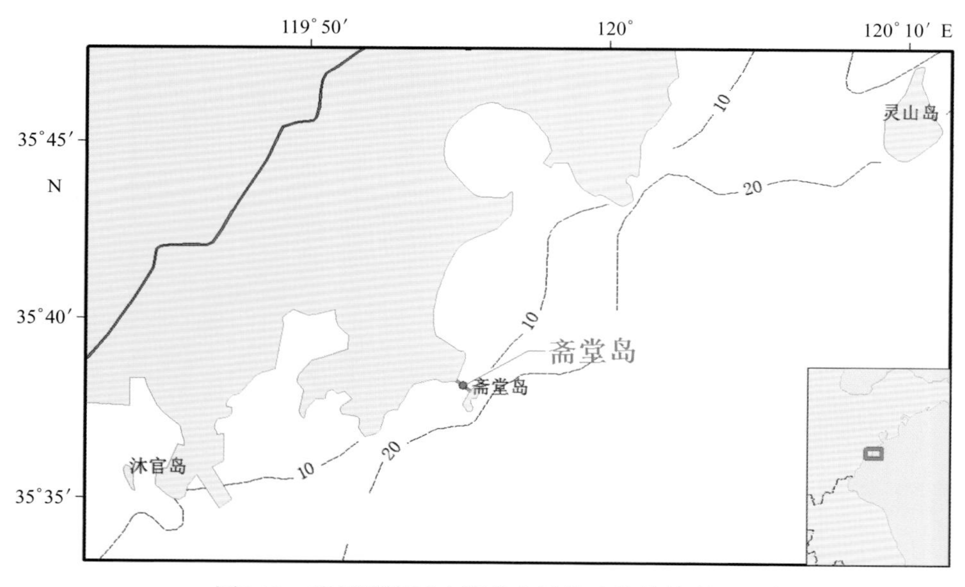

图3.18　胶州湾海域水深分布及潮流能估算断面示意图

斋堂岛（图 3.18）位于山东青岛胶南近海海域，该岛分南岛和北岛，南岛高 69.6 m，北岛高 27 m，两岛之间有一狭长堤坝连接，距陆最近点处约 0.7 km。岛东西两侧海域潮流流速较大，实测大潮流速约 1.5 m/s。该海域属于正规半日潮区，年平均潮差约为 2.8 m（参考青岛），潮流性质亦为正规半日潮，以往复流为主，流向为东北—西南。

潮流能资源水平分布图（图 3.19）显示，斋堂岛水道潮流能资源质量较差，相对富集区域主要位于斋堂岛两侧海域，总体分布上，西侧海域潮流能资源较东侧略好，西侧海域的斋堂岛水道勉强存在潮流能三类资源区，离岸 500 m 以内，峰值区位于水道中心区域，大潮年平均功率密度约为 2 kW/m^2，小潮年平均功率密度 0.4 kW/m^2，年平均功率密度为 0.2 kW/m^2，最大可能流速约 1.4 m/s。

根据本章 3.5.2.4 所述的潮流能选划规则，斋堂岛附近海域基本不存在潮流能可利用区①。

潮流能有效流时分布图（图 3.20）显示，斋堂岛海域潮流能资源有效利用小时数皆不足 2 000 h。

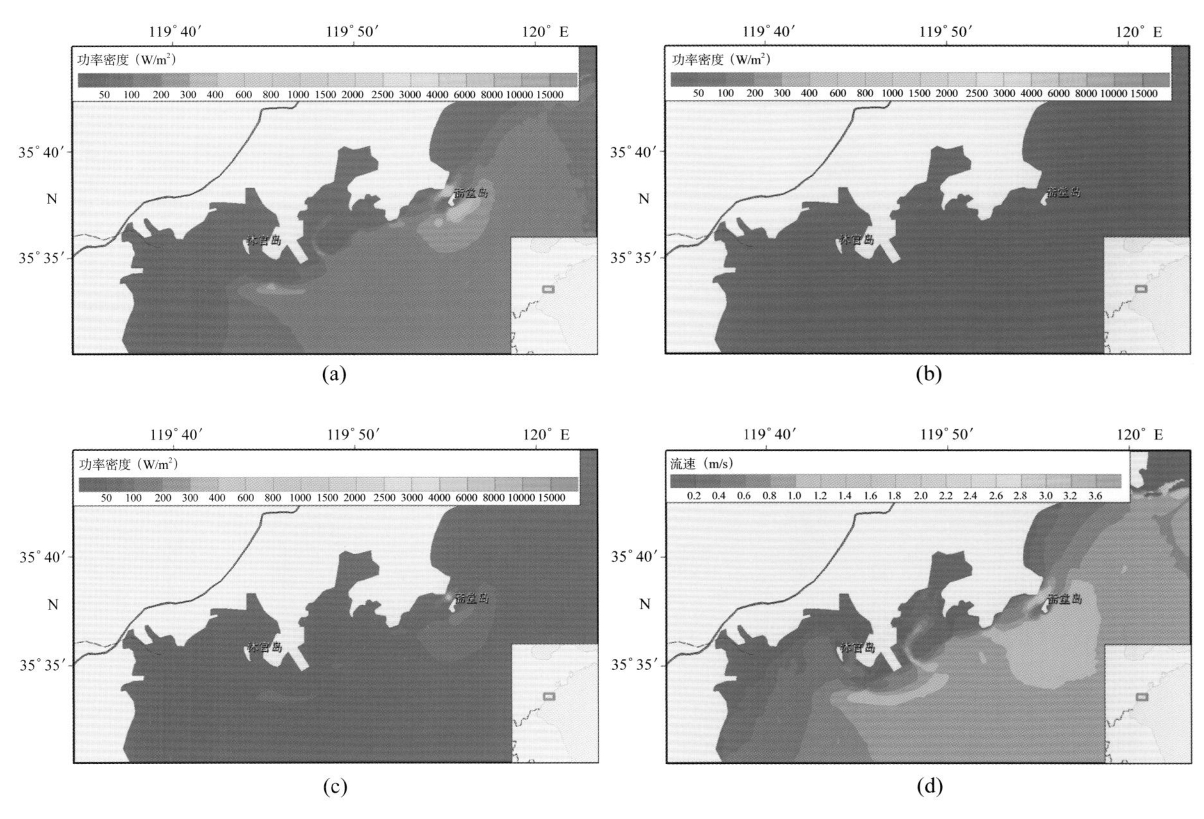

图3.19　胶州湾潮流能资源水平分布

(a) spr$P$；(b) neap$P$；(c) mean$P$；(d) pro$V$

① 斋堂岛海域曾被作为潮流能开发利用示范区域，在此曾开展过一项潮流能示范工程项目，由于过高地评估了该海域的潮流能资源，实际示范效果并不明显。

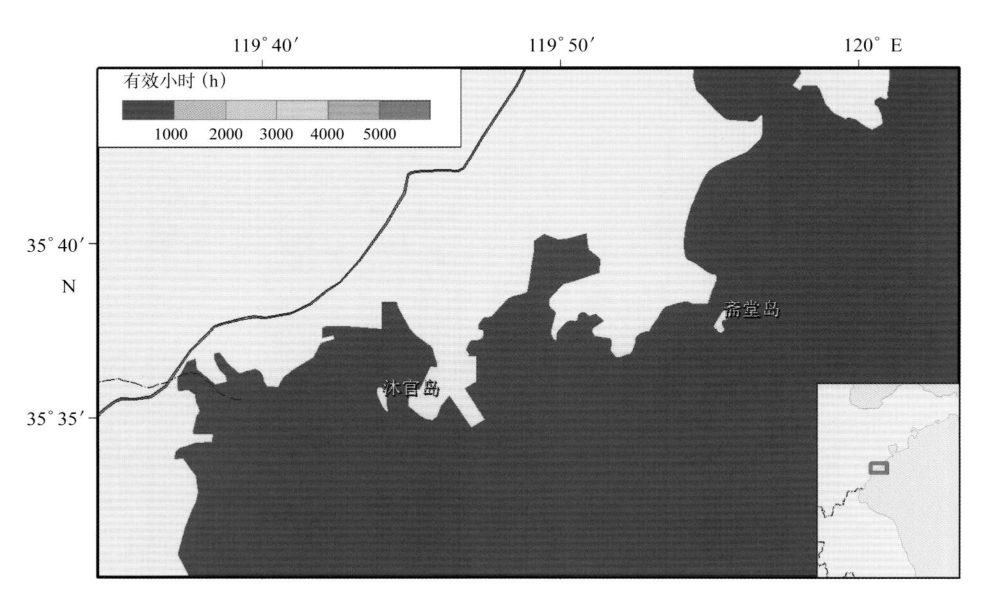

图3.20 斋堂岛海域有效流时分布

3.7.5 长江口

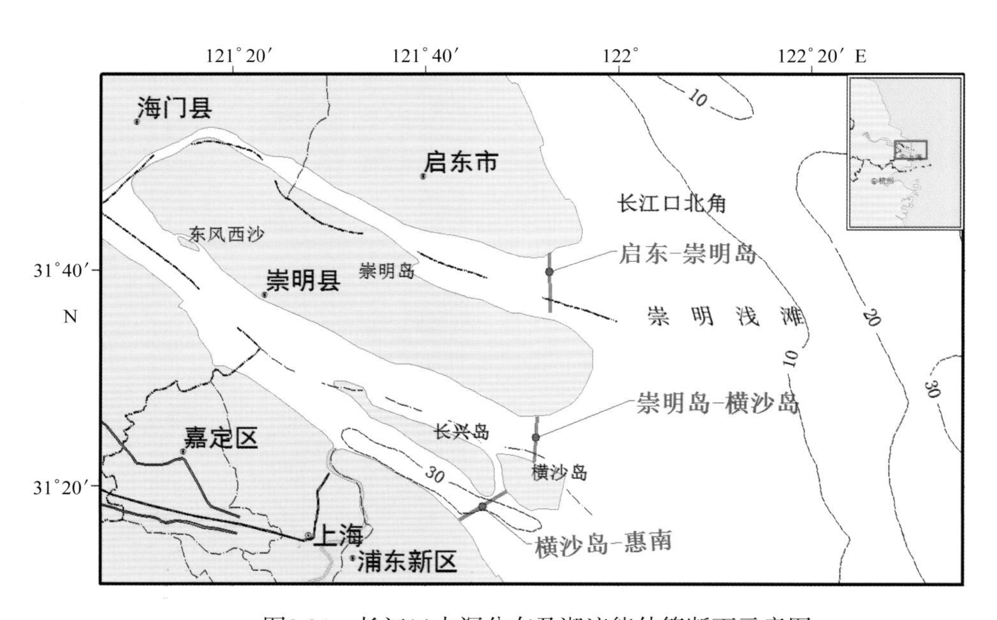

图3.21 长江口水深分布及潮流能估算断面示意图

长江口（图 3.21）构型独特。平面上呈喇叭形，窄口端江面宽度 5.8 km，宽口江面宽度 90 km。长江口是三级分汊的沙岛型河口，在徐六泾以下，崇明岛把长江分为南支水道和北支水道，南支在浏河口以下被长兴岛和横沙岛分为南港水道和北港水道，南港在九段以下又被水下沙坝九段沙分为南槽水道和北槽水道，口门外为水下三角洲（三角洲外缘在 30 m 等深线处）。长江口为中潮河口，口外潮汐为正规半日潮，口内为非正规半日浅海潮。一般认为，长江口外以东水域主要表现为旋转流，口内各槽为往复流，口门附近为过渡区。历史资料表明，长江口实测最大落潮流速为 2.77 m/s，实测最大涨潮流速 2.35 m/s，口外东部涨潮流速接近，向西至长江口内一般均是落潮流速大于涨潮流速，在一些涨潮槽中，涨潮流速时常大于落潮流速。

潮流能资源水平分布图（图 3.22）显示，长江口潮流能资源富集区主要位于长江口北支口、长江口南支上游、南港水道和北港水道区域以及长江口外海海域，总体分布上，南支区域资源质量略优于北支，离岸距离多在 5 km 左右，面积较小，此外，长江口外海一块区域资源较为丰富，但离岸较远，超过 40 km。峰值区大潮年平均功率密度约 4.3 kW/m^2，小潮年平均功率密度 1.2 kW/m^2，年平均功率密度为 0.9 kW/m^2，最大可能流速约 2.8 m/s。

长江口海域潮流能可利用面积共计 3 263.5 km^2，仅为三类资源区。

长江口有效流时分布（图 3.23）总体趋势与资源分布基本一致，峰值有效流时约 5 174 h，占全年时间的 59%。潮流能有效流时统计表（表 3.15）显示，该海域潮流能三类区以上海域有效流时平均值为 2 547 h，其中 2 000 h 以下海域面积 343.63 km^2，占该海域可开发面积的 10.5%；2 000 h ~ 3 000 h 之间海域面积约为 2 216.19 km^2，约占整个可开发海域的 67.9%；3 000 h ~ 4 000 h 之间海域面积约为 484.36 km^2，约占整个可开发海域的 14.8%；4 000 h ~ 5 000 h 以上海域面积约为 63.88 km^2，约占整个可开发海域的 2%。

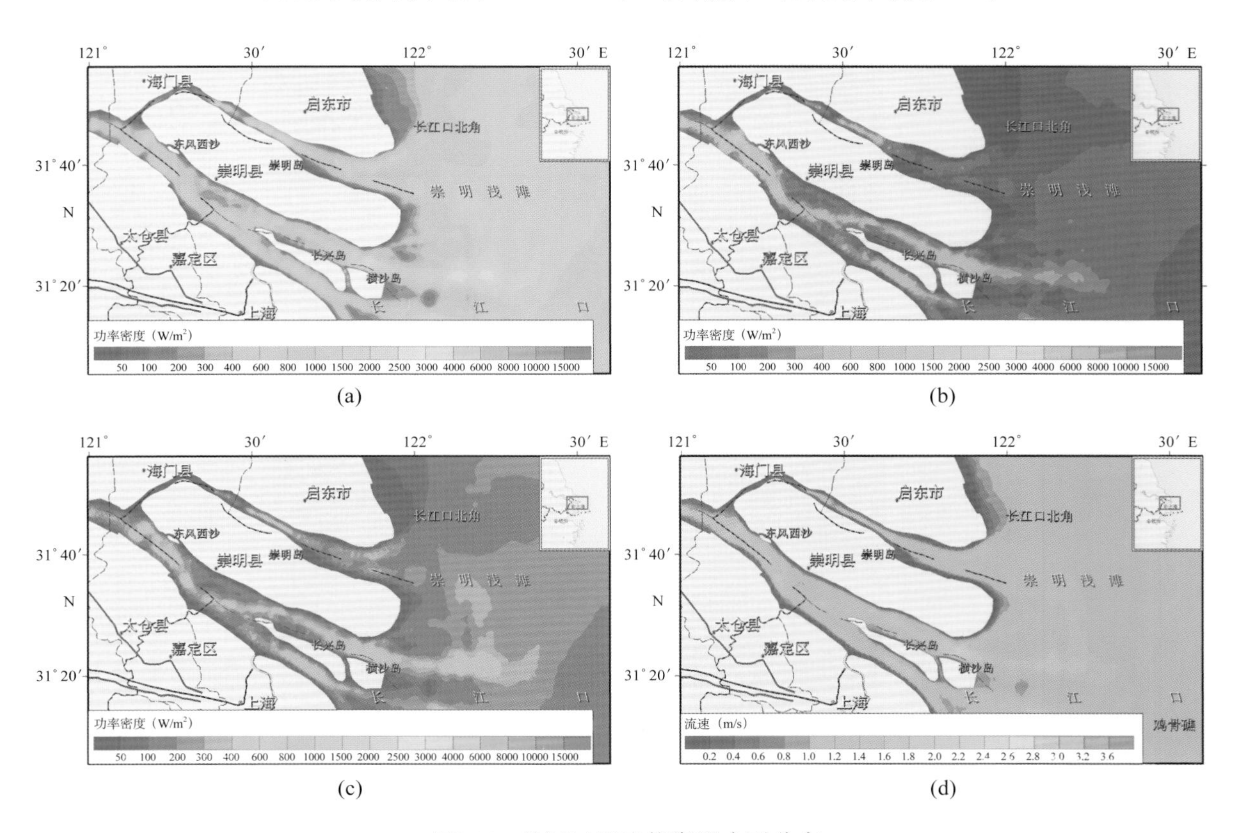

图3.22 长江口潮流能资源水平分布

(a) spr$P$；(b) neap$P$；(c) mean$P$；(d) pro$V$

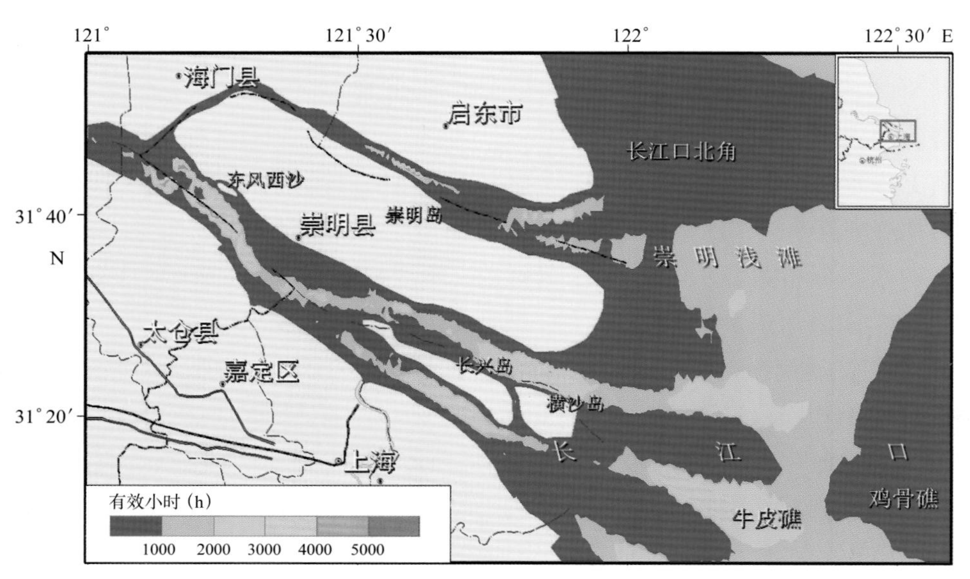

图3.23 长江口海域有效流时分布图

表3.15 有效流时统计

有效流时（h）	< 2 000	2 000～3 000	3 000～4 000	4 000～5 000	> 5 000
面积（km^2）	343.63	2 216.19	484.36	63.88	0.00
比例（%）	10.5	67.9	14.8	2.0	0.0

3.7.6 杭州湾

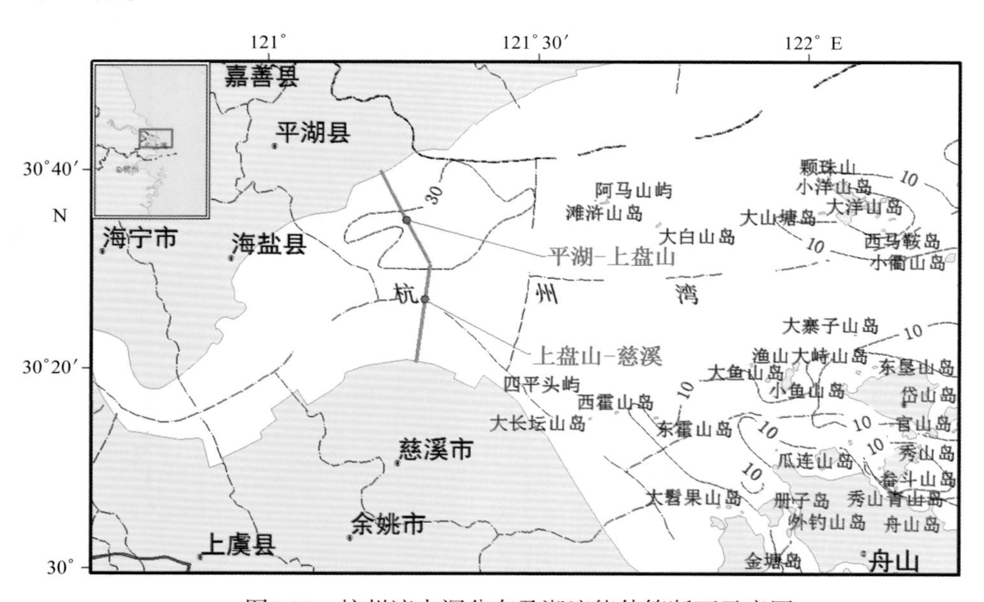

图3.24 杭州湾水深分布及潮流能估算断面示意图

杭州湾（图 3.24）位于我国浙江省东北部，西起澉浦—西三闸断面，东至扬子角—镇海角连线。有钱塘江注入，是一个喇叭形海湾。湾口宽约 95 km，自口外向口内渐狭，到澉浦为 20 km。海宁一带仅宽 3 km。自乍浦至仓前，七堡至闸家堰一带水下形成巨大的沙坎（洲），长 130 km，宽约 27 km，厚约 20 m。北侧金山卫一乍浦之间的沿岸海底有一巨大的冲刷槽，最深约 40 m。

杭州湾水域海底平坦、湾外岛屿叠障。潮波主要经由镇海一舟山，舟山一岱山，岱山一大衢山，大衢山一嵊泗之间四条水道进入湾内。杭州湾潮差自东向西（湾口至湾顶）递增至澉浦断面最大，平均潮差从 3.21 m 增大至 5.57 m，最大潮差从 5.06 m 增大至 8.87 m；涨、落潮历时是反映径流、地形对潮波作用的一个重要标志，也是潮汐能利用的重要参考数据。杭州湾绝大部分地区落潮历时大于涨潮历时，而且越向湾内落潮历时越长。

潮流能资源水平分布图（图 3.25）显示，杭州湾口潮流能资源分布较均匀，资源略好的富集区主要位于湾口西侧，总体分布上，杭州湾口内侧（西侧）海域略大于外侧（东侧）海域，南侧海域略高于北侧海域，但离岸较远，约 30 km 之外，资源峰值区位湾口西侧南部海域，离岸 5 km 以内，大潮年平均功率密度约 3.3 kW/m^2，小潮年平均功率密度 0.8 kW/m^2，年平均功率密度为 0.9 kW/m^2，最大可能流速约 2.8 m/s。

杭州湾海域潮流能可利用面积共计 486.3 km^2，仅为三类资源区。

杭州湾有效流时分布（图 3.26）总体趋势与资源分布基本一致，峰值有效流时约 4 474 h，占全年的 51%。潮流能有效流时统计表（表 3.16）显示，该海域潮流能三类区以上海域有效流时平均值为 798 h，其中 2 000 h 以下海域面积 401.92 km^2，占该海域可开发面积的 82.6%；2 000 h ～ 3 000 h 之间海域面积约为 56.92 km^2，约占整个可开发海域的 11.7%；3 000 h ～ 4 000 h 之间海域面积约为 27.08 km^2，约占整个可开发海域的 5.6%。

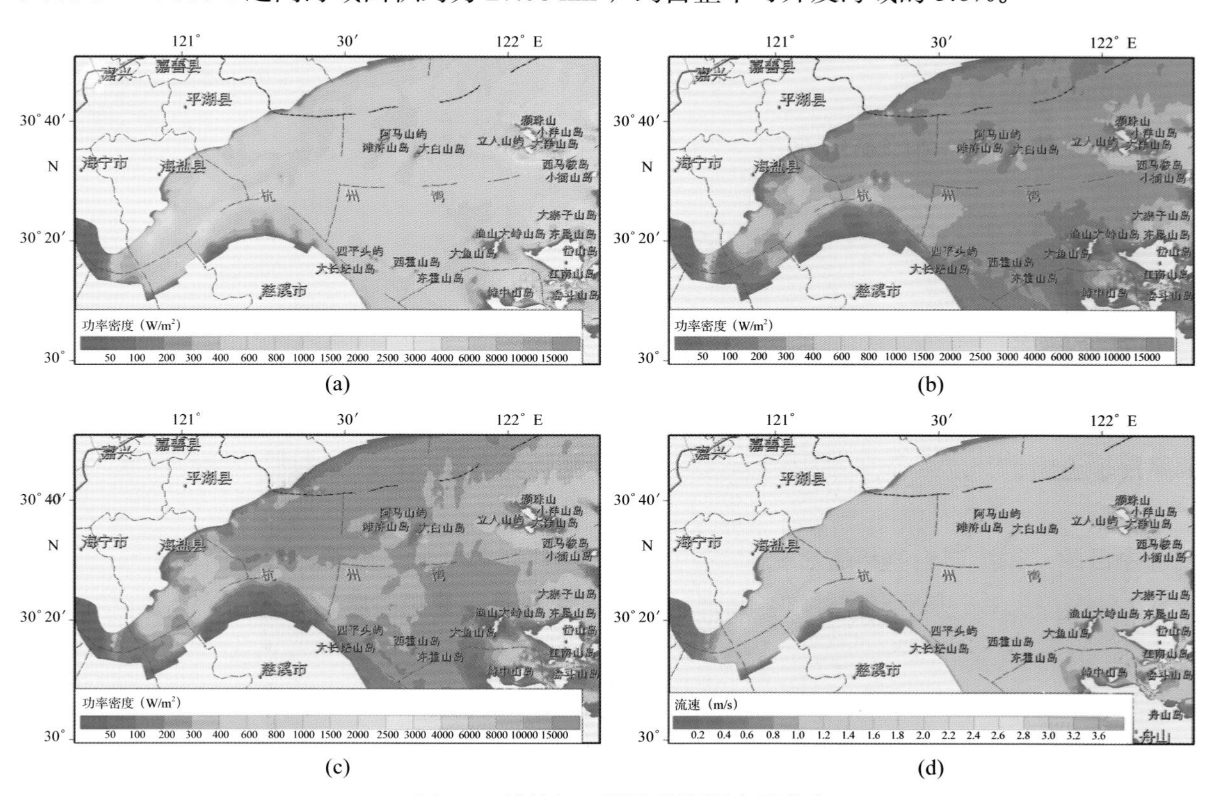

(a) (b) (c) (d)

图3.25 钱塘江口潮流能资源水平分布

(a) spr$P$；(b) neap$P$；(c) mean$P$；(d) pro$V$

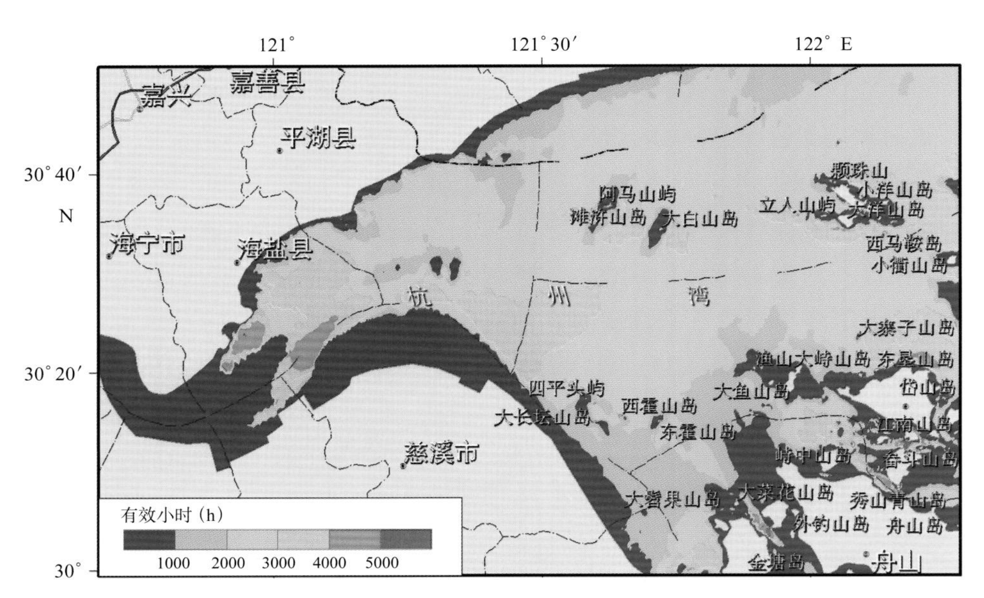

图3.26　钱塘江口潮流能有效流时分布图

表3.16　有效流时统计

有效流时（h）	< 2 000	2 000～3 000	3 000～4 000	4 000～5 000	> 5 000
面积（km^2）	401.92	56.92	27.46	0.00	0.00
比例（%）	82.6	11.7	5.7	0.0	0.0

3.7.7　舟山群岛海域

舟山群岛位于浙江省东北，长江口南侧，杭州湾外缘的东海洋面上。北连上海余山洋，南与宁波韭山列岛相邻，西与上海金山卫隔海相望，东临公海。位于 29°32′N—31°04′N，121°31′E—123°25′E，之间，总面积 $2.22\times10^4 km^2$，其中海域面积 $2.08\times10^4 km^2$。

舟山群岛海域潮汐类型属于半日潮海区。多年实测平均潮差为 1.91 m ～ 3.31 m，最大潮差为 3.73 m ～ 4.96 m。舟山群岛海域虽然潮差不大，但由于水道等复杂地形的束流作用，潮流流速较大。该海域平均涨潮历时为 5 h 40 min ～ 5 h 57 min，平均落潮历时为 6 h 28 min ～ 6 h 45 min，平均落潮历时长于平均涨潮历时 30 min ～ 1 h 5 min。大部分海区垂向平均涨潮流速大于落潮流速，涨潮流向约为 292.84°，落潮流向约为 140.36°。该海域的最大流速由外海—舟山内海域—杭州湾海域逐渐递增，流向由西北向逐渐转为西向。群岛附近海域潮汐运动能量来自外海潮波。由外海传入的潮波，通过各水道进入本海域。经螺头水道的潮波，一部分进入金塘水道，一部分传入册子水道。进入金塘水道的潮波经黄蟒等岛阻挡又分两股，一股由宁波岸侧向甬江传播，另一股由黄蟒—金塘山之间的水道传入杭州湾。舟山海域的潮流受地形影响很大。往往表现为：在群岛范围内的岛屿之间，基本上顺水道流动，以往复流为主；在较宽阔的水道或水域则有旋转流存在。

潮流类型以规则半日浅海流为主，局部为不规则半日混合浅海潮流。潮流的运动形式主要为往复流。潮流强度分布变化受地形影响较明显，据浙江省海岛资源调查资料显示，岛屿密集的潮汐通道区潮流流速一般较强，涨、落潮最大潮流速表层分别为 0.92 m/s ～ 2.34 m/s 和 0.93 m/s ～ 2.31 m/s，底层为 0.74 m/s ～ 2.41 m/s 和 0.66 m/s ～ 1.94 m/s。平均流速表层和底层分别为 0.56 m/s ～ 1.47 m/s 和 0.38 m/s ～ 1.05 m/s；岛屿稀散的潮汐通道区潮流流速一般相对较弱，表层涨、落潮最大潮流速分别为 0.29 m/s ～ 1.00 m/s 和 0.31 m/s ～ 1.49 m/s，底层多为 0.29 m/s ～ 0.96 m/s 和 0.28 m/s ～ 0.71 m/s，平均流速表层和底层多为 0.23 m/s ～ 0.65 m/s 和 0.16 m/s ～ 0.50 m/s。大部分海区垂向平均涨潮流速大于落潮流速。不管是最大、最小流速，还是落潮、涨潮平均流速，大多数测站自表层至底层流速递减；中层流速约为表层流速的 75% ～ 90%，底层流速约为中层流速的 47% ～ 85%。

舟山海域潮流能资源十分丰富，但水平分布很不均匀，富集区主要位于龟山航门、西堠门水道、灌门水道等海域。舟山海域潮流能资源可利用区共计 8 000.6 km^2，其中包括一类区、二类区、三类区所占海域面积分别为 31.4 km^2、160.4 km^2 和 7 808.8 km^2。

舟山潮流能有效流时统计表（表 3.17）显示，该海域潮流能三类区以上海域有效流时平均值为 1 797 h，其中 2 000 h 以下海域面积 4 149.95 km^2，占该海域可开发面积的 51.9%；2 000 h ～ 3 000 h 之间海域面积约为 3 049.41 km^2，约占整个可开发海域的 38.1%；3 000 h ～ 4 000 h 之间海域面积约为 647.23 km^2，约占整个可开发海域的 8.1%；4 000 h ～ 5 000 h 之间海域面积约为 43.90 km^2，约占整个可开发海域的 0.5%；5 000 h 以上海域面积约为 5.81 km^2，约占整个可开发海域的 0.1%。

表3.17　有效流时统计

有效流时（h）	＜2 000	2 000～3 000	3 000～4 000	4 000～5 000	＞5 000
面积（km^2）	4 149.95	3 049.41	647.23	43.90	5.81
比例（%）	51.9	38.1	8.1	0.5	0.1

为能详细了解舟山海域重点水道的潮流能资源状况，我们按照舟山海域海区的分布分为嵊山洋、岱衢洋—玉盘洋、大猫洋、黄泽洋、横水洋、莲花洋—崎头洋和磨盘洋—美鱼洋 7 个海域分别论述。

3.7.7.1　嵊山洋海域

嵊山洋（图 3.27）位于舟山群岛东北部海域，主要包括嵊泗岛、西绿华岛、泗礁山等岛屿，形成了泗礁山—西绿华岛、泗礁山—大黄龙岛、南鼎星岛—小黄龙岛、东绿华岛—花鸟山、枸杞岛—壁下山等 9 条估算水道，大部分海域水深介于 20 m ～ 50 m。

潮流能资源水平分布图表（图 3.28，表 3.18）显示，嵊山洋海域各水道以三类区为主，主要分布于嵊泗岛—西绿化岛水道、大毛峰岛—虎鱼礁水道、马迹山—鹰寨山等 6 条水道，区域大潮年平均功率密度多介于 0.6 kW/m^2 ～ 3.7 kW/m^2 之间，但紧靠海岛的周边海域大潮年平均功率密度很低，不超过 0.2 kW/m^2。另外，嵊泗岛西南海域和花鸟山以东海域、西绿化岛西北海域以及馒头山附近海域的大潮年平均功率密度可达 4 kW/m^2；属于潮流能二类资源区，但面积很小。

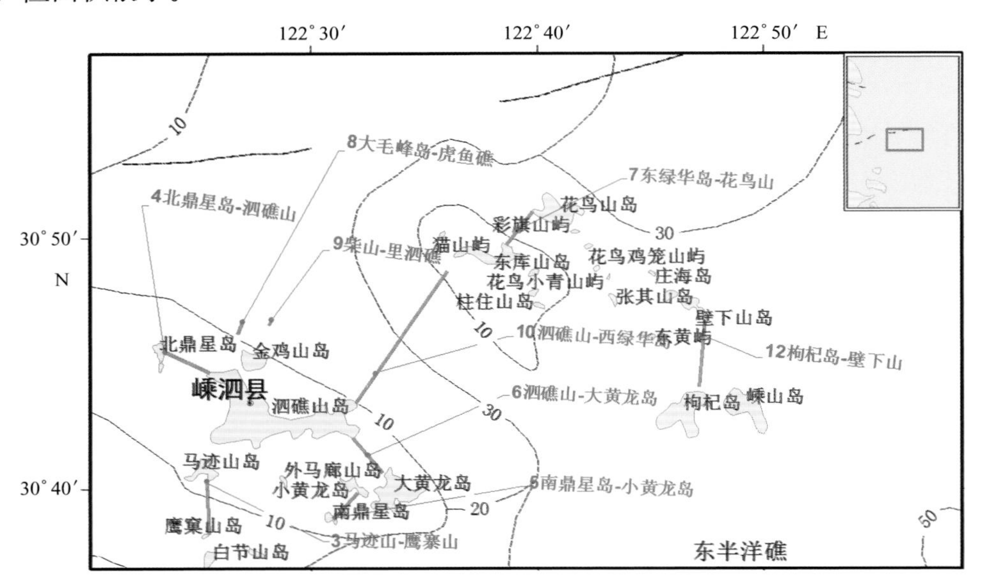

图3.27　嵊山洋海域水深分布及潮流能估算断面示意图

嵊山洋海域潮流能小潮年平均功率密度水平分布和年平均功率密度水平分布与大潮年平均功率密度基本相似。区域各水道小潮年平均功率密度和年平均功率密度一般介于 0.1 kW/m^2 ～ 0.4 kW/m^2 之间和 0.1 kW/m^2 ～ 0.7 kW/m^2，峰值仍位于嵊泗岛－西绿化岛水道西侧的馒头山附近海域，小潮年平均和年平均功率密度可达 2 kW/m^2。

嵊山洋海域最大可能流速水平分布图（图 3.28）显示，该海域诸水道代表站位的最大可能流速一般介于 1.4 m/s ～ 2.4 m/s 之间，总体上西北侧海域略优于东南侧，峰值区位于嵊泗岛－西绿化岛水道的近嵊泗岛一侧海域，最大可能流速约 2.8 m/s。

嵊山洋海域有效流时水平分布（图 3.29）与潮流能资源水平分布相似，水道中心海域有效流时一般介于 2 000 h ～ 5 000 h 之间。

表3.18　各水道代表站位潮流能特征值

水道名称	经度（°）	纬度（°）	spr*P*（kW/m^2）	neap*P*（kW/m^2）	mean*P*（kW/m^2）	pro*V*（kW/m^2）
马迹山－鹰寨山	122.422 2	30.671 8	1.0	0.2	0.2	1.7
北鼎星岛－泗礁山	122.392 0	30.757 9	0.8	0.2	0.2	1.7
南鼎星岛－小黄龙岛	122.516 5	30.647 6	0.9	0.1	0.2	1.7
泗礁山－大黄龙岛	122.540 6	30.689 2	0.6	0.3	0.2	1.8
东绿华岛－花鸟山	122.651 8	30.838 9	1.0	0.2	0.2	1.5
大毛峰岛－虎鱼礁	122.448 8	30.777 9	1.1	0.2	0.2	1.8
柴山－里泗礁	122.470 5	30.779 3	0.6	0.1	0.1	1.5
泗礁山－西绿华岛	122.546 8	30.743 4	3.7	0.4	0.7	2.4
枸杞岛－壁下山	122.788 4	30.768 4	0.6	0.1	0.1	1.5

注：经度和纬度为水道代表点，一般选取估算断面大潮年平均功率密度的峰点，深度为代表点水深。

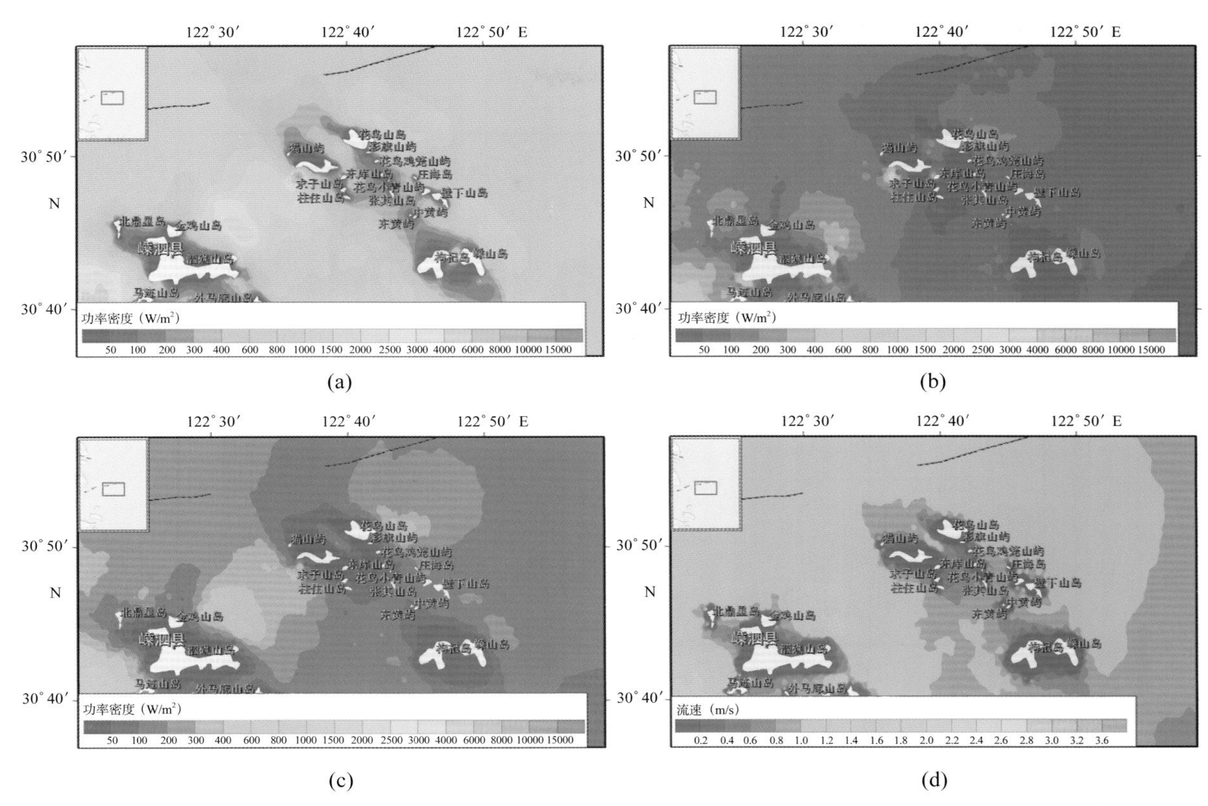

图3.28 嵊山洋潮流能资源水平分布

(a) spr$P$；(b) neap$P$；(c) mean$P$；(d) pro$V$

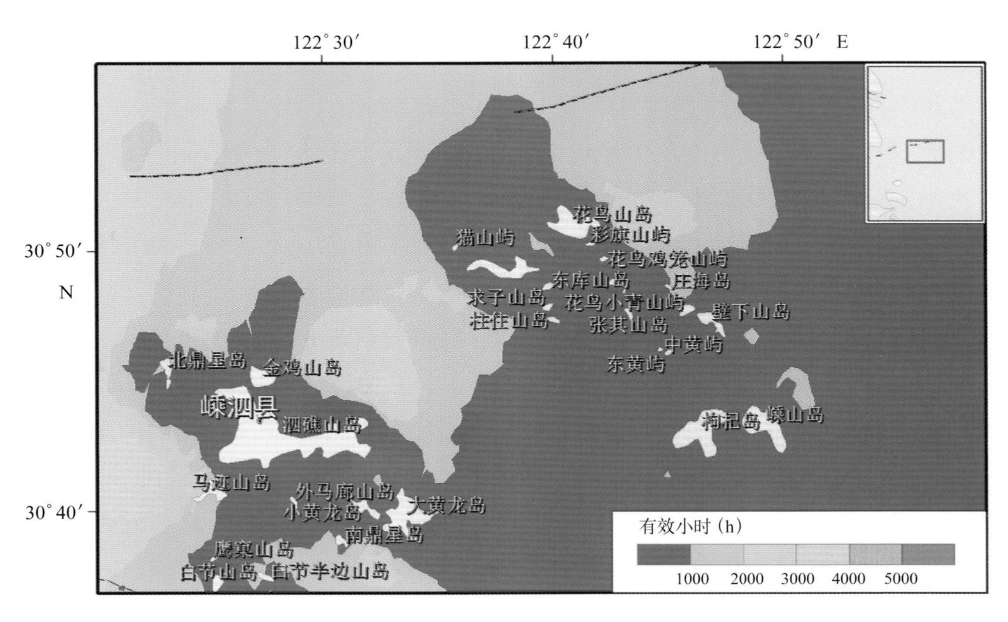

图3.29 嵊山洋海域有效流时分布

3.7.7.2 岱衢洋—玉盘洋海域

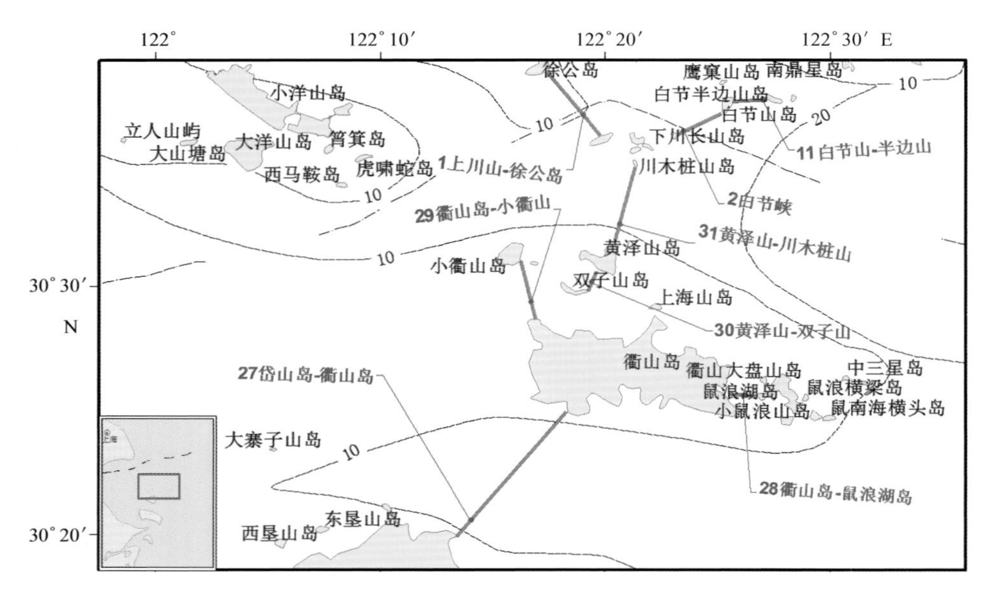

图3.30 岱衢洋—玉盘洋海域水深分布及潮流能估算断面示意图

岱衢洋—玉盘洋位于舟山群岛北部海域，主要包括衢山、小衢山、大洋山、黄洋山等岛屿，形成了岱山—大洋山岛、岱山—衢山岛、黄洋山岛—林木桩山岛、衢山岛—小衢山岛等 9 条估算水道（图 3.30），大部分海域水深介于 20 m ～ 50 m。

潮流能资源水平分布图（图 3.31，表 3.19）显示，岱衢洋—玉盘洋海域包括部分潮流能二类区和三类区，主要分布于岱山岛—衢山岛水道、大洋山南、黄泽山北、小衢山北海域等，区域各水道大潮年平均功率密度多介于 0.7 kW/m^2 ～ 6 kW/m^2 之间。其中，潮流能二类区主要位于岱山岛北侧、衢山岛南侧、燕窝山西侧、大洋山南侧、大烂冬瓜岛西南、墨礁西等海域，岱山岛北侧的大潮年平均功率密度达 6 kW/ m^2；潮流能三类区主要位于上述二类区的毗邻海域、衢山岛北侧偏东海域以及玉盘洋中心海域。

岱衢洋—玉盘洋海域潮流能小潮年平均功率密度水平分布（图 3.31）和年平均功率密度水平分布（图 3.31）与大潮年平均功率密度基本相似。该海域内各水道小潮年平均功率密度和年平均功率密度一般介于 0.1 kW/ m^2 ～ 0.9 kW/m^2 之间和 0.2 kW/m^2 ～ 2.2 kW/m^2。

岱衢洋—玉盘洋海域最大可能流速分布图（图 3.31）显示，该海域各水道代表站位皆在 1.5 m/s 以上，总体上西部海域大于东部海域，其中，衢山岛西北角、洋山岛南部、岱山岛北部海域的最大可能流速皆大于 3.0 m/s。

岱衢洋—玉盘洋海域有效流时水平分布（图 3.32）与潮流能资源水平分布相似，衢山岛西北和西南海域有效流时一般介于 2 000 h ～ 6 000 h 之间。

表3.19　各水道代表站位潮流能特征值

水道名称	纬度（°N）	经度（°E）	spr$P$（kW/m^2）	neap$P$（kW/m^2）	mean$P$（kW/m^2）	pro$V$（kW/m^2）
上川山—徐公岛	30.613 8	122.317 3	3.5	0.4	0.7	2.6
白节峡	30.602 7	122.392 0	1.4	0.2	0.3	1.9
白节山—半边山	30.624 1	122.450 8	1.9	0.2	0.3	1.9
岱山岛—衢山岛	30.342 7	122.234 6	6.0	0.9	1.2	3.2
衢山岛—鼠浪湖岛	30.426 9	122.436 8	1.3	0.2	0.2	1.5
衢山岛—小衢山	30.489 4	122.278 9	3.1	0.6	0.7	2.7
黄泽山—双子山	30.502 4	122.324 0	0.7	0.1	0.2	1.5
黄泽山—川木桩山	30.540 9	122.344 7	3.3	0.4	0.6	2.4
上川山—徐公岛	30.613 8	122.317 3	3.5	0.4	0.7	2.6

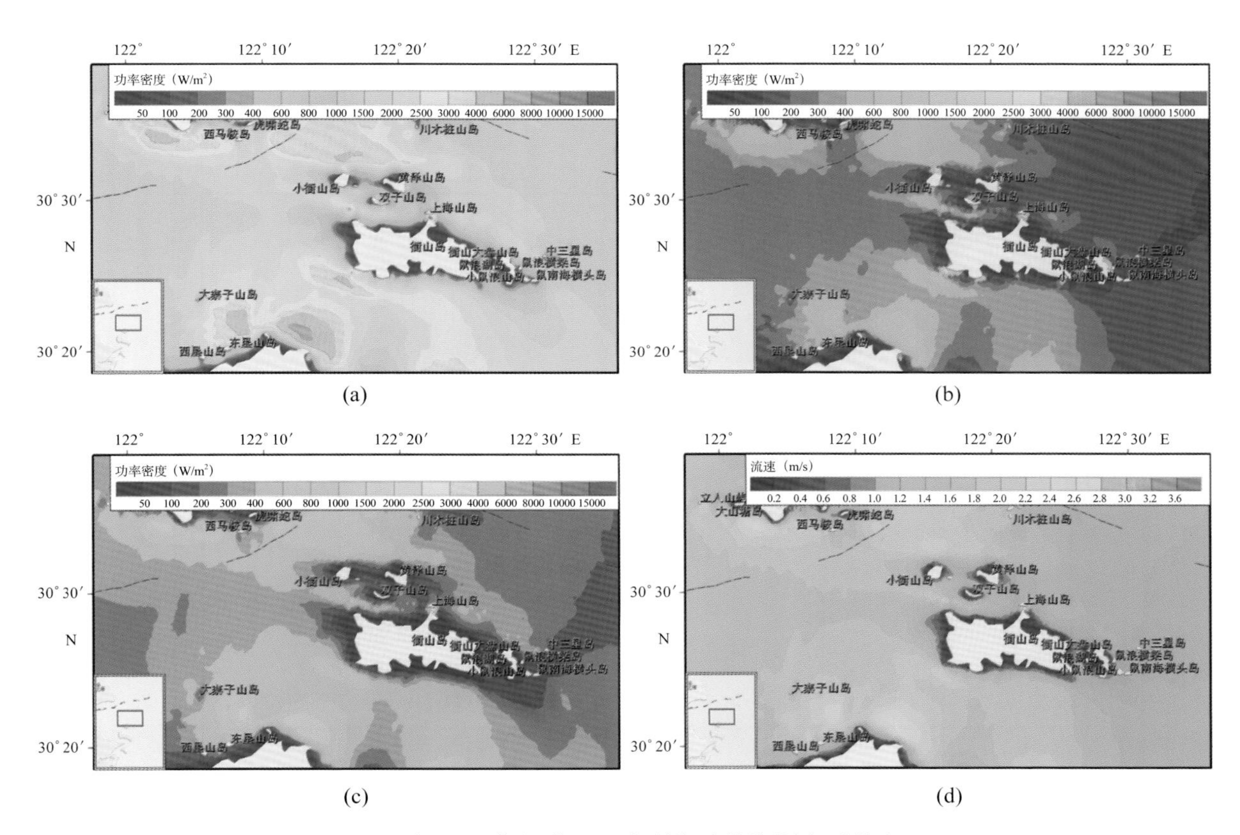

图3.31　岱衢洋—玉盘洋潮流能资源水平分布

(a) spr$P$；(b) neap$P$；(c) mean$P$；(d) pro$V$

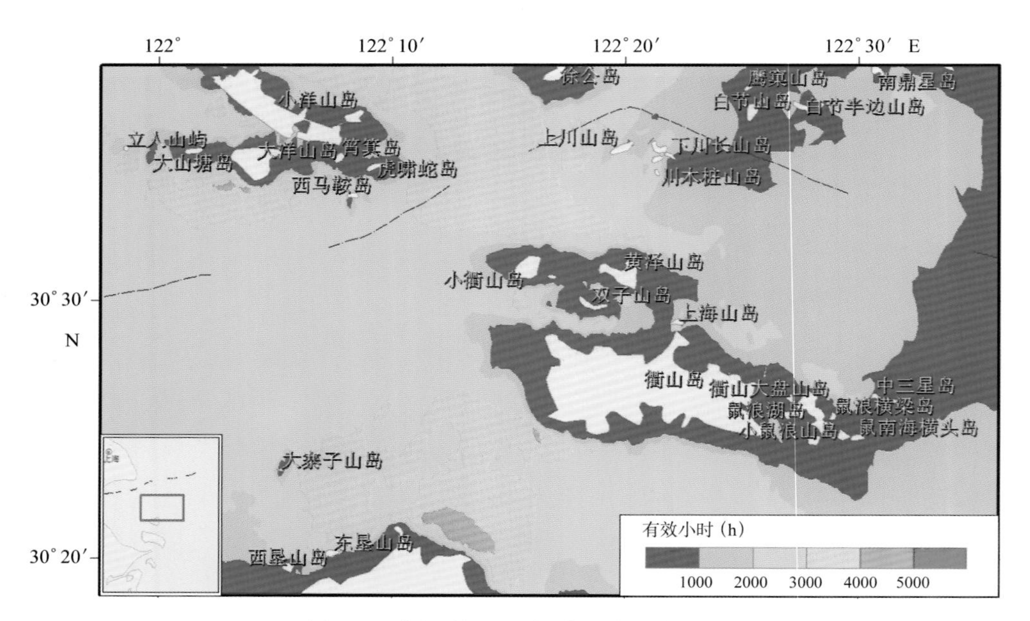

图3.32 岱衢洋－玉盘洋海域有效流时分布

3.7.7.3 大猫洋

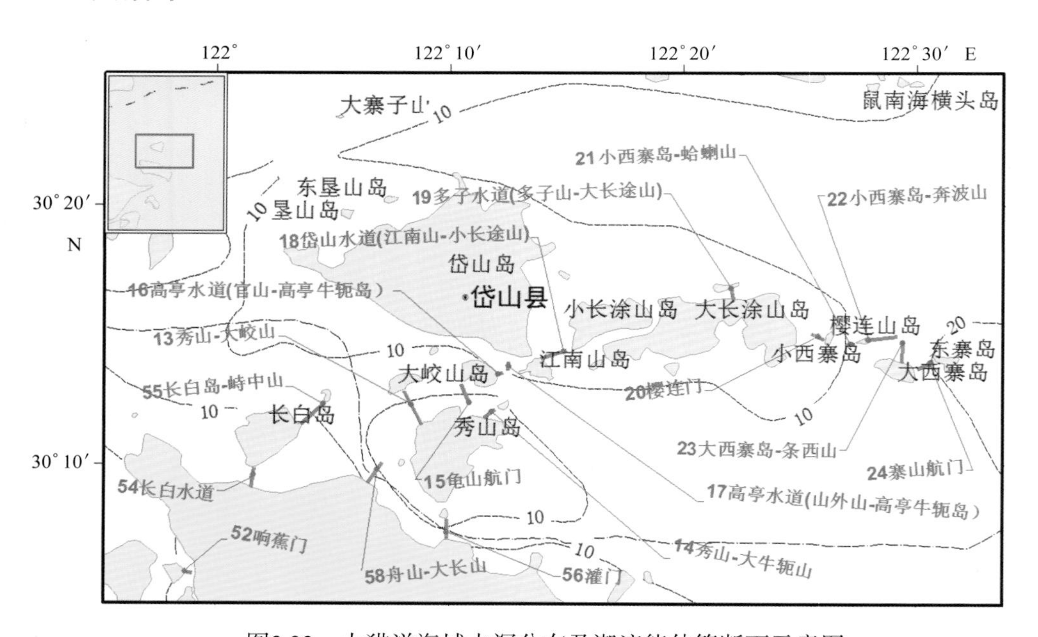

图3.33 大猫洋海域水深分布及潮流能估算断面示意图

大猫洋位于舟山群岛中部海域，主要包括岱山、秀山、大长途山、长白山等岛屿，形成了龟山航门、高亭水道、灌门、长白水道等 17 条估算水道（图 3.33），大部分海域水深介于 20 m ～ 50 m。

潮流能资源水平分布图（图 3.34，表 3.20）显示，大猫洋海域包括大面积潮流能一类区、二类区和三类区，其中，一类区主要分布于龟山水道、灌门、舟山—大常山等水道，尤以龟山航门为最好，大潮年平均功率密度超过 22 kW/m²，二类区主要位于长白岛—峙中山水道、岱山水道，其余水道中心海域、长白岛和长涂岛南部大面积海域潮流大潮年平均功率密度介于 0.8 kW/m² ～ 4 kW/m² 属于潮流能资源三类区。

大猫洋海域潮流能小潮年平均功率密度水平分布（图 3.34）和年平均功率密度水平分布（图 3.34）与大潮年平均功率密度基本相似。龟山航门代表站位小潮年平均功率密度和年平均功率密度可达 7.3 kW/m² 和 8.3 kW/m²，其余水道小潮年平均功率密度和年平均功率密度一般介于 0.1 kW/m² ～ 3.6 kW/m² 和 0.1 kW/ m² ～ 2.9 kW/m² 之间。

大猫洋海域最大可能流速分布图（图 3.34）显示，该海域三类区及以上海域最大可能流速大部分区域超过 1.5 m/s，龟山航门海域可达 4.5 m/s。

岱衢洋—玉盘洋海域有效流时水平分布（图 3.35）与潮流能资源水平分布相似，水道中心海域有效流时一般介于 2 000 h ～ 7 000 h 之间。

表3.20 各水道代表站位潮流能特征值统计

水道名称	纬度（°N）	经度（°E）	spr*P*（kW/m²）	neap*P*（kW/m²）	mean*P*（kW/m²）	pro*V*（kW/m²）
秀山—大峧山	30.204 4	122.139 4	1.8	0.3	0.4	2.2
秀山—大牛轭山	30.199 7	122.197 0	12.6	0.7	0.7	2.9
龟山航门	30.205 5	122.181 0	22.3	7.7	8.3	4.8
高亭水道（官山—高亭牛轭岛）	30.224 1	122.201 8	4.7	1.2	1.2	2.5
高亭水道（山外山—高亭牛轭岛）	30.229 4	122.208 8	7.7	0.1	0.1	1.5
岱山水道（江南山—小长途山）	30.239 1	122.248 6	1.1	0.3	0.4	1.9
多子水道（多子山—大长途山）	30.279 8	122.367 9	0.3	0.1	0.1	0.3
樱连门	30.248 8	122.429 8	2.1	0.2	0.4	2.0
小西寨岛—蛤蜊山	30.243 8	122.453 8	4.1	0.5	0.7	2.5
小西寨岛—奔波山	30.246 9	122.466 0	0.3	0.1	0.1	1.2
大西寨岛—条西山	30.244 8	122.490 5	0.3	0.0	0.0	1.0
寨山航门	30.231 6	122.510 1	3.9	0.7	0.2	1.6
响蕉门	30.097 2	121.978 4	1.3	0.1	0.2	1.5
长白水道	30.158 9	122.026 7	1.4	0.4	0.4	1.7
长白岛—峙中山	30.204 7	122.077 0	8.6	3.6	2.9	3.9
灌门	30.122 4	122.165 5	2.0	1.6	2.1	3.2
舟山—大长山	30.162 8	122.115 5	12.0	0.6	0.8	3.2

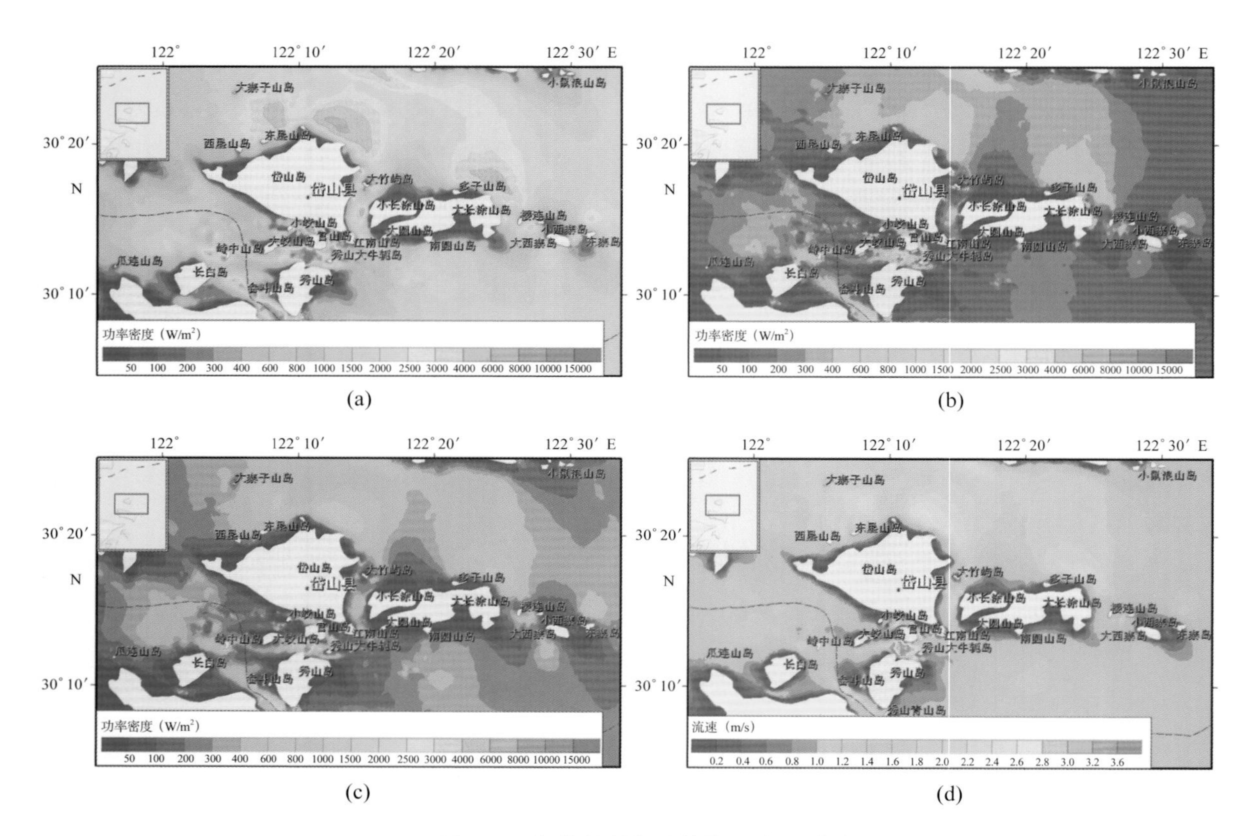

图3.34 大猫洋洋潮流能资源水平分布

(a) spr$P$；(b) neap$P$；(c) mean$P$；(d) pro$V$

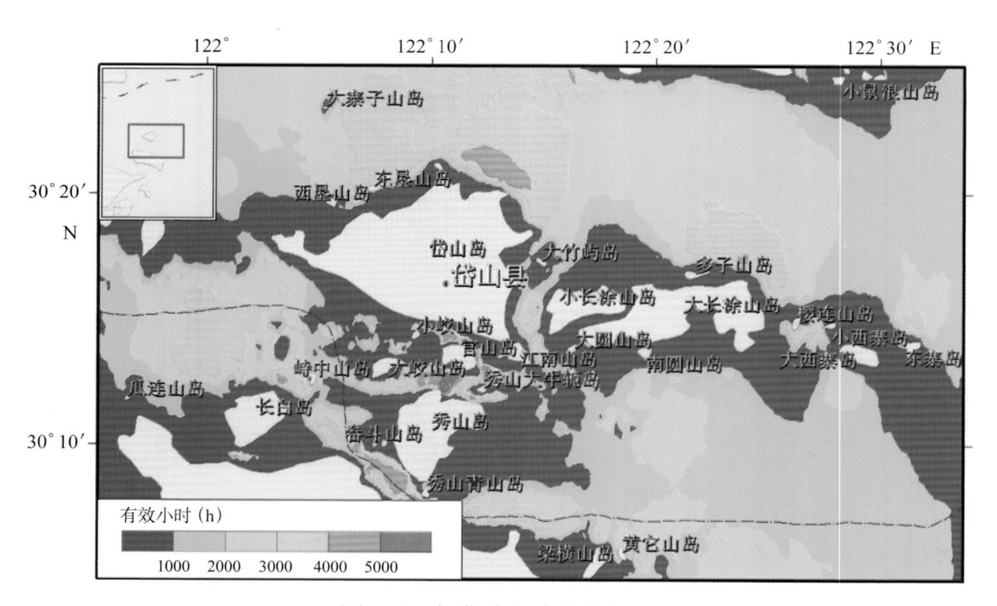

图3.35 大猫洋海域有效流时分布

3.7.7.4 黄泽洋海域

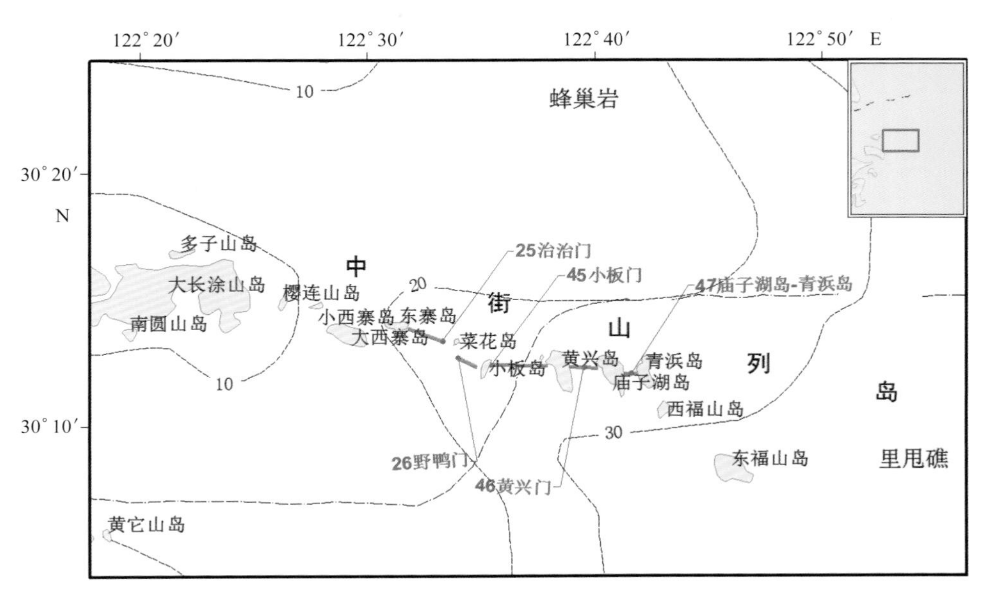

图3.36 黄泽洋海域水深分布及潮流能估算断面示意图

黄泽洋位于舟山群岛东部海域，主要包括长涂山、大小西寨岛、庙子湖岛等岛屿，形成了治治门、野鸭门、小板门、黄兴门、庙子湖岛—青浜门 5 条估算水道（图 3.36），大部分海域水深介于 10 m ～ 50 m。

潮流能资源水平分布图（图 3.37，表 3.21）显示，黄泽洋海域主要包括部分潮流能三类区和二类区，其中三类区主要分布于野鸭门、黄兴门、治治门等水道的中心海域，水道代表站位大潮年平均功率密度一般介于 1.2 kW/m^2 ～ 2.0 kW/m^2 间，而二类区则主要分布于长途山北侧海域，大潮年平均功率密度达到 6 kW/m^2。

黄泽洋海域潮流能小潮年平均功率密度水平分布（图 3.37）和年平均功率密度水平分布（图 3.37）与大潮年平均功率密度基本相似。区域内各水道小潮年平均功率密度和年平均功率密度一般都介于 0.1 kW/m^2 ～ 0.3 kW/m^2 之间，峰值区位于长途山北侧海域，约为 1.1 kW/m^2。

黄泽洋海域最大可能流速分布图（图 3.37）显示，该海域内各水道最大可能流速大部分区域超过 1.5 m/s，总体上北部海域略优于南部，峰值区位于长途山北侧海域，最大可能流速约 3.0 m/ s。

黄泽洋海域有效流时水平分布（图 3.38）与潮流能资源水平分布相似，长途山北侧海域有效流时一般介于 2 000 h ～ 4 000 h 之间。

表3.21 各水道代表站位潮流能特征值统计

水道名称	纬度（°N）	经度（°E）	spr*P*（kW/m^2）	neap*P*（kW/m^2）	mean*P*（kW/m^2）	pro*V*（kW/m^2）
治治门	30.222 7	122.555 7	2.0	0.2	0.3	1.8
野鸭门	30.211 6	122.567 0	1.2	0.1	0.2	1.5

续 表

水道名称	纬度（°N）	经度（°E）	spr$P$（kW/m^2）	neap$P$（kW/m^2）	mean$P$（kW/m^2）	pro$V$（kW/m^2）
小板门	30.207 2	122.590 3	2.4	0.1	0.3	1.7
黄兴门	30.205 3	122.659 3	1.9	0.3	0.3	1.7
庙子湖岛—青浜岛	30.201 0	122.693 8	0.2	0.1	0.1	0.3

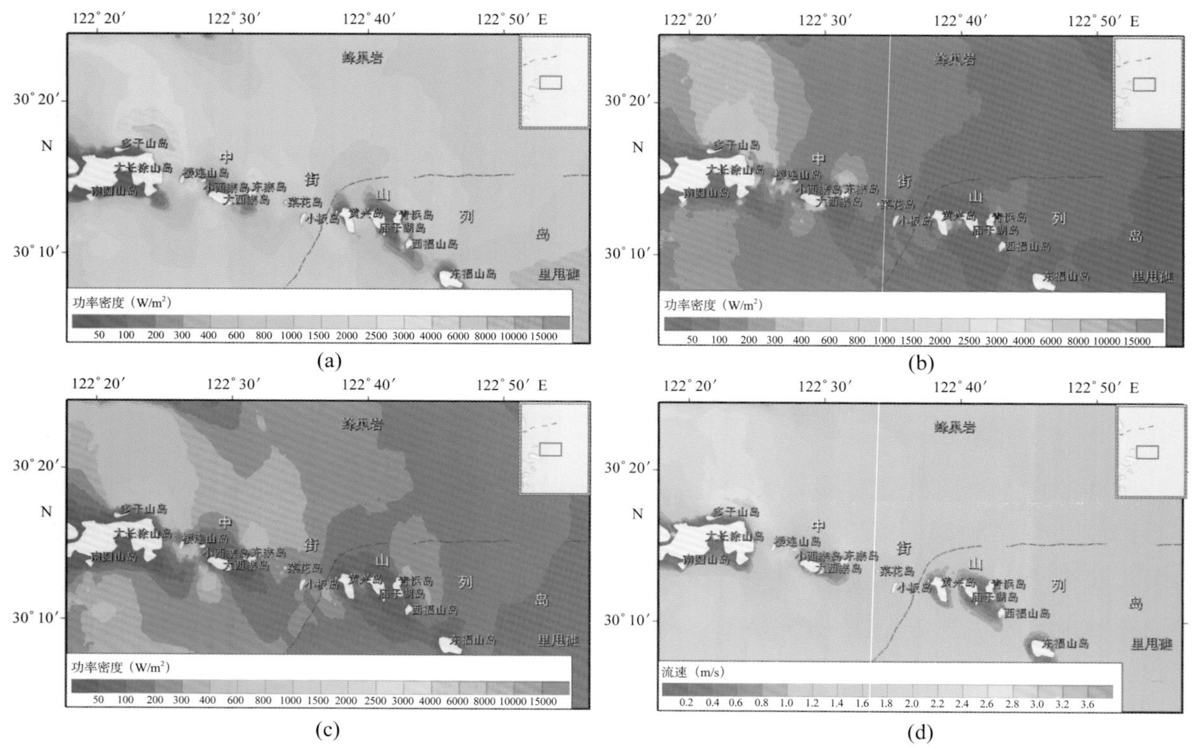

图3.37 黄泽洋潮流能资源水平分布

(a) spr$P$；(b) neap$P$；(c) mean$P$；(d) pro$V$

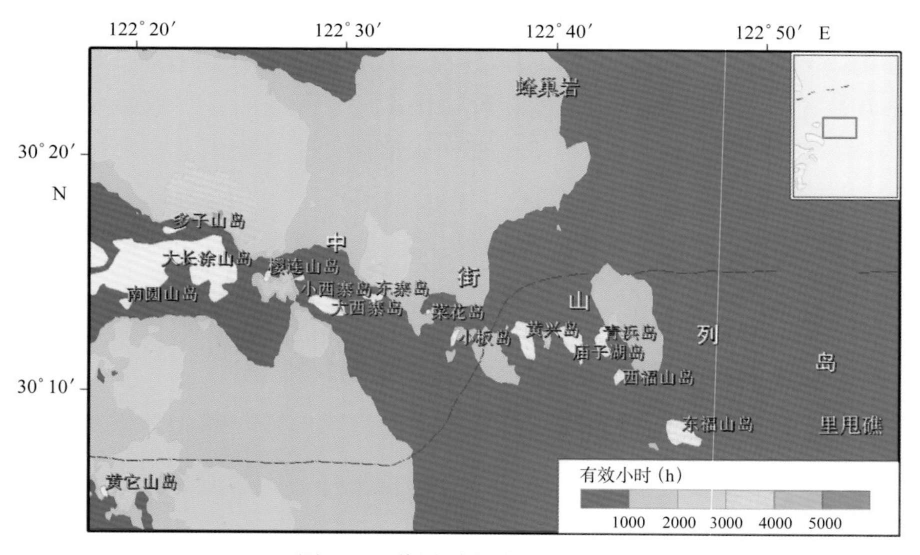

图3.38 黄泽洋海域有效流时分布

3.7.7.5 横水洋海域

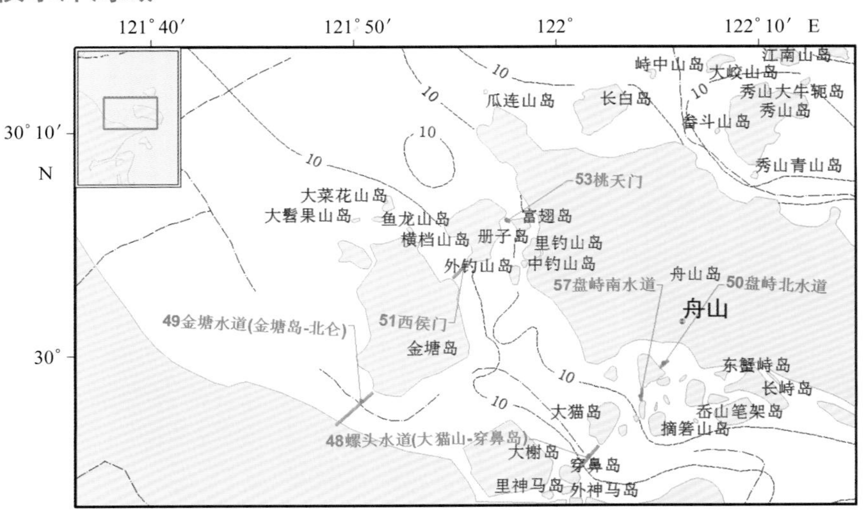

图3.39 横水洋海域水深分布及潮流能估算断面示意图

横水洋位于舟山群岛西部海域，主要包括金塘岛、册子岛、大猫山岛等岛屿，形成了金塘水道、西堠门水道、螺头水道等6条估算水道（图3.39），大部分海域水深介于10 m ~ 30 m，部分区域存在较深的小海沟，主要包括西堠门水道等，最深处约70 m。

潮流能大潮年平均功率密度水平分布图（图3.40，表3.22）显示，横水洋海域包括潮流能一类区、二类区和三类区，主要分布于金塘水道、西堠门水道、螺头水道等，各水道代表站大潮年平均功率密度介于0.5 kW/m^2 ~ 15 kW/m^{2}之间，其中螺头水道、西堠门水道、桃夭门均超过10 kW/m^2。

横水洋海域潮流能小潮年平均功率密度水平分布和年平均功率密度水平分布与大潮年平均功率密度基本相似。三类区以上区域小潮年平均功率密度和年平均功率密度多介于0.1 kW/m^2 ~ 2 kW/m^{2}之间和0.6 kW/m^2 ~ 3 kW/m^2，峰值区位于西堠门水道中心海域，分别为5.8 kW/m^{2}和5.6 kW/m^2。

最大可能流速分布图（图3.40）显示，该海域内各水道最大可能流速大部分区域超过1.0 m/s，总体上东部海域略优于西部，峰值区位于西堠门水道，最大可能流速约4.0 m/s。

横水洋海域有效流时水平分布（图3.41）与潮流能资源水平分布相似，水道中心海域有效流时一般介于2 000 h ~ 6 000 h之间。

表3.22 各水道代表站位潮流能特征值统计

水道名称	纬度（°N）	经度（°E）	spr*P*（kW/m^2）	neap*P*（kW/m^2）	mean*P*（kW/m^2）	pro*V*（kW/m^2）
螺头水道（大猫山—穿鼻岛）	29.924 8	122.026 9	11.5	1.9	2.4	3.6
金塘水道（金塘岛—北仑）	29.966 3	121.839 9	1.6	0.2	0.4	2.0
盘峙北水道	29.993 7	122.088 5	0.5	0.1	0.1	1.4
西侯门	30.066 7	121.924 5	15.2	5.8	5.6	4.0

续 表

水道名称	纬度（°N）	经度（°E）	spr*P*（kW/m²）	neap*P*（kW/m²）	mean*P*（kW/m²）	pro*V*（kW/m²）
桃夭门	30.100 6	121.959 5	10.4	1.4	1.2	1.7
盘峙南水道	29.969 3	122.069 6	0.5	0.1	0.2	1.0

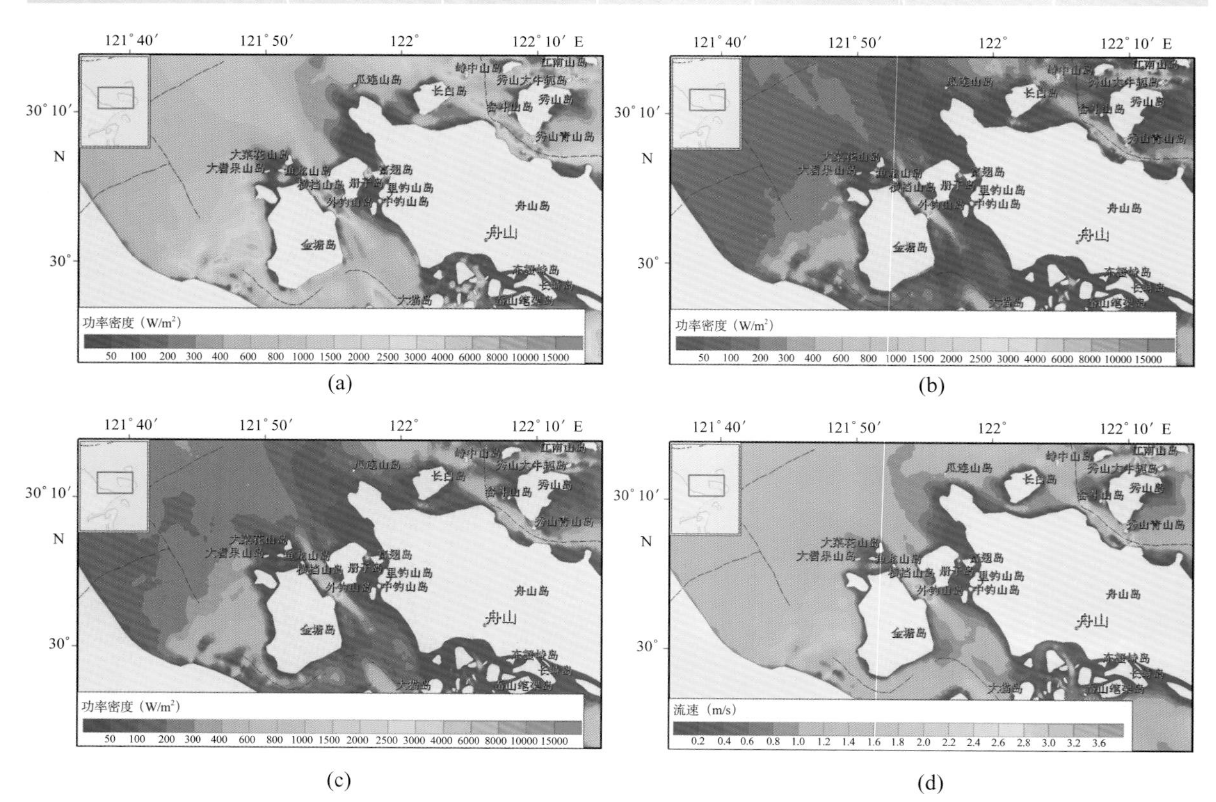

图3.40 横水洋潮流能资源水平分布

(a) spr*P*；(b) neap*P*；(c) mean*P*；(d) pro*V*

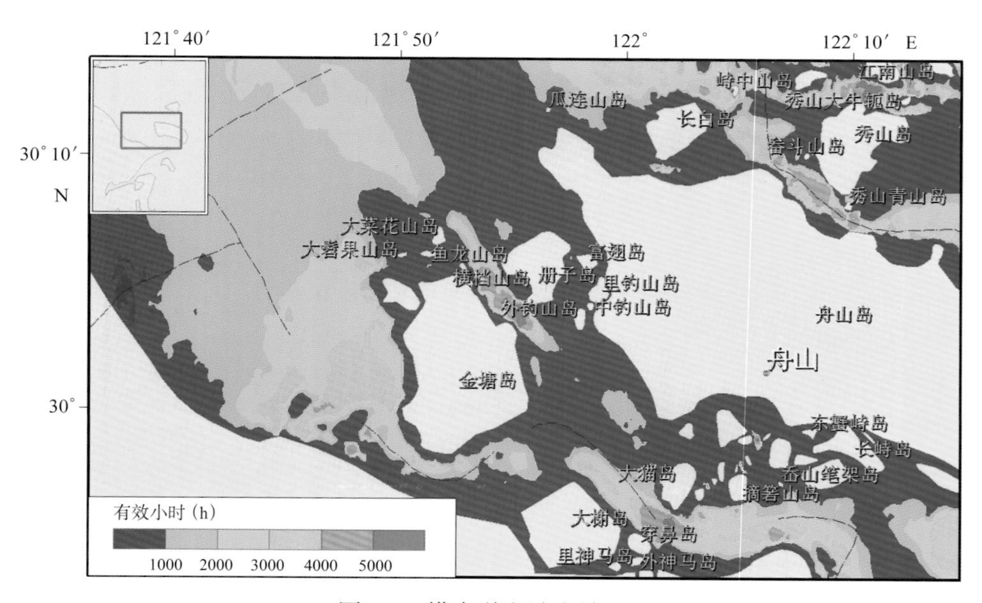

图3.41 横水洋海域有效流时分布

3.7.7.6 莲花洋—崎头洋海域

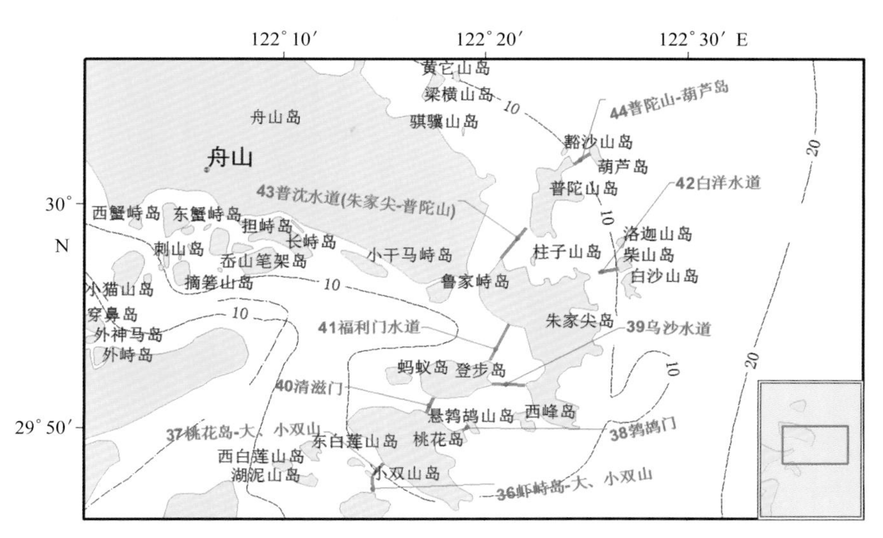

图3.42 莲花洋—崎头洋海域水深分布及潮流能估算断面示意图

莲花洋—崎头洋位于舟山群岛中南部海域，主要包括舟山本岛东部、普陀山岛、朱家尖岛、桃花岛等岛屿，形成福利门水道、乌沙水道、普沈水道（普陀山—朱家尖）、白洋水道等9条估算水道（图 3.42），大部分海域水深介于 10 m ~ 50 m。潮流能资源水平分布图表（图 3.43，表 3.23）显示，莲花洋—崎头洋海域包括潮流能一类区、二类区和三类区，主要分布于登步岛北侧海域、乌沙水道、桃花岛南侧海域等，区域大潮年平均功率密度介于 0.6 kW/m^2 ~ 6.3 kW/m^2 之间。

莲花洋—崎头洋海域潮流能小潮年平均功率密度水平分布和年平均功率密度水平分布与大潮年平均功率密度基本相似。区域水道代表站位的小潮年平均功率密度和年平均功率密度一般都介于 0.2 kW/m^2 ~ 1.8 kW/m^2 和 0.2 kW/m^2 ~ 1.8 kW/m^2 之间，峰值区位于桃花岛—大小双山水道中心海域，约为 2.2 kW/m^2 和 2.5 kW/m^2。

莲花洋—崎头洋海域最大可能流速分布图（图 3.43）显示，该海域最大可能流速大部分区域超过 1.0 m/s，峰值区位于桃花岛水道的湾口内侧海域，最大可能流速约 3.5 m/s。

莲花洋—崎头洋海域有效流时水平分布（图 3.44）与潮流能资源水平分布相似，水道中心海域有效流时一般介于 2 000 h ~ 4 000 h 之间。

表3.23 各水道代表站位潮流能特征值统计

水道名称	纬度（°N）	经度（°E）	深度（m）	spr*P*（kW/m^2）	neap*P*（kW/m^2）	mean*P*（kW/m^2）	pro*V*（kW/m^2）
虾峙岛—大、小双山	29.786 4	122.241 1	67.3	1.2	0.1	0.1	1.3
桃花岛—大、小双山	29.800 8	122.244 5	62.8	6.0	1.1	1.8	3.5
鹁鸪门	29.832 6	122.319 1	1.8	6.3	1.8	1.1	0.7
乌沙水道	29.865 2	122.350 8	52.1	4.8	0.7	1.0	2.7
清滋门	29.849 3	122.287 5	29.2	0.5	0.1	0.1	1.1
福利门水道	29.891 7	122.342 0	78.8	0.9	0.2	0.4	1.7

续 表

水道名称	纬度（°N）	经度（°E）	深度（m）	spr$P$（kW/m²）	neap$P$（kW/m²）	mean$P$（kW/m²）	pro$V$（kW/m²）
白洋水道	29.949 3	122.429 3	29.8	1.6	0.2	0.3	1.6
普沈水道（朱家尖—普陀山）	29.974 4	122.359 9	18.4	1.2	0.2	0.3	1.9
普陀山—葫芦岛	30.032 1	122.411 6	52.5	3.3	0.4	0.6	2.3

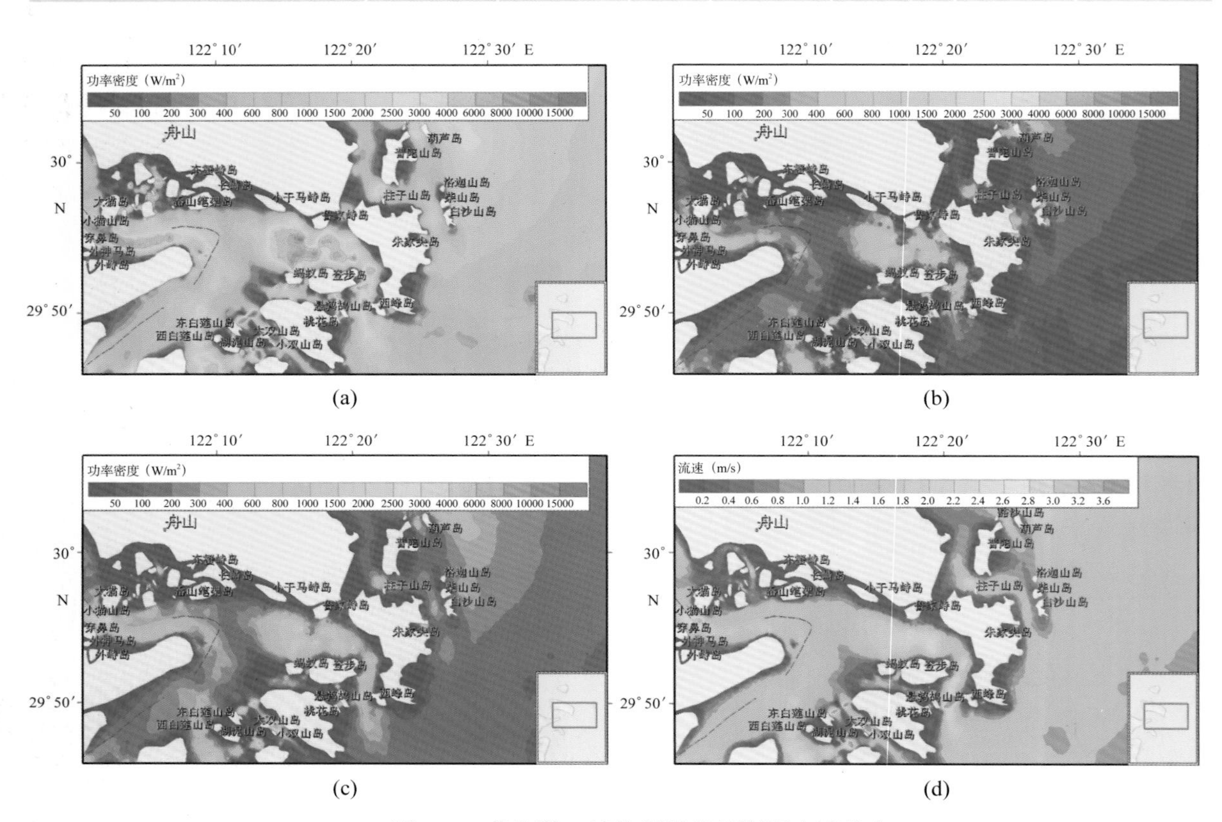

图3.43 莲花洋—崎头洋潮流能资源水平分布

(a) spr$P$；(b) neap$P$；(c) mean$P$；(d) pro$V$

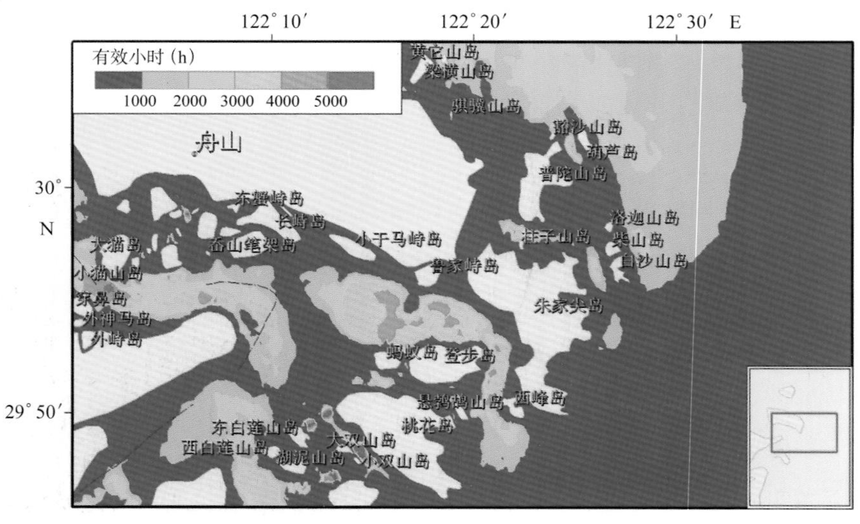

图3.44 莲花洋—崎头洋海域有效流时分布

3.7.7.7 磨盘洋—美鱼洋海域

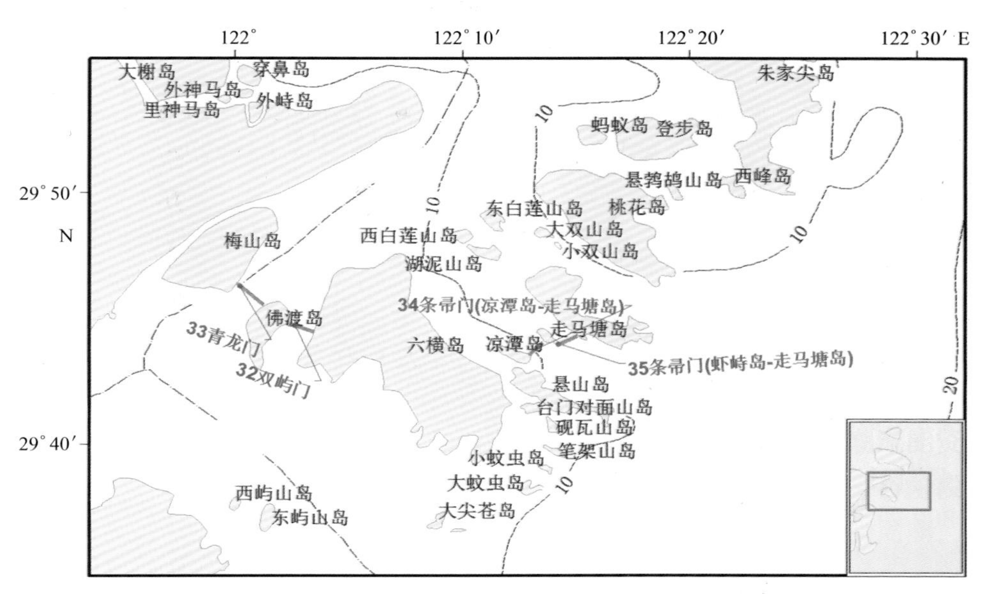

图3.45 磨盘洋—美鱼洋海域水深分布及潮流能估算断面示意图

磨盘洋—美鱼洋位于舟山群岛南部海域，主要包括舟六横岛、虾峙岛、梅山岛等岛屿，形成青龙门、双屿门、条扫门等 4 条估算水道（图 3.45），大部分海域水深介于 10 m ～ 20 m。

潮流能资源水平分布图表显示（图 3.46，表 3.24），磨盘洋—美鱼洋潮流能可开发利用区主要分布于条扫门、大小双山周边、青龙门、双屿门等水道中心海域等，尤以条帚门（凉潭岛—走马塘岛）海域为最，其峰值区大潮年平均功率密度可达 15 kW/m^2，小潮年平均功率密度和年平均功率密度约为 3.2 kW/m^2 和 4.9 kW/m^2。

磨盘洋—美鱼洋海域最大可能流速分布图（图 3.46）显示，该海域最大可能流速大部分区域超过 1.0 m/s，其中条扫门 (凉潭岛—走马塘岛) 代表站位最大可能流速约 4.4 m/s。

磨盘洋—美鱼洋海域有效流时水平分布（图 3.47）与潮流能资源水平分布相似，水道中心海域有效流时一般介于 2 000 h ～ 6 000 h 之间。

表3.24 各水道代表站位潮流能特征值统计

水道名称	纬度（°N）	经度（°E）	spr$P$（kW/m^2）	neap$P$（kW/m^2）	mean$P$（kW/m^2）	pro$V$（kW/m^2）
双屿门	29.744 6	122.044 9	0.7	0.1	0.1	1.6
青龙门	29.771 1	122.004 6	7.3	4.9	0.6	1.5
条帚门（凉潭岛—走马塘岛）	29.730 2	122.222 5	15.2	3.2	4.9	4.4
条帚门（虾峙岛—走马塘岛）	29.732 2	122.237 9	1.8	0.1	0.1	1.1

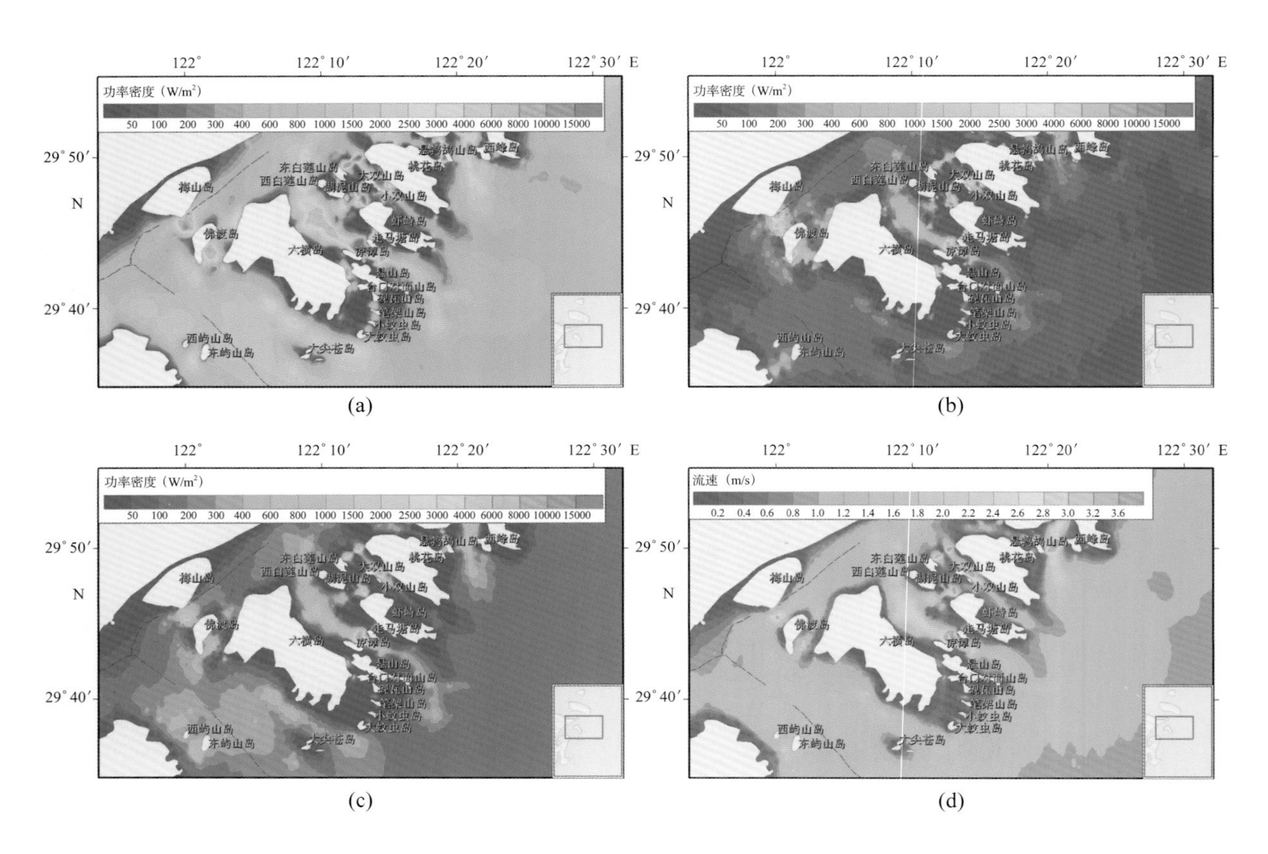

图3.46　磨盘洋—美鱼洋潮流能资源水平分布

(a) spr$P$；(b) neap$P$；(c) mean$P$；(d) pro$V$

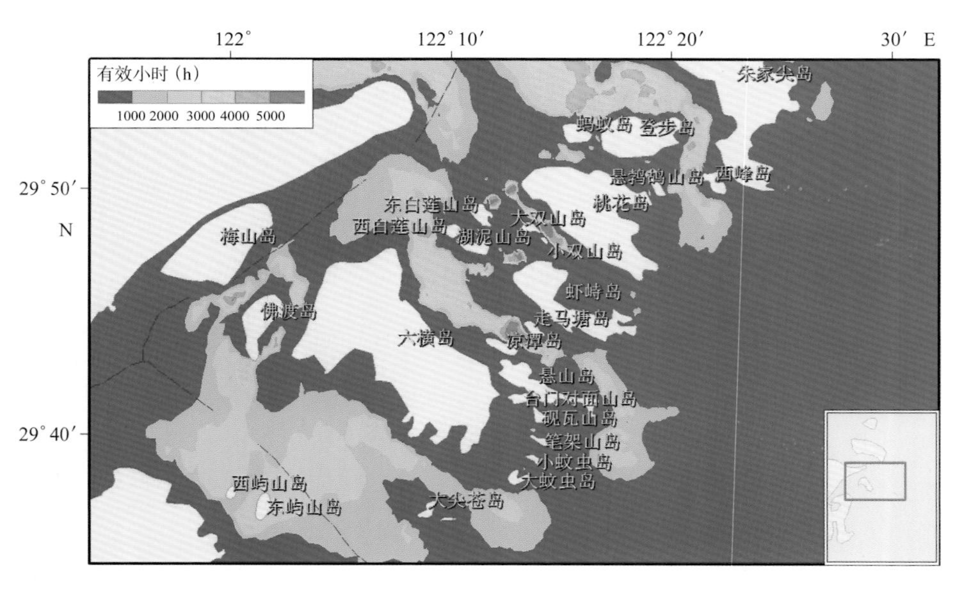

图3.47　磨盘洋—美鱼洋海域有效流时分布

3.7.8 三沙湾

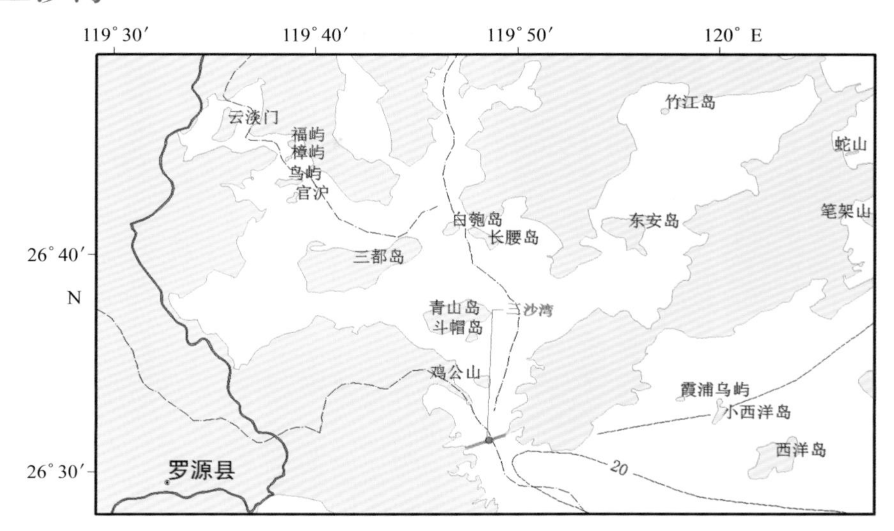

图3.48 三沙湾海域水深分布及潮流能估算断面示意图

三沙湾（图 3.48）位于福建东北部沿海，地处霞浦、福安、宁德四县市滨岸交界处，0 m 线以下水域面积 385.271 km^2，湾内海底地形崎岖不平，侵蚀和堆积地形都很发育，湾内有许多水道、暗礁、岛屿与浅滩，湾内最大水深 90 m。三沙湾潮汐形态为非正规半日潮，为大潮差海区，湾内的平均潮差由湾口向湾顶逐渐增大。平均潮差 5.35 m，平均涨潮历时比落潮历时长 44 min。由于海区地形复杂、岛屿众多，水域多呈水道形式，潮流呈往复流，流向与水道走向基本一致。

功率密度分布图显示（图 3.49），潮流能可开发利用区主要分布于三沙湾口、三都岛南侧等水道中心海域等，峰值区大潮年平均功率密度可达 6 kW/m^2，小潮年平均功率密度和年平均功率密度约为 2.8 kW/m^2 和 5.6 kW/m^2。可开发区域面积共计 292 km^2，其中三类区面积为 265.8 km^2，二类区面积 21 km^2，一类区面积 5.2 km^2，分占可开发总数的 91%、7% 和 2%。

有效流时分布（图 3.50）总体趋势与资源分布基本一致，峰值区主要分布于三沙湾口、三都岛南侧等水道中心海域等，有效流时可达 5 455 h，占全年的 62.3%。潮流能有效流时统计表（表 3.25）显示，三沙湾潮流能可开发区海域有效流时平均值为 1 885 h，其中 2 000 h 以下海域面积 164.3 km^2，占该海域可开发面积的 56.3%；2 000 h ～ 3 000 h 之间海域面积约为 22.33 km^2，约占整个可开发海域的 7.6%；3 000 h ～ 4 000 h 之间海域面积约为 61.52 km^2，约占整个可开发海域的 21.1%；4 000 h ～ 5 000 h 之间海域面积约为 42.64 km^2，约占整个可开发海域的 14.6%；5 000 h 以上海域面积约为 1.21 km^2，约占整个可开发海域的 0.4%。

表3.25 有效流时统计

有效流时（h）	< 2000	2 000～3 000	3 000～4 000	4 000～5 000	> 5 000
面积（km^2）	164.30	22.33	61.52	42.64	1.21
比例（%）	56.3	7.6	21.1	14.6	0.4

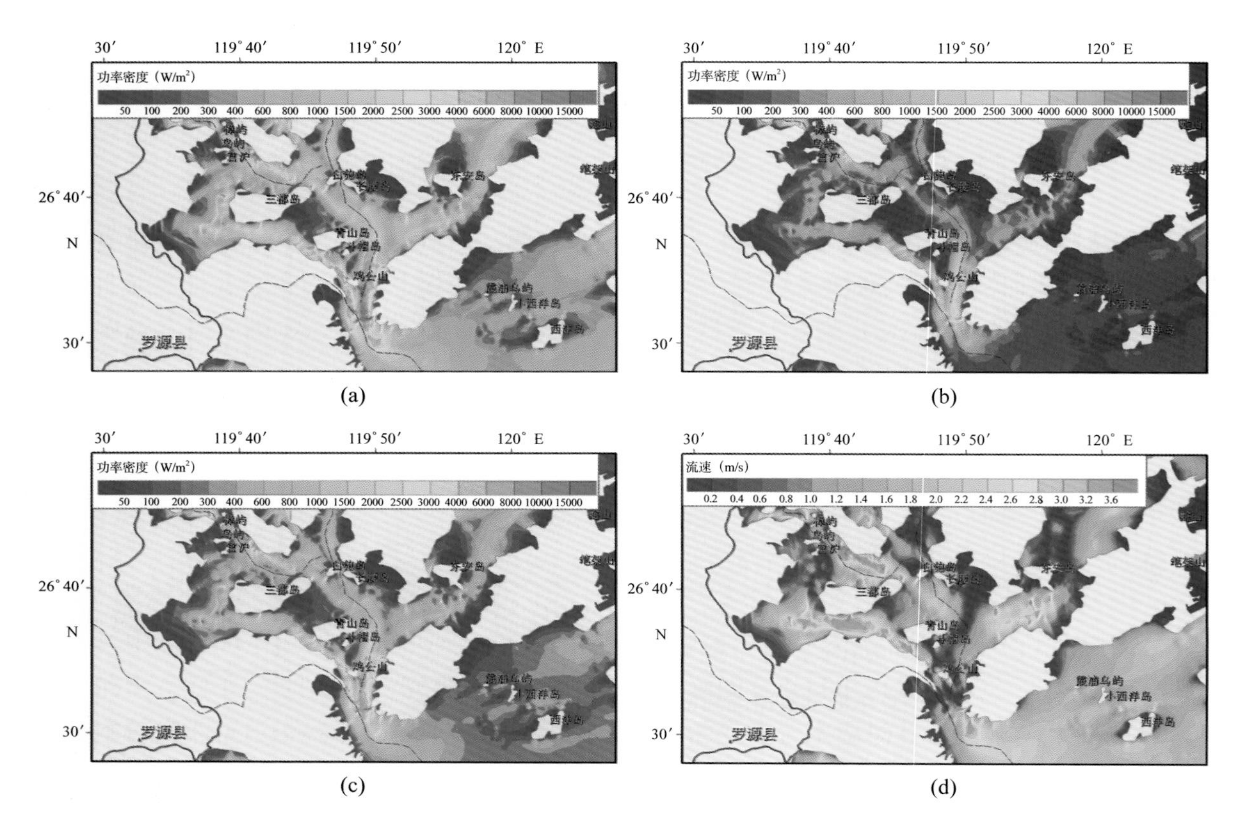

图3.49　三沙湾潮流能资源水平分布

(a) spr$P$；(b) neap$P$；(c) mean$P$；(d) pro$V$

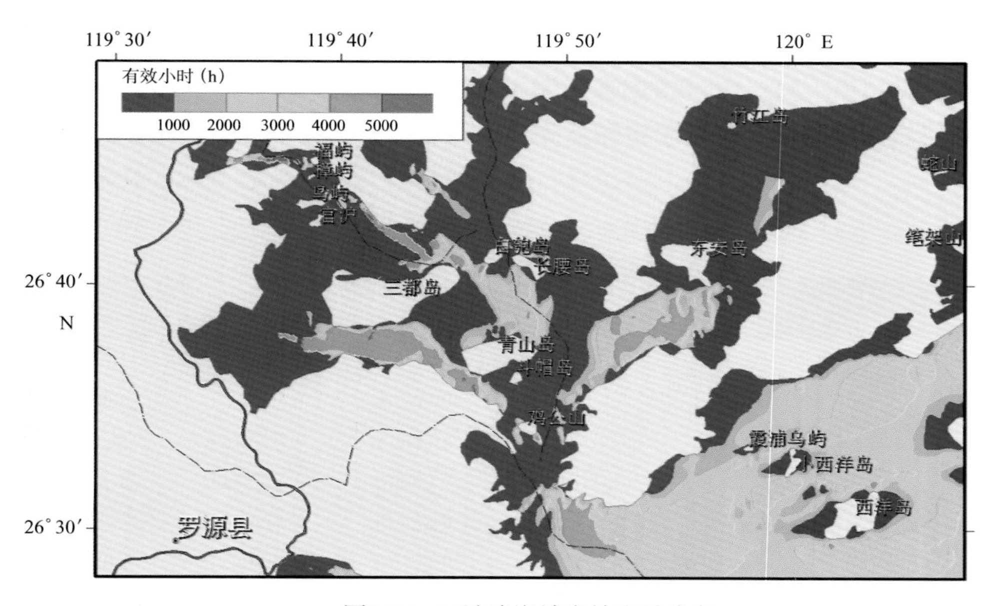

图3.50　三沙湾海域有效流时分布

3.7.9 金门水道

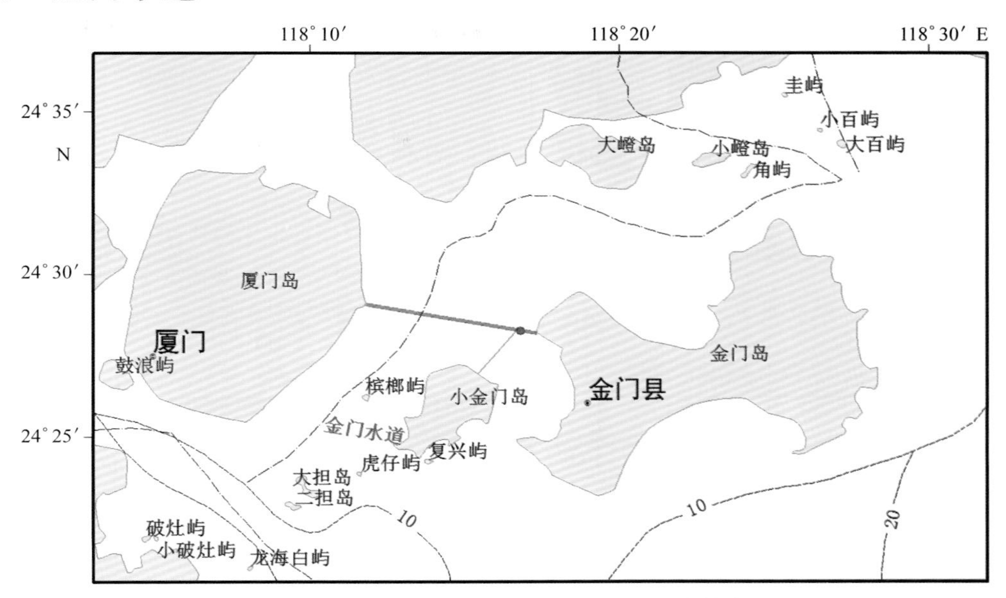

图3.51 金门水道海域水深分布及潮流能估算断面示意图

金门水道（图 3.51）是大金门岛和烈屿岛（小金门）之间的狭长水道，位于福建省厦门湾的东南方，它与厦门湾毗邻，二者的海洋环境要素基本相似。金门位于 24°44′N，118°32′E，是一群岛地形，包括金门本岛（大金门）、烈屿（小金门）、大担、二担等 12 个大小岛屿，总面积 150 km^2 余，西隔厦门岛，与大陆领土角屿相距仅 1.8 km，东隔台湾海峡，离台湾相距有 210 km。该海域为正规半日潮海区，平均潮差 3.99 m。潮流属于正规半日潮流，呈往复流形式，主要流向多与岸线或者水下地形的走向一致。转流时刻多数在高、低潮时刻附近，停流和憩流时间不长（一般不超过十几分钟），最大流速出现时刻常在高、低潮后 3 h 左右。

功率密度水平分布图（图 3.52）显示，金门水道海域的潮流能资源富集区位于水道中心及金门岛北侧海域，峰值区大潮年平均功率密度约为 2.1 kW/m^2 之间，小潮年平均功率密度和年平均功率密度皆约 0.8 kW/m^2。潮流能三类区海域面积 3.8 km^2，不存在二类区和一类区。

有效流时分布（图 3.53）总体趋势与资源分布基本一致，峰值区位于金门岛北侧海域，有效流时可达 3 092 h，占全年的 35.3%。潮流能有效流时统计表（表 3.26）显示，金门水道潮流能可开发区海域有效流时平均值为 2 401 h，其中 2 000 h 以下海域面积 0.17 km^2，占该海域可开发面积的 4.6%，2 000 h ～ 3 000 h 之间海域面积约为 3.62 km^2，约占整个可开发海域的 95.4%。

表3.26 有效流时统计

有效流时（h）	<2 000	2 000～3 000	3 000～4 000	4 000～5 000	>5 000
面积（km^2）	0.17	3.62	0.00	0.00	0.00
比例（%）	4.6	95.4	0.0	0.0	0.0

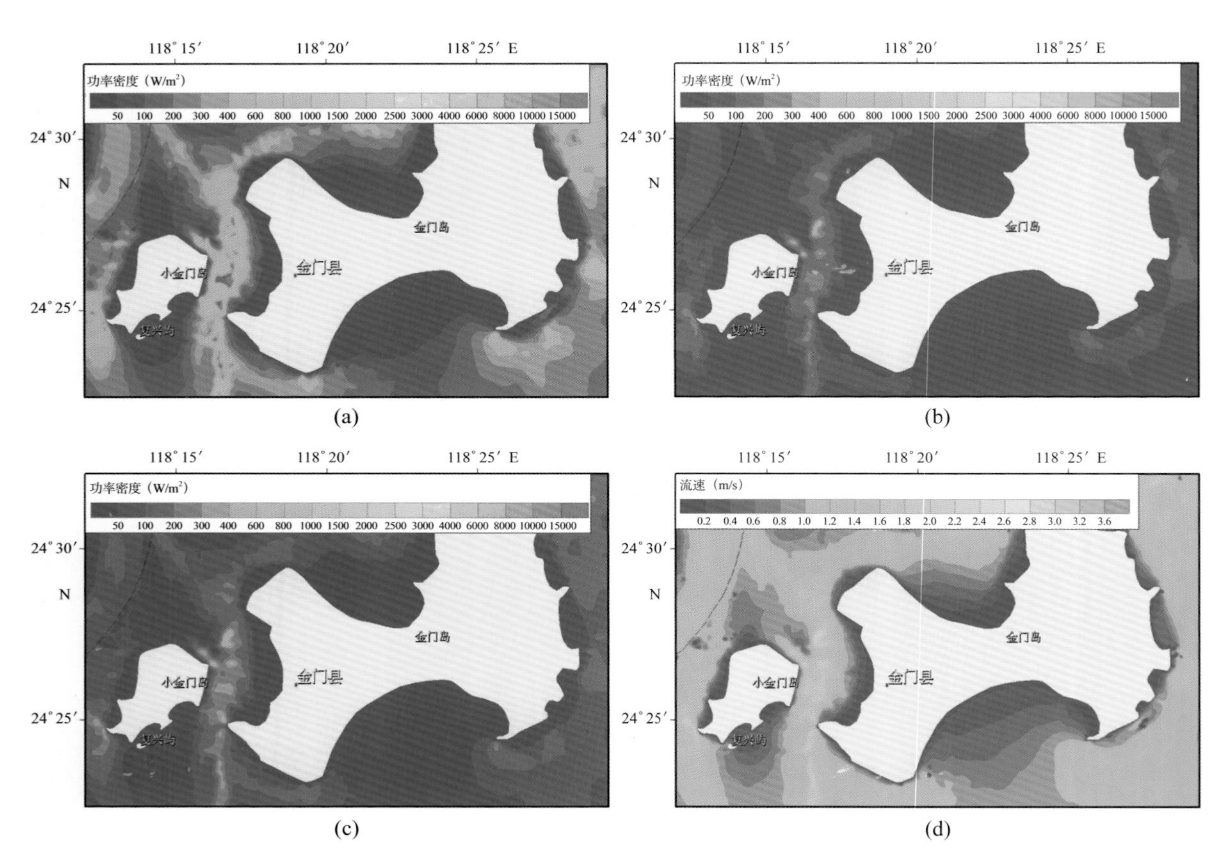

图3.52　金门水道潮流能资源水平分布

(a) spr$P$；(b) neap$P$；(c) mean$P$；(c) pro$V$

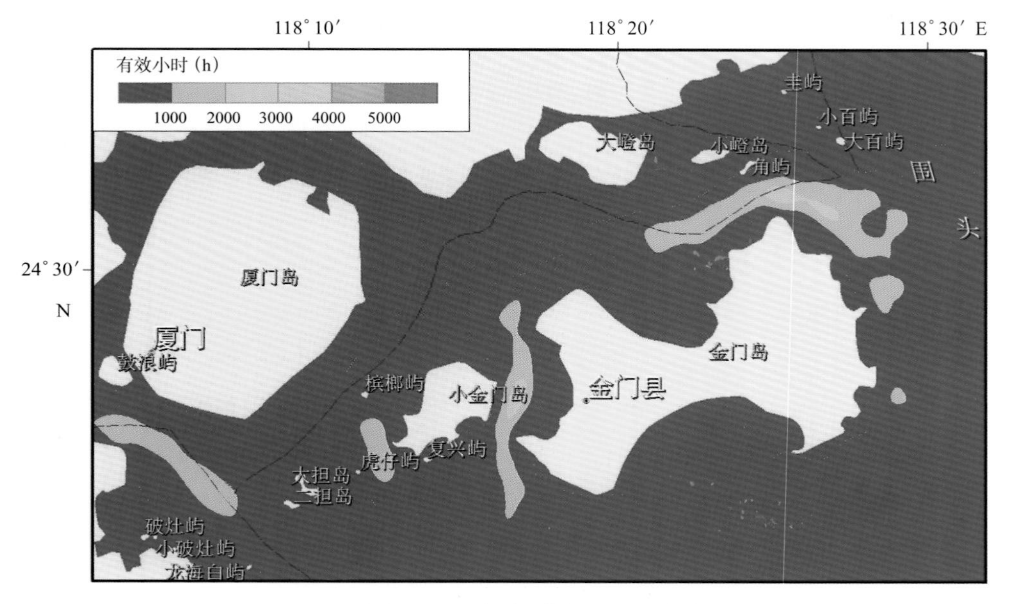

图3.53　金门水道有效流时分布

3.7.10 琼州海峡

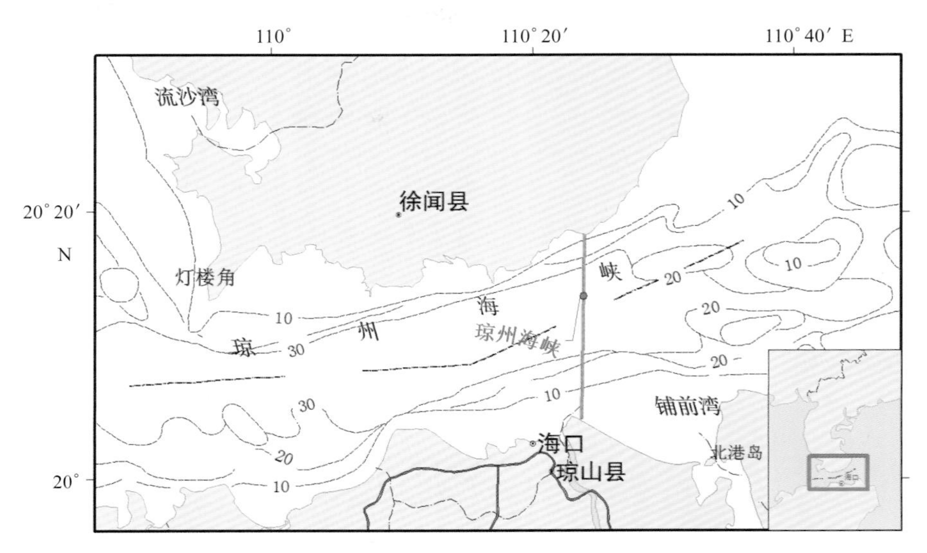

图3.54 琼州海峡海域水深分布及潮流能估算断面示意图

琼州海峡（图 3.54）属于我国的南海，位于广东省雷州半岛和海南岛之间，西接北部湾，东连南海北部，呈东西向延伸，长约 80 km，宽 20 km ~ 40 km，最窄处 18 km，面积 0.24×10^4 km^2，平均水深 44 m，最大深度 114 m。

琼州海峡潮汐类型比较复杂，海峡西部为规则全日潮，海峡中部为不规则全日潮，海峡东部为不规则半日潮。据《海湾志》统计，琼州海峡东部海域的铺前湾的潮汐形态数为 2.4，属于不正规日朝，潮差不大，潮汐日不等现象显著；中部海域澄迈诸湾的潮汐形态数为 7.3，属于典型的正规全日潮，年平均潮差为 1.71 m，西部海域洋浦湾的潮汐性质为 7.2，多年平均潮差为 1.80 m。潮流的流速、流向因地而异，流速直接和潮差及地形有关，流向受地形制约。琼州海峡的潮流性质包括正规全日潮流和不正规日潮流，潮流呈往复形式，主要流向多与岸线或者水下地形的走向一致。最大涨潮流向大致向东，落潮流向向西，最大涨潮流速出现在高潮前 2 h ~ 3 h 左右，最大落潮流出现在低潮前 2 h 左右。

功率密度分布图显示（图 3.55），琼州海域的潮流能资源富集区主要位于水道中心海域，在海峡西口的登楼角外，海峡中部中心（海口北侧）和东口南部的海南角以北形成三个核心区，其中尤以海南角北侧一点为最，大潮年平均功率密度达 5.9 kW/m^2，同点的小潮年平均功率密度和年平均功率密度峰值分别为 0.4 kW/m^2 和 0.8 kW/m^2，最大可能流速达 4.0 m/s。经统计，该海域三类区以上海域面积为 1 769 km^2，不存在二类区和一类区（小于 0.1 km^2 不做统计）。

琼州海峡有效流时分布（图 3.56）总体趋势与资源分布基本一致，峰值区位于海峡西口的登楼角以南海域，有效流时可达 4 769 h，占全年的 54%。潮流能有效流时统计表（表 3.27）显示，琼州海峡潮流能可开发区海域有效流时平均值为 3 197 h，其中 2 000 h 以下海域面积 2.01 km^2，占该海域可开发面积的 0.1%；2 000 h ~ 3 000 h 之间海域面积约为 416.7 km^2，约占整个可开发海域的 23.6%；3 000 h ~ 4 000 h 之间海域面积约为 1 339.25 km^2，约占整个可开发海域的 75.7%；4 000 h ~ 5 000 h 之间海域面积约为 11.03 km^2，约占整个可开发海域的 0.6%。

表3.27　有效流时统计

有效流时（h）	<2 000	2 000～3 000	3 000～4 000	4 000～5 000	>5 000
面积（km^2）	2.01	416.70	1339.25	11.03	0.00
比例（%）	0.1	23.6	75.7	0.6	0.0

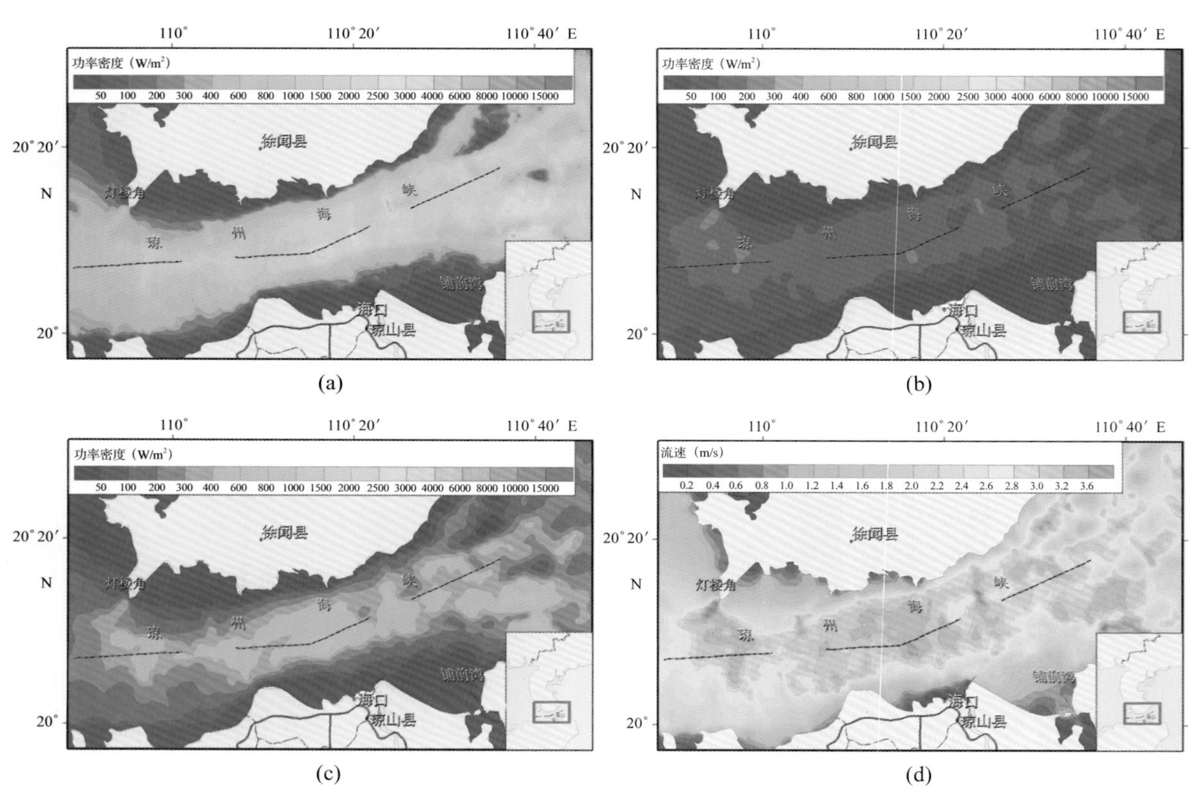

图3.55　琼州海峡潮流能资源水平分布

(a) spr$P$；(b) neap$P$；(c) mean$P$；(d) pro$V$

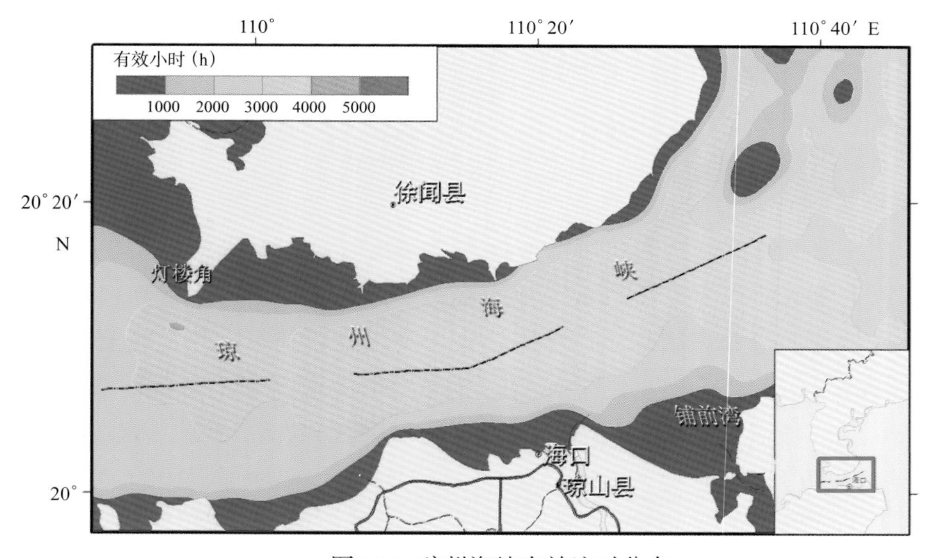

图3.56　琼州海峡有效流时分布

3.8 小结

3.8.1 重点区潮流能资源总体情况

采用数值模拟技术（FVCOM 数值模式）对我国渤海海峡、成山头外、胶州湾、斋堂水道、长江口、杭州湾、舟山海域、三沙湾、金门水道、琼州海峡 10 个重点海域的潮流能资源的时空分布特征进行了分析，利用 FLUX 等方法计算了 10 个区域 75 条水道（断面）的潮流能资源总量，结果表明（表 3.28），75 条水道截面的潮流能资源理论蕴藏量约为 556.25×10^4 kW，理论年发电量为 487.28×10^8 kW·h，技术可开发量为 81.88×10^4 kW，年发电量为 71.73×10^4 kW·h。

表3.28 重点区潮流能资源量统计

序号	水道名称	所属市县	平均水深（m）	截面长度（m）	蕴藏量（10^4 kW）
1	老铁山水道	旅顺区	48.0	40 420	44.29
2	小钦水道	长岛县	45.0	7 160	5.01
3	大钦水道	长岛县	34.0	2 590	4.14
4	北陀矶水道	长岛县	44.0	10 200	4.67
5	南陀矶水道	长岛县	21.0	19 480	1.15
6	登州水道	蓬莱市	18.0	6 650	6.04
7	成山头外	荣成市	39.0	5 000	4.18
8	胶州湾	青岛市	27.0	5 300	1.02
9	斋堂岛	青岛市	5.0	953	0.11
10	平湖—上盘山	平湖市	12.0	19 980	20.88
11	上盘山—慈溪	慈溪市	5.0	17 600	7.53
12	启东—崇明岛	崇明县	4.0	10 700	4.71
13	崇明岛—横沙岛	崇明县	8.0	73 100	1.70
14	横沙岛—惠南	崇明县	7.0	85 200	2.27
15	上川山—徐公岛	嵊泗县	16.1	6 061	8.20
16	白节峡	嵊泗县	36.2	3 531	10.80
17	马迹山—鹰寨山	嵊泗县	53.2	3 879	17.40
18	北鼎星岛—泗礁山	嵊泗县	12.1	3 462	3.50
19	南鼎星岛—小黄龙岛	嵊泗县	18.2	2 470	3.80
20	泗礁山—大黄龙岛	嵊泗县	12.6	3 356	3.60
21	东绿华岛—花鸟山	嵊泗县	48.7	3 058	12.60
22	大毛峰岛—虎鱼礁	嵊泗县	17.3	1 008	1.50

续表

序号	水道名称	所属市县	平均水深（m）	截面长度（m）	蕴藏量（10^4 kW）
23	柴山一里泗礁	嵊泗县	21.2	487	0.90
24	泗礁山一西绿华岛	嵊泗县	27.5	11 703	27.20
25	白节山一半边山	嵊泗县	31.2	2 376	6.30
26	枸杞岛一壁下山	嵊泗县	33.3	4 867	13.70
27	秀山一大峧山	岱山县	37.6	2 657	8.40
28	秀山一大牛轭山	岱山县	20.3	950	1.60
29	龟山航门	岱山县	18.0	1 473	2.20
30	高亭水道（官山一高亭牛轭岛）	岱山县	36.8	522	1.60
31	高亭水道（山外山一高亭牛轭岛）	岱山县	24.2	684	1.40
32	岱山水道（江南山一小长途山）	岱山县	35.6	1 897	5.70
33	多子水道（多子山一大长途山）	岱山县	21.6	794	1.40
34	樱连门	岱山县	20.4	1 004	1.70
35	小西寨岛一蛤蜊山	岱山县	35.8	700	2.10
36	小西寨岛一奔波山	岱山县	31.9	2 017	5.40
37	大西寨岛一条西山	岱山县	27.8	1 461	3.40
38	寨山航门	岱山县	45.0	1 240	4.70
39	治治门	岱山县	37.3	2 682	8.40
40	野鸭门	岱山县	35.5	1 453	4.40
41	岱山岛一衢山岛	岱山县	23.7	12 141	24.30
42	衢山岛一鼠浪湖岛	岱山县	22.6	2 015	3.80
43	衢山岛一小衢山	岱山县	18.5	4 418	6.90
44	黄泽山一双子山	岱山县	19.5	1 612	2.70
45	黄泽山一川木桩山	岱山县	33.9	5 595	16.00
46	双屿门	普陀区	59.9	1 846	9.30
47	青龙门	普陀区	34.0	2 431	7.00
48	条帚门（凉潭岛一走马塘岛）	普陀区	40.6	1 350	4.60
49	条帚门（虾峙岛一走马塘岛）	普陀区	32.6	1 470	4.00
50	虾峙岛一大、小双山	普陀区	52.7	1 272	5.70
51	桃花岛一大、小双山	普陀区	57.9	1 248	6.10

续 表

序号	水道名称	所属市县	平均水深（m）	截面长度（m）	蕴藏量（10^4 kW）
52	鹁鸪门	普陀区	11.7	514	0.50
53	乌沙水道	普陀区	43.1	2 583	9.40
54	清滋门	普陀区	29.1	1 450	3.60
55	福利门水道	普陀区	47.0	3 324	13.20
56	白洋水道	普陀区	36.4	1 627	5.00
57	普沈水道（朱家尖—普陀山）	普陀区	12.4	3 220	3.40
58	普陀山—葫芦岛	普陀区	37.8	1 595	5.10
59	小板门	普陀区	44.7	4 184	15.80
60	黄兴门	普陀区	48.9	2 157	8.90
61	庙子湖岛—青浜岛	普陀区	36.8	1 064	3.30
62	螺头水道（大猫山—穿鼻岛）	定海区	82.4	2 564	17.80
63	金塘水道（金塘岛—北仑）	定海区	55.4	3 978	18.60
64	盘峙北水道	定海区	33.2	930	2.60
65	西堠门	定海区	57.1	1 686	8.10
66	响蕉门	定海区	15.1	534	0.70
67	桃夭门	定海区	26.8	549	1.20
68	长白水道	定海区	24.5	1 500	3.10
69	长白岛—峙中山	定海区	44.3	2131	8.00
70	灌门	定海区	43.3	1 366	5.00
71	盘峙南水道	定海区	41.1	1 046	3.60
72	舟山—大长山	定海区	42.2	1 823	6.50
73	三沙湾	宁德市	52	3 470	14.58
74	金门水道	金门县	3	8 980	0.62
75	琼州海峡	海口*	44	23 140	38.25
合计					556.25

* 估算截面选在了海口市所属海区。

利用 GIS 技术统计了我国近海上述 10 个重点海域的潮流能可开发利用面积，研究表明，10 个重点区域潮流能可利用区面积共计约为 13 890.9 km^2，其中，三类区面积 13 670.7 km^2，占总面积的 98.4%，主要集中于长江口、舟山群岛、琼州海峡海域，二类区海域面积约为 183.6 km^2，占总面积的 1.3%，一类区面积仅为 36.6 km^2，仅占总面积的 0.3%。

表3.29　潮流能各类可利用区面积统计

序号	水道名称	一类区（km²）	二类区（km²）	三类区（km²）
1	琼州海峡	0.0	1.0	41.2
2	成山头外	0.0	1.2	27.8
3	胶州湾	0.0	0.0	4.5
4	斋堂岛近岸	0.0	0.0	0.0
5	长江口	0.0	0.0	3 263.5
6	杭州湾	0.0	0.0	486.3
7	舟山群岛海域	31.4	160.4	7 808.8
8	三沙湾	5.2	21.0	265.8
9	金门海域	0.0	0.0	3.8
10	琼州海峡	0.0	0.0	1 769.0
合计		36.6	183.6	13 670.7
总计		13 890.9		

3.8.2　特色与创新

总体上讲，此次对我国近海潮流能资源重点区开展的调查评估研究工作，较第一次和第二次全国性潮流能资源普查研究在区域选择上更有针对性，在调查手段、数据分析、评估方法等方面更加先进和科学，评估结果也更为精准。具体体现在以下几个方面。

① 评估源数据质量和数量进一步提高。较之第一次潮流能全国普查，第二次和此次潮流能资源调查都采用了潮流数值模拟技术，该技术可以在经过实测潮汐潮流数据验证的基础上为潮流能资源评估提供丰富的基础数据，准确掌握研究区域潮流能资源时空分布特征和变化规律，避免了郑志南法在时间维上对评估源数据造成的误差，即采用构造正弦函数的方式描述潮流流速时间变化过程。而且，在进行水道资源总量的估算时，也摒弃了第一次普查中采取的单点实测流速代表整个水道横截面而造成较大评估误差的无奈之举，而采用整个水道截面潮流流场。另外，针对潮流能资源富集区一般总存在于岸线变化复杂的海峡、海岬和群岛海域的特点，潮流场的数值模拟研究中采用了可以无限加密的有限元网格剖分技术，该技术较第二次普查中采用的有限差分网格技术更具针对性，可以更为精确地刻画重点关注水道和海域的潮流能资源状况。

② 评估方法进一步完善。潮流能资源评估不仅仅是对于研究海域潮流能资源总量的估算，还包括潮流能时空分布特征刻画和对与潮流能开发利用工程设计的技术支持。此次研究充分借鉴了国际上先进的评估方法和理念，提出了大、潮年平均功率密度、最大可能流速、有效流时等对于潮流能开发利用十分重要的评估参数，对于准确掌握大潮和小潮潮流能资源特点、确定潮流能转换装置额定功率以及准确估算年发电量等方面具有重要的实际意义。

第 4 章 波浪能资源

4.1 波浪理论基础

海洋中的波动是海水的重要运动形式之一，从海面到海洋内部处处都可能出现波动。波动的基本特点是，在外力作用下，水质点离开其平衡位置作周期性或准周期性的运动（冯士筰等，1999）。

波浪能是指海洋表面波浪所具有的动能和势能。波浪的能量与波高的平方、波浪的运动周期以及迎波面的宽度成正比。波浪能是由风把能量传递给海洋而产生的，它实质上是吸收了风能而形成的。波浪能是海洋能源中能量最不稳定的一种能源，能量传递速率和风速有关，也和风与海水相互作用的距离（即风区）有关。水团相对于海平面发生位移时，使波浪具有势能，而水质点的运动，则使波浪具有动能，贮存的能量通过摩擦和湍动而消散，其消散速度的大小取决于波浪特征和水深。

4.1.1 波浪要素

最基本的波浪要素（冯士筰等，1999；孙湘平，2008）有：

波峰——波面上的最高点；

波谷——波面上的最低点；

波高——相邻波峰与波谷之间的铅直距离称为波高，波高的一半，即为振幅；

波长——相邻两波峰（或波谷）之间的水平距离；

周期——相邻两波峰（或波谷）通过某固定点所经历的时间；

波速——波形的传播速度，等于波长 / 周期；

频率——单位时间内经过某一个固定点的波浪个数，等于周期的倒数；

波数——指 2π 距离内所包含的波的个数；

波向线——波动传播方向的线；

波峰线——与波向线垂直（正交）并通过波峰的线；

波陡——波高与波长之比。

4.1.2 波浪类型

波浪分类可以从不同的角度给出（钱木兴，1986；冯士筰等，1999），常见的分类有：

按波浪的周期或频率来分，有表面张力波、短周期重力波、长周期重力波、长周期波、长周期潮波。

按水深相对于波长的大小来分，有深水波（水深大于波长的一半），又叫短波，表面波；浅水波（水深相对于波长很小时），又称长波。

按形成原因来分，有风浪、涌浪、潮波、海啸、气压波、内波。

按波形传播性质来分，有前进波——波形不断向前传播；驻波——波形不向前传播。

4.2 我国波浪能资源评估历史

4.2.1 我国第一次波浪能资源普查

王传崑等（1989）在《中国沿海农村海洋能资源区划》中，利用沿海代表测波站资料，推算统计的全国沿岸波浪能理论平均功率为 $1\ 285\times10^4$ kW。其中，台湾省沿岸最多，为 429×10^4 kW，占全国总量的 1/3。其次，是浙江、广东、福建和山东省沿岸较多，在 160×10^4 kW ~ 205×10^4 kW 之间，合计 706×10^4 kW，占全国总量的 55%。

中国近岸波浪能流密度分布特征是：浙江中部、台湾、福建海坛岛以北，渤海海峡和西沙地区沿岸最高。其次，是浙江南部和北部、广东东部、福建海坛岛以南及山东半岛南岸。渤海、黄海北部和北部湾北部沿岸最低。具体讲，各地年平均波浪能流密度是：渤海海峡（北隍城）7.73 kW/m、台湾岛南北两端（南湾和富贵角至三貂角）6.21 kW/m ~ 6.36 kW/m，浙江中部（大陈岛）6.29 kW/m、福建海坛岛以北（北礵和台山）5.11 kW/m ~ 5.32 kW/m、西沙地区 4.05 kW/m、粤东（遮浪）3.63 kW/m、浙江北部和南部沿岸（嵊山和南麂岛）2.76 kW/m ~ 2.82 kW/m、福建南部（流会和围头）2.25 kW/m ~ 2.48 kW/m、山东半岛南岸中部（千里岩）2.23 kW/m。

4.2.2 我国第二次波浪能资源普查

韩家新等（2015）在《中国近海海洋——海洋可再生能源》中，以 MM5 模式再分析风场为驱动场，应用 SWAN 波浪数值模拟了我国近海波浪场，模拟时段为 2007 年 1 月至 2008 年 12 月，网格分辨率为 0.1°×0.1°。研究结果表明：我国近海离岸 20 km 一线的波浪能蕴藏量为 $1\ 599.52\times10^4$ kW（不包括台湾省），其中广东省资源蕴藏量最高，为 464.64×10^4 kW，占全国总量的 29%。其次，海南省、福建省和浙江省较多，合计 913.09×10^4 kW，占全国总量的 57%。

我国近海波浪能年平均功率密度分布如图 4.1 所示，总体上年平均波功率密度由北到南、由近至远逐渐增大，渤海大部分海域年平均波功率密度小于 1 kW/m；黄海北部大部分海域年平均波功率密度处于 1 kW/m ~ 2 kW/m 之间，黄海南部海域年平均波功率密度处于 1 kW/m ~ 2 kW/m 之间，离岸较远海域年平均波功率密度处于 2 kW/m ~ 3 kW/m 之间；东海海域年平均波功率密度较渤、黄海海域大，其中浙江北部舟山群岛附近海域年平均波功率密度普遍大于 2 kW/m，浙江南部大陈岛附近海域年平均波功率密度普遍大于 3 kW/m，波浪能资源条件优越；台湾海峡波浪能资源丰富，年平均波功率密度可达 5 kW/m ~ 6 kW/m；南海北部广东省沿岸海域波浪能资源丰富，大部分海域年平均波功率密度均可达 3 kW/m ~ 4 kW/m；海南岛南部海域较北部海域波浪能资源丰富，北部海域年平均波功率密度小于 2 kW/m，而南部海域均可达 3 kW/m ~ 20 kW/m。

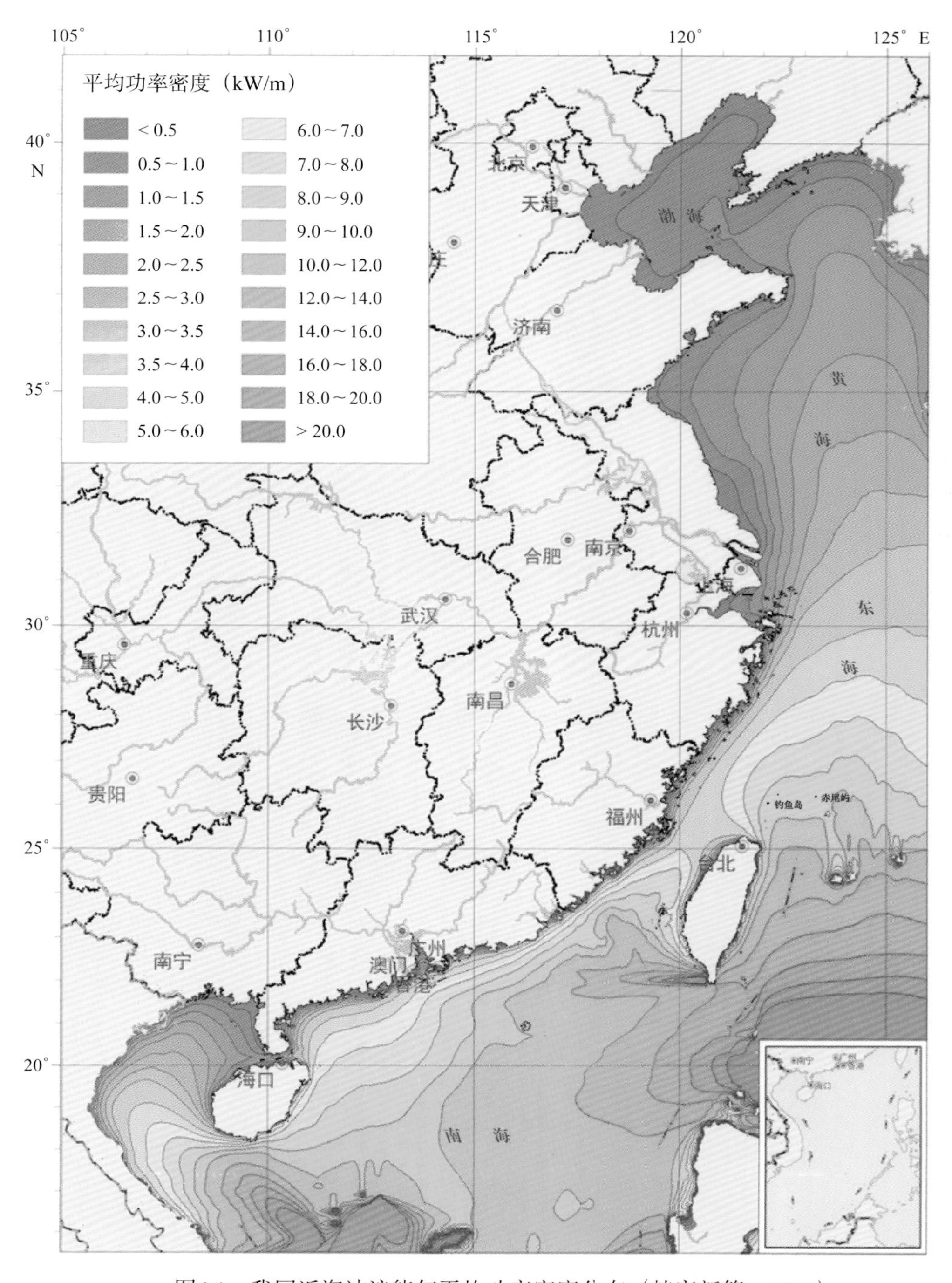

图4.1　我国近海波浪能年平均功率密度分布（韩家新等，2015）

4.3 波浪能资源勘查

4.3.1 调查范围

2011年开展的海洋能资金专项“波浪能重点开发利用区资源勘查与选划”项目是我国最近一次有关波浪能大规模调查与研究任务，旨在历史研究的基础上，对波浪能具有开发利用前景的重点区域进行资源勘查，项目调查范围涉及渤海、黄海和东海，由国家海洋技术中心作为总体负责单位，联合国家海洋局第一海洋研究所、国家海洋局第二海洋研究所和国家海洋局第三海洋研究所等单位参加，于2011年秋至2013年夏季在13个重点区域开展了39个站位调查工作。本章主要以该项目研究成果为基础，针对其重点研究的OE-W01、OE-W02和OE-W03三大区块，包括13个重点区域和10个非重点区域（图4.2）的波浪能资源状况进行了评估分析。

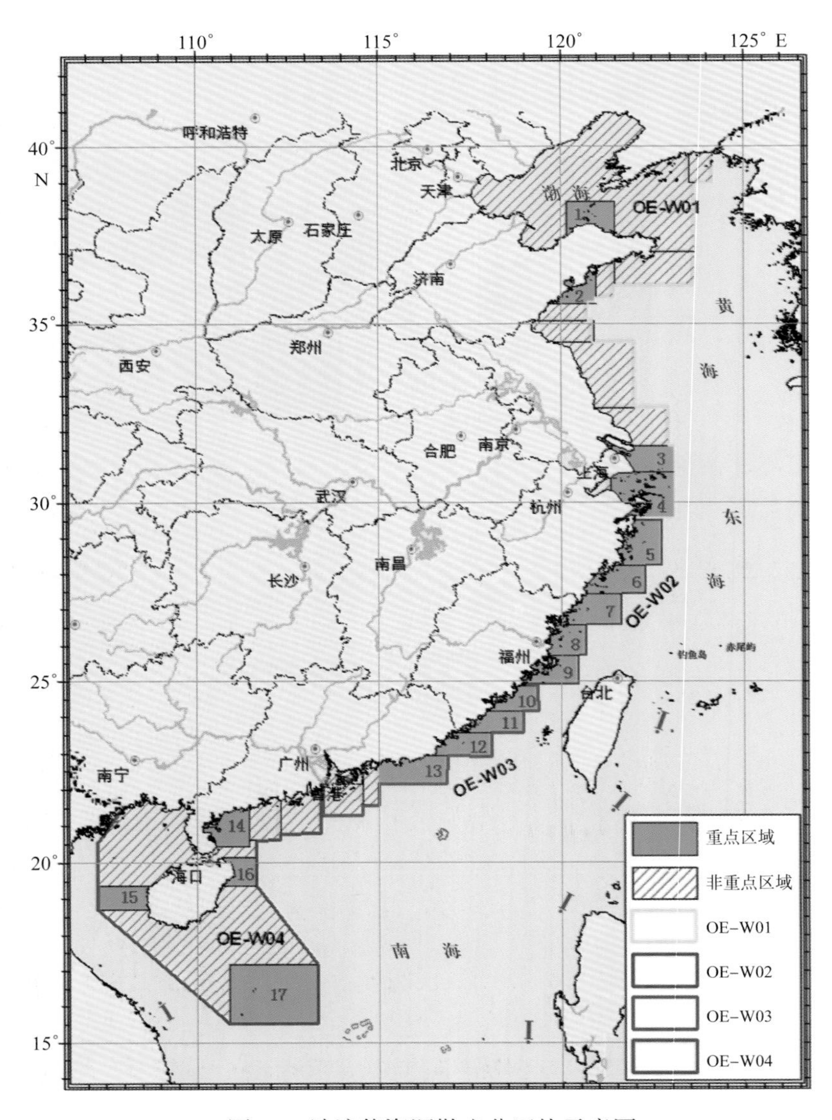

图4.2　波浪能资源勘查分区块示意图

4.3.2 调查要素

波浪观测要素包括波高、波向和波周期，气象观测要素包括风速、风向、气压、气温和相对湿度。

4.3.3 调查仪器和观测方法

波浪能资源调查所用仪器一般为重力测波仪、声学测波仪和遥感测波仪。常用的调查仪器包括：（气象）波浪浮标、声学多普勒波浪海流剖面仪和 X 波段雷达，各仪器技术参数见表 4.1。

4.3.3.1 （气象）波浪浮标

气象波浪观测浮标由传感器、通讯系统、浮标壳体、锚系系统等部分组成，采用模块化设计。配备卫星通信设备，可以实时将测量结果传送至接收站。除了高精度的波浪运动传感器外，还搭载多种气象传感器。观测要素包括波高、周期、波向、风速、风向、气温、气压、相对湿度等。观测频率为波浪 0.5 h 一次，风速、风向 10 min 一次，其他要素测量参照《海滨观测规范》。为满足不同水深条件下的波浪和气象观测，波浪能观测采用的浮标也有区别，经常采用的气象波浪浮标有大型 FZF4-1 大型海洋环境多层监测浮标、FHY2-1 型波浪海洋气象站和 MARK Ⅲ型重力式波浪浮标（波浪骑士）等。

4.3.3.2 声学式测波仪

声学测波仪一般是采用座底观测的方式进行，座底观测不受往来船只的影响，具备一定抗拖网渔船能力，恶劣海况下可以正常工作，是长时间连续波浪观测的主要手段。作为座底观测的仪器，配合座底支架等其他辅助设备实现座底式观测；数据存储方式采用自容式或即时通信式；布放的最大水深为 60 m（工作频率 600 kHz）。观测要素为波高、波向、周期；观测频率为 0.5 h 一次。

4.3.3.3 雷达波浪监测系统

Miros 公司的 WAVEX 车载雷达波浪监测系统，利用标准的 X 波段导航雷达作为传感器进行工作，通过 X 波段导航雷达提供的海浪反向散射强度数据来计算海浪的相关信息。系统由 X 波段雷达天线，雷达控制模块，显示界面，WAVEX 计算机、电源系统、拖车等部分组成，可于船舶、平台、岸边等多种平台工作，布放方便。WaMos Ⅱ系统由 A/D 转换器，PC 和软件包组成，硬件部分可方便的连于标准的 X 波段雷达上，通过分析海表面雷达成像序列，实时获得各种海浪参数，海浪数据以图示，文字输出和数据文件提供给用户并可通过电话数据机或因特网远距离传送。观测要素为波高、周期、波向。

该类仪器由于机动灵活、覆盖面大，可根据需要随时随地投入观测。克服了定点观测覆盖率低的弱点，同时可以弥补遥感调查的空白区域，是波浪能资源调查的主要辅助手段。

4.3.3.4 卫星遥感

合成孔径雷达 (Synthetic Aperture Radar，SAR) 是目前用来大范围测量海浪方向谱较为有效的工具。SAR 海浪成像主要依赖于 3 种成像机制：倾斜调制、流体力学调制和速度聚束调制。从 SAR 图像中看到的波浪状的图案是由于波浪运动引起的速度聚束和雷达后向散射共同作用引起的，经过传递函数反演可以获得波浪的方向谱等参数。SAR 成像测量波浪是本调查的补充手段之一。主要观测方式包括实时数据的下载收集、付费资料的购买以及数据提取、整理等。

卫星高度计（Altimeter）是一种星底指向的主动式微波传感器。通过向海面垂直发射脉冲，并接收海洋表面的后向散射（基尔霍夫散射模型）回波束进行观测，通常工作在 Ku 波段或者 C 波段。卫星高度计的回波信号携带有十分丰富的海面特征信息，利用卫星高度计可以测得波浪有效波高和海面风速等相关信息。卫星高度计资料是本调查的补充手段之一。主要观测方式包括实时数据的下载收集以及数据提取、整理等。

表4.1 各常用仪器技术参数一览表

仪器	观测要素	范围	精度
MARKⅢ重力式 波浪浮标（波浪骑士）	波高	0～20 m	H×0.5%
	周期	1.6～30 s	1.5 s
	波向	0～360°	2°
FZF4-1大型海洋环境多层监测浮标	波高	0.5～25 m	（0.3+H×10%）m
	周期	3～30 s	0.5 s
	波向	0～360°	10°
	风速	0～80 m/s	1 m/s
	风向	0～360°	10°
	气温	-40～+60℃	0.5℃
	气压	850～1 100 hPa	1.0 hPa
	相对湿度	0～100% RH	5% RH
HY2-1型波浪海洋气象站	波高	0～20 m	H×15%或0.2 m
	周期	3～30 s	1 s
	波向	0～360°	5°
	风速	0～70 m/s	H×2%
	风向	0～360°	5°
	气温	-40～+45℃	0.1℃
	气压	920～1 080 hPa	0.2 hPa
	相对湿度	0～100% RH	2% RH

续 表

仪器	观测要素	范围	精度
Nortek AWAC声学测波仪（浪龙）	波高	0 m～10 m	H×1%
	周期	0.5～30 s	0.5 s
	波向	0～360°	2°
X波段雷达	波高	0～30 m	0.25 m（≤5 m） H×5%（>5 m）
	周期	3～75 s	0.5 s
	波向	0～360°	2°
XZA3-1风测量仪	风速	0～95 m/s	≤20 m/s时为1m/s； >20 m/s时为读数的5%
	风向	0～360°	5°
XZC6-1型自动气象仪	风速	0～70 m/s	读数的2%
	风向	0～360°	5°
	气温	–40～45℃	0.1℃
	气压	920～1 080 hPa	0.2 hPa
	相对湿度	0～100% RH	2% RH

4.3.4 观测站设站要求

选择底质条件合适，周围无暗礁等水下障碍，具有典型波浪特征的开阔海域，具备以下条件：

调查选址具有典型性，能够代表当地的波浪特征。

调查选址海域开阔，无阻挡波浪传播的浅滩、暗礁等障碍，非传统渔业养殖区和捕捞区，非航道和特殊用海区。

调查选址离岸距离合理，布放条件成熟，便于维护，附近有合适的支撑点便于工作。

优先考虑波浪能资源丰富的海岛附近海域。

本次波浪能资源勘查任务[①]中站位分布图见图4.3，分布表见表4.2，各站调查时间见表4.3和表4.4。

① 本任务是指2011年海洋可再生能源专项资金项目“OE-W01、OE-W02和OE-W03区块波浪能重点开发利用区资源勘查与选划”。

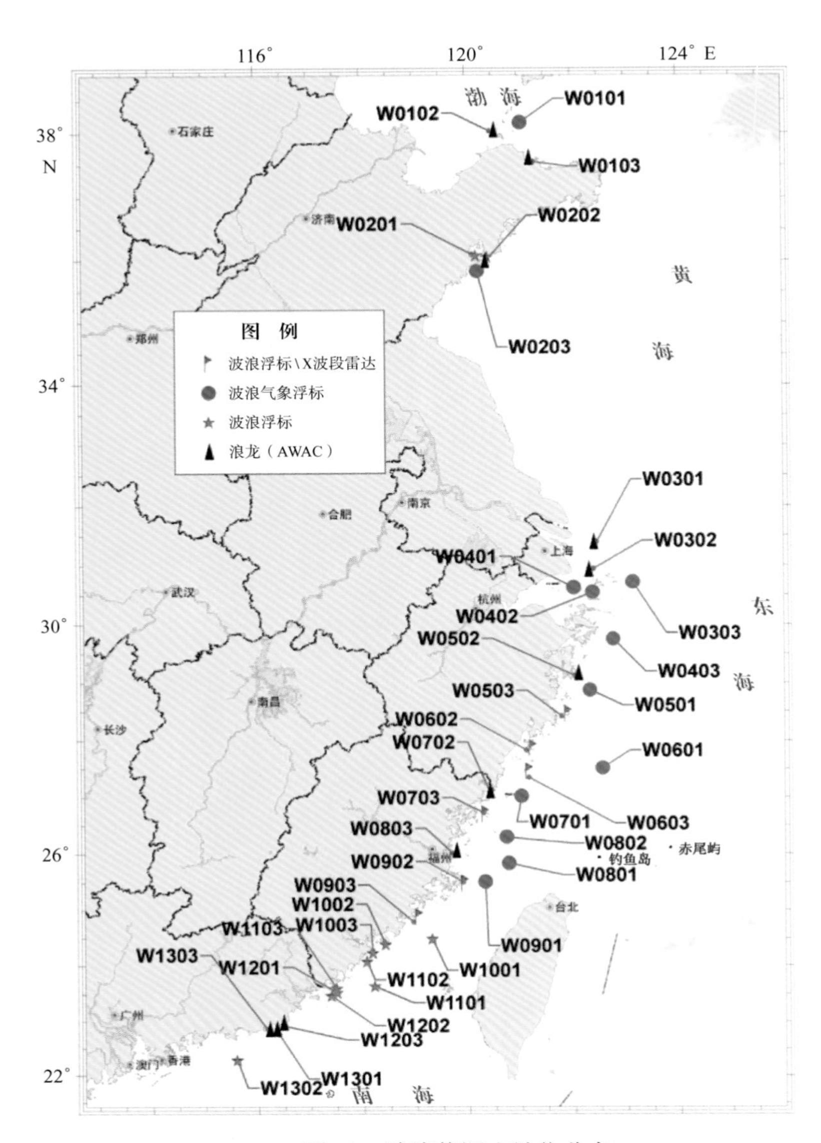

图4.3　波浪能调查站位分布

表4.2　波浪能调查站位分布

序号	区块	调查站	纬度	经度	观测仪器
1	W01	W0101	38°9′36.72″N	121°3′19.19″E	波浪气象浮标
2		W0102	38°3′31.08″N	120°39′14.58″E	浪龙（AWAC）
3		W0103	37°37′50.82″N	121°19′10.68″E	浪龙（AWAC）
4	W02	W0201	36° 0′22.02″N	120°28′41.28″E	浪龙（AWAC）
5		W0202	36° 2′60.00″N	120°25′0.00″E	波浪骑士
6		W0203	35°49′4.80″N	120°12′57.00″E	波浪气象浮标

续 表

序号	区块	调查站	纬度	经度	观测仪器
7	W03	W0301	31°24′14.54″N	122°29′29.44″E	浪龙（AWAC）
8		W0302	30°56′35.66″ N	122°23′59.20″E	浪龙（AWAC）
9		W0303	30°43′2.40″ N	123°7′57.60″E	波浪气象浮标
10	W04	W0401	30°37′46.20″N	122°0′46.20″E	波浪气象浮标
11		W0402	30°33′0.00″N	122°21′60.00″E	波浪气象浮标
12		W0403	29°45′9.60″N	122°45′0.00″E	波浪气象浮标
13	W05	W0501	28°52′0.00″N	122°18′0.00″E	波浪气象浮标
14		W0502	29°10′18.00″N	122°10′54.00″E	浪龙（AWAC）
15		W0503	28°27′36.00″N	121°53′24.00″E	波浪浮标/x波段雷达
16	W06	W0601	27°30′36.00″N	122°32′24.00″E	波浪气象浮标
17		W0602	27°51′48.00″N	121°13′18.00″E	波浪浮标/X波段雷达
18		W0603	27°27′6.00″N	121°09′12.00″E	波浪浮标/X波段雷达
19	W07	W0701	27°00′36.00″N	121°00′6.00″E	波浪气象浮标
20		W0702	27°07′6.00″N	120°30′12.00″E	浪龙（AWAC）
21		W0703	26°42′0.00″N	120°19′12.00″E	波浪浮标/X波段雷达
22	W08	W0801	25°49′48.00″N	120°45′36.00″E	波浪气象浮标
23		W0802	26°17′18.00″N	120°42′48.00″E	波浪气象浮标
24		W0803	26°03′54.00″N	119°51′24.00″E	浪龙（AWAC）
25	W09	W0901	25°30′0.00″N	120°18′30.00″E	波浪气象浮标
26		W0902	25°28′30.00″N	119°55′30.00″E	波浪浮标/X波段雷达
27		W0903	24°53′0.00″N	119°03′0.00″E	波浪浮标/X波段雷达
28	W10	W1001	24°29′0.00″N	119°17′36.00″E	波浪气象浮标
29		W1002	24°22′48.00″N	118°24′36.00″E	波浪气象浮标
30		W1003	24°13′24.00″N	118°09′54.00″E	波浪骑士
31	W11	W1101	23°37′48.00″N	118°12′0.00″E	波浪气象浮标
32		W1102	24°04′42.00″N	118°03′12.00″E	波浪气象浮标
33		W1103	23°35′24.00″N	117°28′48.00″E	波浪骑士
34	W12	W1201	23°31′0.00″N	117°29′24.00″E	波浪气象浮标
35		W1202	23°27′42.00″N	117°23′0.00″E	波浪气象浮标
36		W1203	22°58′54.00″N	116°34′6.00″E	浪龙（AWAC）
37	W13	W1301	22°52′6.00″N	116°26′24.00″E	浪龙（AWAC）
38		W1302	22°16′48.00″N	115°35′24.00″E	波浪气象浮标
39		W1303	22°51′48.00″N	116°18′12.00″E	浪龙（AWAC）

表4.3 OE-W01、OE-W02区块波浪能调查时间

调查站	春季		夏季		秋季		冬季	
	开始时间	结束时间	开始时间	结束时间	开始时间	结束时间	开始时间	结束时间
W0101	2012-04-09	2012-05-31	2012-06-15	2012-08-15	2012-09-15	2012-11-15	2012-12-15	2013-02-15
W0102	2012-04-06	2012-05-15	2012-07-04	2012-08-14	2012-10-19	2012-12-20	2012-12-20	2013-01-29
W0103	2012-04-09	2012-05-15	2012-07-03	2012-08-21	2012-10-12	2012-11-20	2012-12-06	2013-01-19
W0201	2012-04-01	2012-07-01	2012-07-01	2012-10-01	2012-10-01	2012-12-01	2012-12-01	2013-03-01
W0202	2012-04-04	2012-05-05	2012-07-06	2012-08-02	2012-10-18	2012-11-15	2012-12-15	2013-01-14
W0203	2012-04-01	2012-04-30	2012-07-01	2012-08-05	2012-10-01	2012-11-30	2012-12-01	2012-12-31
W0301	2012-04-01	2012-05-08	2012-07-04	2012-08-12	2012-10-14	2012-11-17	2012-12-14	2013-01-17
W0302	2012-04-01	2012-05-08	2012-07-04	2012-08-12	2012-10-14	2012-11-17	2012-12-14	2013-01-17
W0303	2012-04-01	2012-05-10	2012-07-01	2012-08-05	2012-10-01	2012-11-30	2012-12-01	2012-12-31
W0401	2012-04-01	2012-04-30	2012-07-01	2012-09-21	2012-10-01	2012-11-30	2012-12-01	2013-01-31
W0402	2012-04-01	2012-05-10	2012-07-01	2012-08-03	2012-10-01	2012-11-29	2012-12-01	2012-12-31
W0403	2012-04-01	2012-05-10	2012-07-13	2012-08-16	2012-10-01	2012-11-30	2012-12-01	2012-12-31
W0501	2012-02-25	2012-03-26	2013-06-08	2013-07-08	2012-10-01	2012-10-30	2012-12-08	2013-01-06
W0502	2012-03-01	2012-03-30	2012-08-18	2012-09-16	2012-09-18	2012-10-17	2012-01-01	2012-01-30
W0503	2012-03-01	2012-03-30	2012-07-20	2012-08-30	2012-09-18	2012-10-17	2012-01-01	2012-01-30
W0601	2013-03-27	2013-04-25	2012-08-01	2012-08-30	2012-09-18	2012-10-17	2013-01-01	2013-01-30
W0602	2012-03-01	2012-03-30	2012-08-02	2012-08-31	2012-09-18	2012-10-17	2012-01-01	2012-01-30
W0603	2012-03-01	2012-03-30	2012-08-01	2012-08-30	2012-09-18	2012-10-17	2012-01-01	2012-01-30
W0701	2012-04-12	2012-05-11	2012-08-01	2012-08-30	2012-09-16	2012-10-15	2011-12-01	2011-12-31
W0702	2012-04-01	2012-04-30	2012-08-17	2012-09-15	2012-09-16	2012-10-16	2012-01-01	2012-01-30
W0703	2012-05-01	2012-05-30	2012-08-01	2012-08-30	2012-11-01	2012-11-30	2012-01-01	2012-01-30
W0801	2013-04-01	2013-04-30	2012-06-17	2012-07-16	2012-09-19	2012-10-18	2013-01-01	2013-01-30
W0802	2012-05-02	2012-05-31	2012-06-19	2012-07-18	2012-09-20	2012-10-19	2011-12-01	2011-12-31
W0803	2012-05-16	2012-06-14	2012-06-17	2012-07-17	2012-09-19	2012-10-18	2012-01-01	2012-01-30
W0901	2012-05-01	2012-05-30	2012-06-17	2012-07-16	2012-09-12	2012-10-11	2011-12-01	2011-12-31
W0902	2012-03-20	2012-04-18	2012-06-17	2012-07-16	2012-09-12	2012-10-11	2012-01-02	2012-01-31
W0903	2012-05-02	2012-05-31	2013-06-01	2013-06-30	2012-11-07	2012-12-06	2012-01-02	2012-01-31

表4.4 OE-W03区块波浪能调查时间

调查站	春、夏季		秋、冬季	
	开始时间	结束时间	开始时间	结束时间
W1001	2012-05-01	2012-06-30	2011-11-01	2011-12-31
W1002	2012-05-01	2012-06-30	2011-11-01	2011-12-31
W1003	2012-05-01	2012-07-02	2011-11-23	2012-01-05
W1101	2012-05-01	2012-06-30	2011-11-01	2011-12-31
W1102	2012-05-01	2012-09-11	2011-11-23	2012-04-09
W1103	2012-04-25	2012-07-02	2011-11-16	2012-01-02
W1201	2012-04-25	2012-09-11	2011-11-16	2012-03-01
W1202	2012-04-23	2012-09-11	2011-11-12	2012-03-01
W1203	2012-04-30	2012-07-03	2011-10-24	2012-01-09
W1301	2012-04-22	2012-07-03	2011-11-04	2012-01-09
W1302	2012-05-01	2012-06-30	2011-11-01	2011-12-31
W1303	2012-04-22	2012-07-19	2011-11-04	2012-01-09

4.3.5 数据处理方法

4.3.5.1 观测数据的质量分析

在分析海洋资料之前，一般要先对资料的质量进行分析（审查和控制）并根据分析要求，对观测资料做必要的预处理。现场观测数据处理也不例外，观测数据的质量分析依据以下几个方面加以审查和控制。

系统误差：即仪器本身的误差。

观测条件、资料来源和处理方法的一致性。

代表性：资料的代表性是指资料是否客观的反映研究海区的时间、空间变化特征。在此我们进行两个方面的工作，一是利用以往的观测资料进行空间检验，主要是考察波向、风向是否有代表性，即是否符合以往观测数据的总体空间分布；二是考察现有观测资料风速、波高和周期的时间变化趋势是否一致。

对应性：考察观测仪器的时间、站位和观测资料的对应关系，有没有出现时间紊乱和站位漂移。

连续性：对此我们的审查标准为存在几个异常值、缺测值时间连续长度超过 10 个测点。

4.3.5.2 遥感数据质量控制

SAR 数据无需进行质量控制，只需要选择研究区域中确定时间范围内的 SAR 数据即可。

高度计数据一般需要进行质量控制以剔除陆地区域的奇异值，可以通过陆地 / 海洋标志去除陆地区域的奇异值，只保留海洋上的海浪观测结果，以保证结果的合理性。

4.3.5.3 数据处理方法

观测数据的处理分为以下两种情况：

一是短期缺测值（图 4.4）。对于缺测情况均不超过 3 h（大约缺测 3 ～ 5 个点）的情况，在数据处理过程中参考该观测仪器的观测数据及周围调查站的观测数据进行相应的处理。

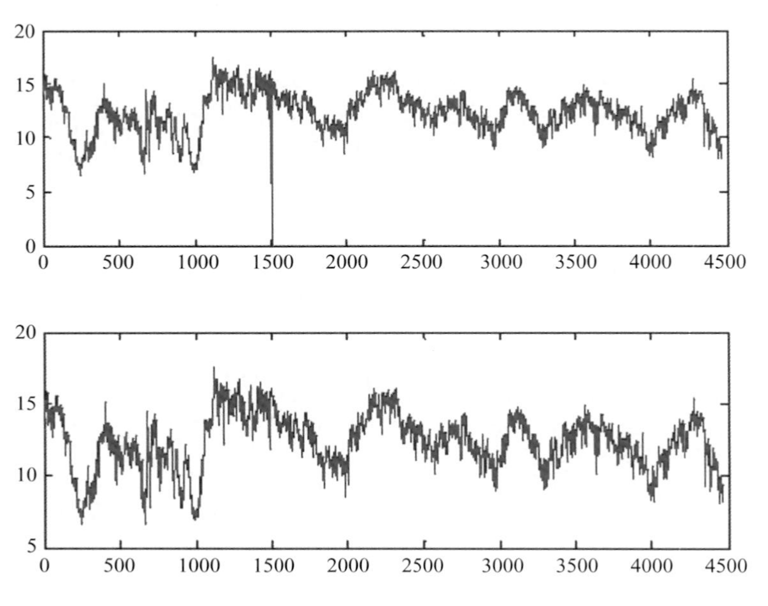

图4.4 气温短期缺测值得预处理

上图为处理前，下图为处理后

另一种是短期异常值（图 4.5）。在观测中难免会存在各种异常值，对于短期的异常值参考该观测仪器的观测数据及周围调查站的观测数据进行相应的处理。

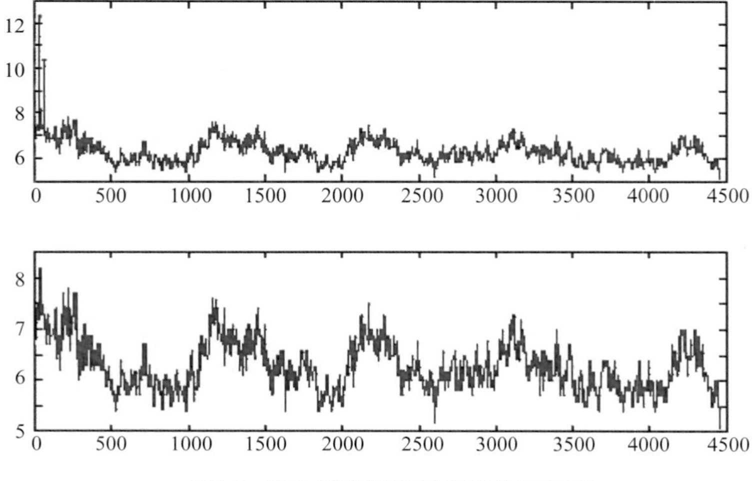

图4.5 平均周期短期异常值的预处理

上图为处理前，下图为处理后

4.4 调查数据分析

4.4.1 渤海海峡调查数据分析

W0101 号调查站位于该区北侧，渤海海峡中央，水深 20 m ～ 30 m；W0102 号调查站位于该区中央，北长山岛北部，猴矶岛东部，水深 15 m 左右；W0103 号调查站位于该区东侧，芝罘岛附近套子湾湾口处，水深 15 m 左右。

4.4.1.1 有效波高和平均周期

表 4.5 ～表 4.7 给出了 W01 区块各调查站春季波高、周期联合分布。W0101、W0102 有效波高主要集中在 0.25 m ～ 0.50 m 之间，频率分别为 44.0% 和 46.9%，而 W0103 有效波高不足 0.25 m 频率最高，占 61.0%。W0101 平均周期在 3.5 s ～ 4 s 频率最高，为 41.0%，W0102、W0103 平均周期不足 3.0 s 频率最高，分别为 91.7% 和 70.0%。

表4.5 W0101春季有效波高、平均周期联合分布

		平均周期（s）											
		≤3	3～3.5	3.5～4	4～4.5	4.5～5	5～5.5	5.5～6	6～6.5	6.5～7	7～7.5	>7.5	%
有效波高（m）	≤0.25	0.1	3.9	17.8	13.4	3.0	0.8	0.7	0.4	0.1	0.3	0.0	40.3
	0.25～0.5	0.1	5.6	20.1	13.0	3.2	1.6	0.3	0.1	0.0	0.0	0.1	44.0
	0.5～0.75	0.0	0.3	2.4	3.5	0.8	0.4	0.2	0.0	0.0	0.0	0.0	7.6
	0.75～1	0.0	0.0	0.6	0.8	1.4	0.3	0.1	0.3	0.3	0.0	0.0	3.7
	1～1.25	0.0	0.0	0.1	0.3	0.2	0.2	0.2	0.2	0.1	0.0	0.0	1.1
	1.25～1.5	0.0	0.0	0.0	0.0	0.4	0.7	0.4	0.1	0.0	0.0	0.0	1.6
	1.5～1.75	0.0	0.0	0.0	0.0	0.3	0.1	0.1	0.0	0.0	0.0	0.0	0.5
	1.75～2	0.0	0.0	0.0	0.0	0.0	0.3	0.0	0.1	0.0	0.0	0.0	0.4
	2～2.25	0.0	0.0	0.0	0.0	0.0	0.1	0.1	0.0	0.0	0.0	0.0	0.1
	2.25～2.5	0.0	0.0	0.0	0.0	0.0	0.0	0.2	0.1	0.0	0.0	0.0	0.2
	>2.5	0.0	0.0	0.0	0.0	0.0	0.0	0.2	0.3	0.1	0.0	0.0	0.5
	%	0.2	9.8	41.0	30.9	9.3	4.5	2.2	1.3	0.4	0.3	0.1	100

表4.6 W0102春季有效波高、平均周期联合分布

		平均周期（s）											%
		≤3	3～3.5	3.5～4	4～4.5	4.5～5	5～5.5	5.5～6	6～6.5	6.5～7	7～7.5	>7.5	%
有效波高（m）	≤0.25	17.5	0.1	0.0	0.0	0.0	0.0	0.0	0.0	0.0	0.0	0.0	17.5
	0.25～0.5	44.2	2.5	0.2	0.0	0.0	0.0	0.0	0.0	0.0	0.0	0.0	46.9
	0.5～0.75	15.1	0.8	0.2	0.0	0.0	0.0	0.0	0.0	0.0	0.0	0.0	16.1
	0.75～1	12.0	0.6	0.1	0.3	0.1	0.0	0.0	0.0	0.0	0.0	0.0	13.1
	1～1.25	2.3	0.6	0.0	0.1	0.2	0.0	0.0	0.0	0.0	0.0	0.0	3.2
	1.25～1.5	0.6	0.4	0.4	0.2	0.1	0.0	0.0	0.0	0.0	0.0	0.0	1.6
	1.5～1.75	0.0	0.0	0.4	0.1	0.1	0.0	0.0	0.0	0.0	0.0	0.0	0.5
	1.75～2	0.0	0.0	0.2	0.0	0.0	0.1	0.0	0.0	0.0	0.0	0.0	0.3
	2～2.25	0.0	0.0	0.0	0.0	0.0	0.1	0.0	0.0	0.0	0.0	0.0	0.1
	2.25～2.5	0.0	0.0	0.0	0.0	0.0	0.2	0.2	0.0	0.0	0.0	0.0	0.4
	>2.5	0.0	0.0	0.0	0.0	0.0	0.2	0.1	0.0	0.0	0.0	0.1	0.4
	%	91.7	4.9	1.5	0.6	0.4	0.7	0.2	0.0	0.0	0.0	0.1	100

表4.7 W0103春季有效波高、平均周期联合分布

		平均周期（s）											%
		≤3	3～3.5	3.5～4	4～4.5	4.5～5	5～5.5	5.5～6	6～6.5	6.5～7	7～7.5	>7.5	%
有效波高（m）	≤0.25	51.7	8.3	0.9	0.0	0.1	0.0	0.0	0.0	0.0	0.0	0.0	61.0
	0.25～0.5	17.9	7.9	2.6	0.7	0.3	0.0	0.0	0.0	0.0	0.0	0.0	29.4
	0.5～0.75	0.5	1.2	0.8	0.3	0.2	0.0	0.0	0.0	0.0	0.0	0.0	3.0
	0.75～1	0.0	0.3	0.4	1.0	0.2	0.1	0.0	0.0	0.0	0.0	0.0	2.0
	1～1.25	0.0	0.1	0.2	0.2	0.3	0.2	0.0	0.0	0.0	0.0	0.0	0.9
	1.25～1.5	0.0	0.0	0.3	0.5	0.8	0.0	0.0	0.0	0.0	0.0	0.0	1.6
	1.5～1.75	0.0	0.0	0.0	0.3	0.5	0.0	0.0	0.0	0.0	0.0	0.0	0.9
	1.75～2	0.0	0.0	0.0	0.0	0.3	0.1	0.0	0.0	0.0	0.0	0.0	0.4
	2～2.25	0.0	0.0	0.0	0.0	0.0	0.1	0.0	0.0	0.0	0.0	0.0	0.1
	2.25～2.5	0.0	0.0	0.0	0.0	0.0	0.5	0.1	0.0	0.0	0.0	0.0	0.6
	>2.5	0.0	0.0	0.0	0.0	0.0	0.0	0.2	0.0	0.0	0.0	0.0	0.2
	%	70.0	17.9	5.2	3.0	2.7	0.8	0.3	0.0	0.0	0.0	0.0	100

表 4.8 ～表 4.10 给出了 W01 区块各调查站夏季波高、周期联合分布。W0101、W0103 有效波高不足 0.25 m 频率最高，分别为 46.7% 和 62.8%，而 W0102 有效波高 0.25 m ～ 0.50 m 之间频率最高，占 57.2%。W0101 平均周期在 4.0 s ～ 4.5 s 频率最高，为 33.1%，W0102 和 W0103 平均周期不足 3.0 s 频率最高，分别为 58.6% 和 51.5%。

表4.8 W0101夏季有效波高、平均周期联合分布

		平均周期（s）											
		≤3	3～3.5	3.5～4	4～4.5	4.5～5	5～5.5	5.5～6	6～6.5	6.5～7	7～7.5	>7.5	%
有效波高（m）	≤0.25	0.0	1.6	6.2	15.0	9.8	6.3	2.7	1.1	0.6	0.1	3.2	46.7
	0.25～0.5	0.0	2.0	11.1	15.7	8.4	4.4	1.6	0.6	0.0	0.0	0.1	44.0
	0.5～0.75	0.0	0.0	1.0	2.1	2.2	1.3	0.1	0.0	0.0	0.0	0.0	6.7
	0.75～1	0.0	0.0	0.1	0.2	0.9	0.1	0.0	0.0	0.0	0.0	0.0	1.4
	1～1.25	0.0	0.0	0.0	0.0	0.2	0.1	0.0	0.0	0.0	0.0	0.0	0.3
	1.25～1.5	0.0	0.0	0.0	0.0	0.3	0.3	0.0	0.0	0.0	0.0	0.0	0.6
	1.5～1.75	0.0	0.0	0.0	0.0	0.1	0.1	0.0	0.0	0.0	0.0	0.0	0.3
	1.75～2	0.0	0.0	0.0	0.0	0.0	0.0	0.0	0.0	0.0	0.0	0.0	0.0
	2～2.25	0.0	0.0	0.0	0.0	0.0	0.0	0.0	0.0	0.0	0.0	0.0	0.0
	2.25～2.5	0.0	0.0	0.0	0.0	0.0	0.0	0.0	0.0	0.0	0.0	0.0	0.0
	>2.5	0.0	0.0	0.0	0.0	0.0	0.0	0.0	0.0	0.0	0.0	0.0	0.0
	%	0.0	3.7	18.4	33.1	22.0	12.6	4.5	1.7	0.6	0.1	3.3	100

表4.9 W0102夏季有效波高、平均周期联合分布

		平均周期（s）											
		≤3	3～3.5	3.5～4	4～4.5	4.5～5	5～5.5	5.5～6	6～6.5	6.5～7	7～7.5	>7.5	%
有效波高（m）	≤0.25	23.8	5.0	1.2	0.1	0.0	0.0	0.0	0.0	0.0	0.0	0.0	30.1
	0.25～0.5	33.3	17.4	5.8	0.7	0.0	0.0	0.0	0.0	0.0	0.0	0.0	57.2
	0.5～0.75	1.5	3.6	1.8	0.6	0.0	0.0	0.0	0.0	0.0	0.0	0.0	7.5
	0.75～1	0.0	0.5	1.8	0.9	0.0	0.0	0.0	0.0	0.0	0.0	0.0	3.2
	1～1.25	0.0	0.1	0.4	0.4	0.0	0.0	0.0	0.0	0.0	0.0	0.0	0.8
	1.25～1.5	0.0	0.0	0.3	0.7	0.0	0.0	0.0	0.0	0.0	0.0	0.0	1.0
	1.5～1.75	0.0	0.0	0.0	0.3	0.0	0.0	0.0	0.0	0.0	0.0	0.0	0.3
	1.75～2	0.0	0.0	0.0	0.0	0.0	0.0	0.0	0.0	0.0	0.0	0.0	0.0
	2～2.25	0.0	0.0	0.0	0.0	0.0	0.0	0.0	0.0	0.0	0.0	0.0	0.0
	2.25～2.5	0.0	0.0	0.0	0.0	0.0	0.0	0.0	0.0	0.0	0.0	0.0	0.0
	>2.5	0.0	0.0	0.0	0.0	0.0	0.0	0.0	0.0	0.0	0.0	0.0	0.0
	%	58.6	26.5	11.3	3.6	0.0	0.0	0.0	0.0	0.0	0.0	0.0	100

表4.10　W0103夏季有效波高、平均周期联合分布

		平均周期（s）											
		≤3	3～3.5	3.5～4	4～4.5	4.5～5	5～5.5	5.5～6	6～6.5	6.5～7	7～7.5	>7.5	%
有效波高（m）	≤0.25	40.4	13.4	6.6	1.7	0.8	0.0	0.0	0.0	0.0	0.0	0.0	62.8
	0.25～0.5	10.5	12.8	5.9	1.4	0.1	0.0	0.0	0.0	0.0	0.0	0.0	30.8
	0.5～0.75	0.6	1.3	1.3	0.6	0.0	0.0	0.0	0.0	0.0	0.0	0.0	3.7
	0.75～1	0.0	0.2	1.0	0.6	0.0	0.0	0.0	0.0	0.0	0.0	0.0	1.7
	1～1.25	0.0	0.0	0.3	0.3	0.2	0.0	0.0	0.0	0.0	0.0	0.0	0.7
	1.25～1.5	0.0	0.0	0.0	0.0	0.2	0.0	0.0	0.0	0.0	0.0	0.0	0.2
	1.5～1.75	0.0	0.0	0.0	0.0	0.0	0.0	0.0	0.0	0.0	0.0	0.0	0.0
	1.75～2	0.0	0.0	0.0	0.0	0.0	0.0	0.0	0.0	0.0	0.0	0.0	0.0
	2～2.25	0.0	0.0	0.0	0.0	0.0	0.0	0.0	0.0	0.0	0.0	0.0	0.0
	2.25～2.5	0.0	0.0	0.0	0.0	0.0	0.0	0.0	0.0	0.0	0.0	0.0	0.0
	>2.5	0.0	0.0	0.0	0.0	0.0	0.0	0.0	0.0	0.0	0.0	0.0	0.0
	%	51.5	27.7	15.0	4.6	1.2	0.0	0.0	0.0	0.0	0.0	0.0	100

表 4.11 ～表 4.13 给出了 W01 区块各调查站秋季波高、周期联合分布。W0101、W0102 和 W0103 有效波高均是 0.25 m ～ 0.50 m 之间频率最高，分别为 28.6%、27.6% 和 33.7%。W0101 平均周期在 4.0 s ～ 4.5 s 频率最高，为 31.6%，W0102、W0103 平均周期不足 3.0 s 频率最高，分别为 23.4% 和 25.7%。

表4.11　W0101秋季有效波高、平均周期联合分布

		平均周期（s）											
		≤3	3～3.5	3.5～4	4～4.5	4.5～5	5～5.5	5.5～6	6～6.5	6.5～7	7～7.5	>7.5	%
有效波高（m）	≤0.25	0.0	1.7	8.4	5.8	1.5	0.2	0.0	0.0	0.0	0.0	0.0	17.5
	0.25～0.5	0.0	2.7	10.0	11.2	4.6	0.2	0.0	0.0	0.0	0.0	0.0	28.6
	0.5～0.75	0.0	0.1	4.3	6.5	2.0	0.5	0.2	0.0	0.0	0.0	0.0	13.6
	0.75～1	0.0	0.1	0.9	6.3	4.5	1.4	0.1	0.0	0.0	0.0	0.0	13.5
	1～1.25	0.0	0.0	0.0	1.3	3.0	1.2	0.5	0.0	0.0	0.0	0.0	5.9
	1.25～1.5	0.0	0.0	0.0	0.5	2.9	2.8	1.0	0.0	0.0	0.0	0.0	7.2
	1.5～1.75	0.0	0.0	0.0	0.0	0.8	2.5	0.8	0.1	0.0	0.0	0.0	4.3
	1.75～2	0.0	0.0	0.0	0.0	0.5	1.9	1.6	0.4	0.0	0.0	0.0	4.3
	2～2.25	0.0	0.0	0.0	0.0	0.0	0.4	0.7	0.0	0.0	0.0	0.0	1.2
	2.25～2.5	0.0	0.0	0.0	0.0	0.0	0.6	0.8	0.4	0.0	0.0	0.0	1.8
	>2.5	0.0	0.0	0.0	0.0	0.0	0.1	0.4	1.3	0.4	0.0	0.0	2.1
	%	0.0	4.6	23.6	31.6	19.8	11.7	6.1	2.2	0.4	0.0	0.0	100

表4.12 W0102秋季有效波高、平均周期联合分布

		平均周期（s）											
		≤3	3～3.5	3.5～4	4～4.5	4.5～5	5～5.5	5.5～6	6～6.5	6.5～7	7～7.5	>7.5	%
有效波高（m）	≤0.25	4.4	0.5	0.0	0.0	0.0	0.0	0.0	0.0	0.0	0.0	0.0	4.9
	0.25～0.5	16.4	8.9	2.1	0.2	0.0	0.0	0.0	0.0	0.0	0.0	0.0	27.6
	0.5～0.75	2.4	7.2	4.5	0.5	0.0	0.0	0.0	0.0	0.0	0.0	0.0	14.6
	0.75～1	0.2	3.8	7.3	4.1	0.6	0.0	0.0	0.0	0.0	0.0	0.0	16.1
	1～1.25	0.0	0.1	3.2	5.7	1.3	0.1	0.0	0.0	0.0	0.0	0.0	10.5
	1.25～1.5	0.0	0.0	0.9	6.5	3.5	0.3	0.0	0.0	0.0	0.0	0.0	11.3
	1.5～1.75	0.0	0.0	0.0	1.2	2.7	0.7	0.0	0.0	0.0	0.0	0.0	4.6
	1.75～2	0.0	0.0	0.1	0.2	2.9	2.7	0.2	0.0	0.0	0.0	0.0	6.1
	2～2.25	0.0	0.0	0.0	0.0	0.3	1.0	0.1	0.0	0.0	0.0	0.0	1.5
	2.25～2.5	0.0	0.0	0.0	0.0	0.0	0.8	0.6	0.1	0.0	0.0	0.0	1.5
	>2.5	0.0	0.0	0.0	0.0	0.0	0.1	0.8	0.3	0.1	0.0	0.0	1.3
	%	23.4	20.5	18.2	18.4	11.4	5.7	1.8	0.4	0.1	0.0	0.0	100

表4.13 W0103秋季有效波高、平均周期联合分布

		平均周期（s）											
		≤3	3～3.5	3.5～4	4～4.5	4.5～5	5～5.5	5.5～6	6～6.5	6.5～7	7～7.5	>7.5	%
有效波高（m）	≤0.25	14.8	4.6	1.5	0.3	0.0	0.0	0.0	0.0	0.0	0.0	0.0	21.2
	0.25～0.5	10.4	12.2	9.5	1.6	0.1	0.0	0.0	0.0	0.0	0.0	0.0	33.7
	0.5～0.75	0.6	3.5	5.2	1.8	0.3	0.0	0.0	0.0	0.0	0.0	0.0	11.4
	0.75～1	0.0	1.7	5.9	2.1	0.6	0.0	0.0	0.0	0.0	0.0	0.0	10.3
	1～1.25	0.0	0.1	2.7	2.1	1.3	0.1	0.0	0.0	0.0	0.0	0.0	6.2
	1.25～1.5	0.0	0.0	0.7	3.8	1.3	0.4	0.0	0.0	0.0	0.0	0.0	6.2
	1.5～1.75	0.0	0.0	0.0	0.7	2.1	0.5	0.0	0.0	0.0	0.0	0.0	3.3
	1.75～2	0.0	0.0	0.0	0.3	2.4	1.0	0.0	0.0	0.0	0.0	0.0	3.7
	2～2.25	0.0	0.0	0.0	0.0	0.6	1.3	0.1	0.0	0.0	0.0	0.0	2.0
	2.25～2.5	0.0	0.0	0.0	0.0	0.2	0.8	0.5	0.0	0.0	0.0	0.0	1.5
	>2.5	0.0	0.0	0.0	0.0	0.0	0.1	0.3	0.0	0.0	0.0	0.0	0.4
	%	25.7	22.1	25.4	12.6	9.0	4.2	0.9	0.0	0.0	0.0	0.0	100

表 4.14 ～表 4.16 给出了 W01 区块各调查站冬季波高、周期联合分布。W0101、W0102 和 W0103 有效波高均是 0.25 m ～ 0.50 m 之间频率最高，分别为 29.9%、36.7% 和 23.1%。W0101 平均周期在 4.0 s ～ 4.5 s 频率最高，为 34.7%，W0102、W0103 平均周期不足 3.0 s 频率最高，分别为 30.6% 和 35.3%。

表4.14　W0101冬季有效波高、平均周期联合分布

		平均周期（s）											
		≤3	3~3.5	3.5~4	4~4.5	4.5~5	5~5.5	5.5~6	6~6.5	6.5~7	7~7.5	>7.5	%
有效波高（m）	≤0.25	0.0	0.5	2.4	3.4	2.1	0.4	0.0	0.0	0.0	0.0	0.0	8.7
	0.25~0.5	0.0	2.0	10.6	12.7	4.4	0.2	0.0	0.0	0.0	0.0	0.0	29.9
	0.5~0.75	0.0	0.2	4.4	8.8	3.2	0.2	0.0	0.0	0.0	0.0	0.0	16.9
	0.75~1	0.0	0.1	2.7	7.7	5.2	1.2	0.1	0.0	0.0	0.0	0.0	17.0
	1~1.25	0.0	0.0	0.1	1.4	3.4	1.7	0.0	0.0	0.0	0.0	0.0	6.6
	1.25~1.5	0.0	0.0	0.0	0.6	4.1	3.5	0.4	0.0	0.0	0.0	0.0	8.5
	1.5~1.75	0.0	0.0	0.0	0.0	0.8	2.4	0.4	0.0	0.0	0.0	0.0	3.5
	1.75~2	0.0	0.0	0.0	0.0	0.1	2.6	1.2	0.0	0.0	0.0	0.0	4.0
	2~2.25	0.0	0.0	0.0	0.0	0.0	0.4	1.1	0.1	0.0	0.0	0.0	1.6
	2.25~2.5	0.0	0.0	0.0	0.0	0.0	0.2	1.2	0.1	0.0	0.0	0.0	1.5
	>2.5	0.0	0.0	0.0	0.0	0.0	0.0	0.5	1.2	0.1	0.0	0.0	1.8
	%	0.0	2.8	20.1	34.7	23.3	12.8	4.8	1.4	0.1	0.0	0.0	100

表4.15　W0102冬季有效波高、平均周期联合分布

		平均周期（s）											
		≤3	3~3.5	3.5~4	4~4.5	4.5~5	5~5.5	5.5~6	6~6.5	6.5~7	7~7.5	>7.5	%
有效波高（m）	≤0.25	7.2	2.7	0.0	0.0	0.0	0.0	0.0	0.0	0.0	0.0	0.0	9.9
	0.25~0.5	20.7	12.6	3.3	0.2	0.0	0.0	0.0	0.0	0.0	0.0	0.0	36.7
	0.5~0.75	2.6	8.3	6.3	0.7	0.0	0.0	0.0	0.0	0.0	0.0	0.0	17.9
	0.75~1	0.1	3.8	8.3	3.3	0.1	0.0	0.0	0.0	0.0	0.0	0.0	15.6
	1~1.25	0.0	0.0	1.5	2.6	0.7	0.1	0.0	0.0	0.0	0.0	0.0	4.8
	1.25~1.5	0.0	0.0	0.3	4.5	2.8	0.1	0.0	0.0	0.0	0.0	0.0	7.7
	1.5~1.75	0.0	0.0	0.0	0.6	1.5	0.3	0.1	0.0	0.0	0.0	0.0	2.4
	1.75~2	0.0	0.0	0.0	0.0	1.7	0.9	0.1	0.0	0.0	0.0	0.0	2.6
	2~2.25	0.0	0.0	0.0	0.0	0.1	0.9	0.0	0.0	0.0	0.0	0.0	1.0
	2.25~2.5	0.0	0.0	0.0	0.0	0.0	0.7	0.6	0.0	0.0	0.0	0.0	1.3
	>2.5	0.0	0.0	0.0	0.0	0.0	0.0	0.0	0.0	0.0	0.0	0.0	0.0
	%	30.6	27.4	19.7	11.9	6.8	3.0	0.7	0.0	0.0	0.0	0.0	100

表4.16 W0103冬季有效波高、平均周期联合分布

		平均周期（s）											
		≤3	3～3.5	3.5～4	4～4.5	4.5～5	5～5.5	5.5～6	6～6.5	6.5～7	7～7.5	>7.5	%
有效波高（m）	≤0.25	16.2	2.1	0.3	0.1	0.0	0.0	0.0	0.0	0.0	0.0	0.0	18.7
	0.25～0.5	16.8	3.5	2.7	0.2	0.0	0.0	0.0	0.0	0.0	0.0	0.0	23.1
	0.5～0.75	2.3	6.6	2.7	0.5	0.0	0.0	0.0	0.0	0.0	0.0	0.0	12.1
	0.75～1	0.0	4.7	7.1	2.9	0.3	0.0	0.0	0.0	0.0	0.0	0.0	15.0
	1～1.25	0.0	0.1	4.3	3.3	0.7	0.0	0.0	0.0	0.0	0.0	0.0	8.4
	1.25～1.5	0.0	0.0	1.1	6.4	2.0	0.0	0.0	0.0	0.0	0.0	0.0	9.6
	1.5～1.75	0.0	0.0	0.0	1.9	3.4	0.1	0.0	0.0	0.0	0.0	0.0	5.4
	1.75～2	0.0	0.0	0.0	0.3	4.9	1.1	0.0	0.0	0.0	0.0	0.0	6.3
	2～2.25	0.0	0.0	0.0	0.0	0.1	0.8	0.0	0.0	0.0	0.0	0.0	0.9
	2.25～2.5	0.0	0.0	0.0	0.0	0.0	0.4	0.0	0.0	0.0	0.0	0.0	0.5
	>2.5	0.0	0.0	0.0	0.0	0.0	0.0	0.0	0.0	0.0	0.0	0.0	0.0
	%	35.3	17.0	18.1	15.6	11.5	2.5	0.1	0.0	0.0	0.0	0.0	100

4.4.1.2 波向

表 4.17 给出了 W01 区块各调查站波向频率。W0101 全年以南向浪为主，其中春季、夏季主波向为 SSE，频率分别为 14.1% 和 15.1%，秋季以 S 向浪为主，频率为 13.0%，冬季以 SE 向浪为主，频率为 11.7%。W0102 和 W0103 全年以北向浪为主，W0102 春季和夏季主波向为 ENE，频率分别为 12.9% 和 17.0%，秋季以 NNE 向浪为主，频率为 23.6%，冬季以 N 向浪为主，频率为 21.1%；W0103 春季和夏季主波向为 NE，频率分别为 28.5% 和 39.7%，秋季以 N 向浪为主，频率为 28.4%，冬季以 NNE 向浪为主，频率为 37.8%。

表4.17 W01区块各调查站波向频率

%

站名	季节	N	NNE	NE	ENE	E	ESE	SE	SSE	S	SSW	SW	WSW	W	WNW	NW	NNW	主波向
W0101	春季	5.2	3.5	1.9	1.9	2.5	4.0	12.1	14.1	9.7	6.5	5.5	4.2	5.5	7.2	10.0	6.2	SSE
W0102		6.7	9.2	12.7	12.9	9.6	5.6	3.4	3.0	3.7	5.2	7.4	5.4	4.8	4.3	2.4	3.7	ENE
W0103		19.0	22.5	28.5	11.9	2.5	0.9	0.7	0.2	0.2	0.5	0.4	0.2	0.5	0.7	2.4	9.0	NE
W0101	夏季	5.0	3.4	2.4	2.1	1.6	3.4	12.0	15.1	9.4	6.3	3.1	3.7	6.7	8.2	9.9	7.6	SSE
W0102		12.2	13.9	15.7	17.0	15.5	5.1	2.2	1.7	2.4	2.9	1.8	1.2	1.1	1.0	1.5	4.8	ENE
W0103		8.4	24.5	39.7	20.9	3.2	0.5	0.1	0.1	0.0	0.1	0.0	0.0	0.2	0.3	0.5	1.5	NE
W0101	秋季	4.5	1.9	1.0	0.8	1.8	3.4	8.8	12.5	13.0	8.9	6.9	6.2	6.3	7.3	8.0	8.5	S
W0102		15.0	23.6	8.3	4.0	4.2	2.8	0.8	0.4	0.5	1.2	4.9	7.9	5.2	4.5	5.6	11.0	NNE
W0103		28.4	19.8	15.2	3.0	0.2	0.1	0.1	0.0	0.0	0.0	0.0	0.0	0.0	0.3	4.8	28.2	N
W0101	冬季	3.9	3.0	1.5	1.4	3.0	4.7	11.7	11.3	8.0	6.6	7.1	8.3	8.5	7.4	7.3	6.2	SE
W0102		21.1	19.1	8.2	6.3	3.7	2.8	1.4	0.3	0.4	0.2	3.7	6.6	2.9	3.5	8.1	11.8	N
W0103		29.1	37.8	14.6	5.3	0.4	0.1	0.0	0.0	0.0	0.1	0.0	0.0	0.1	0.2	1.3	11.0	NNE

4.4.2 青岛海域调查数据分析

W0201 调查站位于该区北部，麦岛附近海域，调查站附近水深 24 m 左右；W0202 号位于该区中央，青岛外海大公岛附近海域，调查站附近水深 16 m 左右；W0203 号位于该区西南部，灵山岛北部，调查站附近水深 22 m 左右。

4.4.2.1 有效波高和平均周期

表 4.18 ～表 4.20 给出了 W02 区块各调查站春季波高、周期联合分布。W0201、W0202 和 W0203 有效波高主要集中在 0.25 m ～ 0.50 m 之间，频率分别为 39.2%、39.8% 和 38.3%。W0201 平均周期在 3.5 s ～ 4.0 s 频率最高，为 24.1%；W0202 平均周期在 3.0 s ～ 3.5 s 频率最高，为 28.3%；W0203 平均周期在 4.0 s ～ 4.5 s 频率最高，为 20.1%。

表4.18　W0201春季有效波高、平均周期联合分布

	平均周期（s）											
有效波高（m）	≤3	3～3.5	3.5～4	4～4.5	4.5～5	5～5.5	5.5～6	6～6.5	6.5～7	7～7.5	>7.5	%
≤0.25	2.1	2.9	0.7	1.1	1.6	2.0	0.6	0.0	0.0	0.0	0.0	11.1
0.25～0.5	3.4	12.1	10.6	7.1	3.8	1.3	0.6	0.3	0.0	0.0	0.0	39.2
0.5～0.75	0.3	2.2	8.3	5.9	3.9	2.3	1.4	0.4	0.1	0.0	0.0	24.8
0.75～1	0.0	0.9	4.2	4.3	1.7	1.5	2.2	1.0	0.3	0.2	0.0	16.4
1～1.25	0.0	0.0	0.3	1.1	0.6	0.5	0.4	0.2	0.3	0.0	0.0	3.4
1.25～1.5	0.0	0.0	0.0	0.9	0.8	0.7	0.2	0.1	0.1	0.0	0.0	2.9
1.5～1.75	0.0	0.0	0.0	0.1	0.4	0.5	0.1	0.0	0.0	0.0	0.0	1.2
1.75～2	0.0	0.0	0.0	0.0	0.1	0.8	0.0	0.0	0.0	0.0	0.0	0.8
2～2.25	0.0	0.0	0.0	0.0	0.0	0.2	0.0	0.0	0.0	0.0	0.0	0.2
2.25～2.5	0.0	0.0	0.0	0.0	0.0	0.0	0.0	0.0	0.0	0.0	0.0	0.0
>2.5	0.0	0.0	0.0	0.0	0.0	0.0	0.0	0.0	0.0	0.0	0.0	0.0
%	5.9	18.0	24.1	20.5	12.9	9.9	5.4	2.1	0.9	0.3	0.0	100

表4.19　W0202春季有效波高、平均周期联合分布

	平均周期（s）											
有效波高（m）	≤3	3～3.5	3.5～4	4～4.5	4.5～5	5～5.5	5.5～6	6～6.5	6.5～7	7～7.5	>7.5	%
≤0.25	4.2	2.9	1.2	0.5	0.0	0.0	0.0	0.0	0.0	0.0	0.0	8.8
0.25～0.5	11.7	15.1	9.2	3.3	0.4	0.0	0.0	0.0	0.0	0.0	0.0	39.8
0.5～0.75	1.6	8.4	8.3	3.2	1.8	0.5	0.1	0.0	0.0	0.0	0.0	23.9
0.75～1	0.1	1.6	6.0	5.9	1.8	1.8	0.5	0.2	0.1	0.0	0.0	18.1
1～1.25	0.0	0.2	0.6	2.5	1.2	0.3	0.0	0.0	0.0	0.1	0.0	4.9
1.25～1.5	0.0	0.1	0.5	1.3	1.4	1.1	0.1	0.0	0.0	0.0	0.0	4.4
1.5～1.75	0.0	0.0	0.0	0.0	0.2	0.1	0.0	0.0	0.0	0.0	0.0	0.3
1.75～2	0.0	0.0	0.0	0.0	0.0	0.0	0.0	0.0	0.0	0.0	0.0	0.0
2～2.25	0.0	0.0	0.0	0.0	0.0	0.0	0.0	0.0	0.0	0.0	0.0	0.0
2.25～2.5	0.0	0.0	0.0	0.0	0.0	0.0	0.0	0.0	0.0	0.0	0.0	0.0
>2.5	0.0	0.0	0.0	0.0	0.0	0.0	0.0	0.0	0.0	0.0	0.0	0.0
%	17.6	28.3	25.8	16.6	6.8	3.7	0.8	0.2	0.1	0.1	0.0	100

表4.20 W0203春季有效波高、平均周期联合分布

		平均周期（s）											
		≤3	3～3.5	3.5～4	4～4.5	4.5～5	5～5.5	5.5～6	6～6.5	6.5～7	7～7.5	>7.5	%
有效波高（m）	≤0.25	0.0	2.4	3.0	1.4	1.0	1.3	0.9	0.2	0.2	0.0	0.0	10.4
	0.25～0.5	4.2	12.6	5.1	5.6	3.4	3.2	3.0	1.0	0.1	0.0	0.0	38.3
	0.5～0.75	0.5	4.2	4.6	4.1	1.5	2.0	1.3	0.8	0.2	0.0	0.0	19.1
	0.75～1	0.1	0.7	2.3	5.6	6.1	2.8	1.1	0.7	0.1	0.0	0.0	19.6
	1～1.25	0.0	0.1	1.0	1.4	2.0	0.9	0.2	0.0	0.0	0.0	0.0	5.5
	1.25～1.5	0.0	0.0	1.3	2.0	1.5	1.2	0.5	0.0	0.0	0.0	0.0	6.5
	1.5～1.75	0.0	0.0	0.1	0.0	0.0	0.4	0.1	0.0	0.0	0.0	0.0	0.6
	1.75～2	0.0	0.0	0.0	0.0	0.0	0.0	0.0	0.0	0.0	0.0	0.0	0.0
	2～2.25	0.0	0.0	0.0	0.0	0.0	0.0	0.0	0.0	0.0	0.0	0.0	0.0
	2.25～2.5	0.0	0.0	0.0	0.0	0.0	0.0	0.0	0.0	0.0	0.0	0.0	0.0
	>2.5	0.0	0.0	0.0	0.0	0.0	0.0	0.0	0.0	0.0	0.0	0.0	0.0
	%	4.7	20.0	17.3	20.1	15.6	11.8	7.1	2.8	0.5	0.0	0.0	100

表 4.21 ～表 4.23 给出了 W02 区块各调查站夏季波高、周期联合分布。W0201 和 W0202 有效波高主要集中在 0.25 m ～ 0.50 m 之间，频率分别为 28.6% 和 34.3%；W0203 有效波高 0.75 m ～ 1.00 m 之间频率最高，为 30.0%。W0201 平均周期在 3.5 s ～ 4.0 s 频率最高，为 24.0%；W0202 平均周期在 4.5 s ～ 5.0 s 频率最高，为 33.0%；W0203 平均周期在 4.0 s ～ 4.5 s 频率最高，为 35.1%。

表4.21 W0201夏季有效波高、平均周期联合分布

		平均周期（s）											
		≤3	3～3.5	3.5～4	4～4.5	4.5～5	5～5.5	5.5～6	6～6.5	6.5～7	7～7.5	>7.5	%
有效波高（m）	≤0.25	1.1	3.0	6.3	8.8	5.6	2.6	0.8	0.3	0.1	0.0	0.0	28.5
	0.25～0.5	5.9	5.9	7.3	5.3	2.6	0.6	0.3	0.3	0.1	0.0	0.2	28.6
	0.5～0.75	0.4	3.5	3.9	2.9	2.5	1.5	0.7	0.5	0.5	0.3	0.0	16.7
	0.75～1	0.0	1.0	4.7	2.7	1.2	1.6	1.6	1.0	0.9	0.3	0.0	15.1
	1～1.25	0.0	0.0	1.7	1.3	0.6	0.5	0.7	0.6	0.5	0.4	0.0	6.2
	1.25～1.5	0.0	0.0	0.2	0.3	0.3	0.2	0.1	0.0	0.1	0.1	0.1	1.5
	1.5～1.75	0.0	0.0	0.0	0.0	0.3	0.1	0.0	0.1	0.0	0.1	0.1	0.8
	1.75～2	0.0	0.0	0.0	0.0	0.1	0.2	0.0	0.0	0.1	0.1	0.2	0.8
	2～2.25	0.0	0.0	0.0	0.0	0.0	0.1	0.0	0.0	0.0	0.0	0.2	0.4
	2.25～2.5	0.0	0.0	0.0	0.0	0.1	0.3	0.0	0.0	0.0	0.0	0.2	0.7
	>2.5	0.0	0.0	0.0	0.0	0.0	0.0	0.2	0.2	0.1	0.0	0.1	0.7
	%	7.3	13.1	24.0	21.3	13.7	7.6	4.5	3.0	2.6	1.4	1.4	100

表4.22　W0202夏季有效波高、平均周期联合分布

		平均周期（s）											
		≤3	3～3.5	3.5～4	4～4.5	4.5～5	5～5.5	5.5～6	6～6.5	6.5～7	7～7.5	>7.5	%
有效波高（m）	≤0.25	0.0	0.0	0.0	0.2	0.2	0.2	0.2	0.0	0.0	0.0	0.0	0.8
	0.25～0.5	0.0	0.0	0.1	4.8	10.3	8.3	6.7	3.1	0.6	0.2	0.3	34.3
	0.5～0.75	0.0	0.0	0.2	6.3	4.8	2.9	1.2	1.2	1.2	0.3	1.6	19.7
	0.75～1	0.0	0.0	0.1	8.7	10.0	3.7	1.4	1.2	1.4	0.2	3.0	29.7
	1～1.25	0.0	0.0	0.0	1.6	5.0	1.5	0.0	0.2	0.3	0.3	1.7	10.5
	1.25～1.5	0.0	0.0	0.0	0.8	2.7	0.6	0.1	0.0	0.2	0.2	0.3	4.8
	1.5～1.75	0.0	0.0	0.0	0.0	0.1	0.0	0.0	0.0	0.0	0.0	0.0	0.1
	1.75～2	0.0	0.0	0.0	0.0	0.0	0.0	0.0	0.0	0.0	0.0	0.1	0.1
	2～2.25	0.0	0.0	0.0	0.0	0.0	0.0	0.0	0.0	0.0	0.0	0.0	0.0
	2.25～2.5	0.0	0.0	0.0	0.0	0.0	0.0	0.0	0.0	0.0	0.0	0.0	0.0
	>2.5	0.0	0.0	0.0	0.0	0.0	0.0	0.0	0.0	0.0	0.0	0.0	0.0
	%	0.0	0.0	0.4	22.3	33.0	17.3	9.6	5.7	3.6	1.1	7.0	100

表4.23　W0203夏季有效波高、平均周期联合分布

		平均周期（s）											
		≤3	3～3.5	3.5～4	4～4.5	4.5～5	5～5.5	5.5～6	6～6.5	6.5～7	7～7.5	>7.5	%
有效波高（m）	≤0.25	0.0	0.0	0.0	0.0	0.0	0.1	0.2	0.0	0.0	0.0	0.0	0.4
	0.25～0.5	0.0	0.5	8.0	10.2	7.4	2.4	0.5	0.0	0.0	0.0	0.0	28.9
	0.5～0.75	0.1	2.1	6.2	7.0	4.2	3.4	1.1	0.2	0.0	0.0	0.0	24.2
	0.75～1	0.0	1.6	5.3	12.9	6.7	2.4	0.5	0.5	0.2	0.0	0.0	30.0
	1～1.25	0.0	0.0	0.8	4.0	3.3	0.2	0.0	0.0	0.0	0.0	0.0	8.3
	1.25～1.5	0.0	0.1	0.1	1.0	1.7	0.6	0.1	0.0	0.0	0.0	0.0	3.6
	1.5～1.75	0.0	0.0	0.0	0.0	0.5	0.6	0.1	0.0	0.0	0.0	0.0	1.2
	1.75～2	0.0	0.0	0.0	0.0	0.1	0.9	0.3	0.1	0.0	0.0	0.0	1.4
	2～2.25	0.0	0.0	0.0	0.0	0.0	0.2	0.1	0.0	0.0	0.0	0.0	0.3
	2.25～2.5	0.0	0.0	0.0	0.0	0.0	0.0	0.4	0.1	0.0	0.0	0.0	0.4
	>2.5	0.0	0.0	0.0	0.0	0.0	0.0	0.5	0.6	0.2	0.0	0.0	1.3
	%	0.1	4.2	20.4	35.1	23.9	10.8	3.6	1.5	0.4	0.0	0.0	100

表 4.24 ～表 4.26 给出了 W02 区块各调查站秋季波高、周期联合分布。W0201 有效波高在 0.25 m ～ 0.50 m 之间频率最高，为 49.3%；W0202 有效波高在 0.25 m 以下频率最高，为 58.4%；W0203 有效波高在 0.75 m ～ 1.00 m 之间频率最高，为 24.7%。W0201 平均周期在 3.0 s ～ 3.5 s 频率最高，为 29.8%；W0202 平均周期在 5.0 s ～ 5.5 s 频率最高，为 54.2%；W0203 平均周期在 3.5 s ～ 4.0 s 频率最高，为 24.1%。

表4.24　W0201秋季有效波高、平均周期联合分布

		平均周期（s）											
		≤3	3～3.5	3.5～4	4～4.5	4.5～5	5～5.5	5.5～6	6～6.5	6.5～7	7～7.5	>7.5	%
有效波高（m）	≤0.25	5.6	5.6	3.3	0.9	0.2	0.0	0.0	0.0	0.0	0.0	0.0	15.6
	0.25～0.5	17.2	14.3	11.1	4.2	0.8	0.5	0.4	0.5	0.2	0.1	0.0	49.3
	0.5～0.75	2.4	3.2	2.9	1.3	0.2	0.2	0.0	0.0	0.0	0.0	0.0	10.2
	0.75～1	0.4	5.9	3.7	1.9	0.3	0.0	0.0	0.0	0.0	0.0	0.0	12.3
	1～1.25	0.0	0.9	2.5	1.8	0.1	0.0	0.0	0.0	0.0	0.0	0.0	5.2
	1.25～1.5	0.0	0.0	1.2	2.1	0.2	0.1	0.0	0.0	0.0	0.0	0.0	3.6
	1.5～1.75	0.0	0.0	0.0	0.5	0.2	0.2	0.0	0.0	0.0	0.0	0.0	0.9
	1.75～2	0.0	0.0	0.0	0.6	0.5	0.2	0.0	0.1	0.0	0.0	0.0	1.3
	2～2.25	0.0	0.0	0.0	0.1	0.2	0.1	0.0	0.0	0.0	0.0	0.0	0.5
	2.25～2.5	0.0	0.0	0.0	0.0	0.1	0.2	0.0	0.1	0.1	0.0	0.0	0.6
	>2.5	0.0	0.0	0.0	0.0	0.0	0.2	0.0	0.0	0.2	0.1	0.0	0.5
	%	25.5	29.8	24.8	13.3	3.0	1.6	0.6	0.7	0.6	0.2	0.0	100

表4.25　W0202秋季有效波高、平均周期联合分布

		平均周期（s）											
		≤3	3～3.5	3.5～4	4～4.5	4.5～5	5～5.5	5.5～6	6～6.5	6.5～7	7～7.5	>7.5	%
有效波高（m）	≤0.25	0.0	0.0	0.0	0.0	6.9	39.5	7.8	2.5	1.1	0.4	0.1	58.4
	0.25～0.5	0.0	0.0	0.0	0.0	7.5	9.6	1.3	1.1	1.0	1.0	0.5	22.0
	0.5～0.75	0.0	0.0	0.0	0.0	2.8	1.7	0.6	0.4	0.1	0.0	0.1	5.7
	0.75～1	0.0	0.0	0.0	0.0	3.1	2.0	0.0	0.1	0.2	0.1	0.1	5.6
	1～1.25	0.0	0.0	0.0	0.0	1.2	0.3	0.0	0.0	0.1	0.1	0.0	1.6
	1.25～1.5	0.0	0.0	0.0	0.0	0.5	0.1	0.1	0.1	0.0	0.1	0.0	0.8
	1.5～1.75	0.0	0.0	0.0	0.0	0.5	0.1	0.1	0.0	0.0	0.0	0.0	0.7
	1.75～2	0.0	0.0	0.0	0.0	1.3	0.3	0.0	0.1	0.1	0.0	0.0	1.7
	2～2.25	0.0	0.0	0.0	0.0	0.4	0.0	0.1	0.1	0.1	0.0	0.0	0.6
	2.25～2.5	0.0	0.0	0.0	0.0	0.4	0.1	0.0	0.0	0.0	0.0	0.0	0.6
	>2.5	0.0	0.0	0.0	0.0	1.0	0.4	0.4	0.3	0.0	0.0	0.0	2.2
	%	0.0	0.0	0.0	0.0	25.7	54.2	10.5	4.6	2.7	1.6	0.7	100

表4.26　W0203秋季有效波高、平均周期联合分布

		平均周期（s）											
		≤3	3～3.5	3.5～4	4～4.5	4.5～5	5～5.5	5.5～6	6～6.5	6.5～7	7～7.5	>7.5	%
有效波高（m）	≤0.25	0.0	0.3	0.3	1.0	0.8	0.6	0.0	0.0	0.0	0.0	0.0	3.0
	0.25～0.5	1.1	6.6	7.7	4.7	1.8	1.0	0.6	0.4	0.1	0.0	0.0	24.0
	0.5～0.75	2.6	5.5	4.0	1.8	1.5	0.7	0.7	0.0	0.0	0.0	0.0	16.8
	0.75～1	1.1	8.7	7.3	3.3	1.0	0.8	2.1	0.4	0.0	0.0	0.0	24.7
	1～1.25	0.0	0.6	3.1	3.3	1.2	0.2	0.7	0.4	0.0	0.0	0.0	9.4
	1.25～1.5	0.0	0.0	1.7	3.8	2.5	0.7	0.7	0.3	0.0	0.0	0.0	9.7
	1.5～1.75	0.0	0.0	0.1	1.3	0.8	0.5	0.9	0.4	0.0	0.0	0.0	3.9
	1.75～2	0.0	0.0	0.0	0.1	0.7	1.0	0.6	0.3	0.0	0.0	0.0	2.7
	2～2.25	0.0	0.0	0.0	0.0	0.1	0.5	0.2	0.3	0.0	0.0	0.0	1.1
	2.25～2.5	0.0	0.0	0.0	0.0	0.0	0.5	0.6	0.8	0.2	0.0	0.0	2.1
	>2.5	0.0	0.0	0.0	0.0	0.0	0.2	0.7	1.2	0.5	0.0	0.0	2.5
	%	4.8	21.7	24.1	19.2	10.4	6.5	7.8	4.6	0.8	0.0	0.0	100

表 4.27 ～表 4.29 给出了 W02 区块各调查站冬季波高、周期联合分布。W0201、W0202 和 W0203 有效波高均在 0.25 m ～ 0.50 m 之间频率最高，分别为 48.7%、43.9% 和 45.5%。W0201、W0203 平均周期在 3.0 s ～ 3.5 s 频率最高，分别为 30.8% 和 33.2%；W0202 平均周期在 3.0 s 以下频率最高，为 53.9%。

表4.27　W0201冬季有效波高、平均周期联合分布

		平均周期（s）											
		≤3	3～3.5	3.5～4	4～4.5	4.5～5	5～5.5	5.5～6	6～6.5	6.5～7	7～7.5	>7.5	%
有效波高（m）	≤0.25	2.9	7.7	5.2	0.9	0.3	0.0	0.0	0.0	0.0	0.0	0.0	17.0
	0.25～0.5	12.2	15.7	12.3	6.2	1.8	0.5	0.0	0.0	0.0	0.0	0.0	48.7
	0.5～0.75	1.8	3.4	3.9	3.0	1.0	0.6	0.2	0.0	0.0	0.0	0.0	13.9
	0.75～1	0.3	3.7	4.3	2.9	1.3	0.5	0.2	0.0	0.0	0.0	0.0	13.2
	1～1.25	0.0	0.3	1.3	1.6	0.6	0.3	0.2	0.0	0.0	0.0	0.0	4.3
	1.25～1.5	0.0	0.0	0.5	1.0	0.0	0.0	0.2	0.0	0.0	0.0	0.0	1.7
	1.5～1.75	0.0	0.0	0.0	0.2	0.0	0.1	0.0	0.0	0.0	0.0	0.0	0.3
	1.75～2	0.0	0.0	0.0	0.0	0.0	0.1	0.1	0.0	0.0	0.0	0.0	0.3
	2～2.25	0.0	0.0	0.0	0.0	0.0	0.0	0.1	0.0	0.0	0.0	0.0	0.1
	2.25～2.5	0.0	0.0	0.0	0.0	0.2	0.1	0.0	0.0	0.0	0.0	0.0	0.3
	>2.5	0.0	0.0	0.0	0.0	0.0	0.0	0.0	0.0	0.0	0.0	0.0	0.0
	%	17.3	30.8	27.4	15.8	5.3	2.4	0.9	0.1	0.0	0.0	0.0	100

表4.28　W0202冬季有效波高、平均周期联合分布

		平均周期（s）											
		≤3	3～3.5	3.5～4	4～4.5	4.5～5	5～5.5	5.5～6	6～6.5	6.5～7	7～7.5	>7.5	%
有效波高（m）	≤0.25	22.1	6.1	1.4	0.2	0.0	0.0	0.0	0.0	0.0	0.0	0.0	29.8
	0.25～0.5	26.7	10.1	4.9	1.8	0.3	0.0	0.0	0.0	0.0	0.0	0.0	43.9
	0.5～0.75	4.4	7.7	4.5	0.7	0.0	0.0	0.0	0.0	0.0	0.0	0.0	17.2
	0.75～1	0.6	2.8	2.4	0.7	0.0	0.0	0.0	0.0	0.0	0.0	0.0	6.5
	1～1.25	0.1	0.5	1.4	0.3	0.0	0.0	0.0	0.0	0.0	0.0	0.0	2.4
	1.25～1.5	0.0	0.0	0.0	0.2	0.0	0.0	0.0	0.0	0.0	0.0	0.0	0.2
	1.5～1.75	0.0	0.0	0.0	0.0	0.0	0.0	0.0	0.0	0.0	0.0	0.0	0.0
	1.75～2	0.0	0.0	0.0	0.0	0.0	0.0	0.0	0.0	0.0	0.0	0.0	0.0
	2～2.25	0.0	0.0	0.0	0.0	0.0	0.0	0.0	0.0	0.0	0.0	0.0	0.0
	2.25～2.5	0.0	0.0	0.0	0.0	0.0	0.0	0.0	0.0	0.0	0.0	0.0	0.0
	>2.5	0.0	0.0	0.0	0.0	0.0	0.0	0.0	0.0	0.0	0.0	0.0	0.0
	%	53.9	27.3	14.6	3.9	0.3	0.0	0.0	0.0	0.0	0.0	0.0	100

表4.29　W0203冬季有效波高、平均周期联合分布

		平均周期（s）											
		≤3	3～3.5	3.5～4	4～4.5	4.5～5	5～5.5	5.5～6	6～6.5	6.5～7	7～7.5	>7.5	%
有效波高（m）	≤0.25	1.8	6.7	6.6	4.1	2.6	1.4	0.9	0.2	0.0	0.0	0.0	24.4
	0.25～0.5	10.2	17.8	11.1	4.9	1.1	0.4	0.0	0.0	0.0	0.0	0.0	45.5
	0.5～0.75	0.7	8.4	5.6	0.4	0.0	0.0	0.0	0.0	0.0	0.0	0.0	15.1
	0.75～1	0.0	0.3	7.9	2.3	0.3	0.0	0.0	0.0	0.0	0.0	0.0	10.8
	1～1.25	0.0	0.0	1.2	1.5	0.1	0.0	0.0	0.0	0.0	0.0	0.0	2.8
	1.25～1.5	0.0	0.0	0.0	1.1	0.3	0.0	0.0	0.0	0.0	0.0	0.0	1.4
	1.5～1.75	0.0	0.0	0.0	0.0	0.0	0.0	0.0	0.0	0.0	0.0	0.0	0.0
	1.75～2	0.0	0.0	0.0	0.0	0.0	0.0	0.0	0.0	0.0	0.0	0.0	0.0
	2～2.25	0.0	0.0	0.0	0.0	0.0	0.0	0.0	0.0	0.0	0.0	0.0	0.0
	2.25～2.5	0.0	0.0	0.0	0.0	0.0	0.0	0.0	0.0	0.0	0.0	0.0	0.0
	>2.5	0.0	0.0	0.0	0.0	0.0	0.0	0.0	0.0	0.0	0.0	0.0	0.0
	%	12.7	33.2	32.5	14.3	4.4	1.8	0.9	0.2	0.0	0.0	0.0	100

4.4.2.2 波向

表 4.30 给出了 W02 区块各调查站波向频率。W0201、W0202 和 W0203 全年以南向浪为主（W0203 冬季除外，以北向浪为主）。W0201 春季、夏季和秋季主波向均为 SE，频率分别为 52.9%、37.6% 和 25.0%，冬季主波向为 ESE，频率为 24.9%。W0202 主波向季节分布与 W0201 完全一致，春季、夏季和秋季主波向也是 SE，频率分别为 46.6%、54.3% 和 12.5%，冬季主波向也是 ESE，频率为 27.0%。W0203 春季和秋季主波向为 SE，频率分别为 23.5% 和 13.9%，夏季主波向为 SSE，频率为 23.2%，冬季主波向为 NE，频率为 12.7%。

表4.30 W02区块各调查站波向频率

%

站名	季节	N	NNE	NE	ENE	E	ESE	SE	SSE	S	SSW	SW	WSW	W	WNW	NW	NNW	主波向
W0201	春季	0.0	0.0	0.0	0.3	2.2	4.8	52.9	20.7	13.4	4.0	1.2	0.2	0.3	0.0	0.0	0.0	SE
W0202		0.8	0.1	0.2	0.3	3.4	16.8	46.6	22.0	6.6	1.2	0.5	0.3	0.4	0.1	0.3	0.3	SE
W0203		2.1	2.8	5.5	12.5	16.0	6.2	23.5	17.7	6.7	1.8	1.4	0.7	0.4	0.7	1.0	1.0	SE
W0201	夏季	0.2	0.2	0.2	0.3	4.6	9.9	37.6	11.8	24.6	7.2	1.7	0.6	0.5	0.2	0.1	0.2	SE
W0202		0.0	0.1	0.0	0.1	2.3	15.2	54.3	26.1	1.6	0.2	0.0	0.1	0.0	0.1	0.0	0.1	SE
W0203		1.8	2.4	7.3	11.0	12.9	8.2	20.4	23.2	7.4	2.2	0.7	0.5	0.3	0.4	0.4	1.0	SSE
W0201	秋季	0.0	0.2	0.2	0.7	9.4	19.6	25.0	8.0	8.7	13.1	5.6	4.0	5.1	0.5	0.1	0.0	SE
W0202		3.1	3.7	5.2	7.6	11.0	9.9	12.5	9.1	6.6	6.9	6.5	3.1	3.4	3.3	3.9	4.2	SE
W0203		6.3	7.4	11.1	8.6	11.0	12.0	13.9	10.0	8.8	2.8	1.6	0.5	0.9	1.2	1.3	2.7	SE
W0201	冬季	0.0	0.0	0.0	0.8	14.5	24.9	23.1	7.0	9.0	8.6	3.6	3.1	4.3	0.7	0.3	0.0	ESE
W0202		0.6	0.7	1.3	7.0	20.4	27.0	13.8	7.5	7.7	1.9	1.9	2.6	4.6	1.7	1.0	0.5	ESE
W0203		10.1	8.0	12.7	10.3	5.4	3.5	3.0	3.0	4.1	3.6	3.9	3.7	4.3	3.5	8.4	12.5	NE

4.4.3 长江口海域调查数据分析

W0301号调查站位于该区中部，长江口北侧，调查站附近水深20 m左右；W0302号调查站位于该区南部，舟山群岛北侧长江口南侧，调查站附近水深10 m左右；W0303号调查站位于该区东南部，舟山群岛东侧，调查站附近水深40 m左右。

4.4.3.1 有效波高和平均周期

表4.31～表4.33给出了W03区块各调查站春季波高、周期联合分布。W0301和W0302有效波高在0.75 m～1.00 m之间频率最高，分别为38.2%和36.6%，W0303有效波高在0.25 m～0.50 m之间频率最高，为26.5%。W0301和W0302平均周期在4.0 s～4.5 s之间频率最高，分别为21.1%和20.6%；W0303平均周期在5.0 s～5.5 s频率最高，为23.0%。

表4.31 W0301春季有效波高、平均周期联合分布

		平均周期（s）											
		≤3	3～3.5	3.5～4	4～4.5	4.5～5	5～5.5	5.5～6	6～6.5	6.5～7	7～7.5	>7.5	%
有效波高（m）	≤0.25	0.0	0.0	0.0	0.0	0.0	0.0	0.0	0.0	0.0	0.0	0.0	0.0
	0.25～0.5	0.1	2.5	4.8	2.2	0.2	0.0	0.0	0.0	0.0	0.0	0.0	9.8
	0.5～0.75	0.4	2.9	7.2	8.6	2.9	0.5	0.1	0.0	0.0	0.0	0.0	22.7
	0.75～1	0.0	1.0	5.3	9.8	9.8	6.5	4.4	1.3	0.1	0.0	0.0	38.2
	1～1.25	0.0	0.0	0.0	0.4	2.0	3.6	3.0	2.5	0.4	0.2	0.1	12.2
	1.25～1.5	0.0	0.0	0.0	0.0	0.1	0.7	1.7	3.3	2.5	1.2	0.3	9.7
	1.5～1.75	0.0	0.0	0.0	0.0	0.0	0.0	0.0	0.4	0.8	0.7	0.8	2.8
	1.75～2	0.0	0.0	0.0	0.0	0.0	0.0	0.0	0.0	0.2	0.5	2.4	3.0
	2～2.25	0.0	0.0	0.0	0.0	0.0	0.0	0.0	0.0	0.0	0.0	0.6	0.6
	2.25～2.5	0.0	0.0	0.0	0.0	0.0	0.0	0.0	0.0	0.0	0.0	0.9	0.9
	>2.5	0.0	0.0	0.0	0.0	0.0	0.0	0.0	0.0	0.0	0.0	0.2	0.2
	%	0.5	6.4	17.3	21.1	14.9	11.3	9.3	7.5	3.9	2.6	5.2	100

表4.32　W0302春季有效波高、平均周期联合分布

		平均周期（s）											
		≤3	3~3.5	3.5~4	4~4.5	4.5~5	5~5.5	5.5~6	6~6.5	6.5~7	7~7.5	>7.5	%
有效波高（m）	≤0.25	0.0	0.0	0.0	0.0	0.0	0.0	0.0	0.0	0.0	0.0	0.0	0.0
	0.25~0.5	0.4	1.7	3.3	2.4	0.4	0.0	0.0	0.0	0.0	0.0	0.0	8.1
	0.5~0.75	0.2	2.4	7.3	8.2	4.5	1.2	0.1	0.0	0.0	0.0	0.0	23.9
	0.75~1	0.1	1.3	5.6	9.5	8.9	6.9	3.3	0.9	0.1	0.0	0.0	36.6
	1~1.25	0.0	0.0	0.2	0.5	2.2	3.9	3.8	2.5	1.0	0.1	0.0	14.3
	1.25~1.5	0.0	0.0	0.0	0.0	0.1	0.6	1.5	3.5	2.4	2.0	0.1	10.1
	1.5~1.75	0.0	0.0	0.0	0.0	0.0	0.0	0.1	0.2	0.3	0.8	1.1	2.5
	1.75~2	0.0	0.0	0.0	0.0	0.0	0.0	0.0	0.0	0.1	0.6	2.0	2.6
	2~2.25	0.0	0.0	0.0	0.0	0.0	0.0	0.0	0.0	0.0	0.0	1.0	1.0
	2.25~2.5	0.0	0.0	0.0	0.0	0.0	0.0	0.0	0.0	0.0	0.0	0.9	0.9
	>2.5	0.0	0.0	0.0	0.0	0.0	0.0	0.0	0.0	0.0	0.0	0.1	0.1
	%	0.7	5.4	16.5	20.6	16.0	12.6	8.6	7.2	3.9	3.5	5.1	100

表4.33　W0303春季有效波高、平均周期联合分布

		平均周期（s）											
		≤3	3~3.5	3.5~4	4~4.5	4.5~5	5~5.5	5.5~6	6~6.5	6.5~7	7~7.5	>7.5	%
有效波高（m）	≤0.25	0.0	0.0	0.0	0.0	0.0	0.0	0.0	0.0	0.1	0.0	0.0	0.1
	0.25~0.5	0.0	0.0	0.3	0.7	3.3	5.7	6.6	6.4	2.6	0.8	0.2	26.5
	0.5~0.75	0.0	0.0	0.3	2.2	5.9	5.5	2.6	1.8	0.5	0.1	0.0	18.8
	0.75~1	0.0	0.0	0.1	1.9	5.9	5.0	4.2	3.0	0.7	0.3	0.5	21.6
	1~1.25	0.0	0.0	0.1	0.4	3.7	2.6	1.8	1.4	0.8	0.4	0.3	11.4
	1.25~1.5	0.0	0.0	0.0	0.3	1.7	2.8	0.6	1.9	3.2	1.1	0.7	12.2
	1.5~1.75	0.0	0.0	0.0	0.0	0.1	0.8	0.5	0.7	1.1	0.8	0.2	4.0
	1.75~2	0.0	0.0	0.0	0.0	0.0	0.3	0.6	0.4	0.4	0.6	0.3	2.5
	2~2.25	0.0	0.0	0.0	0.0	0.0	0.4	0.3	0.2	0.1	0.1	0.1	1.1
	2.25~2.5	0.0	0.0	0.0	0.0	0.0	0.1	0.3	0.2	0.2	0.1	0.0	0.8
	>2.5	0.0	0.0	0.0	0.0	0.0	0.0	0.1	0.5	0.3	0.0	0.0	0.9
	%	0.0	0.0	0.7	5.4	20.4	23.0	17.6	16.3	9.8	4.4	2.3	100

表 4.34 ~表 4.36 给出了 W03 区块各调查站夏季波高、周期联合分布。W0301、W0302 和 W0303 有效波高在 0.75 m ~ 1.00 m 之间频率最高，分别为 31.2%、32.2% 和 25.1%。W0301 平均周期在 4.5 s ~ 5.0 s 之间频率最高，为 17.9%；W0302 和 W0303 平均周期在 5.0 s ~ 5.5 s 频率最高，分别为 18.1% 和 28.1%。

表4.34　W0301夏季有效波高、平均周期联合分布

		平均周期（s）											
		≤3	3～3.5	3.5～4	4～4.5	4.5～5	5～5.5	5.5～6	6～6.5	6.5～7	7～7.5	>7.5	%
有效波高（m）	≤0.25	0.0	0.1	0.1	0.1	0.0	0.0	0.0	0.0	0.0	0.0	0.0	0.2
	0.25～0.5	0.1	1.0	3.1	3.7	0.8	0.1	0.1	0.0	0.0	0.0	0.0	8.8
	0.5～0.75	0.1	0.6	2.7	4.2	4.8	1.7	0.6	0.0	0.0	0.0	0.0	14.7
	0.75～1	0.2	0.8	2.4	5.2	8.7	7.9	4.2	1.6	0.2	0.0	0.0	31.2
	1～1.25	0.0	0.0	0.1	1.0	3.3	5.3	4.3	2.5	1.1	0.1	0.0	17.7
	1.25～1.5	0.0	0.0	0.0	0.0	0.3	1.9	2.9	3.8	2.6	0.8	0.1	12.3
	1.5～1.75	0.0	0.0	0.0	0.0	0.0	0.0	0.3	0.4	1.1	0.9	0.9	3.7
	1.75～2	0.0	0.0	0.0	0.0	0.0	0.0	0.0	0.1	0.0	0.8	4.5	5.4
	2～2.25	0.0	0.0	0.0	0.0	0.0	0.0	0.0	0.0	0.0	0.1	2.8	2.8
	2.25～2.5	0.0	0.0	0.0	0.0	0.0	0.0	0.0	0.0	0.0	0.0	2.5	2.5
	>2.5	0.0	0.0	0.0	0.0	0.0	0.0	0.0	0.0	0.0	0.0	0.8	0.8
	%	0.4	2.5	8.4	14.2	17.9	16.8	12.4	8.4	5.0	2.6	11.4	100

表4.35　W0302夏季有效波高、平均周期联合分布

		平均周期（s）											
		≤3	3～3.5	3.5～4	4～4.5	4.5～5	5～5.5	5.5～6	6～6.5	6.5～7	7～7.5	>7.5	%
有效波高（m）	≤0.25	0.1	0.2	0.1	0.0	0.0	0.0	0.0	0.0	0.0	0.0	0.0	0.3
	0.25～0.5	0.3	1.0	3.0	2.8	0.7	0.0	0.0	0.0	0.0	0.0	0.0	7.7
	0.5～0.75	0.3	1.0	3.2	3.7	2.7	2.3	0.8	0.0	0.0	0.0	0.0	14.0
	0.75～1	0.1	0.7	3.1	6.0	7.0	8.3	5.0	1.8	0.2	0.0	0.0	32.2
	1～1.25	0.0	0.0	0.3	1.6	2.9	5.2	4.2	2.4	0.7	0.3	0.0	17.5
	1.25～1.5	0.0	0.0	0.0	0.1	0.4	2.2	3.0	3.4	2.1	0.9	0.7	12.9
	1.5～1.75	0.0	0.0	0.0	0.0	0.0	0.0	0.3	1.0	0.7	0.4	0.7	3.1
	1.75～2	0.0	0.0	0.0	0.0	0.0	0.0	0.0	0.1	0.3	0.8	3.2	4.4
	2～2.25	0.0	0.0	0.0	0.0	0.0	0.0	0.0	0.0	0.0	0.1	3.1	3.1
	2.25～2.5	0.0	0.0	0.0	0.0	0.0	0.0	0.0	0.0	0.0	0.0	3.0	3.0
	>2.5	0.0	0.0	0.0	0.0	0.0	0.0	0.0	0.0	0.0	0.0	1.7	1.7
	%	0.6	2.9	9.6	14.1	13.8	18.1	13.3	8.8	4.0	2.4	12.4	100

表4.36　W0303夏季有效波高、平均周期联合分布

		平均周期（s）											
		≤3	3～3.5	3.5～4	4～4.5	4.5～5	5～5.5	5.5～6	6～6.5	6.5～7	7～7.5	>7.5	%
有效波高（m）	≤0.25	0.0	0.0	0.0	0.0	0.0	0.0	0.0	0.0	0.0	0.0	0.0	0.0
	0.25～0.5	0.0	0.0	0.0	0.0	0.4	1.8	0.6	0.4	0.3	0.1	0.0	3.5
	0.5～0.75	0.0	0.0	0.0	0.1	3.4	8.8	3.8	1.2	0.1	0.2	0.2	17.9
	0.75～1	0.0	0.0	0.0	0.2	3.6	7.8	9.0	2.7	1.2	0.2	0.4	25.1
	1～1.25	0.0	0.0	0.0	0.2	1.9	5.0	6.9	3.5	0.6	0.3	1.4	19.8
	1.25～1.5	0.0	0.0	0.0	0.0	1.6	3.7	4.0	2.0	0.1	0.3	1.0	12.8
	1.5～1.75	0.0	0.0	0.0	0.0	0.3	0.7	1.3	1.0	0.9	0.1	0.3	4.7
	1.75～2	0.0	0.0	0.0	0.0	0.0	0.3	0.6	0.9	0.7	0.4	0.7	3.6
	2～2.25	0.0	0.0	0.0	0.0	0.0	0.0	0.2	0.4	0.2	0.4	0.2	1.3
	2.25～2.5	0.0	0.0	0.0	0.0	0.0	0.0	0.0	0.1	1.3	1.6	1.7	4.6
	>2.5	0.0	0.0	0.0	0.0	0.0	0.0	0.0	0.1	1.4	1.5	3.8	6.7
	%	0.0	0.0	0.0	0.4	11.2	28.1	26.6	12.3	6.8	5.0	9.6	100

表 4.37 ～表 4.39 给出了 W03 区块各调查站秋季波高、周期联合分布。W0301、W0302 和 W0303 有效波高在 0.75 m ～ 1.00 m 之间频率最高，分别为 27.6%、28.0% 和 24.7%。W0301 平均周期在 4.5 s ～ 5.0 s 之间频率最高，为 16.5%；W0302 平均周期在 4.0 s ～ 4.5 s 频率最高，为 16.3%；W0303 平均周期在 5.5 s ～ 6.0 s 之间频率最高，为 28.3%。

表4.37　W0301秋季有效波高、平均周期联合分布

		平均周期（s）											
		≤3	3～3.5	3.5～4	4～4.5	4.5～5	5～5.5	5.5～6	6～6.5	6.5～7	7～7.5	>7.5	%
有效波高（m）	≤0.25	0.2	0.2	0.0	0.0	0.0	0.0	0.0	0.0	0.0	0.0	0.0	0.4
	0.25～0.5	1.8	3.0	4.3	2.1	0.4	0.0	0.0	0.0	0.0	0.0	0.0	11.6
	0.5～0.75	1.3	2.7	4.3	4.0	2.6	0.8	0.1	0.0	0.0	0.0	0.0	15.7
	0.75～1	0.9	1.4	4.9	5.3	7.2	5.1	2.3	0.6	0.0	0.0	0.0	27.6
	1～1.25	0.0	0.0	0.7	3.0	4.9	3.4	2.3	2.1	0.6	0.2	0.0	17.2
	1.25～1.5	0.0	0.0	0.0	0.2	1.5	2.9	4.0	3.6	2.0	1.5	0.5	16.2
	1.5～1.75	0.0	0.0	0.0	0.0	0.0	0.1	0.7	2.7	1.3	1.2	0.9	6.9
	1.75～2	0.0	0.0	0.0	0.0	0.0	0.0	0.1	0.7	0.9	1.0	1.3	4.0
	2～2.25	0.0	0.0	0.0	0.0	0.0	0.0	0.0	0.0	0.0	0.0	0.3	0.3
	2.25～2.5	0.0	0.0	0.0	0.0	0.0	0.0	0.0	0.0	0.0	0.0	0.0	0.0
	>2.5	0.0	0.0	0.0	0.0	0.0	0.0	0.0	0.0	0.0	0.0	0.0	0.0
	%	4.1	7.4	14.1	14.7	16.5	12.4	9.4	9.6	4.8	3.8	3.1	100

表4.38 W0302秋季有效波高、平均周期联合分布

		平均周期（s）											
		≤3	3～3.5	3.5～4	4～4.5	4.5～5	5～5.5	5.5～6	6～6.5	6.5～7	7～7.5	>7.5	%
有效波高（m）	≤0.25	0.6	0.2	0.2	0.0	0.0	0.0	0.0	0.0	0.0	0.0	0.0	1.0
	0.25～0.5	2.7	3.3	3.7	1.5	0.1	0.0	0.0	0.0	0.0	0.0	0.0	11.3
	0.5～0.75	1.5	3.0	3.0	4.2	1.8	0.2	0.1	0.0	0.0	0.0	0.0	13.8
	0.75～1	1.3	2.1	5.5	6.9	5.7	4.4	1.9	0.2	0.0	0.0	0.0	28.0
	1～1.25	0.0	0.1	1.2	3.5	4.1	2.7	2.5	1.6	0.4	0.0	0.0	16.0
	1.25～1.5	0.0	0.0	0.0	0.2	2.2	3.3	4.1	4.2	2.5	0.9	0.0	17.4
	1.5～1.75	0.0	0.0	0.0	0.0	0.0	0.4	1.6	1.6	1.8	0.7	0.2	6.5
	1.75～2	0.0	0.0	0.0	0.0	0.0	0.0	0.3	0.9	2.3	1.2	0.6	5.2
	2～2.25	0.0	0.0	0.0	0.0	0.0	0.0	0.0	0.0	0.2	0.4	0.2	0.7
	2.25～2.5	0.0	0.0	0.0	0.0	0.0	0.0	0.0	0.0	0.0	0.0	0.1	0.1
	>2.5	0.0	0.0	0.0	0.0	0.0	0.0	0.0	0.0	0.0	0.0	0.0	0.0
	%	6.1	8.6	13.7	16.3	13.9	11.1	10.5	8.5	7.1	3.1	1.1	100

表4.39 W0303秋季有效波高、平均周期联合分布

		平均周期（s）											
		≤3	3～3.5	3.5～4	4～4.5	4.5～5	5～5.5	5.5～6	6～6.5	6.5～7	7～7.5	>7.5	%
有效波高（m）	≤0.25	0.0	0.0	0.0	0.0	0.0	0.0	0.0	0.0	0.0	0.0	0.0	0.0
	0.25～0.5	0.0	0.0	0.0	0.1	0.3	0.6	0.7	0.2	0.0	0.0	0.0	1.9
	0.5～0.75	0.0	0.0	0.1	1.0	3.3	3.9	4.3	1.2	0.0	0.0	0.0	13.8
	0.75～1	0.0	0.0	0.1	1.2	7.0	7.5	5.2	2.0	0.4	0.4	0.9	24.7
	1～1.25	0.0	0.0	0.0	1.0	2.6	2.8	4.0	1.5	0.4	0.1	0.3	12.8
	1.25～1.5	0.0	0.0	0.0	0.3	1.8	4.4	5.6	2.5	0.4	0.0	0.0	15.0
	1.5～1.75	0.0	0.0	0.0	0.0	0.5	2.1	3.8	2.3	0.4	0.0	0.0	9.1
	1.75～2	0.0	0.0	0.0	0.0	0.2	1.4	2.8	2.1	0.5	0.2	0.4	7.6
	2～2.25	0.0	0.0	0.0	0.0	0.0	0.4	0.4	1.2	0.5	0.1	0.1	2.8
	2.25～2.5	0.0	0.0	0.0	0.0	0.0	0.5	0.8	1.2	0.9	0.2	0.3	4.0
	>2.5	0.0	0.0	0.0	0.0	0.0	0.2	0.7	3.2	2.5	1.4	0.4	8.3
	%	0.0	0.0	0.2	3.5	15.7	23.8	28.3	17.5	6.0	2.5	2.4	100

表 4.40 ～表 4.42 给出了 W03 区块各调查站冬季波高、周期联合分布。W0301 和 W0303 有效波高在 0.75 m ～ 1.00 m 之间频率最高，分别为 23.1% 和 16.4%，W0302 有效波高在 1.25 m ～ 1.50 m 之间频率最高，为 22.3%。W0301 和 W0302 平均周期在 5.0 s ～ 5.5 s 之间频率最高，分别为 13.8% 和 13.7%；W0303 平均周期在 5.5 s ～ 6.0 s 频率最高，为 31.7%。

表4.40 W0301冬季有效波高、平均周期联合分布

		平均周期（s）											
		≤3	3～3.5	3.5～4	4～4.5	4.5～5	5～5.5	5.5～6	6～6.5	6.5～7	7～7.5	>7.5	%
有效波高（m）	≤0.25	0.6	0.1	0.3	0.1	0.0	0.0	0.0	0.0	0.0	0.0	0.0	1.1
	0.25～0.5	1.5	2.0	1.9	0.7	0.0	0.0	0.0	0.0	0.0	0.0	0.0	6.2
	0.5～0.75	1.1	1.1	3.2	2.9	1.5	0.0	0.0	0.0	0.0	0.0	0.0	9.8
	0.75～1	1.4	1.7	4.1	5.0	5.7	3.7	1.2	0.3	0.0	0.0	0.0	23.1
	1～1.25	0.0	0.0	1.3	2.8	3.8	4.5	3.1	1.4	0.2	0.1	0.0	17.1
	1.25～1.5	0.0	0.0	0.0	0.5	2.0	5.3	5.7	3.5	3.5	1.5	0.0	22.0
	1.5～1.75	0.0	0.0	0.0	0.0	0.0	0.4	2.5	2.3	2.3	2.3	0.2	9.9
	1.75～2	0.0	0.0	0.0	0.0	0.0	0.0	0.4	1.8	3.6	3.0	0.4	9.2
	2～2.25	0.0	0.0	0.0	0.0	0.0	0.0	0.0	0.1	0.4	0.9	0.3	1.6
	2.25～2.5	0.0	0.0	0.0	0.0	0.0	0.0	0.0	0.0	0.0	0.1	0.1	0.2
	>2.5	0.0	0.0	0.0	0.0	0.0	0.0	0.0	0.0	0.0	0.0	0.0	0.0
	%	4.6	5.0	10.8	11.9	12.9	13.8	12.9	9.3	10.0	7.7	1.1	100

表4.41 W0302冬季有效波高、平均周期联合分布

		平均周期（s）											
		≤3	3～3.5	3.5～4	4～4.5	4.5～5	5～5.5	5.5～6	6～6.5	6.5～7	7～7.5	>7.5	%
有效波高（m）	≤0.25	0.2	0.0	0.2	0.1	0.0	0.0	0.0	0.0	0.0	0.0	0.0	0.5
	0.25～0.5	1.3	1.5	1.7	1.1	0.1	0.0	0.0	0.0	0.0	0.0	0.0	5.8
	0.5～0.75	0.9	1.0	2.4	3.3	1.1	0.1	0.0	0.0	0.0	0.0	0.0	8.9
	0.75～1	0.4	1.7	3.1	4.9	4.9	5.0	1.2	0.1	0.0	0.0	0.0	21.3
	1～1.25	0.0	0.0	0.8	2.7	3.3	3.8	3.3	1.8	0.2	0.0	0.0	15.9
	1.25～1.5	0.0	0.0	0.0	0.4	2.5	4.2	5.5	5.7	3.3	0.6	0.0	22.3
	1.5～1.75	0.0	0.0	0.0	0.0	0.0	0.4	1.6	3.4	3.7	1.8	0.2	11.2
	1.75～2	0.0	0.0	0.0	0.0	0.0	0.1	0.2	2.1	4.1	2.5	1.1	10.0
	2～2.25	0.0	0.0	0.0	0.0	0.0	0.0	0.0	0.1	0.6	1.7	0.9	3.2
	2.25～2.5	0.0	0.0	0.0	0.0	0.0	0.0	0.0	0.0	0.0	0.3	0.7	1.0
	>2.5	0.0	0.0	0.0	0.0	0.0	0.0	0.0	0.0	0.0	0.0	0.0	0.0
	%	2.8	4.2	8.2	12.5	11.8	13.7	11.9	13.2	11.8	6.8	3.0	100

表4.42 W0303冬季有效波高、平均周期联合分布

		平均周期（s）											
		≤3	3～3.5	3.5～4	4～4.5	4.5～5	5～5.5	5.5～6	6～6.5	6.5～7	7～7.5	>7.5	%
有效波高（m）	≤0.25	0.0	0.0	0.0	0.0	0.0	0.0	0.0	0.0	0.0	0.0	0.0	0.0
	0.25～0.5	0.0	0.0	0.0	0.0	0.0	0.0	0.0	0.0	0.0	0.0	0.0	0.0
	0.5～0.75	0.0	0.0	0.0	0.0	0.8	1.6	1.0	0.7	0.1	0.0	0.0	4.3
	0.75～1	0.0	0.0	0.0	0.7	3.6	5.0	3.3	3.4	0.3	0.0	0.0	16.4
	1～1.25	0.0	0.0	0.0	0.3	2.9	3.6	5.3	1.6	0.2	0.1	0.0	13.9
	1.25～1.5	0.0	0.0	0.0	0.1	2.2	6.0	4.0	1.8	1.0	0.2	0.0	15.3
	1.5～1.75	0.0	0.0	0.0	0.1	0.5	3.4	4.1	1.9	0.7	0.3	0.0	10.9
	1.75～2	0.0	0.0	0.0	0.0	0.7	3.1	6.7	3.7	1.2	0.1	0.0	15.5
	2～2.25	0.0	0.0	0.0	0.0	0.1	0.9	2.1	2.7	0.1	0.0	0.0	5.9
	2.25～2.5	0.0	0.0	0.0	0.0	0.0	0.4	3.7	3.2	0.8	0.0	0.0	8.1
	>2.5	0.0	0.0	0.0	0.0	0.0	0.1	1.4	3.9	3.1	0.9	0.3	9.6
	%	0.0	0.0	0.0	1.2	10.8	24.1	31.7	22.9	7.5	1.5	0.3	100

4.4.3.2 波向

表 4.43 给出了 W03 区块各调查站波向频率。W0301、W0302 和 W0303 春季、夏季以南向浪为主，秋季、冬季以北向浪为主。春季，W0301、W0302 和 W0303 主波向分别为 SE、SSE 和 ESE，频率分别为 11.9%、10.9% 和 14.3%；夏季，W0301 主波向为 SSE，频率为 22.8%，W0302 和 W0303 主波向为 SE，频率分别为 20.8% 和 13.7%；秋季，W0301 主波向为 NNW，频率为 11.3%，W0302 和 W0303 主波向为 N，频率分别为 11.2% 和 11.0%；冬季，W0301、W0302 和 W0303 主波向均为 N，频率分别为 26.7%、27.1% 和 19.2%。

表4.43 W03区块各调查站波向频率

%

站名	季节	N	NNE	NE	ENE	E	ESE	SE	SSE	S	SSW	SW	WSW	W	WNW	NW	NNW	主波向
W0201	春季	5.8	7.6	7.4	7.3	8.4	8.4	11.9	11.7	7.4	5.7	5.0	2.6	1.2	1.6	3.0	4.9	SE
W0202		6.0	8.6	8.5	6.4	9.1	7.3	9.3	10.9	8.3	5.3	5.3	4.7	1.6	1.5	3.1	4.1	SSE
W0203		7.7	9.2	8.7	9.2	12.9	14.3	11.8	3.6	1.4	1.3	2.2	2.3	2.8	2.8	3.9	5.9	ESE
W0201	夏季	0.2	1.4	6.5	6.0	7.8	10.5	18.3	22.8	12.0	7.6	4.7	2.0	0.3	0.0	0.0	0.0	SSE
W0202		0.7	1.7	6.7	5.2	8.4	9.8	20.8	15.0	7.9	8.7	6.6	7.5	0.6	0.1	0.1	0.2	SE
W0203		8.5	9.9	8.7	8.5	12.2	12.7	13.7	3.1	2.3	1.5	2.2	2.0	2.4	3.2	3.7	5.4	SE
W0201	秋季	10.5	9.5	8.4	8.8	7.9	4.7	4.9	6.0	4.9	1.6	1.3	1.6	2.1	5.4	11.1	11.3	NNW
W0202		11.2	10.2	9.7	10.1	6.3	3.0	5.4	5.8	4.0	2.3	1.6	1.6	3.5	5.2	10.5	9.5	N
W0203		11.0	9.4	9.9	9.6	9.2	7.9	6.1	3.3	3.4	2.3	2.2	2.2	3.9	5.2	5.8	8.6	N
W0201	冬季	26.7	20.1	10.6	8.0	4.2	1.5	0.6	0.6	0.2	0.2	0.9	0.9	1.3	3.1	6.5	14.8	N
W0202		27.1	21.5	12.5	7.0	3.0	1.0	0.2	0.3	0.2	0.4	0.2	1.2	1.8	2.7	7.9	12.9	N
W0203		19.2	17.1	14.0	8.8	5.7	3.8	2.5	1.0	0.5	0.7	0.5	0.8	2.9	4.1	5.8	12.8	N

4.4.4 杭州湾及舟山群岛海域调查数据分析

W0401 调查站位于该区北部，崎岖列岛小洋山与大洋山之间，调查站附近水深 10 m 左右；W0402 调查站位于该区中央偏北，川胡列岛黄泽山东侧，调查站附近水深 22 m 左右；W0403 调查站位于该区东南部，舟山群岛东南部开阔海域，调查站附近水深 42 m 左右。

4.4.4.1 有效波高和平均周期

表 4.44 ～表 4.46 给出了 W04 区块各调查站春季波高、周期联合分布。W0401 有效波高在 0.25 m 以下频率最高，为 71.4%；W0402 有效波高在 0.25 m ～ 0.50 m 之间频率最高，为 45.4%；W0403 有效波高在 0.75 m ～ 1.00 m 之间频率最高，为 33.6%。W0401 平均周期在 3.0 s ～ 3.5 s 之间频率最高，为 34.9%；W0402 平均周期在 4.5 s ～ 5.0 s 之间频率最高，为 14.1%；W0403 平均周期在 5.0 s ～ 5.5 s 频率最高，为 23.7%。

表4.44 W0401春季有效波高、平均周期联合分布

		平均周期（s）											
		≤3	3～3.5	3.5～4	4～4.5	4.5～5	5～5.5	5.5～6	6～6.5	6.5～7	7～7.5	>7.5	%
有效波高（m）	≤0.25	17.1	24.2	13.0	7.3	4.4	2.4	1.1	0.7	0.8	0.1	0.2	71.4
	0.25～0.5	7.4	8.4	4.4	2.1	0.2	0.2	0.0	0.0	0.0	0.0	0.0	22.8
	0.5～0.75	0.5	1.9	1.1	1.2	0.1	0.0	0.0	0.0	0.0	0.0	0.0	4.9
	0.75～1	0.0	0.4	0.0	0.1	0.1	0.1	0.0	0.0	0.0	0.0	0.0	0.7
	1～1.25	0.0	0.0	0.0	0.0	0.0	0.1	0.0	0.0	0.0	0.0	0.0	0.1
	1.25～1.5	0.0	0.0	0.0	0.0	0.0	0.1	0.0	0.0	0.0	0.0	0.0	0.1
	1.5～1.75	0.0	0.0	0.0	0.0	0.0	0.0	0.0	0.0	0.0	0.0	0.0	0.0
	1.75～2	0.0	0.0	0.0	0.0	0.0	0.0	0.0	0.0	0.0	0.0	0.0	0.0
	2～2.25	0.0	0.0	0.0	0.0	0.0	0.0	0.0	0.0	0.0	0.0	0.0	0.0
	2.25～2.5	0.0	0.0	0.0	0.0	0.0	0.0	0.0	0.0	0.0	0.0	0.0	0.0
	>2.5	0.0	0.0	0.0	0.0	0.0	0.0	0.0	0.0	0.0	0.0	0.0	0.0
	%	25.0	34.9	18.5	10.7	4.9	3.0	1.1	0.7	0.8	0.1	0.2	100

表4.45 W0402春季有效波高、平均周期联合分布

		平均周期（s）											
		≤3	3～3.5	3.5～4	4～4.5	4.5～5	5～5.5	5.5～6	6～6.5	6.5～7	7～7.5	>7.5	%
有效波高（m）	≤0.25	0.0	0.0	0.0	0.0	0.0	0.2	0.3	1.1	1.9	1.8	3.9	9.3
	0.25～0.5	0.0	0.0	1.2	3.5	6.6	6.9	7.2	8.0	5.2	3.5	3.2	45.4
	0.5～0.75	0.0	0.0	2.3	4.0	3.9	2.6	2.3	2.4	1.3	1.3	0.9	21.1
	0.75～1	0.0	0.0	0.4	1.6	2.6	2.1	1.8	1.5	2.4	2.4	2.0	16.8
	1～1.25	0.0	0.0	0.0	0.3	0.7	0.6	0.4	0.5	0.7	0.4	0.8	4.5
	1.25～1.5	0.0	0.0	0.0	0.0	0.1	0.7	0.1	0.2	0.2	0.5	0.5	2.4
	1.5～1.75	0.0	0.0	0.0	0.0	0.0	0.2	0.0	0.1	0.0	0.0	0.1	0.3
	1.75～2	0.0	0.0	0.0	0.0	0.1	0.1	0.0	0.0	0.0	0.0	0.0	0.2
	2～2.25	0.0	0.0	0.0	0.0	0.0	0.0	0.0	0.0	0.0	0.0	0.0	0.0
	2.25～2.5	0.0	0.0	0.0	0.0	0.0	0.0	0.0	0.0	0.0	0.0	0.0	0.0
	>2.5	0.0	0.0	0.0	0.0	0.0	0.0	0.0	0.0	0.0	0.0	0.0	0.0
	%	0.0	0.0	4.0	9.5	14.1	13.5	12.2	13.8	11.8	9.9	11.3	100

表4.46 W0403春季有效波高、平均周期联合分布

		平均周期（s）											
		≤3	3～3.5	3.5～4	4～4.5	4.5～5	5～5.5	5.5～6	6～6.5	6.5～7	7～7.5	>7.5	%
有效波高（m）	≤0.25	0.0	0.0	0.0	0.0	0.0	0.0	0.0	0.0	0.0	0.0	0.0	0.0
	0.25～0.5	0.0	0.0	0.0	0.8	1.3	2.8	4.1	3.8	4.0	1.5	0.3	18.7
	0.5～0.75	0.0	0.0	0.3	1.7	4.4	5.8	3.4	3.0	1.9	0.4	0.1	21.0
	0.75～1	0.0	0.0	0.2	0.7	5.6	9.8	8.8	3.4	2.2	1.8	1.2	33.6
	1～1.25	0.0	0.0	0.1	0.2	2.0	2.9	3.0	2.1	1.0	0.2	0.5	11.9
	1.25～1.5	0.0	0.0	0.0	0.0	1.3	1.3	0.3	1.4	3.2	0.9	0.4	8.8
	1.5～1.75	0.0	0.0	0.0	0.0	0.5	0.7	0.7	0.4	0.4	0.6	0.2	3.5
	1.75～2	0.0	0.0	0.0	0.0	0.2	0.4	0.7	0.6	0.0	0.1	0.4	2.4
	2～2.25	0.0	0.0	0.0	0.0	0.0	0.1	0.0	0.1	0.0	0.0	0.0	0.1
	2.25～2.5	0.0	0.0	0.0	0.0	0.0	0.0	0.0	0.0	0.0	0.0	0.0	0.0
	>2.5	0.0	0.0	0.0	0.0	0.0	0.0	0.0	0.0	0.0	0.0	0.0	0.0
	%	0.0	0.0	0.5	3.3	15.3	23.7	21.1	14.9	12.7	5.4	3.1	100

表 4.47 ～表 4.49 给出了 W04 区块各调查站夏季波高、周期联合分布。W0401 有效波高在 0.25 m 以下频率最高，为 64.4%；W0402 有效波高在 0.25 m ～ 0.50 m 之间频率最高，为 52.5%；W0403 有效波高在 0.75 m ～ 1.00 m 之间频率最高，为 31.6%。W0401 平均周期在 3.0 s 以下频率最高，为 46.9%；W0402 和 W0403 平均周期在 5.5 s ～ 6.0 s 之间频率最高，分别为 19.0% 和 32.7%。

表4.47 W0401夏季有效波高、平均周期联合分布

		平均周期（s）											
		≤3	3～3.5	3.5～4	4～4.5	4.5～5	5～5.5	5.5～6	6～6.5	6.5～7	7～7.5	>7.5	%
有效波高（m）	≤0.25	30.6	21.4	8.7	1.4	0.8	0.5	0.5	0.3	0.2	0.1	0.0	64.4
	0.25～0.5	16.3	10.8	4.5	1.3	0.1	0.0	0.0	0.0	0.0	0.0	0.0	32.9
	0.5～0.75	0.0	0.8	0.8	0.2	0.2	0.3	0.0	0.0	0.0	0.0	0.0	2.3
	0.75～1	0.0	0.0	0.3	0.0	0.0	0.0	0.0	0.0	0.0	0.0	0.0	0.3
	1～1.25	0.0	0.0	0.0	0.0	0.0	0.0	0.0	0.0	0.0	0.0	0.0	0.0
	1.25～1.5	0.0	0.0	0.0	0.0	0.0	0.0	0.0	0.0	0.0	0.0	0.0	0.0
	1.5～1.75	0.0	0.0	0.0	0.0	0.0	0.0	0.0	0.0	0.0	0.0	0.0	0.0
	1.75～2	0.0	0.0	0.0	0.0	0.0	0.0	0.0	0.0	0.0	0.0	0.0	0.0
	2～2.25	0.0	0.0	0.0	0.0	0.0	0.0	0.0	0.0	0.0	0.0	0.0	0.0
	2.25～2.5	0.0	0.0	0.0	0.0	0.0	0.0	0.0	0.0	0.0	0.0	0.0	0.0
	>2.5	0.0	0.0	0.0	0.0	0.0	0.0	0.0	0.0	0.0	0.0	0.0	0.0
	%	46.9	32.9	14.3	3.0	1.2	0.8	0.5	0.3	0.2	0.1	0.0	100

表4.48 W0402夏季有效波高、平均周期联合分布

		平均周期（s）											
		≤3	3～3.5	3.5～4	4～4.5	4.5～5	5～5.5	5.5～6	6～6.5	6.5～7	7～7.5	>7.5	%
有效波高（m）	≤0.25	0.0	0.0	0.0	0.0	0.0	0.0	0.3	0.3	0.4	0.1	0.1	1.1
	0.25～0.5	0.0	0.0	0.1	1.8	7.3	10.2	13.3	9.1	5.6	3.4	1.7	52.5
	0.5～0.75	0.0	0.0	0.4	0.6	4.5	4.4	3.2	1.9	2.2	1.7	2.9	21.9
	0.75～1	0.0	0.0	0.1	0.6	2.8	2.8	2.0	1.1	0.7	0.4	1.5	12.1
	1～1.25	0.0	0.0	0.0	0.1	0.2	0.3	0.1	0.1	0.3	0.2	0.7	1.9
	1.25～1.5	0.0	0.0	0.0	0.0	0.0	0.0	0.0	0.5	0.4	0.4	0.8	2.3
	1.5～1.75	0.0	0.0	0.0	0.0	0.0	0.0	0.0	0.1	0.4	0.7	1.5	2.7
	1.75～2	0.0	0.0	0.0	0.0	0.0	0.0	0.0	0.1	0.4	0.4	1.6	2.4
	2～2.25	0.0	0.0	0.0	0.0	0.0	0.0	0.1	0.1	0.2	0.1	0.6	1.1
	2.25～2.5	0.0	0.0	0.0	0.0	0.0	0.0	0.0	0.1	0.2	0.0	0.6	0.8
	>2.5	0.0	0.0	0.0	0.0	0.0	0.0	0.0	0.1	0.1	0.2	0.8	1.2
	%	0.0	0.0	0.6	3.2	14.8	17.7	19.0	13.5	10.9	7.6	12.7	100

表4.49 W0403夏季有效波高、平均周期联合分布

		平均周期（s）											
		≤3	3～3.5	3.5～4	4～4.5	4.5～5	5～5.5	5.5～6	6～6.5	6.5～7	7～7.5	>7.5	%
有效波高（m）	≤0.25	0.0	0.0	0.0	0.0	0.0	0.0	0.0	0.0	0.0	0.0	0.0	0.0
	0.25～0.5	0.0	0.0	0.0	0.0	0.1	2.6	0.7	0.4	0.2	0.2	0.0	4.2
	0.5～0.75	0.0	0.0	0.0	0.0	0.8	4.6	1.6	0.2	0.8	0.3	0.8	9.1
	0.75～1	0.0	0.0	0.0	0.1	2.5	9.0	14.9	1.0	1.4	0.9	1.6	31.6
	1～1.25	0.0	0.0	0.0	0.0	0.2	2.1	5.4	1.0	0.0	0.9	2.7	12.2
	1.25～1.5	0.0	0.0	0.0	0.0	0.0	1.2	6.2	2.2	0.0	0.0	1.5	11.1
	1.5～1.75	0.0	0.0	0.0	0.0	0.0	1.3	1.4	1.9	1.1	0.0	0.0	5.7
	1.75～2	0.0	0.0	0.0	0.0	0.0	0.3	1.5	0.6	1.6	0.8	0.2	5.0
	2～2.25	0.0	0.0	0.0	0.0	0.0	0.0	0.7	0.6	1.4	0.8	0.4	3.9
	2.25～2.5	0.0	0.0	0.0	0.0	0.0	0.0	0.2	0.4	1.4	2.1	1.0	5.1
	>2.5	0.0	0.0	0.0	0.0	0.0	0.0	0.0	0.0	2.0	4.6	5.5	12.1
	%	0.0	0.0	0.0	0.1	3.6	21.2	32.7	8.2	9.9	10.7	13.6	100

表 4.50 ～表 4.52 给出了 W04 区块各调查站秋季波高、周期联合分布。W0401 和 W0402 有效波高在 0.75 m ～ 1.00 m 之间频率最高，分别为 28.0% 和 16.8%；W0403 有效波高在 0.50 m ～ 0.75 m 之间频率最高，为 24.2%。W0401 和 W0403 平均周期在 5.0 s ～ 5.5 s 之间频率最高，分别为 25.3% 和 23.9%；W0402 平均周期在 5.5 s ～ 6.0 s 之间频率最高，为 27.2%。

表4.50 W0401秋季有效波高、平均周期联合分布

		平均周期（s）											
		≤3	3～3.5	3.5～4	4～4.5	4.5～5	5～5.5	5.5～6	6～6.5	6.5～7	7～7.5	>7.5	%
有效波高（m）	≤0.25	0.0	0.0	0.0	0.0	0.0	0.0	0.0	0.0	0.0	0.0	0.0	0.0
	0.25～0.5	0.0	0.0	0.0	1.0	3.9	3.7	3.0	1.5	0.5	0.2	0.0	13.8
	0.5～0.75	0.0	0.0	0.1	1.9	5.3	4.9	3.8	2.9	0.8	0.1	0.2	19.9
	0.75～1	0.0	0.0	0.3	2.4	5.9	7.0	5.7	3.3	1.2	0.6	1.6	28.0
	1～1.25	0.0	0.0	0.0	0.3	2.7	4.1	2.9	1.2	0.5	0.3	0.2	12.3
	1.25～1.5	0.0	0.0	0.0	0.5	1.4	3.9	3.2	1.9	0.8	0.8	1.3	13.9
	1.5～1.75	0.0	0.0	0.0	0.0	0.3	0.5	0.6	0.4	0.5	0.3	0.6	3.4
	1.75～2	0.0	0.0	0.0	0.0	0.7	0.9	1.3	1.0	0.4	0.5	0.3	5.2
	2～2.25	0.0	0.0	0.0	0.0	0.3	0.2	0.8	0.6	0.2	0.1	0.0	2.2
	2.25～2.5	0.0	0.0	0.0	0.0	0.0	0.0	0.5	0.6	0.0	0.0	0.0	1.3
	>2.5	0.0	0.0	0.0	0.0	0.0	0.0	0.0	0.1	0.0	0.0	0.0	0.1
	%	0.0	0.0	0.4	6.2	20.5	25.3	21.8	13.7	5.0	3.0	4.3	100

表4.51 W0402秋季有效波高、平均周期联合分布

		平均周期（s）											
		≤3	3～3.5	3.5～4	4～4.5	4.5～5	5～5.5	5.5～6	6～6.5	6.5～7	7～7.5	>7.5	%
有效波高（m）	≤0.25	0.0	0.0	0.0	0.0	0.0	0.0	0.0	0.0	0.0	0.0	0.0	0.0
	0.25～0.5	0.0	0.0	0.0	0.0	0.3	0.7	0.8	0.6	0.3	0.0	0.0	2.7
	0.5～0.75	0.0	0.0	0.2	0.6	3.1	2.7	2.1	0.6	0.3	0.0	0.0	9.7
	0.75～1	0.0	0.0	0.0	1.7	3.2	2.6	4.3	2.8	0.7	0.4	1.0	16.8
	1～1.25	0.0	0.0	0.0	0.4	2.2	3.9	4.3	2.4	0.4	0.1	0.3	14.1
	1.25～1.5	0.0	0.0	0.0	0.2	1.2	4.1	5.8	3.6	1.0	0.1	0.0	16.0
	1.5～1.75	0.0	0.0	0.0	0.0	0.5	1.2	3.9	3.2	0.9	0.1	0.0	9.9
	1.75～2	0.0	0.0	0.0	0.0	0.3	1.4	3.3	3.6	0.7	0.4	0.4	10.1
	2～2.25	0.0	0.0	0.0	0.0	0.0	0.5	1.2	1.6	0.9	0.2	0.2	4.6
	2.25～2.5	0.0	0.0	0.0	0.0	0.0	0.3	0.7	1.4	0.7	0.4	0.3	3.8
	>2.5	0.0	0.0	0.0	0.0	0.0	0.0	0.7	3.6	4.6	2.5	0.8	12.3
	%	0.0	0.0	0.2	3.0	10.8	17.7	27.2	23.5	10.5	4.2	3.0	100

表4.52 W0403秋季有效波高、平均周期联合分布

		平均周期（s）											
		≤3	3～3.5	3.5～4	4～4.5	4.5～5	5～5.5	5.5～6	6～6.5	6.5～7	7～7.5	>7.5	%
有效波高（m）	≤0.25	0.0	0.0	0.0	0.0	0.0	0.0	0.0	0.0	0.0	0.0	0.0	0.0
	0.25～0.5	0.0	0.0	0.0	0.0	0.6	0.6	1.3	1.3	0.3	0.0	0.0	4.0
	0.5～0.75	0.0	0.0	0.0	0.6	4.9	7.1	6.4	3.9	1.2	0.1	0.0	24.2
	0.75～1	0.0	0.0	0.2	2.7	6.1	4.6	2.9	2.6	1.6	0.9	0.9	22.6
	1～1.25	0.0	0.0	0.1	0.5	2.3	1.9	1.2	1.1	1.0	0.2	0.2	8.5
	1.25～1.5	0.0	0.0	0.1	0.3	2.7	4.7	3.1	1.7	1.0	0.2	0.0	13.7
	1.5～1.75	0.0	0.0	0.0	0.2	0.8	2.3	2.8	1.5	0.9	0.4	0.1	9.1
	1.75～2	0.0	0.0	0.0	0.1	0.7	1.6	2.3	2.0	1.3	0.7	0.3	8.9
	2～2.25	0.0	0.0	0.0	0.0	0.2	0.7	0.7	0.6	0.6	0.3	0.3	3.3
	2.25～2.5	0.0	0.0	0.0	0.0	0.3	0.3	0.9	0.5	0.6	0.3	0.4	3.3
	>2.5	0.0	0.0	0.0	0.0	0.0	0.1	0.4	1.1	0.5	0.2	0.1	2.5
	%	0.0	0.0	0.5	4.4	18.5	23.9	22.0	16.2	9.0	3.4	2.2	100

表 4.53～表 4.55 给出了 W04 区块各调查站冬季波高、周期联合分布。W0401 有效波高在 0.25 m 以下频率最高，为 39.9%；W0402 和 W0403 有效波高在 0.75 m ～ 1.00 m 之间频率最高，分别为 26.3% 和 20.3%。W0401 平均周期在 3.0 s ～ 3.5 s 之间频率最高，为 33.4%；W0402 和 W0403 平均周期在 5.0 s ～ 5.5 s 频率最高，分别为 31.6% 和 28.0%。

表4.53 W0401冬季有效波高、平均周期联合分布

		平均周期（s）											
		≤3	3～3.5	3.5～4	4～4.5	4.5～5	5～5.5	5.5～6	6～6.5	6.5～7	7～7.5	>7.5	%
有效波高（m）	≤0.25	9.2	15.8	9.9	4.2	0.8	0.0	0.1	0.0	0.0	0.0	0.0	39.9
	0.25～0.5	11.4	10.0	9.4	2.8	0.4	0.0	0.0	0.0	0.0	0.0	0.0	34.1
	0.5～0.75	5.1	3.4	1.4	1.8	0.3	0.0	0.0	0.0	0.0	0.0	0.0	12.0
	0.75～1	0.9	4.2	1.8	1.8	1.4	0.6	0.0	0.0	0.0	0.0	0.0	10.7
	1～1.25	0.0	0.0	0.5	0.9	1.0	0.4	0.1	0.0	0.0	0.0	0.0	2.8
	1.25～1.5	0.0	0.0	0.0	0.1	0.1	0.1	0.1	0.0	0.0	0.0	0.0	0.5
	1.5～1.75	0.0	0.0	0.0	0.0	0.0	0.0	0.0	0.0	0.0	0.0	0.0	0.0
	1.75～2	0.0	0.0	0.0	0.0	0.0	0.0	0.0	0.0	0.0	0.0	0.0	0.0
	2～2.25	0.0	0.0	0.0	0.0	0.0	0.0	0.0	0.0	0.0	0.0	0.0	0.0
	2.25～2.5	0.0	0.0	0.0	0.0	0.0	0.0	0.0	0.0	0.0	0.0	0.0	0.0
	>2.5	0.0	0.0	0.0	0.0	0.0	0.0	0.0	0.0	0.0	0.0	0.0	0.0
	%	26.7	33.4	22.9	11.7	4.0	1.1	0.2	0.0	0.0	0.0	0.0	100

表4.54 W0402冬季有效波高、平均周期联合分布

		平均周期（s）											
		≤3	3～3.5	3.5～4	4～4.5	4.5～5	5～5.5	5.5～6	6～6.5	6.5～7	7～7.5	>7.5	%
有效波高（m）	≤0.25	0.0	0.0	0.0	0.0	0.0	0.0	0.0	0.0	0.0	0.0	0.0	0.0
	0.25～0.5	0.0	0.0	0.0	0.1	0.5	1.0	0.7	0.5	0.0	0.0	0.0	2.9
	0.5～0.75	0.0	0.0	0.0	1.0	2.6	4.6	2.1	1.2	0.3	0.0	0.0	11.8
	0.75～1	0.0	0.0	0.0	1.3	5.2	8.0	5.3	3.9	1.2	1.4	0.0	26.3
	1～1.25	0.0	0.0	0.0	0.3	4.1	4.9	3.9	1.8	0.7	0.3	0.1	16.3
	1.25～1.5	0.0	0.0	0.0	0.5	2.9	8.3	5.5	2.2	0.5	0.1	0.0	19.9
	1.5～1.75	0.0	0.0	0.0	0.0	0.9	2.7	4.3	2.2	0.3	0.0	0.0	10.5
	1.75～2	0.0	0.0	0.0	0.0	0.2	1.6	3.6	2.2	0.3	0.0	0.0	7.9
	2～2.25	0.0	0.0	0.0	0.0	0.0	0.4	1.2	1.3	0.3	0.1	0.0	3.3
	2.25～2.5	0.0	0.0	0.0	0.0	0.0	0.1	0.3	0.2	0.0	0.1	0.0	0.7
	>2.5	0.0	0.0	0.0	0.0	0.0	0.1	0.3	0.0	0.0	0.0	0.0	0.4
	%	0.0	0.0	0.0	3.3	16.4	31.6	27.3	15.6	3.7	2.0	0.1	100

表4.55 W0403冬季有效波高、平均周期联合分布

		平均周期（s）											
		≤3	3～3.5	3.5～4	4～4.5	4.5～5	5～5.5	5.5～6	6～6.5	6.5～7	7～7.5	>7.5	%
有效波高（m）	≤0.25	0.0	0.0	0.0	0.0	0.0	0.0	0.0	0.0	0.0	0.0	0.0	0.0
	0.25～0.5	0.0	0.0	0.0	0.0	0.0	0.1	0.0	0.7	0.4	0.2	0.0	1.3
	0.5～0.75	0.0	0.0	0.0	0.5	2.7	1.3	0.9	1.6	2.1	0.2	0.0	9.4
	0.75～1	0.0	0.0	0.0	1.3	4.8	4.3	3.6	3.6	1.5	1.0	0.4	20.3
	1～1.25	0.0	0.0	0.0	1.1	3.3	3.1	2.0	1.0	0.1	0.0	0.2	10.7
	1.25～1.5	0.0	0.0	0.0	0.3	5.2	6.4	2.9	2.6	1.0	0.1	0.0	18.6
	1.5～1.75	0.0	0.0	0.0	0.2	2.3	4.4	4.4	2.0	0.8	0.1	0.1	14.3
	1.75～2	0.0	0.0	0.0	0.0	1.5	3.8	4.0	1.2	0.6	0.0	0.1	11.0
	2～2.25	0.0	0.0	0.0	0.0	0.1	2.4	2.8	0.8	0.0	0.0	0.0	6.1
	2.25～2.5	0.0	0.0	0.0	0.0	0.0	1.4	1.4	0.6	0.0	0.0	0.0	3.4
	>2.5	0.0	0.0	0.0	0.0	0.0	0.8	1.8	1.2	0.9	0.2	0.0	4.9
	%	0.0	0.0	0.0	3.4	19.9	28.0	23.8	15.3	7.3	1.6	0.7	100

4.4.4.2 波向

表 4.56 给出了 W04 区块各调查站波向频率。W0401 和 W0402 全年以北向浪为主，W0403 夏季以北向浪为主，其他 3 个季节以南向浪为主。春季，W0401、W0402 和 W0403 主波向分别为 N、NNW 和 SE，频率分别为 65.2%、35.7% 和 12.4%；夏季，W0401 主波向为 N，频率为 41.3%，W0402 和 W0403 主波向为 NNW，频率分别为 84.3% 和 29.5%；秋季，W0401、W0402 和 W0403 主波向分别为 NNE、ENE 和 ESE，频率为 18.9%、10.0% 和 15.4%；冬季，W0401 和 W0402 主波向为 NNE，频率分别为 34.6% 和 28.9%，W0403 主波向为 ESE，频率为 14.9%。

表4.56 W04区块各调查站波向频率

%

站名	季节	N	NNE	NE	ENE	E	ESE	SE	SSE	S	SSW	SW	WSW	W	WNW	NW	NNW	主波向
W0201	春季	65.2	7.4	4.7	2.3	2.6	1.8	1.1	0.8	0.3	0.4	0.1	0.3	0.4	0.4	1.5	10.8	N
W0202		6.0	0.7	0.4	0.7	0.7	3.0	17.4	9.6	3.4	1.4	1.2	3.2	5.2	6.7	4.8	35.7	NNW
W0203		7.7	8.6	7.9	4.8	7.3	9.9	12.4	9.0	7.0	4.8	3.6	3.0	3.1	2.7	3.3	5.0	SE
W0201	夏季	41.3	11.5	3.2	1.7	1.8	2.4	6.2	14.3	3.6	1.1	0.2	0.3	0.4	1.4	3.6	7.2	N
W0202		7.0	0.4	0.2	0.3	0.1	0.3	0.9	0.2	0.0	0.0	0.4	0.1	0.1	0.4	5.3	84.3	NNW
W0203		18.2	7.0	3.1	1.3	1.4	0.5	0.4	0.4	0.4	0.1	0.4	0.3	4.0	9.8	23.1	29.5	NNW
W0201	秋季	17.6	18.9	12.1	7.4	7.2	6.4	7.1	5.1	2.5	0.7	0.4	1.1	1.2	2.0	3.1	7.1	NNE
W0202		4.6	5.5	8.4	10.0	9.0	7.8	6.6	4.7	5.8	6.0	5.5	6.7	6.4	5.2	3.9	4.0	ENE
W0203		9.1	14.0	12.9	9.8	11.6	15.4	11.2	4.7	2.2	1.3	0.7	0.8	0.7	0.9	1.6	3.0	ESE
W0201	冬季	21.8	34.6	9.7	3.9	4.8	3.4	2.8	1.6	0.3	0.1	0.0	0.1	1.6	3.6	4.8	7.1	NNE
W0202		20.9	28.9	9.7	5.6	4.9	4.2	3.8	1.8	1.6	1.0	0.4	0.3	2.4	2.6	4.1	7.9	NNE
W0203		14.0	12.2	9.8	7.3	11.0	14.9	12.7	6.1	2.3	1.5	1.0	0.8	0.6	0.6	1.3	4.0	ESE

4.4.5 浙江中部海域调查数据分析

W0501 调查站位于该区东部，位于渔山列岛东部海域 3.6 km 处，距象山港 54 km，水深 37 m；W0502 调查站位于该区北部，位于象山港和三门湾之间，韭山列岛南部，海图水深 15 m；W0503 调查站位于该区南部，大陈岛东侧约 1 km 处，调查站附近水深 15 m 左右。

4.4.5.1 有效波高和平均周期

表 4.57 ~ 表 4.59 给出了 W05 区块各调查站春季波高、周期联合分布。W0501 有效波高在 1.25 m ~ 1.50 m 之间频率最高，为 27.5%；W0502 和 W0503 有效波高 0.75 m ~ 1.00 m 之间频率最高，分别为 36.4% 和 31.3%。W0501 平均周期在 4.0 s ~ 4.5 s 之间频率最高，为 29.5%；W0502 平均周期在 3.5 s ~ 4.0 s 之间频率最高，为 27.2%；W0503 平均周期在 4.5 s ~ 5.0 s 之间频率最高，为 38.5%。

表4.57 W0501春季有效波高、平均周期联合分布

		平均周期（s）											
		≤3	3~3.5	3.5~4	4~4.5	4.5~5	5~5.5	5.5~6	6~6.5	6.5~7	7~7.5	>7.5	%
有效波高（m）	≤0.25	0.0	0.0	0.0	0.0	0.0	0.0	0.0	0.0	0.0	0.0	0.0	0.0
	0.25~0.5	0.0	0.0	0.0	0.0	1.5	3.3	1.5	0.1	0.0	0.0	0.0	6.4
	0.5~0.75	0.0	0.1	2.4	1.1	0.3	0.2	0.2	0.0	0.0	0.0	0.0	4.4
	0.75~1	0.0	0.6	1.7	3.2	4.8	4.3	1.8	0.2	0.0	0.0	0.0	16.5
	1~1.25	0.0	0.0	2.2	8.2	3.8	2.5	2.6	0.7	0.0	0.0	0.0	20.0
	1.25~1.5	0.0	0.0	1.6	12.9	5.0	2.1	3.1	1.5	1.0	0.4	0.0	27.5
	1.5~1.75	0.0	0.0	0.0	3.5	6.2	1.0	0.4	0.6	0.3	0.2	0.2	12.3
	1.75~2	0.0	0.0	0.1	0.6	4.0	1.5	0.7	1.8	0.4	0.1	0.1	9.3
	2~2.25	0.0	0.0	0.0	0.0	0.4	0.6	0.2	0.5	0.0	0.0	0.0	1.7
	2.25~2.5	0.0	0.0	0.0	0.0	0.0	0.0	0.4	0.4	0.0	0.0	0.0	0.8
	>2.5	0.0	0.0	0.0	0.0	0.0	0.0	0.2	0.6	0.2	0.0	0.0	1.1
	%	0.0	0.6	8.0	29.5	26.0	15.4	11.2	6.3	1.9	0.6	0.3	100

表4.58　W0502春季有效波高、平均周期联合分布

		平均周期（s）											
		≤3	3～3.5	3.5～4	4～4.5	4.5～5	5～5.5	5.5～6	6～6.5	6.5～7	7～7.5	>7.5	%
有效波高（m）	≤0.25	0.0	0.0	0.0	0.0	0.0	0.0	0.0	0.0	0.0	0.0	0.0	0.0
	0.25～0.5	1.7	4.4	4.2	1.7	0.8	0.0	0.0	0.0	0.0	0.0	0.0	12.7
	0.5～0.75	0.8	2.3	2.2	3.3	4.9	0.8	0.1	0.0	0.0	0.0	0.0	14.5
	0.75～1	1.1	9.7	9.7	6.3	4.7	3.4	1.6	0.0	0.0	0.0	0.0	36.4
	1～1.25	0.1	2.6	6.7	1.3	0.9	3.0	1.1	0.0	0.0	0.0	0.0	15.6
	1.25～1.5	0.0	0.8	4.2	4.3	0.4	0.9	1.8	0.8	0.3	0.0	0.0	13.5
	1.5～1.75	0.0	0.0	0.2	1.3	0.3	0.1	0.7	0.9	0.0	0.0	0.0	3.5
	1.75～2	0.0	0.0	0.0	0.2	0.0	0.2	0.6	0.9	0.3	0.0	0.0	2.2
	2～2.25	0.0	0.0	0.0	0.0	0.0	0.1	0.1	0.2	0.0	0.0	0.0	0.4
	2.25～2.5	0.0	0.0	0.0	0.0	0.0	0.1	0.5	0.3	0.0	0.0	0.0	0.8
	>2.5	0.0	0.0	0.0	0.0	0.0	0.0	0.2	0.1	0.0	0.0	0.0	0.3
	%	3.7	19.7	27.2	18.4	11.9	8.6	6.7	3.1	0.6	0.0	0.0	100

表4.59　W0503春季有效波高、平均周期联合分布

		平均周期（s）											
		≤3	3～3.5	3.5～4	4～4.5	4.5～5	5～5.5	5.5～6	6～6.5	6.5～7	7～7.5	>7.5	%
有效波高（m）	≤0.25	0.0	0.0	0.0	0.2	0.3	0.0	0.1	0.0	0.0	0.0	0.0	0.6
	0.25～0.5	0.0	0.0	0.1	3.3	3.1	2.6	1.0	0.5	0.0	0.0	0.0	10.5
	0.5～0.75	0.0	0.0	1.3	1.5	3.0	2.2	1.2	0.6	0.0	0.0	0.0	9.8
	0.75～1	0.0	0.0	0.5	5.7	15.7	7.2	1.8	0.3	0.2	0.0	0.0	31.3
	1～1.25	0.0	0.0	0.0	2.9	9.3	3.4	2.8	1.2	0.1	0.0	0.0	19.7
	1.25～1.5	0.0	0.0	0.0	1.8	6.4	4.1	2.0	0.5	0.0	0.0	0.0	14.8
	1.5～1.75	0.0	0.0	0.0	0.1	0.8	4.0	0.8	0.1	0.3	0.0	0.0	6.0
	1.75～2	0.0	0.0	0.0	0.0	0.0	2.3	2.0	0.3	0.5	0.0	0.0	5.2
	2～2.25	0.0	0.0	0.0	0.0	0.0	0.3	0.8	0.3	0.2	0.0	0.0	1.5
	2.25～2.5	0.0	0.0	0.0	0.0	0.0	0.0	0.0	0.5	0.1	0.0	0.0	0.6
	>2.5	0.0	0.0	0.0	0.0	0.0	0.0	0.0	0.0	0.2	0.0	0.0	0.2
	%	0.0	0.0	1.9	15.4	38.5	26.0	12.5	4.3	1.4	0.0	0.0	100

表 4.60 ～表 4.62 给出了 W05 区块各调查站夏季波高、周期联合分布。W0501 有效波高在 1.25 m ～ 1.50 m 之间频率最高，为 27.7%；W0502 有效波高在 0.75 m ～ 1.00 m 之间频率最高，为 34.1%；W0503 有效波高在 2.50 m 以上频率最高，为 21.2%。W0501 平均周期在 4.5 s ～ 5.0 s 之间频率最高，为 27.6%；W0502 平均周期在 3.0 s ～ 3.5 s 之间频率最高，为 32.2%；W0503 平均周期在 5.0 s ～ 5.5 s 之间频率最高，为 26.5%。

表4.60　W0501夏季有效波高、平均周期联合分布

		平均周期（s）											
		≤3	3～3.5	3.5～4	4～4.5	4.5～5	5～5.5	5.5～6	6～6.5	6.5～7	7～7.5	>7.5	%
有效波高（m）	≤0.25	0.0	0.0	0.0	0.0	0.0	0.0	0.0	0.0	0.0	0.0	0.0	0.0
	0.25～0.5	0.0	0.0	0.0	0.0	0.0	0.0	0.0	0.0	0.0	0.0	0.0	0.0
	0.5～0.75	0.0	0.0	0.3	1.9	1.9	0.4	0.0	0.0	0.0	0.0	0.0	4.5
	0.75～1	0.0	0.0	2.4	8.8	5.8	7.3	1.6	0.3	0.0	0.0	0.0	26.3
	1～1.25	0.0	0.0	1.3	3.8	4.2	5.3	2.5	0.9	0.4	0.0	0.0	18.3
	1.25～1.5	0.0	0.0	0.2	6.3	8.5	4.9	4.1	2.7	0.7	0.2	0.0	27.7
	1.5～1.75	0.0	0.0	0.0	1.6	4.4	0.8	1.9	1.0	0.3	0.3	0.1	10.3
	1.75～2	0.0	0.0	0.0	0.0	2.7	2.8	2.1	1.3	0.2	0.8	0.2	10.1
	2～2.25	0.0	0.0	0.0	0.0	0.0	0.8	0.7	0.3	0.1	0.1	0.1	2.1
	2.25～2.5	0.0	0.0	0.0	0.0	0.0	0.4	0.3	0.0	0.0	0.0	0.0	0.7
	>2.5	0.0	0.0	0.0	0.0	0.0	0.0	0.0	0.0	0.0	0.0	0.0	0.0
	%	0.0	0.0	4.1	22.4	27.6	22.8	13.2	6.5	1.7	1.3	0.3	100

表4.61　W0502夏季有效波高、平均周期联合分布

		平均周期（s）											
		≤3	3～3.5	3.5～4	4～4.5	4.5～5	5～5.5	5.5～6	6～6.5	6.5～7	7～7.5	>7.5	%
有效波高（m）	≤0.25	0.0	0.0	0.0	0.0	0.0	0.0	0.0	0.0	0.0	0.0	0.0	0.0
	0.25～0.5	3.2	1.7	1.7	0.1	0.0	0.0	0.0	0.0	0.0	0.0	0.0	6.8
	0.5～0.75	6.7	12.1	6.1	1.4	0.3	0.1	0.0	0.0	0.0	0.0	0.0	26.7
	0.75～1	3.9	16.2	5.8	3.3	2.2	2.0	0.5	0.1	0.0	0.0	0.0	34.1
	1～1.25	0.0	1.4	0.6	0.4	0.6	0.4	0.1	0.1	0.0	0.0	0.0	3.6
	1.25～1.5	0.0	0.8	3.2	2.5	1.2	0.0	0.0	0.4	0.0	0.0	0.0	8.1
	1.5～1.75	0.0	0.0	0.8	1.7	0.3	0.8	0.8	0.1	0.0	0.0	0.0	4.5
	1.75～2	0.0	0.0	0.0	0.7	0.4	0.1	1.5	1.5	0.6	0.0	0.0	4.8
	2～2.25	0.0	0.0	0.0	0.0	0.1	0.1	0.1	0.3	0.6	0.1	0.0	1.4
	2.25～2.5	0.0	0.0	0.0	0.0	0.1	0.1	0.2	0.3	0.1	0.0	0.0	0.9
	>2.5	0.0	0.0	0.0	0.0	0.6	0.8	2.3	1.4	1.1	1.9	1.1	9.2
	%	13.8	32.2	18.3	10.1	5.9	4.4	5.4	4.3	2.5	1.9	1.1	100

表4.62 W0503夏季有效波高、平均周期联合分布

		平均周期（s）											
		≤3	3～3.5	3.5～4	4～4.5	4.5～5	5～5.5	5.5～6	6～6.5	6.5～7	7～7.5	>7.5	%
有效波高（m）	≤0.25	0.0	0.0	0.0	0.0	0.0	0.0	0.0	0.0	0.0	0.0	0.0	0.0
	0.25～0.5	0.0	0.8	1.9	1.1	0.8	0.0	0.0	0.0	0.0	0.0	0.0	4.5
	0.5～0.75	0.0	1.6	1.6	3.7	2.4	1.7	0.2	0.1	0.0	0.0	0.0	11.2
	0.75～1	0.0	0.0	0.1	1.1	1.0	3.3	0.9	0.6	0.2	0.0	0.0	7.2
	1～1.25	0.0	0.0	0.0	0.5	0.3	8.3	2.8	1.5	0.1	0.0	0.0	13.6
	1.25～1.5	0.0	0.0	0.0	0.0	0.4	9.9	5.3	1.1	0.3	0.1	0.1	17.2
	1.5～1.75	0.0	0.0	0.0	0.0	0.1	2.7	5.1	1.5	0.0	0.1	0.3	9.9
	1.75～2	0.0	0.0	0.0	0.0	0.0	0.5	3.6	2.8	0.4	0.1	0.4	7.8
	2～2.25	0.0	0.0	0.0	0.0	0.0	0.1	0.2	0.8	0.9	0.2	0.1	2.3
	2.25～2.5	0.0	0.0	0.0	0.0	0.0	0.1	0.5	1.5	1.6	1.1	0.2	5.1
	>2.5	0.0	0.0	0.0	0.0	0.0	0.0	0.3	2.3	4.1	4.0	10.4	21.2
	%	0.0	2.3	3.6	6.4	5.1	26.5	19.0	12.2	7.8	5.6	11.5	100

表 4.63 ～表 4.65 给出了 W05 区块各调查站秋季波高、周期联合分布。W0501 有效波高在 0.75 m ～ 1.00 m 之间频率最高，为 21.7%；W0502 和 W0503 有效波高 1.25 m ～ 1.50 m 之间频率最高，分别为 20.3% 和 21.3%。W0501 平均周期在 5.5 s ～ 6.0 s 之间频率最高，为 20.2%；W0502 和 W0503 平均周期在 4.0 s ～ 4.5 s 之间频率最高，分别为 25.8% 和 23.0%。

表4.63 W0501秋季有效波高、平均周期联合分布

		平均周期（s）											
		≤3	3～3.5	3.5～4	4～4.5	4.5～5	5～5.5	5.5～6	6～6.5	6.5～7	7～7.5	>7.5	%
有效波高（m）	≤0.25	0.0	0.0	0.0	0.0	0.0	0.0	0.0	0.0	0.0	0.0	0.0	0.0
	0.25～0.5	0.0	0.0	0.0	0.3	2.3	2.1	1.1	3.4	2.9	0.8	0.1	13.0
	0.5～0.75	0.0	0.0	0.0	0.6	5.8	4.7	2.9	1.7	2.6	1.0	0.5	19.7
	0.75～1	0.0	0.0	0.0	0.3	2.0	5.2	5.4	2.3	4.3	1.8	0.4	21.7
	1～1.25	0.0	0.0	0.0	0.0	0.0	0.6	5.2	3.3	1.6	0.5	0.0	11.1
	1.25～1.5	0.0	0.0	0.0	0.0	0.0	0.4	5.4	5.7	4.1	3.3	2.0	20.9
	1.5～1.75	0.0	0.0	0.0	0.0	0.0	0.0	0.2	1.8	1.9	2.2	0.4	6.6
	1.75～2	0.0	0.0	0.0	0.0	0.0	0.0	0.0	0.9	1.3	1.1	0.0	3.3
	2～2.25	0.0	0.0	0.0	0.0	0.0	0.0	0.0	0.0	0.2	0.5	0.1	0.8
	2.25～2.5	0.0	0.0	0.0	0.0	0.0	0.0	0.0	0.1	0.9	1.0	0.0	2.0
	>2.5	0.0	0.0	0.0	0.0	0.0	0.0	0.0	0.0	0.2	0.4	0.3	0.9
	%	0.0	0.0	0.0	1.3	10.0	12.9	20.2	19.2	20.1	12.6	3.8	100

表4.64　W0502秋季有效波高、平均周期联合分布

		平均周期（s）											
		≤3	3～3.5	3.5～4	4～4.5	4.5～5	5～5.5	5.5～6	6～6.5	6.5～7	7～7.5	>7.5	%
有效波高（m）	≤0.25	0.0	0.0	0.0	0.0	0.0	0.0	0.0	0.0	0.0	0.0	0.0	0.0
	0.25～0.5	0.0	0.5	1.9	3.0	1.7	0.2	0.0	0.0	0.0	0.0	0.0	7.2
	0.5～0.75	2.4	4.9	1.9	1.4	0.4	0.1	0.0	0.0	0.0	0.0	0.0	11.0
	0.75～1	0.5	3.2	5.6	2.4	1.1	0.9	0.2	0.0	0.0	0.0	0.0	13.9
	1～1.25	0.0	0.6	5.4	4.5	1.4	0.8	0.1	0.1	0.0	0.0	0.0	12.8
	1.25～1.5	0.0	0.0	6.1	9.9	3.1	1.0	0.3	0.0	0.0	0.0	0.0	20.3
	1.5～1.75	0.0	0.0	0.4	3.5	3.8	1.5	1.0	0.1	0.1	0.0	0.0	10.3
	1.75～2	0.0	0.0	0.0	0.5	2.4	3.1	4.3	1.7	1.0	0.3	0.0	13.2
	2～2.25	0.0	0.0	0.0	0.5	1.4	0.6	1.8	1.2	0.3	0.0	0.0	5.8
	2.25～2.5	0.0	0.0	0.0	0.1	1.0	2.2	0.6	1.0	0.1	0.1	0.0	5.0
	>2.5	0.0	0.0	0.0	0.0	0.1	0.2	0.0	0.0	0.1	0.0	0.0	0.3
	%	2.8	9.2	21.3	25.8	16.4	10.3	8.2	4.0	1.6	0.4	0.0	100

表4.65　W0503秋季有效波高、平均周期联合分布

		平均周期（s）											
		≤3	3～3.5	3.5～4	4～4.5	4.5～5	5～5.5	5.5～6	6～6.5	6.5～7	7～7.5	>7.5	%
有效波高（m）	≤0.25	0.0	0.0	0.0	0.0	0.0	0.0	0.0	0.0	0.0	0.0	0.0	0.0
	0.25～0.5	0.0	0.3	2.4	3.8	0.6	0.1	0.0	0.0	0.0	0.0	0.0	7.2
	0.5～0.75	0.0	0.1	2.6	5.5	0.9	0.0	0.0	0.0	0.0	0.0	0.0	9.2
	0.75～1	0.0	0.0	2.4	3.4	3.2	1.0	0.1	0.0	0.0	0.0	0.0	10.1
	1～1.25	0.0	0.0	0.5	5.3	4.9	2.4	0.3	0.0	0.0	0.0	0.0	13.5
	1.25～1.5	0.0	0.0	0.0	4.9	7.6	6.7	1.5	0.6	0.0	0.0	0.0	21.3
	1.5～1.75	0.0	0.0	0.0	0.1	2.7	5.4	2.0	0.3	0.0	0.0	0.0	10.6
	1.75～2	0.0	0.0	0.0	0.0	0.4	2.8	4.7	2.6	0.6	0.0	0.0	11.0
	2～2.25	0.0	0.0	0.0	0.0	0.0	0.6	3.1	3.3	1.6	0.4	0.0	9.0
	2.25～2.5	0.0	0.0	0.0	0.0	0.0	0.0	0.8	2.1	2.6	1.3	0.1	6.8
	>2.5	0.0	0.0	0.0	0.0	0.0	0.0	0.1	0.3	0.9	0.1	0.0	1.3
	%	0.0	0.5	8.0	23.0	20.3	19.0	12.6	9.1	5.7	1.7	0.1	100

表 4.66 ～表 4.68 给出了 W05 区块各调查站冬季波高、周期联合分布。W0501 有效波高在 1.25 m ～ 1.50 m 之间频率最高，为 25.1%；W0502 和 W0503 有效波高 0.75 m ～ 1.00 m 之间频率最高，分别为 28.3% 和 34.9%。W0501 平均周期在 5.5 s ～ 6.0 s 之间频率最高，为 25.4%；W0502 平均周期在 3.5 s ～ 4.0 s 之间频率最高，为 34.9%；W0503 平均周期在 4.5 s ～ 5.0 s 之间频率最高，为 38.4%。

表4.66　W0501冬季有效波高、平均周期联合分布

		平均周期（s）											
		≤3	3～3.5	3.5～4	4～4.5	4.5～5	5～5.5	5.5～6	6～6.5	6.5～7	7～7.5	>7.5	%
有效波高（m）	≤0.25	0.0	0.0	0.0	0.0	0.0	0.0	0.0	0.0	0.0	0.0	0.0	0.0
	0.25～0.5	0.0	0.0	0.0	0.0	0.0	0.0	0.0	0.1	0.4	1.2	0.7	2.4
	0.5～0.75	0.0	0.0	0.0	0.1	0.5	0.1	0.1	1.8	1.7	1.7	0.2	6.2
	0.75～1	0.0	0.0	0.0	0.5	4.3	3.5	3.3	2.2	1.2	0.4	0.2	15.7
	1～1.25	0.0	0.0	0.0	0.1	1.0	4.3	4.2	3.0	0.6	0.3	0.6	14.2
	1.25～1.5	0.0	0.0	0.0	0.0	0.2	5.3	9.0	4.8	2.9	1.0	2.0	25.1
	1.5～1.75	0.0	0.0	0.0	0.0	0.0	1.6	6.3	5.9	1.8	0.9	0.3	16.8
	1.75～2	0.0	0.0	0.0	0.0	0.0	0.1	2.4	5.4	2.5	1.0	1.1	12.5
	2～2.25	0.0	0.0	0.0	0.0	0.0	0.0	0.2	0.9	0.6	0.0	0.9	2.7
	2.25～2.5	0.0	0.0	0.0	0.0	0.0	0.0	0.0	0.4	0.9	0.2	0.1	1.7
	>2.5	0.0	0.0	0.0	0.0	0.0	0.0	0.0	0.3	1.3	0.4	0.8	2.8
	%	0.0	0.0	0.0	0.7	6.1	14.9	25.4	24.8	13.9	7.1	7.1	100

表4.67　W0502冬季有效波高、平均周期联合分布

		平均周期（s）											
		≤3	3～3.5	3.5～4	4～4.5	4.5～5	5～5.5	5.5～6	6～6.5	6.5～7	7～7.5	>7.5	%
有效波高（m）	≤0.25	0.0	0.0	0.0	0.0	0.0	0.0	0.0	0.0	0.0	0.0	0.0	0.0
	0.25～0.5	0.0	0.1	0.0	0.0	0.0	0.0	0.0	0.0	0.0	0.0	0.0	0.1
	0.5～0.75	0.7	3.3	3.0	1.3	0.3	0.2	0.0	0.0	0.0	0.0	0.0	8.9
	0.75～1	1.2	15.0	8.3	3.4	0.4	0.0	0.0	0.0	0.0	0.0	0.0	28.3
	1～1.25	0.1	9.7	10.7	2.8	0.0	0.0	0.0	0.0	0.0	0.0	0.0	23.4
	1.25～1.5	0.0	2.8	11.6	6.2	0.5	0.0	0.0	0.0	0.0	0.0	0.0	21.0
	1.5～1.75	0.0	0.0	1.0	3.3	1.7	0.1	0.0	0.0	0.0	0.0	0.0	6.1
	1.75～2	0.0	0.0	0.3	1.9	4.2	1.4	0.0	0.0	0.0	0.0	0.0	7.8
	2～2.25	0.0	0.0	0.0	0.1	0.4	1.4	0.8	0.0	0.0	0.0	0.0	2.6
	2.25～2.5	0.0	0.0	0.0	0.0	0.0	1.0	0.7	0.0	0.0	0.0	0.0	1.7
	>2.5	0.0	0.0	0.0	0.0	0.0	0.1	0.1	0.0	0.0	0.0	0.0	0.1
	%	2.0	30.9	34.9	19.0	7.6	4.1	1.5	0.0	0.0	0.0	0.0	100

表4.68 W0503冬季有效波高、平均周期联合分布

		平均周期（s）											
		≤3	3～3.5	3.5～4	4～4.5	4.5～5	5～5.5	5.5～6	6～6.5	6.5～7	7～7.5	>7.5	%
有效波高（m）	≤0.25	0.0	0.0	0.0	0.0	0.0	0.0	0.0	0.0	0.0	0.0	0.0	0.0
	0.25～0.5	0.0	0.0	0.0	0.0	0.0	0.0	0.0	0.0	0.0	0.0	0.0	0.0
	0.5～0.75	0.0	0.0	0.1	0.8	0.1	0.1	0.0	0.0	0.0	0.0	0.0	1.1
	0.75～1	0.0	0.1	4.4	13.3	14.9	2.2	0.0	0.0	0.0	0.0	0.0	34.9
	1～1.25	0.0	0.0	0.1	6.9	11.7	4.7	0.3	0.0	0.0	0.0	0.0	23.7
	1.25～1.5	0.0	0.0	0.0	4.0	9.7	4.7	0.6	0.0	0.0	0.0	0.0	19.0
	1.5～1.75	0.0	0.0	0.0	0.2	1.7	4.2	1.5	0.1	0.0	0.0	0.0	7.6
	1.75～2	0.0	0.0	0.0	0.0	0.3	2.8	3.4	1.6	0.3	0.0	0.0	8.4
	2～2.25	0.0	0.0	0.0	0.0	0.0	0.1	0.5	1.0	0.9	0.0	0.0	2.5
	2.25～2.5	0.0	0.0	0.0	0.0	0.0	0.0	0.3	1.5	0.5	0.3	0.0	2.6
	>2.5	0.0	0.0	0.0	0.0	0.0	0.0	0.0	0.1	0.1	0.1	0.0	0.3
	%	0.0	0.1	4.7	25.3	38.4	18.6	6.5	4.4	1.7	0.4	0.0	100

4.4.5.2 波向

表 4.69 给出了 W05 区块各调查站波向频率。春季，W0501、W0502 和 W0503 主波向分别为 NNE、ESE 和 ENE，频率分别为 26.9%、31.8% 和 51.7%；夏季，W0501、W0502 和 W0503 主波向分别为 SW、E 和 SE，频率分别为 12.7%、22.7% 和 18.1%；秋季，W0501、W0502 和 W0503 主波向分别为 SSE、ENE 和 ENE，频率分别为 13.6%、39.4% 和 69.9%；冬季，W0501、W0502 和 W0503 主波向分别为 NE、NE 和 ENE，频率分别为 19.4%、23.6% 和 57.6%。

表4.69 W05区块各调查站波向频率

%

站名	季节	N	NNE	NE	ENE	E	ESE	SE	SSE	S	SSW	SW	WSW	W	WNW	NW	NNW	主波向
W0201	春季	25.7	26.9	13.7	3.2	1.0	0.2	0.3	0.0	0.7	1.1	2.8	3.8	4.9	3.0	6.2	6.3	NNE
W0202		0.0	2.2	2.8	10.8	23.1	31.8	18.7	10.1	0.5	0.0	0.0	0.0	0.0	0.0	0.0	0.0	ESE
W0203		0.8	1.3	21.6	51.7	10.6	5.1	3.3	1.1	0.3	0.5	0.7	0.5	0.8	0.8	0.6	0.5	ENE
W0201	夏季	10.8	9.1	9.2	2.6	1.8	1.0	1.9	2.6	8.6	7.6	12.7	7.0	7.2	3.9	9.0	4.9	SW
W0202		5.4	2.2	8.9	21.2	22.7	18.0	16.7	4.4	0.1	0.0	0.0	0.0	0.0	0.0	0.0	0.3	E
W0203		5.6	6.4	8.0	6.9	9.5	17.4	18.1	3.3	3.1	1.7	4.0	3.3	3.3	3.7	3.7	2.1	SE
W0201	秋季	0.9	1.9	2.7	3.1	4.0	7.7	12.2	13.6	11.2	7.9	6.7	7.4	8.8	7.6	2.9	1.5	SSE
W0202		0.2	1.5	19.0	39.4	32.7	7.2	0.0	0.0	0.0	0.0	0.0	0.0	0.0	0.0	0.0	0.0	ENE
W0203		0.5	0.7	2.4	69.9	19.3	1.4	1.2	0.9	0.4	0.6	0.4	0.6	0.4	0.2	0.6	0.6	ENE
W0201	冬季	13.1	11.2	19.4	4.0	6.4	2.2	7.4	4.0	8.7	2.1	4.4	1.9	3.2	2.5	4.9	4.4	NE
W0202		6.8	17.4	23.6	22.9	23.0	6.2	0.1	0.0	0.0	0.0	0.0	0.0	0.0	0.0	0.0	0.0	NE
W0203		0.0	0.5	39.9	57.6	1.9	0.1	0.0	0.0	0.0	0.0	0.0	0.0	0.0	0.0	0.0	0.0	ENE

4.4.6 浙江南部海域调查数据分析

W0601 调查站位于该区东部，位于温州外海域，水深约 70 m；W0602 调查站位于该区北部，三盘岛北侧约 4 km，水深约 10 m；W0603 调查站位于该区南部，南麂岛三盘尾东南侧约 2 km ，水深约 20 m。

4.4.6.1 有效波高和平均周期

表 4.70 ～表 4.72 给出了 W06 区块各调查站春季波高、周期联合分布。W0601 和 W0603 有效波高在 0.75 m ～ 1.00 m 之间频率最高，分别为 21.0% 和 30.0%；W0602 和有效波高 0.25 m ～ 0.50 m 之间频率最高，为 28.5%。W0601 平均周期在 5.5 s ～ 6.0 s 之间频率最高，为 34.7%；W0602 和 W0603 平均周期在 4.5 s ～ 5.0 s 之间频率最高，分别为 33.3% 和 31.3%。

表4.70 W0601春季有效波高、平均周期联合分布

		平均周期（s）											
		≤3	3～3.5	3.5～4	4～4.5	4.5～5	5～5.5	5.5～6	6～6.5	6.5～7	7～7.5	>7.5	%
有效波高（m）	≤0.25	0.0	0.0	0.0	0.0	0.0	0.0	0.0	0.0	0.0	0.0	0.0	0.0
	0.25～0.5	0.0	0.0	0.0	0.0	0.0	0.0	0.0	0.3	0.1	0.0	0.0	0.4
	0.5～0.75	0.0	0.0	0.0	0.0	0.4	3.9	6.7	2.4	0.3	0.0	0.0	13.6
	0.75～1	0.0	0.0	0.0	0.3	3.5	7.4	7.1	2.8	0.0	0.0	0.0	21.0
	1～1.25	0.0	0.0	0.0	0.0	1.3	6.4	6.4	2.9	0.7	0.1	0.0	17.8
	1.25～1.5	0.0	0.0	0.0	0.0	1.3	6.5	5.6	2.1	0.6	0.1	0.7	16.8
	1.5～1.75	0.0	0.0	0.0	0.0	0.0	3.3	3.3	1.7	0.3	0.4	0.6	9.6
	1.75～2	0.0	0.0	0.0	0.0	0.0	1.9	2.4	1.1	0.4	0.0	0.7	6.5
	2～2.25	0.0	0.0	0.0	0.0	0.0	0.3	1.5	0.8	0.3	0.1	0.3	3.3
	2.25～2.5	0.0	0.0	0.0	0.0	0.0	0.1	1.3	1.1	0.0	0.3	0.1	2.9
	>2.5	0.0	0.0	0.0	0.0	0.0	0.0	0.6	2.6	2.0	2.4	0.6	8.1
	%	0.0	0.0	0.0	0.3	6.4	29.8	34.7	17.7	4.7	3.5	3.0	100

表4.71 W0602春季有效波高、平均周期联合分布

		平均周期（s）											
		≤3	3～3.5	3.5～4	4～4.5	4.5～5	5～5.5	5.5～6	6～6.5	6.5～7	7～7.5	>7.5	%
有效波高（m）	≤0.25	0.0	0.0	0.0	0.0	0.1	1.0	0.4	0.2	0.1	0.0	0.0	1.9
	0.25～0.5	0.0	0.0	0.4	3.4	10.4	8.0	4.4	1.5	0.3	0.1	0.0	28.5
	0.5～0.75	0.0	0.1	0.7	6.3	8.0	5.4	2.2	1.5	0.6	0.1	0.0	24.9
	0.75～1	0.0	0.0	1.8	7.8	6.9	4.0	1.5	1.9	1.3	0.0	0.0	25.3
	1～1.25	0.0	0.0	0.3	3.8	4.2	1.3	0.3	1.1	0.3	0.0	0.0	11.3
	1.25～1.5	0.0	0.0	0.6	0.9	2.9	0.7	0.3	0.4	0.1	0.0	0.0	5.8
	1.5～1.75	0.0	0.0	0.1	0.2	0.6	0.1	0.3	0.6	0.0	0.0	0.0	1.9
	1.75～2	0.0	0.0	0.0	0.0	0.1	0.3	0.0	0.0	0.0	0.0	0.0	0.3
	2～2.25	0.0	0.0	0.0	0.0	0.0	0.0	0.0	0.0	0.0	0.0	0.0	0.0
	2.25～2.5	0.0	0.0	0.0	0.0	0.0	0.0	0.0	0.0	0.0	0.0	0.0	0.0
	>2.5	0.0	0.0	0.0	0.0	0.0	0.0	0.0	0.0	0.0	0.0	0.0	0.0
	%	0.0	0.1	3.9	22.4	33.3	20.8	9.6	7.2	2.6	0.2	0.0	100

表4.72 W0603春季有效波高、平均周期联合分布

		平均周期（s）											
		≤3	3～3.5	3.5～4	4～4.5	4.5～5	5～5.5	5.5～6	6～6.5	6.5～7	7～7.5	>7.5	%
有效波高（m）	≤0.25	0.0	0.0	0.0	0.0	0.0	0.0	0.0	0.0	0.0	0.0	0.0	0.0
	0.25～0.5	0.0	0.0	0.0	0.0	0.1	0.1	0.3	0.0	0.0	0.0	0.0	0.6
	0.5～0.75	0.0	0.0	0.0	1.3	4.9	3.8	2.5	0.1	0.0	0.0	0.0	12.5
	0.75～1	0.0	0.0	0.3	3.1	10.4	8.6	5.1	2.4	0.1	0.0	0.0	30.0
	1～1.25	0.0	0.0	0.0	2.2	6.0	6.0	3.1	1.0	0.1	0.0	0.0	18.3
	1.25～1.5	0.0	0.0	0.0	1.5	7.2	7.6	1.9	1.3	0.0	0.0	0.0	19.6
	1.5～1.75	0.0	0.0	0.0	0.0	2.1	2.5	1.8	0.8	0.1	0.0	0.0	7.4
	1.75～2	0.0	0.0	0.0	0.0	0.6	1.4	2.8	1.3	0.7	0.0	0.0	6.7
	2～2.25	0.0	0.0	0.0	0.0	0.0	0.1	0.4	0.8	0.6	0.1	0.0	2.1
	2.25～2.5	0.0	0.0	0.0	0.0	0.0	0.0	0.0	0.1	0.6	0.0	0.0	0.7
	>2.5	0.0	0.0	0.0	0.0	0.0	0.0	0.0	0.4	1.3	0.4	0.1	2.2
	%	0.0	0.0	0.3	8.1	31.3	30.1	17.9	8.2	3.5	0.6	0.1	100

表 4.73 ～表 4.75 给出了 W06 区块各调查站夏季波高、周期联合分布。W0601 和 W0603 有效波高在 2.50 m 以上频率最高，分别为 33.2% 和 18.1%；W0602 有效波高 0.25 m ～ 0.50 m 之间频率最高，为 38.4%。W0601 平均周期在 7.5 s 以上频率最高，为 26.0%；W0602 平均周期在 3.5 s ～ 4.0 s 之间频率最高，为 26.4%；W0603 平均周期在 4.5 s ～ 5.0 s 之间频率最高，为 15.8%。

表4.73 W0601夏季有效波高、平均周期联合分布

		平均周期（s）											
		≤3	3～3.5	3.5～4	4～4.5	4.5～5	5～5.5	5.5～6	6～6.5	6.5～7	7～7.5	>7.5	%
有效波高（m）	≤0.25	0.0	0.0	0.0	0.0	0.0	0.0	0.0	0.0	0.0	0.0	0.0	0.0
	0.25～0.5	0.0	0.0	0.0	0.0	0.0	1.5	1.9	1.7	1.0	0.0	0.0	6.1
	0.5～0.75	0.0	0.0	0.0	0.0	1.3	2.5	0.8	1.0	2.4	0.0	0.0	7.9
	0.75～1	0.0	0.0	0.0	0.0	1.4	2.5	1.3	0.7	2.4	1.1	0.1	9.4
	1～1.25	0.0	0.0	0.0	0.0	0.6	1.5	2.6	2.8	1.0	0.8	0.7	10.0
	1.25～1.5	0.0	0.0	0.0	0.0	0.6	0.4	3.5	2.5	1.4	0.7	0.3	9.3
	1.5～1.75	0.0	0.0	0.0	0.0	0.0	0.0	3.3	1.7	1.4	0.6	0.3	7.2
	1.75～2	0.0	0.0	0.0	0.0	0.0	0.0	1.5	3.8	1.0	0.1	0.0	6.4
	2～2.25	0.0	0.0	0.0	0.0	0.0	0.0	0.3	1.4	1.4	0.6	0.6	4.2
	2.25～2.5	0.0	0.0	0.0	0.0	0.0	0.0	0.4	1.7	1.0	1.3	1.9	6.3
	>2.5	0.0	0.0	0.0	0.0	0.0	0.0	0.1	0.0	3.9	7.0	22.2	33.2
	%	0.0	0.0	0.0	0.0	3.8	8.5	15.8	17.1	16.7	12.2	26.0	100

表4.74 W0602夏季有效波高、平均周期联合分布

		平均周期（s）											
		≤3	3～3.5	3.5～4	4～4.5	4.5～5	5～5.5	5.5～6	6～6.5	6.5～7	7～7.5	>7.5	%
有效波高（m）	≤0.25	0.0	0.1	3.2	2.5	1.7	1.1	0.7	0.5	0.1	0.0	0.0	9.9
	0.25～0.5	0.0	2.2	17.0	11.9	4.0	2.2	0.9	0.2	0.1	0.0	0.0	38.4
	0.5～0.75	0.0	1.3	6.3	7.2	1.7	0.6	0.2	0.0	0.0	0.1	0.4	17.9
	0.75～1	0.0	0.2	1.0	3.3	1.7	1.1	0.5	0.0	0.4	0.6	0.1	8.8
	1～1.25	0.0	0.0	0.0	0.8	0.8	1.3	0.9	0.2	0.2	0.2	0.1	4.4
	1.25～1.5	0.0	0.0	0.0	0.6	1.6	1.5	1.1	0.4	0.3	0.2	0.9	6.6
	1.5～1.75	0.0	0.0	0.0	0.0	0.4	0.6	0.7	0.2	0.3	0.3	0.1	2.5
	1.75～2	0.0	0.0	0.0	0.0	0.0	0.0	0.0	0.3	0.7	0.4	0.2	1.6
	2～2.25	0.0	0.0	0.0	0.0	0.0	0.0	0.1	0.4	0.8	0.5	0.2	2.0
	2.25～2.5	0.0	0.0	0.0	0.0	0.0	0.0	0.0	0.2	0.6	1.0	1.1	3.0
	>2.5	0.0	0.0	0.0	0.0	0.0	0.0	0.0	0.0	0.1	1.0	3.7	4.8
	%	0.0	3.9	27.5	26.4	11.8	8.3	5.1	2.5	3.6	4.3	6.7	100

表4.75 W0603夏季有效波高、平均周期联合分布

		平均周期（s）											
		≤3	3～3.5	3.5～4	4～4.5	4.5～5	5～5.5	5.5～6	6～6.5	6.5～7	7～7.5	>7.5	%
有效波高（m）	≤0.25	0.0	0.0	0.0	0.0	0.0	0.0	0.0	0.0	0.0	0.0	0.0	0.0
	0.25～0.5	0.0	0.7	6.3	2.6	1.9	0.4	0.1	0.0	0.0	0.0	0.0	12.1
	0.5～0.75	0.0	0.0	1.7	1.8	2.2	1.7	1.4	0.3	0.0	0.0	0.0	9.0
	0.75～1	0.0	0.0	0.7	4.0	3.1	2.2	2.5	1.0	0.1	0.0	0.0	13.6
	1～1.25	0.0	0.0	0.3	2.8	2.9	3.1	1.3	1.4	0.3	0.7	0.3	12.9
	1.25～1.5	0.0	0.0	0.0	1.1	4.0	2.9	2.5	1.1	0.8	0.4	0.1	13.1
	1.5～1.75	0.0	0.0	0.0	0.0	1.4	3.2	1.1	0.4	0.3	0.1	0.7	7.2
	1.75～2	0.0	0.0	0.0	0.0	0.3	1.3	1.5	0.7	1.3	0.7	0.6	6.3
	2～2.25	0.0	0.0	0.0	0.0	0.0	0.1	0.1	0.3	0.4	0.8	1.5	3.3
	2.25～2.5	0.0	0.0	0.0	0.0	0.0	0.0	0.6	0.1	0.1	0.8	2.8	4.4
	>2.5	0.0	0.0	0.0	0.0	0.0	0.0	0.3	1.8	4.0	2.2	9.7	18.1
	%	0.0	0.7	8.9	12.4	15.8	14.9	11.4	7.1	7.4	5.8	15.7	100

表 4.76 ～表 4.78 给出了 W06 区块各调查站秋季波高、周期联合分布。W0601 有效波高在 2.50 m 以上频率最高，为 27.6%；W0602 有效波高 0.75 m ～ 1.00 m 之间频率最高，为 26.0%；W0603 有效波高 0.25 m ～ 0.50 m 之间频率最高，为 20.0%。W0601 平均周期在 6.5 s ～ 7.0 s 之间频率最高，为 19.4%；W0602 和 W0603 平均周期在 4.5 s ～ 5.0 s 之间频率最高，分别为 26.7% 和 17.2%。

表4.76　W0601秋季有效波高、平均周期联合分布

		平均周期（s）											
		≤3	3～3.5	3.5～4	4～4.5	4.5～5	5～5.5	5.5～6	6～6.5	6.5～7	7～7.5	>7.5	%
有效波高（m）	≤0.25	0.0	0.0	0.0	0.0	0.0	0.0	0.0	0.0	0.0	0.0	0.0	0.0
	0.25～0.5	0.0	0.0	0.0	0.0	0.0	0.0	0.3	0.1	0.1	0.0	0.0	0.6
	0.5～0.75	0.0	0.0	0.0	0.0	0.0	0.8	1.4	1.8	0.8	0.0	0.0	4.9
	0.75～1	0.0	0.0	0.0	0.0	2.2	5.4	1.0	0.0	1.7	0.1	0.0	10.4
	1～1.25	0.0	0.0	0.0	0.0	0.1	3.2	2.4	0.6	0.0	1.4	0.3	7.9
	1.25～1.5	0.0	0.0	0.0	0.0	0.1	3.3	1.9	2.6	1.8	0.4	0.6	10.8
	1.5～1.75	0.0	0.0	0.0	0.0	0.0	1.8	2.6	1.1	0.7	0.3	0.0	6.5
	1.75～2	0.0	0.0	0.0	0.0	0.0	0.4	4.9	5.3	1.3	0.3	0.3	12.4
	2～2.25	0.0	0.0	0.0	0.0	0.0	0.0	1.9	3.2	3.2	1.3	0.1	9.7
	2.25～2.5	0.0	0.0	0.0	0.0	0.0	0.0	0.4	1.1	4.4	1.1	2.1	9.2
	>2.5	0.0	0.0	0.0	0.0	0.0	0.0	0.3	2.5	5.4	5.6	13.9	27.6
	%	0.0	0.0	0.0	0.0	2.5	15.0	17.1	18.3	19.4	10.4	17.2	100

表4.77　W0602秋季有效波高、平均周期联合分布

		平均周期（s）											
		≤3	3～3.5	3.5～4	4～4.5	4.5～5	5～5.5	5.5～6	6～6.5	6.5～7	7～7.5	>7.5	%
有效波高（m）	≤0.25	0.0	0.0	0.0	0.3	0.2	0.4	0.2	0.1	0.0	0.0	0.0	1.3
	0.25～0.5	0.0	0.3	3.8	4.3	2.8	2.1	1.0	1.1	0.3	0.2	0.0	16.0
	0.5～0.75	0.0	0.1	3.2	2.6	1.5	1.0	0.9	0.4	0.1	0.0	0.2	10.2
	0.75～1	0.0	0.0	1.0	7.1	8.4	4.9	2.3	1.2	0.8	0.3	0.1	26.0
	1～1.25	0.0	0.0	0.2	6.8	6.7	3.1	1.7	1.1	0.3	0.2	0.0	20.1
	1.25～1.5	0.0	0.0	0.0	2.3	6.0	3.9	2.4	0.8	0.5	0.6	0.1	16.6
	1.5～1.75	0.0	0.0	0.0	0.0	0.7	2.4	1.2	0.6	0.1	0.1	0.0	5.0
	1.75～2	0.0	0.0	0.0	0.0	0.3	1.6	1.1	0.5	0.1	0.1	0.0	3.8
	2～2.25	0.0	0.0	0.0	0.0	0.0	0.1	0.9	0.1	0.0	0.0	0.0	1.0
	2.25～2.5	0.0	0.0	0.0	0.0	0.0	0.0	0.0	0.0	0.0	0.0	0.0	0.0
	>2.5	0.0	0.0	0.0	0.0	0.0	0.0	0.0	0.0	0.0	0.0	0.0	0.0
	%	0.0	0.5	8.2	23.4	26.7	19.4	11.8	5.9	2.1	1.6	0.3	100

表4.78 W0603秋季有效波高、平均周期联合分布

		平均周期（s）											
		≤3	3～3.5	3.5～4	4～4.5	4.5～5	5～5.5	5.5～6	6～6.5	6.5～7	7～7.5	>7.5	%
有效波高（m）	≤0.25	0.0	0.0	0.0	0.0	0.0	0.0	0.0	0.0	0.0	0.0	0.0	0.0
	0.25～0.5	0.0	0.7	2.8	6.8	6.3	1.7	1.4	0.3	0.1	0.0	0.0	20.0
	0.5～0.75	0.0	0.0	2.5	3.2	5.3	1.9	1.1	0.7	0.0	0.0	0.0	14.7
	0.75～1	0.0	0.0	0.6	1.0	2.5	2.8	3.2	1.5	1.0	0.0	0.0	12.5
	1～1.25	0.0	0.0	0.0	0.0	2.1	4.6	2.4	0.6	1.1	0.1	0.0	10.8
	1.25～1.5	0.0	0.0	0.0	0.0	1.1	3.1	3.9	1.8	2.1	1.1	0.6	13.6
	1.5～1.75	0.0	0.0	0.0	0.0	0.0	0.6	1.5	1.4	1.9	1.8	0.7	7.9
	1.75～2	0.0	0.0	0.0	0.0	0.0	0.1	1.4	1.9	2.1	1.5	2.5	9.6
	2～2.25	0.0	0.0	0.0	0.0	0.0	0.0	0.1	0.3	1.0	0.7	1.9	4.0
	2.25～2.5	0.0	0.0	0.0	0.0	0.0	0.0	0.0	0.4	0.6	0.4	1.7	3.1
	>2.5	0.0	0.0	0.0	0.0	0.0	0.0	0.0	0.0	0.0	0.0	3.8	3.8
	%	0.0	0.7	5.8	11.0	17.2	14.7	15.0	8.9	9.9	5.7	11.1	100

表 4.79 ～表 4.81 给出了 W06 区块各调查站冬季波高、周期联合分布。W0601 有效波高在 2.50 m 以上频率最高，为 24.3%；W0602 有效波高 0.75 m ～ 1.00 m 之间频率最高，为 39.8%；W0603 有效波高 1.25 m ～ 1.50 m 之间频率最高，为 31.3%。W0601 平均周期在 6.0 s ～ 6.5 s 之间频率最高，为 30.3%；W0602 和 W0603 平均周期在 4.5 s ～ 5.0 s 之间频率最高，分别为 35.1% 和 35.8%。

表4.79 W0601冬季有效波高、平均周期联合分布

		平均周期（s）											
		≤3	3～3.5	3.5～4	4～4.5	4.5～5	5～5.5	5.5～6	6～6.5	6.5～7	7～7.5	>7.5	%
有效波高（m）	≤0.25	0.0	0.0	0.0	0.0	0.0	0.0	0.0	0.0	0.0	0.0	0.0	0.0
	0.25～0.5	0.0	0.0	0.0	0.0	0.0	0.0	0.0	0.0	0.0	0.0	0.0	0.0
	0.5～0.75	0.0	0.0	0.0	0.0	0.3	1.5	0.3	0.3	0.0	0.0	0.0	2.4
	0.75～1	0.0	0.0	0.0	0.0	1.3	2.1	2.1	4.2	3.3	0.6	0.1	13.6
	1～1.25	0.0	0.0	0.0	0.0	0.6	0.6	0.6	1.4	1.3	0.4	0.0	4.7
	1.25～1.5	0.0	0.0	0.0	0.0	0.8	4.9	6.3	1.9	2.1	1.1	0.0	17.1
	1.5～1.75	0.0	0.0	0.0	0.0	0.0	1.8	3.9	2.2	0.7	0.1	0.0	8.8
	1.75～2	0.0	0.0	0.0	0.0	0.0	1.1	5.0	2.1	0.4	0.4	0.0	9.0
	2～2.25	0.0	0.0	0.0	0.0	0.0	0.1	3.8	2.8	0.3	0.6	0.1	7.6
	2.25～2.5	0.0	0.0	0.0	0.0	0.0	0.0	3.1	7.4	1.5	0.3	0.3	12.5
	>2.5	0.0	0.0	0.0	0.0	0.0	0.0	0.6	8.1	8.8	6.2	0.7	24.3
	%	0.0	0.0	0.0	0.0	2.9	12.1	25.4	30.3	18.4	9.7	1.3	100

表4.80 W0602冬季有效波高、平均周期联合分布

		平均周期（s）											
		≤3	3～3.5	3.5～4	4～4.5	4.5～5	5～5.5	5.5～6	6～6.5	6.5～7	7～7.5	>7.5	%
有效波高（m）	≤0.25	0.0	0.0	0.0	0.0	0.0	0.0	0.0	0.0	0.0	0.0	0.0	0.0
	0.25～0.5	0.0	0.0	0.4	2.4	2.4	1.2	0.3	0.0	0.0	0.0	0.0	6.7
	0.5～0.75	0.0	0.0	2.3	5.7	6.4	3.8	0.9	0.1	0.0	0.0	0.0	19.2
	0.75～1	0.0	0.0	3.8	14.2	14.2	5.7	1.6	0.3	0.0	0.0	0.0	39.8
	1～1.25	0.0	0.0	0.1	5.4	5.1	3.8	1.0	0.8	0.2	0.0	0.0	16.5
	1.25～1.5	0.0	0.0	0.0	1.7	6.4	3.4	1.7	0.8	0.2	0.0	0.0	14.2
	1.5～1.75	0.0	0.0	0.0	0.1	0.6	1.5	0.2	0.1	0.1	0.0	0.0	2.6
	1.75～2	0.0	0.0	0.0	0.0	0.0	0.0	0.6	0.2	0.0	0.0	0.0	0.8
	2～2.25	0.0	0.0	0.0	0.0	0.0	0.0	0.2	0.0	0.0	0.0	0.0	0.2
	2.25～2.5	0.0	0.0	0.0	0.0	0.0	0.0	0.0	0.0	0.0	0.0	0.0	0.0
	>2.5	0.0	0.0	0.0	0.0	0.0	0.0	0.0	0.0	0.0	0.0	0.0	0.0
	%	0.0	0.0	6.7	29.4	35.1	19.4	6.5	2.4	0.6	0.0	0.0	100

表4.81 W0603冬季有效波高、平均周期联合分布

		平均周期（s）											
		≤3	3～3.5	3.5～4	4～4.5	4.5～5	5～5.5	5.5～6	6～6.5	6.5～7	7～7.5	>7.5	%
有效波高（m）	≤0.25	0.0	0.0	0.0	0.0	0.0	0.0	0.0	0.0	0.0	0.0	0.0	0.0
	0.25～0.5	0.0	0.0	0.0	0.0	0.0	0.0	0.0	0.0	0.0	0.0	0.0	0.0
	0.5～0.75	0.0	0.0	0.7	1.3	0.4	0.1	0.0	0.0	0.0	0.0	0.0	2.6
	0.75～1	0.0	0.0	1.8	13.8	7.1	2.9	0.0	0.0	0.0	0.0	0.0	25.6
	1～1.25	0.0	0.0	0.1	5.6	9.3	6.3	1.9	0.0	0.0	0.0	0.0	23.2
	1.25～1.5	0.0	0.0	0.0	4.0	16.4	9.3	1.4	0.1	0.0	0.0	0.0	31.3
	1.5～1.75	0.0	0.0	0.0	0.3	2.4	2.6	1.3	0.8	0.3	0.0	0.0	7.6
	1.75～2	0.0	0.0	0.0	0.0	0.3	1.4	2.2	2.6	0.4	0.0	0.0	6.9
	2～2.25	0.0	0.0	0.0	0.0	0.0	0.0	0.7	0.7	0.1	0.0	0.0	1.5
	2.25～2.5	0.0	0.0	0.0	0.0	0.0	0.0	0.0	0.6	0.1	0.0	0.0	0.7
	>2.5	0.0	0.0	0.0	0.0	0.0	0.0	0.1	0.1	0.1	0.1	0.0	0.6
	%	0.0	0.0	2.6	25.0	35.8	22.6	7.6	5.0	1.1	0.1	0.0	100.0

4.4.6.2 波向

表 4.82 给出了 W06 区块各调查站波向频率。W0601、W0602 和 W0603 春季以东向浪为主，秋季和冬季以北向浪为主。春季，W0601、W0602 和 W0603 主波向分别为 NE、ENE 和 E，频率分别为 17.5%、50.2% 和 15.8%；夏季，W0601、W0602 和 W0603 主波向分别为 ESE、N 和 S，频率分别为 13.2%、23.8% 和 12.8%；秋季和冬季，W0601 主波向为 NNE，频率分别为 29.2% 和 28.1%，W0602 主波向为 NE，频率分别为 24.9% 和 67.3%，W0603 主波向也为 NE，频率分别为 11.9% 和 15.8%。

表4.82　W06区块各调查站波向频率

%

站名	季节	N	NNE	NE	ENE	E	ESE	SE	SSE	S	SSW	SW	WSW	W	WNW	NW	NNW	主波向
W0601	春季	10.4	14.7	17.5	16.3	13.8	8.1	8.9	4.4	3.3	0.7	0.4	0.1	0.1	0.0	0.3	1.0	NE
W0602		1.2	2.7	14.5	50.2	17.3	4.2	2.4	2.8	1.9	0.9	0.3	0.4	0.2	0.1	0.2	0.6	ENE
W0603		5.3	4.7	11.4	12.8	15.8	8.3	5.4	3.5	2.8	2.4	5.4	6.0	4.9	3.9	4.3	3.2	E
W0601	夏季	8.0	6.1	6.5	9.5	11.7	13.2	12.2	9.4	5.2	4.9	5.7	3.6	0.8	0.2	1.0	1.9	ESE
W0602		23.8	16.3	15.6	8.6	3.6	0.0	0.0	0.0	0.0	0.0	0.0	0.0	1.8	6.6	9.9	13.8	N
W0603		2.1	11.1	9.6	7.6	11.3	10.6	11.9	10.6	12.8	5.0	2.6	1.9	2.1	0.3	0.6	0.0	S
W0601	秋季	8.6	29.2	24.9	17.8	12.7	3.2	0.4	0.6	0.6	0.1	0.1	0.0	0.0	0.1	0.4	1.2	NNE
W0602		15.1	17.4	24.9	21.4	9.0	0.0	0.0	0.0	0.0	0.0	0.0	0.0	0.5	2.4	4.8	4.6	NE
W0603		11.3	8.1	11.9	9.9	10.4	7.1	7.2	4.2	8.3	3.3	4.3	1.9	2.4	2.6	3.6	3.5	NE
W0601	冬季	14.9	28.1	22.7	11.3	10.6	6.1	3.3	1.0	0.3	0.0	0.0	0.0	0.0	0.0	0.4	1.3	NNE
W0602		0.4	7.3	67.3	21.1	2.3	0.7	0.3	0.1	0.1	0.1	0.1	0.0	0.0	0.0	0.1	0.1	NE
W0603		8.6	7.2	15.8	10.4	13.5	6.8	6.9	4.2	5.7	1.8	1.9	3.3	4.4	1.9	3.1	4.3	NE

4.4.7　闽浙交界海域调查数据分析

W0701 调查站位于该区中部，位于七星岛东南 15 km，水深 40 m；W0702 调查站位于该区西北部，北关岛西南 5 km，水深 15 m；W0703 调查站位于该区西南部，北礵岛东端 2 km，水深约 25 m。

4.4.7.1　有效波高和平均周期

表 4.83 ～表 4.85 给出了 W07 区块各调查站春季波高、周期联合分布。W0701 和 W0702 有效波高在 0.75 m ～ 1.00 m 之间频率最高，分别为 25.1% 和 57.1%；W0703 有效波高 0.25 m ～ 0.50 m 之间频率最高，为 23.3%。W0701 和 W0703 平均周期在 5.5 s ～ 6.0 s 之间频率最高，分别为 33.5% 和 45.5%；W0702 平均周期在 4.0 s ～ 4.5 s 之间频率最高，为 33.3%。

表4.83　W0701春季有效波高、平均周期联合分布

		平均周期（s）											
		≤3	3～3.5	3.5～4	4～4.5	4.5～5	5～5.5	5.5～6	6～6.5	6.5～7	7～7.5	>7.5	%
有效波高（m）	≤0.25	0.0	0.0	0.0	0.0	0.0	0.0	0.0	0.0	0.0	0.0	0.0	0.0
	0.25～0.5	0.0	0.0	0.0	0.0	0.1	0.7	0.6	1.4	3.0	2.3	0.4	8.5
	0.5～0.75	0.0	0.0	0.0	0.1	0.1	0.8	4.8	3.1	3.2	1.3	0.0	13.3
	0.75～1	0.0	0.0	0.0	0.4	1.1	4.8	8.9	6.8	2.7	0.5	0.0	25.1
	1～1.25	0.0	0.0	0.1	0.4	2.2	7.3	6.4	3.5	3.4	0.4	0.0	23.7
	1.25～1.5	0.0	0.0	0.0	0.3	2.5	6.0	9.2	1.9	1.3	0.6	0.1	21.7
	1.5～1.75	0.0	0.0	0.0	0.0	0.7	1.2	2.7	0.1	0.0	0.0	0.0	4.6
	1.75～2	0.0	0.0	0.0	0.0	0.4	1.1	0.8	0.0	0.0	0.0	0.0	2.3
	2～2.25	0.0	0.0	0.0	0.0	0.0	0.0	0.1	0.4	0.0	0.0	0.0	0.5
	2.25～2.5	0.0	0.0	0.0	0.0	0.0	0.0	0.0	0.3	0.0	0.0	0.0	0.3
	>2.5	0.0	0.0	0.0	0.0	0.0	0.0	0.0	0.0	0.0	0.0	0.0	0.0
	%	0.0	0.0	0.1	1.1	7.2	21.8	33.5	17.4	13.5	5.0	0.4	100

表4.84 W0702春季有效波高、平均周期联合分布

	平均周期（s）											
有效波高（m）	≤3	3～3.5	3.5～4	4～4.5	4.5～5	5～5.5	5.5～6	6～6.5	6.5～7	7～7.5	>7.5	%
≤0.25	0.0	0.0	0.0	0.0	0.0	0.0	0.0	0.0	0.0	0.0	0.0	0.0
0.25～0.5	0.1	0.1	0.8	1.7	0.8	0.0	0.0	0.0	0.0	0.0	0.0	3.6
0.5～0.75	0.5	2.4	5.2	10.6	6.6	0.6	0.0	0.0	0.0	0.0	0.0	25.9
0.75～1	0.5	4.7	11.8	15.8	15.6	7.4	1.4	0.0	0.0	0.0	0.0	57.1
1～1.25	0.0	0.2	2.0	2.9	1.9	0.6	0.8	0.1	0.0	0.0	0.0	8.6
1.25～1.5	0.0	0.0	0.6	1.1	0.9	0.7	0.0	0.0	0.0	0.0	0.0	3.3
1.5～1.75	0.0	0.0	0.1	0.8	0.1	0.2	0.1	0.0	0.0	0.0	0.0	1.2
1.75～2	0.0	0.0	0.0	0.3	0.0	0.0	0.0	0.0	0.0	0.0	0.0	0.3
2～2.25	0.0	0.0	0.0	0.0	0.0	0.0	0.0	0.0	0.0	0.0	0.0	0.0
2.25～2.5	0.0	0.0	0.0	0.0	0.0	0.0	0.0	0.0	0.0	0.0	0.0	0.0
>2.5	0.0	0.0	0.0	0.0	0.0	0.0	0.0	0.0	0.0	0.0	0.0	0.0
%	1.0	7.4	20.5	33.3	26.0	9.5	2.2	0.1	0.0	0.0	0.0	100

表4.85 W0703春季有效波高、平均周期联合分布

	平均周期（s）											
有效波高（m）	≤3	3～3.5	3.5～4	4～4.5	4.5～5	5～5.5	5.5～6	6～6.5	6.5～7	7～7.5	>7.5	%
≤0.25	0.0	0.0	0.0	0.0	0.0	0.0	0.0	0.0	0.0	0.0	0.0	0.0
0.25～0.5	0.0	0.0	0.0	0.0	3.8	12.2	6.9	0.4	0.1	0.0	0.0	23.3
0.5～0.75	0.0	0.0	0.0	0.0	0.1	4.2	7.8	1.0	0.0	0.0	0.0	13.1
0.75～1	0.0	0.0	0.0	0.0	0.0	1.0	9.4	1.7	0.0	0.0	0.0	12.1
1～1.25	0.0	0.0	0.0	0.0	0.0	0.7	11.7	5.0	0.1	0.0	0.0	17.5
1.25～1.5	0.0	0.0	0.0	0.0	0.0	1.6	7.0	5.1	0.6	0.1	0.0	14.4
1.5～1.75	0.0	0.0	0.0	0.0	0.0	0.0	2.3	2.0	1.3	0.3	0.0	6.0
1.75～2	0.0	0.0	0.0	0.0	0.0	0.0	0.4	2.8	2.3	0.1	0.0	5.6
2～2.25	0.0	0.0	0.0	0.0	0.0	0.0	0.0	1.0	3.0	0.0	0.0	4.0
2.25～2.5	0.0	0.0	0.0	0.0	0.0	0.0	0.0	0.3	1.5	0.1	0.0	1.9
>2.5	0.0	0.0	0.0	0.0	0.0	0.0	0.0	0.0	0.2	1.9	0.0	2.2
%	0.0	0.0	0.0	0.0	3.9	19.7	45.5	19.4	9.0	2.5	0.0	100

表 4.86 ～表 4.88 给出了 W07 区块各调查站夏季波高、周期联合分布。W0701 和 W0703 有效波高在 2.50 m 以上频率最高，分别为 25.9% 和 18.4%；W0702 有效波高 0.50 m ～ 0.75 m 之间频率最高，为 33.3%。W0701 平均周期在 7.5 s 以上频率最高，为 24.1%；W0702 平均周期在 3.0 s ～ 3.5 s 之间频率最高，为 30.2%；W0703 平均周期在 5.5 s ～ 6.0 s 之间频率最高，为 27.3%。

表4.86 W0701夏季有效波高、平均周期联合分布

		平均周期（s）											
		≤3	3～3.5	3.5～4	4～4.5	4.5～5	5～5.5	5.5～6	6～6.5	6.5～7	7～7.5	>7.5	%
有效波高（m）	≤0.25	0.0	0.0	0.0	0.0	0.0	0.0	0.0	0.0	0.0	0.0	0.0	0.0
	0.25～0.5	0.0	0.0	0.0	0.0	0.3	2.6	3.1	2.3	0.3	0.0	0.0	8.5
	0.5～0.75	0.0	0.0	0.0	0.1	1.1	1.3	0.9	1.4	1.2	0.1	0.0	6.1
	0.75～1	0.0	0.0	0.0	1.5	1.1	1.4	1.8	0.9	0.7	1.0	0.6	9.1
	1～1.25	0.0	0.0	0.0	0.3	0.6	0.9	3.1	3.6	1.4	0.4	0.4	10.7
	1.25～1.5	0.0	0.0	0.0	0.1	1.7	1.2	3.0	3.5	1.8	0.4	0.6	12.3
	1.5～1.75	0.0	0.0	0.0	0.0	0.9	1.4	1.9	0.2	0.2	0.1	0.4	5.1
	1.75～2	0.0	0.0	0.0	0.0	0.0	0.9	1.8	0.9	0.2	0.1	1.4	5.3
	2～2.25	0.0	0.0	0.0	0.0	0.0	0.1	2.1	2.1	0.1	0.1	1.5	5.9
	2.25～2.5	0.0	0.0	0.0	0.0	0.0	0.1	2.8	2.3	1.2	1.2	3.3	11.0
	>2.5	0.0	0.0	0.0	0.0	0.0	0.0	0.7	1.4	2.1	5.8	15.9	25.9
	%	0.0	0.0	0.0	1.9	5.8	9.6	21.3	18.6	9.4	9.2	24.1	100

表4.87 W0702夏季有效波高、平均周期联合分布

		平均周期（s）											
		≤3	3～3.5	3.5～4	4～4.5	4.5～5	5～5.5	5.5～6	6～6.5	6.5～7	7～7.5	>7.5	%
有效波高（m）	≤0.25	0.0	0.0	0.0	0.0	0.0	0.0	0.0	0.0	0.0	0.0	0.0	0.0
	0.25～0.5	1.1	9.2	6.9	1.9	0.8	0.0	0.0	0.0	0.0	0.0	0.0	19.9
	0.5～0.75	4.4	13.9	10.3	3.6	1.0	0.0	0.0	0.0	0.0	0.0	0.0	33.3
	0.75～1	0.1	4.8	4.1	5.1	1.8	0.6	0.3	0.1	0.0	0.0	0.0	17.0
	1～1.25	0.0	2.3	0.9	0.2	0.0	0.0	0.1	0.1	0.1	0.0	0.0	3.7
	1.25～1.5	0.0	0.1	3.5	2.8	0.8	0.2	0.0	0.1	0.4	0.1	0.0	8.0
	1.5～1.75	0.0	0.0	0.2	2.1	1.6	0.4	0.0	0.0	0.0	0.1	0.0	4.4
	1.75～2	0.0	0.0	0.0	1.0	1.0	0.8	0.4	0.3	0.0	0.1	0.2	3.8
	2～2.25	0.0	0.0	0.0	0.0	0.2	0.8	1.0	0.6	0.4	0.2	0.4	3.7
	2.25～2.5	0.0	0.0	0.0	0.0	0.0	0.0	0.6	0.8	1.1	0.6	1.3	4.4
	>2.5	0.0	0.0	0.0	0.0	0.0	0.0	0.0	0.1	0.5	0.4	0.8	1.9
	%	5.7	30.2	25.9	16.8	7.2	2.8	2.5	2.1	2.6	1.5	2.7	100

表4.88 W0703夏季有效波高、平均周期联合分布

		平均周期（s）											
		≤3	3～3.5	3.5～4	4～4.5	4.5～5	5～5.5	5.5～6	6～6.5	6.5～7	7～7.5	>7.5	%
有效波高（m）	≤0.25	0.0	0.0	0.0	0.0	0.0	0.1	0.1	0.0	0.0	0.0	0.0	0.2
	0.25～0.5	0.0	0.0	0.0	0.0	0.5	9.7	3.4	0.3	0.0	0.0	0.0	13.8
	0.5～0.75	0.0	0.0	0.0	0.0	0.1	2.6	3.5	1.3	0.0	0.0	0.0	7.5
	0.75～1	0.0	0.0	0.0	0.0	0.0	3.5	6.8	4.0	0.2	0.1	0.0	14.6
	1～1.25	0.0	0.0	0.0	0.0	0.0	0.8	1.8	1.9	0.8	0.0	0.0	5.3
	1.25～1.5	0.0	0.0	0.0	0.0	0.0	0.4	8.0	4.5	0.8	0.1	0.3	14.1
	1.5～1.75	0.0	0.0	0.0	0.0	0.0	0.0	2.4	3.6	0.5	0.4	0.1	7.0
	1.75～2	0.0	0.0	0.0	0.0	0.0	0.0	1.1	2.4	1.0	0.7	1.2	6.4
	2～2.25	0.0	0.0	0.0	0.0	0.0	0.0	0.1	1.7	1.2	0.3	1.2	4.5
	2.25～2.5	0.0	0.0	0.0	0.0	0.0	0.0	0.0	0.8	2.2	2.9	2.3	8.2
	>2.5	0.0	0.0	0.0	0.0	0.0	0.0	0.0	0.1	0.8	2.6	14.9	18.4
	%	0.0	0.0	0.0	0.0	0.6	16.9	27.3	20.6	7.6	7.0	20.0	100

表 4.89 ～表 4.91 给出了 W07 区块各调查站秋季波高、周期联合分布。W0701 有效波高在 1.75 m ～ 2.00 m 之间频率最高，为 17.8%；W0702 有效波高 1.25 m ～ 1.50 m 之间频率最高，为 25.2%；W0703 有效波高 0.75 m ～ 1.00 m 之间频率最高，为 34.6%。W0701 平均周期在 6.0 s ～ 6.5 s 之间频率最高，为 21.8%；W0702 平均周期在 4.0 s ～ 4.5 s 之间频率最高，为 28.0%；W0703 平均周期在 5.5 s ～ 6.0 s 之间频率最高，为 46.1%。

表4.89 W0701秋季有效波高、平均周期联合分布

		平均周期（s）											
		≤3	3～3.5	3.5～4	4～4.5	4.5～5	5～5.5	5.5～6	6～6.5	6.5～7	7～7.5	>7.5	%
有效波高（m）	≤0.25	0.0	0.0	0.0	0.0	0.0	0.0	0.0	0.0	0.0	0.0	0.0	0.0
	0.25～0.5	0.0	0.0	0.0	0.0	0.0	0.2	0.3	0.6	0.5	0.1	0.0	1.7
	0.5～0.75	0.0	0.0	0.0	0.0	1.1	4.9	3.3	1.1	1.8	0.8	0.0	13.1
	0.75～1	0.0	0.0	0.0	0.2	3.2	3.3	1.4	1.3	0.7	0.8	0.5	11.4
	1～1.25	0.0	0.0	0.0	0.1	1.5	0.3	0.6	0.9	0.6	0.4	0.6	4.9
	1.25～1.5	0.0	0.0	0.0	0.0	0.9	1.3	2.5	2.3	0.8	1.1	1.5	10.5
	1.5～1.75	0.0	0.0	0.0	0.0	0.2	2.9	2.5	2.2	1.3	0.5	0.6	10.2
	1.75～2	0.0	0.0	0.0	0.0	0.1	3.3	6.1	5.0	1.3	0.5	1.6	17.8
	2～2.25	0.0	0.0	0.0	0.0	0.0	0.1	2.8	2.4	1.0	0.3	0.6	7.4
	2.25～2.5	0.0	0.0	0.0	0.0	0.0	0.1	0.9	3.5	2.1	0.8	1.7	9.0
	>2.5	0.0	0.0	0.0	0.0	0.0	0.0	0.1	2.5	3.8	3.6	4.1	14.1
	%	0.0	0.0	0.0	0.3	6.9	16.5	20.5	21.8	13.9	8.8	11.3	100

表4.90 W0702秋季有效波高、平均周期联合分布

		平均周期（s）											
		≤3	3～3.5	3.5～4	4～4.5	4.5～5	5～5.5	5.5～6	6～6.5	6.5～7	7～7.5	>7.5	%
有效波高（m）	≤0.25	0.0	0.0	0.0	0.0	0.0	0.0	0.0	0.0	0.0	0.0	0.0	0.0
	0.25～0.5	0.1	1.2	1.1	1.7	0.4	0.0	0.0	0.0	0.0	0.0	0.0	4.6
	0.5～0.75	1.0	6.0	4.3	3.3	0.3	0.1	0.0	0.0	0.0	0.0	0.0	14.9
	0.75～1	0.1	4.4	4.2	1.0	0.1	0.4	0.6	0.1	0.2	0.0	0.0	11.0
	1～1.25	0.0	0.6	4.1	4.7	1.9	0.8	0.5	0.3	0.1	0.0	0.0	13.0
	1.25～1.5	0.0	0.0	4.8	12.6	4.0	1.5	0.8	0.7	0.4	0.3	0.1	25.2
	1.5～1.75	0.0	0.0	0.2	4.2	2.6	1.2	0.8	0.8	0.8	0.4	0.1	11.3
	1.75～2	0.0	0.0	0.0	0.5	4.8	3.8	1.9	0.8	0.1	0.0	0.0	11.9
	2～2.25	0.0	0.0	0.0	0.0	1.5	1.2	0.8	0.5	0.1	0.0	0.0	4.0
	2.25～2.5	0.0	0.0	0.0	0.0	0.3	0.7	1.0	0.6	0.3	0.1	0.0	2.9
	>2.5	0.0	0.0	0.0	0.0	0.0	0.2	0.4	0.1	0.2	0.3	0.0	1.2
	%	1.2	12.1	18.8	28.0	16.0	9.7	6.7	3.9	2.4	1.0	0.3	100

表4.91 W0703秋季有效波高、平均周期联合分布

		平均周期（s）											
		≤3	3～3.5	3.5～4	4～4.5	4.5～5	5～5.5	5.5～6	6～6.5	6.5～7	7～7.5	>7.5	%
有效波高（m）	≤0.25	0.0	0.0	0.0	0.0	0.0	1.1	0.0	0.0	0.0	0.0	0.0	1.1
	0.25～0.5	0.0	0.0	0.0	0.0	0.1	2.9	4.2	0.8	0.0	0.0	0.0	8.0
	0.5～0.75	0.0	0.0	0.0	0.0	0.0	2.6	7.4	1.3	0.0	0.0	0.0	11.3
	0.75～1	0.0	0.0	0.0	0.0	0.0	1.7	23.7	9.1	0.1	0.0	0.0	34.6
	1～1.25	0.0	0.0	0.0	0.0	0.0	0.1	8.2	10.8	0.0	0.0	0.0	19.2
	1.25～1.5	0.0	0.0	0.0	0.0	0.0	0.0	2.6	10.6	2.1	0.0	0.0	15.2
	1.5～1.75	0.0	0.0	0.0	0.0	0.0	0.0	0.1	2.2	3.4	0.0	0.0	5.7
	1.75～2	0.0	0.0	0.0	0.0	0.0	0.0	0.0	0.9	2.0	0.1	0.0	3.1
	2～2.25	0.0	0.0	0.0	0.0	0.0	0.0	0.0	0.0	0.9	0.3	0.0	1.2
	2.25～2.5	0.0	0.0	0.0	0.0	0.0	0.0	0.0	0.0	0.1	0.6	0.0	0.7
	>2.5	0.0	0.0	0.0	0.0	0.0	0.0	0.0	0.0	0.1	0.0	0.0	0.1
	%	0.0	0.0	0.0	0.0	0.1	8.5	46.1	35.6	8.8	1.0	0.0	100

表4.92～表4.94给出了W07区块各调查站冬季波高、周期联合分布。W0701和W0703有效波高在1.75 m～2.00 m之间频率最高，分别为27.4%和24.6%；W0702有效波高0.75 m～1.00 m之间频率最高，为34.2%。W0701平均周期在5.5 s～6.0 s之间频率最高，为50.6%；W0702平均周期在4.5 s～5.0 s之间频率最高，为40.3%；W0703平均周期在6.0 s～6.5 s之间频率最高，为41.7%。

表4.92 W0701冬季有效波高、平均周期联合分布

		平均周期（s）											
		≤3	3～3.5	3.5～4	4～4.5	4.5～5	5～5.5	5.5～6	6～6.5	6.5～7	7～7.5	>7.5	%
有效波高（m）	≤0.25	0.0	0.0	0.0	0.0	0.0	0.0	0.0	0.0	0.0	0.0	0.0	0.0
	0.25～0.5	0.0	0.0	0.0	0.0	0.0	0.0	0.0	0.0	0.0	0.0	0.0	0.0
	0.5～0.75	0.0	0.0	0.0	0.0	0.0	0.0	0.0	0.0	0.0	0.0	0.0	0.0
	0.75～1	0.0	0.0	0.0	0.0	0.0	0.0	0.0	0.0	0.0	0.0	0.0	0.0
	1～1.25	0.0	0.0	0.0	0.0	0.0	0.3	0.8	0.3	0.0	0.0	0.0	1.5
	1.25～1.5	0.0	0.0	0.0	0.0	0.9	3.5	4.0	2.7	0.3	0.1	0.0	11.4
	1.5～1.75	0.0	0.0	0.0	0.0	0.3	5.7	4.2	1.0	0.3	0.3	0.3	12.2
	1.75～2	0.0	0.0	0.0	0.0	0.1	11.7	11.4	2.9	1.0	0.1	0.2	27.4
	2～2.25	0.0	0.0	0.0	0.0	0.0	4.1	12.0	2.2	0.3	0.0	0.0	18.6
	2.25～2.5	0.0	0.0	0.0	0.0	0.0	1.3	13.8	3.9	0.1	0.0	0.0	19.0
	>2.5	0.0	0.0	0.0	0.0	0.0	0.1	4.4	4.9	0.6	0.1	0.0	10.0
	%	0.0	0.0	0.0	0.0	1.3	26.7	50.6	17.9	2.4	0.6	0.5	100

表4.93 W0702冬季有效波高、平均周期联合分布

		平均周期（s）											
		≤3	3～3.5	3.5～4	4～4.5	4.5～5	5～5.5	5.5～6	6～6.5	6.5～7	7～7.5	>7.5	%
有效波高（m）	≤0.25	0.0	0.0	0.0	0.0	0.0	0.0	0.0	0.0	0.0	0.0	0.0	0.0
	0.25～0.5	0.0	0.0	0.0	0.0	0.0	0.0	0.0	0.0	0.0	0.0	0.0	0.0
	0.5～0.75	0.0	0.0	0.1	0.1	0.0	0.1	0.0	0.0	0.0	0.0	0.0	0.3
	0.75～1	0.0	0.0	3.5	17.7	11.0	1.9	0.1	0.0	0.0	0.0	0.0	34.2
	1～1.25	0.0	0.0	0.4	9.5	8.6	2.4	0.1	0.0	0.0	0.0	0.0	21.1
	1.25～1.5	0.0	0.0	0.1	10.5	16.3	4.6	1.2	0.1	0.0	0.0	0.0	32.6
	1.5～1.75	0.0	0.0	0.0	0.5	3.9	2.8	1.0	0.4	0.0	0.0	0.0	8.6
	1.75～2	0.0	0.0	0.0	0.1	0.5	1.1	0.8	0.3	0.0	0.0	0.0	2.8
	2～2.25	0.0	0.0	0.0	0.0	0.0	0.1	0.2	0.0	0.0	0.0	0.0	0.3
	2.25～2.5	0.0	0.0	0.0	0.0	0.0	0.0	0.0	0.0	0.0	0.0	0.0	0.0
	>2.5	0.0	0.0	0.0	0.0	0.0	0.0	0.0	0.0	0.0	0.0	0.0	0.0
	%	0.0	0.0	4.1	38.4	40.3	13.1	3.4	0.8	0.0	0.0	0.0	100

表4.94 W0703冬季有效波高、平均周期联合分布

		平均周期（s）											
		≤3	3～3.5	3.5～4	4～4.5	4.5～5	5～5.5	5.5～6	6～6.5	6.5～7	7～7.5	>7.5	%
有效波高（m）	≤0.25	0.0	0.0	0.0	0.0	0.0	0.0	0.0	0.0	0.0	0.0	0.0	0.0
	0.25～0.5	0.0	0.0	0.0	0.0	0.0	0.0	0.0	0.0	0.0	0.0	0.0	0.0
	0.5～0.75	0.0	0.0	0.0	0.0	0.0	0.0	0.0	0.0	0.0	0.0	0.0	0.0
	0.75～1	0.0	0.0	0.0	0.0	0.0	2.0	1.3	0.2	0.0	0.0	0.0	3.5
	1～1.25	0.0	0.0	0.0	0.0	0.0	0.1	3.9	0.7	0.1	0.0	0.0	4.8
	1.25～1.5	0.0	0.0	0.0	0.0	0.0	0.2	17.7	4.8	0.3	0.0	0.0	23.1
	1.5～1.75	0.0	0.0	0.0	0.0	0.0	0.1	8.9	6.5	0.6	0.0	0.0	16.1
	1.75～2	0.0	0.0	0.0	0.0	0.0	0.0	4.3	16.6	3.5	0.2	0.0	24.6
	2～2.25	0.0	0.0	0.0	0.0	0.0	0.0	0.4	8.2	4.7	0.5	0.0	13.8
	2.25～2.5	0.0	0.0	0.0	0.0	0.0	0.0	0.1	4.6	4.3	1.5	0.0	10.5
	>2.5	0.0	0.0	0.0	0.0	0.0	0.0	0.0	0.1	0.6	3.0	0.0	3.7
	%	0.0	0.0	0.0	0.0	0.0	2.5	36.5	41.7	14.0	5.2	0.0	100

4.4.7.2 波向

表 4.95 给出了 W07 区块各调查站波向频率。W0701、W0702 和 W0703 全年以东向浪为主。春季，W0701、W0702 和 W0703 主波向分别为 ENE、ESE 和 E，频率分别为 14.8%、44.4% 和 43.8%；夏季，W0701、W0702 和 W0703 主波向分别为 SSE、ESE 和 E，频率分别为 19.1%、40.1% 和 36.9%；秋季和冬季，W0701 主波向为 SE，频率分别为 55.6% 和 51.1%，W0702 主波向为 E，频率分别为 52.3% 和 74.4%，W0703 主波向也为 E，频率分别为 67.9% 和 70.6%。

表4.95 W07区块各调查站波向频率

%

站名	季节	N	NNE	NE	ENE	E	ESE	SE	SSE	S	SSW	SW	WSW	W	WNW	NW	NNW	主波向
W0701	春季	3.1	4.8	7.8	14.8	14.5	4.4	6.6	13.2	9.9	5.0	3.6	2.5	2.5	1.9	2.7	2.7	ENE
W0702		0.0	0.0	0.0	0.3	4.6	44.4	41.9	5.5	3.3	0.0	0.0	0.0	0.0	0.0	0.0	0.0	ESE
W0703		0.8	0.7	1.5	13.1	43.8	12.4	7.8	8.9	3.1	2.2	1.7	0.8	0.8	0.6	0.8	0.8	E
W0701	夏季	4.1	5.5	9.5	11.7	9.4	5.4	10.5	19.1	9.4	2.3	4.0	2.6	1.8	1.4	1.6	2.0	SSE
W0702		0.0	0.0	0.5	6.9	14.2	40.1	32.3	5.7	0.3	0.0	0.0	0.0	0.0	0.0	0.0	0.0	ESE
W0703		0.7	0.6	1.0	2.7	36.9	29.6	14.6	9.7	1.6	0.2	0.5	0.3	0.2	0.2	0.3	0.9	E
W0701	秋季	0.2	0.2	0.1	0.4	3.4	20.0	55.6	16.5	1.9	0.6	0.3	0.1	0.1	0.1	0.2	0.2	SE
W0702		0.0	0.0	0.0	2.5	52.3	41.9	3.1	0.1	0.0	0.0	0.0	0.0	0.0	0.0	0.0	0.0	E
W0703		0.5	0.5	0.4	12.2	67.9	11.9	1.9	0.8	0.9	0.7	0.2	0.3	0.3	0.5	0.5	0.3	E
W0701	冬季	0.0	0.0	0.0	0.3	7.2	38.4	51.1	2.9	0.1	0.1	0.0	0.0	0.0	0.0	0.0	0.0	SE
W0702		0.0	0.0	0.0	0.6	74.4	25.0	0.0	0.0	0.0	0.0	0.0	0.0	0.0	0.0	0.0	0.0	E
W0703		0.0	0.0	0.0	26.9	70.6	2.6	0.0	0.0	0.0	0.0	0.0	0.0	0.0	0.0	0.0	0.0	E

4.4.8 福建北部海域调查数据分析

W0801 调查站位于该区东南角，台湾北口海域，水深约 70 m；W0802 调查站位于该区东北部，东小岛西南 21 km，水深 55 m，水深约 10 m；W0803 调查站位于该区西部，马祖岛西南 10 km，水深 15 m。

4.4.8.1 有效波高和平均周期

表 4.96 ~表 4.98 给出了 W08 区块各调查站春季波高、周期联合分布。W0801 和 W0803 有效波高在 0.75 m ~ 1.00 m 之间频率最高，分别为 19.3% 和 30.2%；W0802 有效波高 1.25 m ~ 1.50 m 之间频率最高，为 19.2%。W0801 平均周期在 5.5 s ~ 6.0 s 之间频率最高，为 27.8%；W0802 平均周期在 5.0 s ~ 5.5 s 之间频率最高，为 28.1%；W0803 平均周期在 3.0 s ~ 3.5 s 之间频率最高，为 35.6%。

表4.96 W0801春季有效波高、平均周期联合分布

		平均周期（s）											
		≤3	3~3.5	3.5~4	4~4.5	4.5~5	5~5.5	5.5~6	6~6.5	6.5~7	7~7.5	>7.5	%
有效波高（m）	≤0.25	0.0	0.0	0.0	0.0	0.0	0.0	0.0	0.0	0.0	0.0	0.0	0.0
	0.25~0.5	0.0	0.0	0.0	0.6	1.3	0.6	3.3	1.6	0.4	0.0	0.0	7.6
	0.5~0.75	0.0	0.0	0.3	2.3	4.4	3.7	3.0	0.7	0.4	0.0	0.0	14.7
	0.75~1	0.0	0.0	0.1	2.7	4.0	5.3	4.4	1.9	0.9	0.0	0.0	19.3
	1~1.25	0.0	0.0	0.0	0.6	0.9	4.4	3.2	1.1	0.1	0.0	0.0	10.4
	1.25~1.5	0.0	0.0	0.0	0.1	3.3	5.2	4.1	1.6	0.0	0.0	0.0	14.3
	1.5~1.75	0.0	0.0	0.0	0.0	0.4	2.5	2.9	1.8	0.1	0.0	0.0	7.6
	1.75~2	0.0	0.0	0.0	0.0	0.1	3.0	4.1	2.3	0.7	0.0	0.0	10.1
	2~2.25	0.0	0.0	0.0	0.0	0.0	0.1	1.9	2.6	0.6	0.2	0.0	5.3
	2.25~2.5	0.0	0.0	0.0	0.0	0.0	0.1	0.8	2.5	0.6	0.4	0.0	4.3
	>2.5	0.0	0.0	0.0	0.0	0.0	0.0	0.2	1.4	3.1	1.5	0.1	6.3
	%	0.0	0.0	0.4	6.3	14.4	24.8	27.8	17.4	6.8	2.1	0.1	100

表4.97 W0802春季有效波高、平均周期联合分布

		平均周期（s）											
		≤3	3~3.5	3.5~4	4~4.5	4.5~5	5~5.5	5.5~6	6~6.5	6.5~7	7~7.5	>7.5	%
有效波高（m）	≤0.25	0.0	0.0	0.0	0.0	0.0	0.0	0.0	0.0	0.0	0.0	0.0	0.0
	0.25~0.5	0.0	0.0	0.0	0.1	0.3	2.6	3.7	3.5	1.6	0.0	0.0	11.9
	0.5~0.75	0.0	0.0	0.2	1.9	3.3	1.5	0.8	1.4	0.3	0.0	0.0	9.4
	0.75~1	0.0	0.0	0.2	1.6	3.3	5.1	3.6	2.2	2.5	0.1	0.0	18.7
	1~1.25	0.0	0.0	0.0	0.3	1.5	5.3	4.0	1.6	1.2	0.2	0.0	14.2
	1.25~1.5	0.0	0.0	0.0	0.1	2.4	8.4	5.6	1.7	0.8	0.3	0.0	19.2
	1.5~1.75	0.0	0.0	0.0	0.1	1.0	3.8	3.1	0.9	0.8	0.1	0.0	9.8
	1.75~2	0.0	0.0	0.0	0.0	0.3	1.2	3.8	0.9	0.1	0.1	0.0	6.3
	2~2.25	0.0	0.0	0.0	0.0	0.0	0.0	1.3	0.8	0.2	0.0	0.0	2.3
	2.25~2.5	0.0	0.0	0.0	0.0	0.0	0.0	1.2	2.7	0.5	0.0	0.0	4.4
	>2.5	0.0	0.0	0.0	0.0	0.0	0.0	0.1	1.3	1.0	1.5	0.1	3.9
	%	0.0	0.0	0.4	4.0	12.2	28.1	27.2	17.0	8.8	2.2	0.1	100

表4.98 W0803春季有效波高、平均周期联合分布

		平均周期（s）											
		≤3	3～3.5	3.5～4	4～4.5	4.5～5	5～5.5	5.5～6	6～6.5	6.5～7	7～7.5	>7.5	%
有效波高（m）	≤0.25	0.0	0.0	0.0	0.0	0.0	0.0	0.0	0.0	0.0	0.0	0.0	0.0
	0.25～0.5	0.6	0.8	0.3	0.0	0.0	0.0	0.0	0.0	0.0	0.0	0.0	1.7
	0.5～0.75	6.3	13.9	3.6	0.0	0.1	0.1	0.0	0.0	0.0	0.0	0.0	24.0
	0.75～1	4.0	11.6	7.3	4.9	2.0	0.3	0.0	0.0	0.0	0.0	0.0	30.2
	1～1.25	0.6	1.9	5.1	4.3	1.9	0.2	0.0	0.0	0.0	0.0	0.0	14.1
	1.25～1.5	0.8	4.0	7.8	4.2	1.8	0.1	0.0	0.0	0.0	0.0	0.0	18.7
	1.5～1.75	0.0	2.0	3.3	0.8	0.1	0.0	0.0	0.0	0.0	0.0	0.0	6.3
	1.75～2	0.1	1.0	2.4	0.7	0.0	0.0	0.0	0.0	0.0	0.0	0.0	4.2
	2～2.25	0.0	0.4	0.4	0.1	0.0	0.0	0.0	0.0	0.0	0.0	0.0	0.9
	2.25～2.5	0.0	0.0	0.0	0.0	0.0	0.0	0.0	0.0	0.0	0.0	0.0	0.0
	>2.5	0.0	0.0	0.0	0.0	0.0	0.0	0.0	0.0	0.0	0.0	0.0	0.0
	%	12.4	35.6	30.3	15.1	5.9	0.7	0.0	0.0	0.0	0.0	0.0	100

表4.99～表4.101给出了W08区块各调查站夏季波高、周期联合分布。W0801和W0802有效波高在0.75 m～1.00 m之间频率最高，分别为22.6%和25.1%；W0803有效波高0.50 m～0.75 m之间频率最高，为32.7%。W0801和W0802平均周期在4.5 s～5.0 s之间频率最高，分别为31.2%和27.2%；W0803平均周期在3.0 s以下频率最高，为39.0%。

表4.99 W0801夏季有效波高、平均周期联合分布

		平均周期（s）											
		≤3	3～3.5	3.5～4	4～4.5	4.5～5	5～5.5	5.5～6	6～6.5	6.5～7	7～7.5	>7.5	%
有效波高（m）	≤0.25	0.0	0.0	0.0	0.0	0.0	0.0	0.0	0.0	0.0	0.0	0.0	0.0
	0.25～0.5	0.0	0.0	0.0	0.3	1.7	2.6	0.7	0.1	0.0	0.0	0.0	5.3
	0.5～0.75	0.0	0.0	1.1	4.0	2.5	2.6	1.5	1.8	0.2	0.2	0.0	14.0
	0.75～1	0.0	0.0	1.2	7.3	4.7	1.6	1.3	3.5	2.2	0.6	0.1	22.6
	1～1.25	0.0	0.0	0.1	1.7	4.4	1.5	2.9	0.9	1.2	0.6	0.7	14.1
	1.25～1.5	0.0	0.0	0.0	2.2	10.1	3.6	1.2	1.9	1.0	0.3	0.7	21.0
	1.5～1.75	0.0	0.0	0.0	0.1	5.3	4.2	0.9	1.3	0.2	0.0	0.0	12.1
	1.75～2	0.0	0.0	0.0	0.0	2.4	4.9	0.4	0.3	0.1	0.0	0.0	8.2
	2～2.25	0.0	0.0	0.0	0.0	0.0	0.3	0.1	0.2	0.1	0.0	0.0	0.7
	2.25～2.5	0.0	0.0	0.0	0.0	0.0	0.1	0.3	0.2	0.2	0.0	0.0	0.8
	>2.5	0.0	0.0	0.0	0.0	0.0	0.0	0.0	0.8	0.3	0.0	0.0	1.1
	%	0.0	0.0	2.4	15.6	31.2	21.5	9.3	11.1	5.5	1.8	1.5	100

表4.100 W0802夏季有效波高、平均周期联合分布

		平均周期（s）											
		≤3	3～3.5	3.5～4	4～4.5	4.5～5	5～5.5	5.5～6	6～6.5	6.5～7	7～7.5	>7.5	%
有效波高（m）	≤0.25	0.0	0.0	0.0	0.0	0.0	0.0	0.0	0.0	0.0	0.0	0.0	0.0
	0.25～0.5	0.0	0.0	0.0	0.5	1.7	2.2	0.7	0.3	0.3	0.0	0.0	5.6
	0.5～0.75	0.0	0.0	0.3	3.0	3.1	2.2	1.3	0.3	0.4	0.0	0.1	10.7
	0.75～1	0.0	0.0	2.4	7.6	4.4	3.1	3.3	2.2	1.6	0.6	0.1	25.1
	1～1.25	0.0	0.0	0.8	4.7	4.0	1.0	1.2	1.0	2.4	0.1	0.1	15.3
	1.25～1.5	0.0	0.0	0.1	3.4	5.0	2.1	1.3	1.0	1.5	0.1	0.2	14.8
	1.5～1.75	0.0	0.0	0.0	0.1	4.2	3.7	0.5	0.8	0.1	0.0	0.0	9.5
	1.75～2	0.0	0.0	0.0	0.0	4.5	7.4	0.7	0.1	0.6	0.1	0.0	13.4
	2～2.25	0.0	0.0	0.0	0.0	0.3	2.8	0.6	0.6	0.1	0.0	0.0	4.4
	2.25～2.5	0.0	0.0	0.0	0.0	0.0	0.4	0.8	0.0	0.0	0.0	0.0	1.3
	>2.5	0.0	0.0	0.0	0.0	0.0	0.0	0.0	0.0	0.0	0.0	0.0	0.0
	%	0.0	0.0	3.6	19.3	27.2	24.8	10.5	6.3	6.9	0.9	0.5	100

表4.101 W0803夏季有效波高、平均周期联合分布

		平均周期（s）											
		≤3	3～3.5	3.5～4	4～4.5	4.5～5	5～5.5	5.5～6	6～6.5	6.5～7	7～7.5	>7.5	%
有效波高（m）	≤0.25	0.0	0.0	0.0	0.0	0.0	0.0	0.0	0.0	0.0	0.0	0.0	0.0
	0.25～0.5	7.0	14.5	4.7	0.3	0.0	0.0	0.0	0.0	0.0	0.0	0.0	26.5
	0.5～0.75	18.8	7.4	4.3	2.2	0.0	0.0	0.0	0.0	0.0	0.0	0.0	32.7
	0.75～1	13.0	10.3	3.4	2.0	1.4	0.5	0.0	0.0	0.0	0.0	0.0	30.6
	1～1.25	0.1	2.4	2.2	0.6	0.3	0.1	0.3	0.0	0.0	0.0	0.0	5.9
	1.25～1.5	0.0	0.6	1.1	0.3	0.0	0.2	0.1	0.1	0.0	0.0	0.0	2.3
	1.5～1.75	0.0	0.6	0.7	0.1	0.0	0.0	0.0	0.0	0.0	0.0	0.0	1.3
	1.75～2	0.0	0.1	0.4	0.1	0.0	0.0	0.0	0.0	0.0	0.0	0.0	0.6
	2～2.25	0.0	0.0	0.1	0.0	0.0	0.0	0.0	0.0	0.0	0.0	0.0	0.1
	2.25～2.5	0.0	0.0	0.0	0.0	0.0	0.0	0.0	0.0	0.0	0.0	0.0	0.0
	>2.5	0.0	0.0	0.0	0.0	0.0	0.0	0.0	0.0	0.0	0.0	0.0	0.0
	%	39.0	35.7	16.9	5.5	1.7	0.8	0.3	0.1	0.0	0.0	0.0	100

表4.102～表4.104给出了W08区块各调查站秋季波高、周期联合分布。W0801和W0802有效波高在2.50 m以上频率最高，分别为25.6%和34.5%；W0803有效波高1.25 m～1.50 m之间频率最高，为23.2%。W0801和W0802平均周期在6.0 s～6.5 s之间频率最高，分别为25.8%和21.1%；W0803平均周期在4.0 s～4.5 s之间频率最高，为24.7%。

表4.102　W0801秋季有效波高、平均周期联合分布

		平均周期（s）											
		≤3	3～3.5	3.5～4	4～4.5	4.5～5	5～5.5	5.5～6	6～6.5	6.5～7	7～7.5	>7.5	%
有效波高（m）	≤0.25	0.0	0.0	0.0	0.0	0.0	0.0	0.0	0.0	0.0	0.0	0.0	0.0
	0.25～0.5	0.0	0.0	0.0	0.0	0.1	0.3	0.8	0.0	0.0	0.0	0.0	1.2
	0.5～0.75	0.0	0.0	0.0	0.0	1.0	2.2	0.3	0.0	0.0	0.0	0.0	3.6
	0.75～1	0.0	0.0	0.0	0.6	5.6	3.7	0.5	0.3	0.0	0.0	0.0	10.7
	1～1.25	0.0	0.0	0.0	0.0	1.6	3.1	0.6	0.1	0.1	0.0	0.0	5.6
	1.25～1.5	0.0	0.0	0.0	0.0	1.0	2.3	1.9	1.6	0.6	0.0	0.0	7.4
	1.5～1.75	0.0	0.0	0.0	0.0	0.0	0.9	3.1	1.5	0.7	0.1	0.1	6.3
	1.75～2	0.0	0.0	0.0	0.0	0.0	0.6	5.3	4.9	2.0	0.3	0.3	13.5
	2～2.25	0.0	0.0	0.0	0.0	0.0	0.0	3.0	3.6	1.4	0.8	0.8	9.6
	2.25～2.5	0.0	0.0	0.0	0.0	0.0	0.0	2.7	8.7	3.3	1.4	0.5	16.6
	>2.5	0.0	0.0	0.0	0.0	0.0	0.0	0.6	4.9	8.1	4.7	7.3	25.6
	%	0.0	0.0	0.0	0.6	9.2	13.1	18.8	25.8	16.3	7.3	8.9	100

表4.103　W0802秋季有效波高、平均周期联合分布

		平均周期（s）											
		≤3	3～3.5	3.5～4	4～4.5	4.5～5	5～5.5	5.5～6	6～6.5	6.5～7	7～7.5	>7.5	%
有效波高（m）	≤0.25	0.2	0.0	0.0	0.0	0.0	0.0	0.0	0.0	0.0	0.0	0.0	0.2
	0.25～0.5	0.0	0.0	0.0	0.0	0.0	0.0	0.0	0.0	0.0	0.0	0.0	0.0
	0.5～0.75	0.0	0.0	0.0	0.0	0.7	2.2	1.3	0.2	0.0	0.0	0.0	4.3
	0.75～1	0.0	0.0	0.0	0.1	2.4	3.3	1.7	0.1	0.0	0.0	0.0	7.5
	1～1.25	0.0	0.0	0.0	0.1	1.7	0.9	0.3	0.5	0.0	0.0	0.0	3.5
	1.25～1.5	0.0	0.0	0.0	0.0	1.6	4.3	2.2	1.8	0.8	0.1	0.0	10.7
	1.5～1.75	0.0	0.0	0.0	0.0	0.3	0.3	1.6	1.3	0.9	0.2	0.2	4.8
	1.75～2	0.0	0.0	0.0	0.0	0.0	0.9	4.3	2.6	2.2	1.4	0.6	12.0
	2～2.25	0.0	0.0	0.0	0.0	0.0	0.5	3.6	3.0	0.8	0.8	0.7	9.4
	2.25～2.5	0.0	0.0	0.0	0.0	0.0	0.1	3.5	5.4	1.5	0.8	1.8	13.1
	>2.5	0.0	0.0	0.0	0.0	0.0	0.0	2.0	6.3	9.3	7.3	9.6	34.5
	%	0.2	0.0	0.0	0.2	6.7	12.4	20.4	21.1	15.6	10.7	12.8	100

表4.104 W0803秋季有效波高、平均周期联合分布

		平均周期（s）											
		≤3	3～3.5	3.5～4	4～4.5	4.5～5	5～5.5	5.5～6	6～6.5	6.5～7	7～7.5	>7.5	%
有效波高（m）	≤0.25	0.0	0.0	0.0	0.0	0.0	0.0	0.0	0.0	0.0	0.0	0.0	0.0
	0.25～0.5	0.2	0.1	1.7	0.5	0.1	0.0	0.0	0.0	0.0	0.0	0.0	2.6
	0.5～0.75	0.8	4.1	2.3	0.9	0.1	0.0	0.0	0.0	0.0	0.0	0.0	8.2
	0.75～1	1.3	7.7	5.3	0.3	0.2	0.0	0.0	0.0	0.0	0.0	0.0	14.8
	1～1.25	0.1	1.7	6.8	5.2	1.7	0.1	0.1	0.0	0.0	0.0	0.0	15.8
	1.25～1.5	0.0	0.6	4.7	8.2	5.3	2.8	0.6	0.5	0.4	0.1	0.0	23.2
	1.5～1.75	0.1	0.6	1.0	7.0	2.7	1.7	0.6	1.1	0.3	0.0	0.0	15.2
	1.75～2	0.0	0.0	0.0	2.4	6.8	2.1	1.0	0.8	0.9	0.0	0.0	14.0
	2～2.25	0.0	0.0	0.0	0.1	1.1	1.3	0.3	0.6	0.3	0.0	0.0	3.7
	2.25～2.5	0.0	0.0	0.0	0.0	0.0	0.8	0.3	0.3	0.6	0.2	0.0	2.1
	>2.5	0.0	0.0	0.0	0.0	0.0	0.0	0.2	0.0	0.1	0.1	0.0	0.3
	%	2.5	15.0	21.7	24.7	18.0	8.8	3.1	3.2	2.6	0.3	0.0	100

表 4.105 ～表 4.107 给出了 W08 区块各调查站冬季波高、周期联合分布。W0801 和 W0802 有效波高在 2.50 m 以上频率最高，分别为 46.7% 和 51.0%；W0803 有效波高 0.75 m ～ 1.00 m 之间频率最高，为 27.0%。W0801 平均周期在 6.5 s ～ 7.0 s 之间频率最高，为 24.9%；W0802 平均周期在 6.0 s ～ 6.5 s 之间频率最高，为 35.5%；W0803 平均周期在 4.0 s ～ 4.5 s 之间频率最高，为 42.9%。

表4.105 W0801冬季有效波高、平均周期联合分布

		平均周期（s）											
		≤3	3～3.5	3.5～4	4～4.5	4.5～5	5～5.5	5.5～6	6～6.5	6.5～7	7～7.5	>7.5	%
有效波高（m）	≤0.25	0.0	0.0	0.0	0.0	0.0	0.0	0.0	0.0	0.0	0.0	0.0	0.0
	0.25～0.5	0.0	0.0	0.0	0.0	0.0	0.0	0.0	0.0	0.0	0.0	0.0	0.0
	0.5～0.75	0.0	0.0	0.0	0.0	0.1	0.2	0.1	0.1	0.3	0.0	0.0	0.8
	0.75～1	0.0	0.0	0.0	0.0	1.3	1.5	1.6	1.8	0.1	0.0	0.0	6.3
	1～1.25	0.0	0.0	0.0	0.0	1.3	1.7	1.0	0.6	0.5	0.0	0.0	5.1
	1.25～1.5	0.0	0.0	0.0	0.0	0.6	5.2	3.8	0.8	0.7	0.0	0.0	11.0
	1.5～1.75	0.0	0.0	0.0	0.0	0.1	1.7	3.2	0.5	0.1	0.0	0.0	5.7
	1.75～2	0.0	0.0	0.0	0.0	0.0	1.3	6.7	0.8	0.7	0.1	0.0	9.7
	2～2.25	0.0	0.0	0.0	0.0	0.0	0.3	3.4	1.4	0.3	0.1	0.0	5.5
	2.25～2.5	0.0	0.0	0.0	0.0	0.0	0.3	2.6	3.6	2.2	0.4	0.0	9.2
	>2.5	0.0	0.0	0.0	0.0	0.0	0.0	1.3	13.5	20.0	8.8	3.1	46.7
	%	0.0	0.0	0.0	0.0	3.4	12.3	23.7	23.1	24.9	9.4	3.1	100

表4.106　W0802冬季有效波高、平均周期联合分布

		平均周期（s）											
		≤3	3～3.5	3.5～4	4～4.5	4.5～5	5～5.5	5.5～6	6～6.5	6.5～7	7～7.5	>7.5	%
有效波高（m）	≤0.25	0.0	0.0	0.0	0.0	0.0	0.0	0.0	0.0	0.0	0.0	0.0	0.0
	0.25～0.5	0.0	0.0	0.0	0.0	0.0	0.0	0.0	0.0	0.0	0.0	0.0	0.0
	0.5～0.75	0.0	0.0	0.0	0.0	0.0	0.0	0.0	0.0	0.0	0.0	0.0	0.0
	0.75～1	0.0	0.0	0.0	0.0	0.0	0.0	0.0	0.0	0.0	0.0	0.0	0.0
	1～1.25	0.0	0.0	0.0	0.0	0.0	0.0	0.0	0.0	0.0	0.0	0.0	0.0
	1.25～1.5	0.0	0.0	0.0	0.0	0.0	0.0	0.1	0.2	0.1	0.0	0.0	0.3
	1.5～1.75	0.0	0.0	0.0	0.0	0.0	0.1	0.8	0.1	0.0	0.0	0.0	1.0
	1.75～2	0.0	0.0	0.0	0.0	0.0	1.4	5.8	1.8	0.1	0.1	0.0	9.2
	2～2.25	0.0	0.0	0.0	0.0	0.0	0.6	9.1	2.6	1.0	0.6	0.3	14.2
	2.25～2.5	0.0	0.0	0.0	0.0	0.0	0.7	13.1	8.9	1.3	0.3	0.0	24.2
	>2.5	0.0	0.0	0.0	0.0	0.0	0.0	4.3	21.8	19.3	4.9	0.7	51.0
	%	0.0	0.0	0.0	0.0	0.0	2.8	33.2	35.5	21.7	5.8	1.0	100

表4.107　W0803冬季有效波高、平均周期联合分布

		平均周期（s）											
		≤3	3～3.5	3.5～4	4～4.5	4.5～5	5～5.5	5.5～6	6～6.5	6.5～7	7～7.5	>7.5	%
有效波高（m）	≤0.25	0.0	0.0	0.0	0.0	0.0	0.0	0.0	0.0	0.0	0.0	0.0	0.0
	0.25～0.5	0.0	0.0	0.0	0.0	0.0	0.0	0.0	0.0	0.0	0.0	0.0	0.0
	0.5～0.75	0.0	0.1	0.3	2.0	2.7	1.4	0.3	0.0	0.0	0.0	0.0	6.8
	0.75～1	0.0	0.0	4.9	11.8	5.3	3.7	1.3	0.1	0.0	0.0	0.0	27.0
	1～1.25	0.0	0.0	1.0	13.5	5.3	1.6	0.6	0.0	0.0	0.0	0.0	22.2
	1.25～1.5	0.0	0.0	0.1	11.9	9.8	2.1	0.9	0.0	0.0	0.0	0.0	24.9
	1.5～1.75	0.0	0.0	0.0	3.1	5.2	2.4	0.3	0.1	0.0	0.0	0.0	11.1
	1.75～2	0.0	0.0	0.0	0.6	2.5	2.8	0.7	0.2	0.0	0.0	0.0	6.8
	2～2.25	0.0	0.0	0.0	0.0	0.1	0.7	0.0	0.0	0.0	0.0	0.0	0.8
	2.25～2.5	0.0	0.0	0.0	0.0	0.1	0.2	0.1	0.0	0.0	0.0	0.0	0.4
	>2.5	0.0	0.0	0.0	0.0	0.0	0.0	0.0	0.0	0.0	0.0	0.0	0.0
	%	0.0	0.1	6.4	42.9	31.2	14.9	4.2	0.3	0.0	0.0	0.0	100

4.4.8.2　波向

表4.108给出了W08区块各调查站波向频率。W0801、W0802和W0803春季以东向浪为主，夏季以南向浪为主，秋季和冬季以北向浪为主（W0802秋季除外，为东向浪为主）。春季，W0801、W0802和W0803主波向分别为NE、SSE和E，频率分别为16.2%、13.2%和55.0%；夏季，W0801、W0802和W0803主波向分别为WSW、S和S，频率分别为

15.3%、29.3% 和 46.4%；秋季和冬季，W0801 主波向为 NE，频率分别为 22.6% 和 20.9%，W0802 主波向为 WNW，频率分别为 18.5% 和 29.5%；W0803 秋季、冬季主波向分别为 E 和 ENE，频率分别为 82.5% 和 59.0%。

表4.108 W08区块各调查站波向频率

%

站名	季节	N	NNE	NE	ENE	E	ESE	SE	SSE	S	SSW	SW	WSW	W	WNW	NW	NNW	主波向
W0801	春季	10.0	11.6	16.2	15.9	14.9	7.0	3.6	2.1	1.2	1.2	0.8	0.9	1.1	2.4	4.7	6.3	NE
W0802		4.0	3.8	3.1	3.3	3.2	5.1	10.7	13.2	10.2	6.0	3.3	2.6	4.0	8.3	12.2	7.3	SSE
W0803		0.0	0.0	0.1	29.4	55.0	0.8	1.0	2.5	9.1	1.5	0.1	0.1	0.1	0.0	0.2	0.1	E
W0801	夏季	3.6	4.7	4.2	4.7	7.5	6.0	4.1	3.6	4.8	7.2	8.3	15.3	12.4	5.4	4.2	3.9	WSW
W0802		1.9	1.5	1.5	1.7	4.6	6.6	15.3	27.0	29.3	2.6	0.7	0.1	0.6	1.0	3.3	2.2	S
W0803		0.0	0.1	0.0	2.6	16.3	5.6	5.8	12.9	46.4	10.1	0.3	0.0	0.0	0.0	0.0	0.0	S
W0801	秋季	11.9	15.4	22.6	12.1	7.4	5.7	3.5	2.8	1.9	1.9	1.9	1.5	0.6	1.8	3.0	6.0	NE
W0802		1.7	0.5	0.2	0.1	0.4	0.4	1.8	5.3	7.5	8.3	9.2	10.6	16.1	18.5	16.1	3.6	WNW
W0803		0.0	0.0	0.0	11.8	82.5	5.6	0.0	0.0	0.0	0.0	0.0	0.0	0.0	0.0	0.0	0.0	E
W0801	冬季	12.9	14.7	20.9	12.3	5.8	2.1	1.8	0.6	1.3	0.7	0.8	1.0	1.3	2.4	7.5	13.8	NE
W0802		0.2	0.3	0.0	0.0	0.0	0.0	0.3	0.1	3.2	9.2	14.4	14.7	18.7	29.5	9.3	0.2	WNW
W0803		0.0	0.0	0.2	59.0	40.6	0.2	0.0	0.0	0.0	0.0	0.0	0.0	0.0	0.0	0.0	0.0	ENE

4.4.9 福建中部海域调查数据分析

W0901 调查站位于该区东北部，牛山岛东北 37 km，水深 55 m；W0902 调查站位于该区西北部，牛山岛西北 5 km，水深 5 m；W0903 调查站位于该区西南部，道士屿东 6 km，水深 15 m。

4.4.9.1 有效波高和平均周期

表 4.109 ~ 表 4.111 给出了 W09 区块各调查站春季波高、周期联合分布。W0901 有效波高在 1.00 m ~ 1.25 m 之间频率最高，为 19.2%；W0902 有效波高 0.25 m ~ 0.50 m 之间频率最高，为 64.8%；W0903 有效波高 0.75 m ~ 1.00 m 之间频率最高，为 43.4%。W0901 平均周期在 5.0 s ~ 5.5 s 之间频率最高，为 31.7%；W0902 平均周期在 6.5 s ~ 7.0 s 之间频率最高，为 63.2%；W0903 平均周期在 5.5 s ~ 6.0 s 之间频率最高，为 52.0%。

表4.109 W0901春季有效波高、平均周期联合分布

		平均周期（s）											
		≤3	3～3.5	3.5～4	4～4.5	4.5～5	5～5.5	5.5～6	6～6.5	6.5～7	7～7.5	>7.5	%
有效波高（m）	≤0.25	0.0	0.0	0.0	0.0	0.0	0.0	0.0	0.0	0.0	0.0	0.0	0.0
	0.25～0.5	0.0	0.0	0.1	0.3	3.1	5.8	2.9	2.2	1.2	0.1	0.0	15.8
	0.5～0.75	0.0	0.0	0.2	2.1	3.0	3.8	1.7	1.1	1.7	0.4	0.0	14.1
	0.75～1	0.0	0.0	0.1	1.5	4.5	3.5	3.1	1.9	1.1	1.0	0.1	16.7
	1～1.25	0.0	0.0	0.0	1.0	3.9	7.7	4.0	1.8	0.6	0.1	0.0	19.2
	1.25～1.5	0.0	0.0	0.0	0.3	3.3	7.4	4.8	0.6	0.1	0.0	0.0	16.4
	1.5～1.75	0.0	0.0	0.0	0.0	0.4	2.9	3.6	0.5	0.0	0.0	0.0	7.4
	1.75～2	0.0	0.0	0.0	0.0	0.1	0.6	3.9	0.9	0.1	0.0	0.0	5.6
	2～2.25	0.0	0.0	0.0	0.0	0.0	0.0	1.1	1.0	0.0	0.0	0.0	2.2
	2.25～2.5	0.0	0.0	0.0	0.0	0.0	0.0	0.6	1.7	0.1	0.0	0.0	2.4
	>2.5	0.0	0.0	0.0	0.0	0.0	0.0	0.0	0.3	0.0	0.0	0.0	0.3
	%	0.0	0.0	0.4	5.3	18.3	31.7	25.7	12.0	4.9	1.7	0.1	100

表4.110 W0902春季有效波高、平均周期联合分布

		平均周期（s）											
		≤3	3～3.5	3.5～4	4～4.5	4.5～5	5～5.5	5.5～6	6～6.5	6.5～7	7～7.5	>7.5	%
有效波高（m）	≤0.25	0.0	0.0	0.0	0.0	0.0	0.0	0.0	0.0	0.0	0.0	0.0	0.0
	0.25～0.5	0.0	0.0	0.0	0.0	0.1	6.4	4.7	4.1	38.3	10.4	0.8	64.8
	0.5～0.75	0.0	0.0	0.0	0.0	0.0	0.0	0.0	0.0	0.0	0.0	0.0	0.0
	0.75～1	0.0	0.0	0.0	0.0	0.0	0.1	0.5	0.9	4.9	0.1	0.0	6.4
	1～1.25	0.0	0.0	0.0	0.0	0.0	0.0	0.1	0.4	9.1	1.8	0.4	11.7
	1.25～1.5	0.0	0.0	0.0	0.0	0.0	0.0	0.1	2.6	7.6	0.6	0.1	11.0
	1.5～1.75	0.0	0.0	0.0	0.0	0.0	0.0	0.0	1.1	2.6	0.1	0.4	4.2
	1.75～2	0.0	0.0	0.0	0.0	0.0	0.0	0.0	0.3	0.7	0.1	0.2	1.3
	2～2.25	0.0	0.0	0.0	0.0	0.0	0.0	0.0	0.1	0.1	0.0	0.1	0.2
	2.25～2.5	0.0	0.0	0.0	0.0	0.0	0.0	0.0	0.0	0.0	0.0	0.2	0.2
	>2.5	0.0	0.0	0.0	0.0	0.0	0.0	0.0	0.0	0.0	0.0	0.1	0.1
	%	0.0	0.0	0.0	0.0	0.1	6.5	5.4	9.6	63.2	13.0	2.4	100

表4.111 W0903春季有效波高、平均周期联合分布

		平均周期（s）											
		≤3	3～3.5	3.5～4	4～4.5	4.5～5	5～5.5	5.5～6	6～6.5	6.5～7	7～7.5	>7.5	%
有效波高（m）	≤0.25	0.0	0.0	0.0	0.0	0.0	0.4	1.2	0.4	0.0	0.0	0.0	1.9
	0.25～0.5	0.0	0.0	0.0	0.0	0.0	0.4	6.3	3.5	0.4	0.0	0.1	10.7
	0.5～0.75	0.0	0.0	0.0	0.0	0.4	0.7	11.5	7.9	1.1	0.1	0.0	21.7
	0.75～1	0.0	0.0	0.0	0.0	0.5	2.4	23.0	14.2	2.7	0.4	0.1	43.4
	1～1.25	0.0	0.0	0.0	0.0	0.1	1.3	6.6	4.8	0.8	0.4	0.0	13.9
	1.25～1.5	0.0	0.0	0.0	0.0	0.0	1.3	3.2	1.7	0.3	0.2	0.2	6.9
	1.5～1.75	0.0	0.0	0.0	0.0	0.0	0.4	0.1	0.1	0.0	0.1	0.0	0.7
	1.75～2	0.0	0.0	0.0	0.0	0.0	0.3	0.1	0.0	0.1	0.0	0.1	0.7
	2～2.25	0.0	0.0	0.0	0.0	0.0	0.0	0.0	0.0	0.0	0.0	0.1	0.1
	2.25～2.5	0.0	0.0	0.0	0.0	0.0	0.0	0.0	0.0	0.0	0.0	0.0	0.0
	>2.5	0.0	0.0	0.0	0.0	0.0	0.0	0.0	0.0	0.0	0.0	0.0	0.0
	%	0.0	0.0	0.0	0.0	1.0	7.2	52.0	32.7	5.4	1.1	0.7	100

表 4.112 ～表 4.114 给出了 W09 区块各调查站夏季波高、周期联合分布。W0901 和 W0903 有效波高在 0.75 m ～ 1.00 m 之间频率最高，都为 27.0%；W0902 有效波高 0.25 m ～ 0.50 m 之间频率最高，为 60.5%。W0901 平均周期在 4.5 s ～ 5.0 s 之间频率最高，为 30.1%；W0902 平均周期在 7.5 s 以上频率最高，为 88.9%；W0903 平均周期在 4.0 s ～ 4.5 s 之间频率最高，为 22.9%。

表4.112 W0901夏季有效波高、平均周期联合分布

		平均周期（s）											
		≤3	3～3.5	3.5～4	4～4.5	4.5～5	5～5.5	5.5～6	6～6.5	6.5～7	7～7.5	>7.5	%
有效波高（m）	≤0.25	0.0	0.0	0.0	0.0	0.0	0.0	0.0	0.0	0.0	0.0	0.0	0.0
	0.25～0.5	0.0	0.0	1.0	2.7	3.5	3.5	2.4	1.5	1.2	0.1	0.0	16.0
	0.5～0.75	0.0	0.0	2.4	7.1	2.4	0.3	0.3	1.5	1.7	1.2	0.0	16.9
	0.75～1	0.0	0.0	1.5	8.8	5.2	2.2	3.1	3.5	1.4	1.0	0.4	27.0
	1～1.25	0.0	0.0	0.1	3.9	6.8	1.2	0.8	1.0	0.8	0.2	0.0	14.9
	1.25～1.5	0.0	0.0	0.0	0.7	11.0	3.9	1.3	1.1	0.3	0.0	0.0	18.3
	1.5～1.75	0.0	0.0	0.0	0.0	1.0	1.5	0.3	0.1	0.3	0.1	0.0	3.3
	1.75～2	0.0	0.0	0.0	0.0	0.1	1.1	0.3	0.1	0.3	0.0	0.0	1.9
	2～2.25	0.0	0.0	0.0	0.0	0.0	0.0	0.1	0.1	0.1	0.0	0.0	0.3
	2.25～2.5	0.0	0.0	0.0	0.0	0.0	0.0	0.0	0.1	0.1	0.0	0.0	0.2
	>2.5	0.0	0.0	0.0	0.0	0.0	0.0	0.0	0.3	0.7	0.1	0.0	1.1
	%	0.0	0.0	5.1	23.1	30.1	13.6	8.8	9.4	6.7	2.6	0.4	100

表4.113　W0902夏季有效波高、平均周期联合分布

		平均周期（s）											
		≤3	3～3.5	3.5～4	4～4.5	4.5～5	5～5.5	5.5～6	6～6.5	6.5～7	7～7.5	>7.5	%
有效波高（m）	≤0.25	0.0	0.0	0.0	0.0	0.0	0.0	0.0	0.0	0.0	0.0	0.0	0.0
	0.25～0.5	0.0	0.0	0.0	0.0	0.0	0.0	0.1	1.6	2.4	3.3	53.1	60.5
	0.5～0.75	0.0	0.0	0.0	0.0	0.0	0.0	0.0	0.0	0.0	0.0	0.0	0.0
	0.75～1	0.0	0.0	0.0	0.0	0.0	0.0	0.2	0.1	0.0	0.1	0.0	0.4
	1～1.25	0.0	0.0	0.0	0.0	0.0	0.0	0.0	0.5	0.8	0.5	4.4	6.1
	1.25～1.5	0.0	0.0	0.0	0.0	0.0	0.0	0.0	0.1	0.3	0.9	18.7	20.0
	1.5～1.75	0.0	0.0	0.0	0.0	0.0	0.0	0.0	0.0	0.0	0.1	7.2	7.4
	1.75～2	0.0	0.0	0.0	0.0	0.0	0.0	0.0	0.0	0.0	0.0	3.9	3.9
	2～2.25	0.0	0.0	0.0	0.0	0.0	0.0	0.0	0.0	0.0	0.0	0.8	0.8
	2.25～2.5	0.0	0.0	0.0	0.0	0.0	0.0	0.0	0.0	0.0	0.0	0.5	0.5
	>2.5	0.0	0.0	0.0	0.0	0.0	0.0	0.0	0.0	0.0	0.0	0.3	0.3
	%	0.0	0.0	0.0	0.0	0.0	0.0	0.3	2.4	3.5	4.9	88.9	100

表4.114　W0903夏季有效波高、平均周期联合分布

		平均周期（s）											
		≤3	3～3.5	3.5～4	4～4.5	4.5～5	5～5.5	5.5～6	6～6.5	6.5～7	7～7.5	>7.5	%
有效波高（m）	≤0.25	0.0	0.0	0.0	0.9	0.4	0.2	0.2	0.0	0.0	0.0	0.0	1.7
	0.25～0.5	0.0	0.0	0.3	4.9	3.1	2.0	3.0	1.5	1.2	0.4	1.0	17.4
	0.5～0.75	0.0	0.0	0.3	6.4	2.6	3.9	4.6	2.5	1.4	0.6	1.0	23.2
	0.75～1	0.0	0.0	0.4	6.3	2.2	3.5	6.3	4.0	2.7	0.6	1.0	27.0
	1～1.25	0.0	0.0	0.0	3.1	0.3	1.0	2.0	2.7	1.7	0.3	0.2	11.2
	1.25～1.5	0.0	0.0	0.2	1.3	0.6	0.3	1.4	3.5	1.3	0.4	0.2	9.2
	1.5～1.75	0.0	0.0	0.0	0.0	0.0	0.0	0.7	2.0	0.4	0.1	0.1	3.2
	1.75～2	0.0	0.0	0.0	0.0	0.1	0.1	0.3	1.2	0.8	0.0	0.0	2.5
	2～2.25	0.0	0.0	0.0	0.0	0.1	0.0	0.4	0.4	0.6	0.0	0.1	1.7
	2.25～2.5	0.0	0.0	0.0	0.0	0.0	0.0	0.0	0.4	0.8	0.2	0.0	1.3
	>2.5	0.0	0.0	0.0	0.0	0.0	0.0	0.0	0.1	1.2	0.4	0.0	1.7
	%	0.0	0.0	1.2	22.9	9.4	10.8	19.0	18.3	12.1	3.0	3.5	100

表 4.115 ～表 4.117 给出了 W09 区块各调查站秋季波高、周期联合分布。W0901 有效波高在 2.50 m 以上频率最高，为 25.4%；W0902 有效波高 0.25 m ～ 0.50 m 之间频率最高，为 63.2%；W0903 有效波高 0.75 m ～ 1.00 m 之间频率最高，为 44.6%。W0901 平均周期在 5.5 s ～ 6.0 s 之间频率最高，为 23.3%；W0902 平均周期在 7.5 s 以上频率最高，为 91.1%；W0903 平均周期在 6.0 s ～ 6.5 s 之间频率最高，为 42.8%。

表4.115 W0901秋季有效波高、平均周期联合分布

		平均周期（s）											
		≤3	3～3.5	3.5～4	4～4.5	4.5～5	5～5.5	5.5～6	6～6.5	6.5～7	7～7.5	>7.5	%
有效波高（m）	≤0.25	0.0	0.0	0.0	0.0	0.0	0.0	0.0	0.0	0.0	0.0	0.0	0.0
	0.25～0.5	0.0	0.0	0.0	0.0	0.3	2.6	2.8	1.1	1.3	0.1	0.0	8.2
	0.5～0.75	0.0	0.0	0.0	0.2	2.4	0.7	0.5	0.0	0.0	0.0	0.0	3.8
	0.75～1	0.0	0.0	0.0	0.8	7.3	2.8	1.0	0.8	0.2	0.2	0.0	13.1
	1～1.25	0.0	0.0	0.0	0.0	1.7	2.2	0.2	0.0	0.1	0.1	0.0	4.2
	1.25～1.5	0.0	0.0	0.0	0.0	2.0	3.3	2.1	0.8	0.0	0.1	0.5	8.8
	1.5～1.75	0.0	0.0	0.0	0.0	0.0	2.2	3.8	1.0	0.1	0.1	0.7	7.8
	1.75～2	0.0	0.0	0.0	0.0	0.0	0.4	4.9	1.4	0.3	0.1	1.2	8.3
	2～2.25	0.0	0.0	0.0	0.0	0.0	0.3	3.8	3.0	0.3	0.0	0.3	7.6
	2.25～2.5	0.0	0.0	0.0	0.0	0.0	0.1	3.5	6.2	0.3	0.6	2.1	12.7
	>2.5	0.0	0.0	0.0	0.0	0.0	0.0	0.7	5.3	6.4	6.0	7.0	25.4
	%	0.0	0.0	0.0	1.0	13.7	14.5	23.3	19.5	8.9	7.4	11.7	100

表4.116 W0902秋季有效波高、平均周期联合分布

		平均周期（s）											
		≤3	3～3.5	3.5～4	4～4.5	4.5～5	5～5.5	5.5～6	6～6.5	6.5～7	7～7.5	>7.5	%
有效波高（m）	≤0.25	0.0	0.0	0.0	0.0	0.0	0.0	0.0	0.0	0.0	0.0	0.0	0.0
	0.25～0.5	0.0	0.0	0.0	0.0	0.0	0.1	0.3	0.9	1.0	4.5	56.4	63.2
	0.5～0.75	0.0	0.0	0.0	0.0	0.0	0.0	0.0	0.0	0.0	0.0	0.0	0.0
	0.75～1	0.0	0.0	0.0	0.0	0.0	0.0	0.1	0.1	0.2	0.0	0.1	0.6
	1～1.25	0.0	0.0	0.0	0.0	0.0	0.0	0.0	0.0	0.1	1.2	7.3	8.7
	1.25～1.5	0.0	0.0	0.0	0.0	0.0	0.0	0.0	0.0	0.0	0.2	20.1	20.3
	1.5～1.75	0.0	0.0	0.0	0.0	0.0	0.0	0.0	0.0	0.0	0.0	3.4	3.4
	1.75～2	0.0	0.0	0.0	0.0	0.0	0.0	0.0	0.0	0.0	0.0	2.7	2.7
	2～2.25	0.0	0.0	0.0	0.0	0.0	0.0	0.0	0.0	0.0	0.0	0.3	0.3
	2.25～2.5	0.0	0.0	0.0	0.0	0.0	0.0	0.0	0.0	0.0	0.0	0.6	0.6
	>2.5	0.0	0.0	0.0	0.0	0.0	0.0	0.0	0.0	0.0	0.0	0.2	0.2
	%	0.0	0.0	0.0	0.0	0.0	0.1	0.5	1.0	1.3	5.9	91.1	100

表4.117　W0903秋季有效波高、平均周期联合分布

		平均周期（s）											
		≤3	3～3.5	3.5～4	4～4.5	4.5～5	5～5.5	5.5～6	6～6.5	6.5～7	7～7.5	>7.5	%
有效波高（m）	≤0.25	0.0	0.0	0.0	0.0	0.0	1.1	4.1	0.9	0.1	0.0	0.1	6.3
	0.25～0.5	0.0	0.0	0.0	0.0	0.0	0.2	2.8	1.9	0.7	0.2	0.8	6.7
	0.5～0.75	0.0	0.0	0.0	0.0	0.0	0.3	6.9	6.6	1.7	0.1	0.1	15.7
	0.75～1	0.0	0.0	0.0	0.0	0.0	0.6	19.1	19.9	4.4	0.6	0.1	44.6
	1～1.25	0.0	0.0	0.0	0.0	0.0	0.3	7.0	9.1	1.5	0.2	0.1	18.2
	1.25～1.5	0.0	0.0	0.0	0.0	0.0	0.1	2.6	3.9	1.0	0.2	0.1	7.7
	1.5～1.75	0.0	0.0	0.0	0.0	0.0	0.0	0.0	0.5	0.1	0.1	0.0	0.6
	1.75～2	0.0	0.0	0.0	0.0	0.0	0.0	0.0	0.1	0.0	0.2	0.0	0.2
	2～2.25	0.0	0.0	0.0	0.0	0.0	0.0	0.0	0.0	0.0	0.0	0.0	0.0
	2.25～2.5	0.0	0.0	0.0	0.0	0.0	0.0	0.0	0.0	0.0	0.0	0.0	0.0
	>2.5	0.0	0.0	0.0	0.0	0.0	0.0	0.0	0.0	0.0	0.0	0.0	0.0
	%	0.0	0.0	0.0	0.0	0.0	2.6	42.4	42.8	9.5	1.5	1.2	100

表 4.118 ～表 4.120 给出了 W09 区块各调查站冬季波高、周期联合分布。W0901 有效波高在 2.50 m 以上频率最高，为 65.3%；W0902 有效波高 0.25 m ～ 0.50 m 之间频率最高，为 24.9%；W0903 有效波高 0.75 m ～ 1.00 m 之间频率最高，为 57.2%。W0901 和 W0903 平均周期在 6.0 s ～ 6.5 s 之间频率最高，分别为 39.2% 和 57.8%；W0902 平均周期在 6.5 s ～ 7.0 s 之间频率最高，为 75.5%。

表4.118　W0901冬季有效波高、平均周期联合分布

		平均周期（s）											
		≤3	3～3.5	3.5～4	4～4.5	4.5～5	5～5.5	5.5～6	6～6.5	6.5～7	7～7.5	>7.5	%
有效波高（m）	≤0.25	0.0	0.0	0.0	0.0	0.0	0.0	0.0	0.0	0.0	0.0	0.0	0.0
	0.25～0.5	0.0	0.0	0.0	0.0	0.0	0.0	0.0	0.0	0.0	0.0	0.0	0.0
	0.5～0.75	0.0	0.0	0.0	0.0	0.0	0.0	0.0	0.0	0.0	0.0	0.0	0.0
	0.75～1	0.0	0.0	0.0	0.0	0.0	0.0	0.0	0.0	0.0	0.0	0.0	0.0
	1～1.25	0.0	0.0	0.0	0.0	0.0	0.0	0.0	0.0	0.0	0.0	0.0	0.0
	1.25～1.5	0.0	0.0	0.0	0.0	0.0	0.0	0.7	0.3	0.0	0.0	0.0	1.0
	1.5～1.75	0.0	0.0	0.0	0.0	0.0	0.2	0.6	0.1	0.1	0.0	0.0	0.9
	1.75～2	0.0	0.0	0.0	0.0	0.0	0.4	3.1	1.9	0.6	0.3	0.0	6.2
	2～2.25	0.0	0.0	0.0	0.0	0.0	0.2	5.1	3.6	0.4	0.1	0.0	9.5
	2.25～2.5	0.0	0.0	0.0	0.0	0.0	0.0	5.5	9.0	1.9	0.6	0.0	17.0
	>2.5	0.0	0.0	0.0	0.0	0.0	0.0	3.4	24.3	24.4	11.3	1.9	65.3
	%	0.0	0.0	0.0	0.0	0.0	0.8	18.4	39.2	27.3	12.4	1.9	100

表4.119 W0902冬季有效波高、平均周期联合分布

		平均周期（s）											
		≤3	3～3.5	3.5～4	4～4.5	4.5～5	5～5.5	5.5～6	6～6.5	6.5～7	7～7.5	>7.5	%
有效波高（m）	≤0.25	0.0	0.0	0.0	0.0	0.0	0.0	0.0	0.0	0.0	0.0	0.0	0.0
	0.25～0.5	0.0	0.0	0.0	0.0	0.0	0.6	0.9	3.5	17.9	1.9	0.1	24.9
	0.5～0.75	0.0	0.0	0.0	0.0	0.0	0.0	0.0	0.1	0.0	0.0	0.0	0.1
	0.75～1	0.0	0.0	0.0	0.0	0.0	0.0	0.0	0.1	0.0	0.0	0.0	0.1
	1～1.25	0.0	0.0	0.0	0.0	0.0	0.0	0.0	0.1	0.0	0.0	0.0	0.1
	1.25～1.5	0.0	0.0	0.0	0.0	0.0	0.0	0.1	7.0	14.8	0.1	0.0	21.9
	1.5～1.75	0.0	0.0	0.0	0.0	0.0	0.0	0.0	4.0	15.6	0.5	0.0	20.0
	1.75～2	0.0	0.0	0.0	0.0	0.0	0.0	0.0	2.3	13.4	0.8	0.2	16.7
	2～2.25	0.0	0.0	0.0	0.0	0.0	0.0	0.0	0.6	6.0	0.5	0.3	7.4
	2.25～2.5	0.0	0.0	0.0	0.0	0.0	0.0	0.0	0.0	5.4	0.3	0.2	5.9
	>2.5	0.0	0.0	0.0	0.0	0.0	0.0	0.0	0.0	2.4	0.6	0.0	2.9
	%	0.0	0.0	0.0	0.0	0.0	0.6	1.0	17.5	75.5	4.7	0.8	100

表4.120 W0903冬季有效波高、平均周期联合分布

		平均周期（s）											
		≤3	3～3.5	3.5～4	4～4.5	4.5～5	5～5.5	5.5～6	6～6.5	6.5～7	7～7.5	>7.5	%
有效波高（m）	≤0.25	0.0	0.0	0.0	0.0	0.0	0.2	0.9	0.3	0.0	0.0	0.0	1.3
	0.25～0.5	0.0	0.0	0.0	0.0	0.0	0.1	0.8	2.4	0.6	0.0	0.0	3.9
	0.5～0.75	0.0	0.0	0.0	0.0	0.0	0.1	4.6	14.1	3.3	0.3	0.0	22.4
	0.75～1	0.0	0.0	0.0	0.0	0.0	0.1	11.3	33.0	12.5	0.3	0.1	57.2
	1～1.25	0.0	0.0	0.0	0.0	0.0	0.0	1.4	7.0	4.0	0.3	0.0	12.6
	1.25～1.5	0.0	0.0	0.0	0.0	0.0	0.0	0.0	1.0	1.4	0.0	0.0	2.4
	1.5～1.75	0.0	0.0	0.0	0.0	0.0	0.0	0.0	0.0	0.1	0.0	0.0	0.1
	1.75～2	0.0	0.0	0.0	0.0	0.0	0.0	0.0	0.0	0.0	0.0	0.0	0.0
	2～2.25	0.0	0.0	0.0	0.0	0.0	0.0	0.0	0.0	0.0	0.0	0.0	0.0
	2.25～2.5	0.0	0.0	0.0	0.0	0.0	0.0	0.0	0.0	0.0	0.0	0.0	0.0
	>2.5	0.0	0.0	0.0	0.0	0.0	0.0	0.0	0.0	0.0	0.0	0.0	0.0
	%	0.0	0.0	0.0	0.0	0.0	0.4	19.0	57.8	21.8	0.8	0.1	100

4.4.9.2 波向

表 4.121 给出了 W09 区块各调查站波向频率。W0901 全年以东北向浪为主；W0902 春季和冬季以东向浪为主，夏季和秋季波向较乱；W0903 全年以东南向浪为主。春季，W0901、W0902 和 W0903 主波向分别为 NE、E 和 SE，频率分别为 39.2%、13.8% 和 26.1%；夏季，W0901、W0902 和 W0903 主波向分别为 ENE、NW 和 S，频率分别为 42.9%、9.6% 和 52.3%；秋季，W0901、W0902 和 W0903 主波向分别为 NE、NW 和 SE，频率分别为 36.6%、7.8% 和 42.7%；冬季，W0901、W0902 和 W0903 主波向跟春季一样，频率分别为 40.5%、41.9% 和 55.1%。

表4.121 W09区块各调查站波向频率

%

站名	季节	N	NNE	NE	ENE	E	ESE	SE	SSE	S	SSW	SW	WSW	W	WNW	NW	NNW	主波向
W0901	春季	0.0	4.7	39.2	32.8	21.5	1.7	0.1	0.0	0.0	0.0	0.0	0.0	0.0	0.0	0.0	0.0	NE
W0902		6.3	7.6	9.3	11.3	13.8	9.9	4.9	3.6	2.6	3.2	2.4	3.2	3.6	6.5	6.3	5.5	E
W0903		0.4	0.4	0.9	1.0	1.9	5.6	26.1	21.5	24.6	5.8	2.3	2.7	3.2	2.1	0.7	0.7	SE
W0901	夏季	0.1	2.5	37.6	42.9	15.6	1.3	0.0	0.0	0.0	0.0	0.0	0.0	0.0	0.0	0.0	0.0	ENE
W0902		8.1	5.0	4.5	4.5	4.5	6.3	4.7	5.1	6.4	5.5	5.4	7.5	7.3	8.7	9.6	6.7	NW
W0903		0.9	0.7	0.8	1.4	2.5	6.8	6.5	7.0	52.3	12.7	2.0	0.9	2.2	2.0	0.6	0.7	S
W0901	秋季	0.0	8.7	36.6	32.2	21.8	0.7	0.0	0.0	0.0	0.0	0.0	0.0	0.0	0.0	0.0	0.0	NE
W0902		6.5	6.4	6.5	4.8	5.7	6.1	5.4	6.1	6.5	5.5	5.8	6.6	6.6	7.0	7.8	6.8	NW
W0903		0.9	0.6	0.8	1.4	4.7	16.2	42.7	8.4	13.8	1.4	1.8	2.1	1.8	1.2	1.2	0.8	SE
W0901	冬季	1.1	30.2	40.5	18.8	8.6	0.8	0.0	0.0	0.0	0.0	0.0	0.0	0.0	0.0	0.0	0.0	NE
W0902		2.2	4.1	6.9	17.5	41.9	13.7	3.9	2.2	1.1	1.1	0.7	0.7	0.5	0.5	1.7	1.4	E
W0903		0.6	0.3	0.2	0.6	0.4	30.2	55.1	6.9	2.7	0.9	0.4	0.4	0.4	0.4	0.3	0.3	SE

4.4.10 泉州、厦门海域调查数据分析

W1001 调查站位于该区东侧，赤礁岛西北 63 km，水深 55 m；W1002 调查站位于该区西侧，金门岛南 4 km，水深 5 km；W1003 调查站位于该区西南侧，东碇岛西北 10 km，水深 5 m。

4.4.10.1 有效波高和平均周期

表 4.122 ~ 表 4.124 给出了 W10 区块各调查站春季波高、周期联合分布。W1001 和 W1002 有效波高在 0.75 m ~ 1.00 m 之间频率最高，分别为 19.0% 和 27.6%；W1002 有效波高在 0.25 m ~ 0.50 m 之间频率最高，为 27.5%。W1001 平均周期在 5.0 s ~ 5.5 s 之间频率最高，为 28.8%；W1002 和 W1003 平均周期在 4.0 s ~ 4.5 s 之间频率最高，分别为 36.3% 和 43.8%。

表4.122　W1001春季有效波高、平均周期联合分布

		平均周期（s）											
		≤3	3～3.5	3.5～4	4～4.5	4.5～5	5～5.5	5.5～6	6～6.5	6.5～7	7～7.5	>7.5	%
有效波高（m）	≤0.25	0.0	0.0	0.0	0.0	0.0	0.0	0.0	0.0	0.0	0.0	0.0	0.0
	0.25～0.5	0.0	0.1	0.4	1.3	2.6	3.8	2.5	1.3	0.8	0.3	0.0	13.1
	0.5～0.75	0.0	0.1	1.6	0.7	4.3	4.6	2.7	1.5	1.5	0.2	0.0	17.2
	0.75～1	0.0	0.3	0.5	0.8	3.4	6.4	3.3	2.0	1.7	0.5	0.0	19.0
	1～1.25	0.0	0.0	0.0	0.2	2.8	6.0	2.5	0.5	0.1	0.0	0.0	12.2
	1.25～1.5	0.0	0.0	0.0	0.0	1.8	5.0	3.3	1.3	0.0	0.0	0.0	11.4
	1.5～1.75	0.0	0.0	0.0	0.0	0.1	1.7	3.1	0.5	0.0	0.0	0.0	5.3
	1.75～2	0.0	0.0	0.0	0.0	0.1	1.0	4.7	1.7	0.4	0.0	0.0	7.9
	2～2.25	0.0	0.0	0.0	0.0	0.0	0.3	2.4	1.7	0.1	0.0	0.0	4.5
	2.25～2.5	0.0	0.0	0.0	0.0	0.0	0.0	1.2	2.1	0.4	0.0	0.0	3.7
	>2.5	0.0	0.0	0.0	0.0	0.0	0.0	0.1	2.2	2.5	0.9	0.0	5.7
	%	0.0	0.4	2.6	3.0	15.1	28.8	25.7	15.0	7.6	1.9	0.0	100

表4.123　W1002春季有效波高、平均周期联合分布

		平均周期（s）											
		≤3	3～3.5	3.5～4	4～4.5	4.5～5	5～5.5	5.5～6	6～6.5	6.5～7	7～7.5	>7.5	%
有效波高（m）	≤0.25	0.0	0.0	0.0	0.0	0.0	0.0	0.0	0.0	0.0	0.0	0.0	0.0
	0.25～0.5	0.0	5.2	6.5	9.8	5.9	0.0	0.0	0.0	0.0	0.0	0.0	27.5
	0.5～0.75	0.0	3.2	6.0	9.5	4.4	0.7	0.0	0.0	0.0	0.0	0.0	24.0
	0.75～1	0.0	0.6	7.8	9.9	5.6	1.7	0.0	0.0	0.0	0.0	0.0	25.7
	1～1.25	0.0	0.1	0.7	4.3	4.7	0.5	0.3	0.0	0.0	0.0	0.0	10.6
	1.25～1.5	0.0	0.0	0.2	2.5	5.0	1.4	0.1	0.0	0.0	0.0	0.0	9.2
	1.5～1.75	0.0	0.0	0.0	0.0	1.0	0.0	0.0	0.0	0.0	0.0	0.0	1.0
	1.75～2	0.0	0.0	0.0	0.2	0.6	1.2	0.0	0.0	0.0	0.0	0.0	2.0
	2～2.25	0.0	0.0	0.0	0.0	0.0	0.0	0.0	0.0	0.0	0.0	0.0	0.0
	2.25～2.5	0.0	0.0	0.0	0.0	0.0	0.0	0.0	0.0	0.0	0.0	0.0	0.0
	>2.5	0.0	0.0	0.0	0.0	0.0	0.0	0.0	0.0	0.0	0.0	0.0	0.0
	%	0.0	9.1	21.3	36.3	27.4	5.5	0.4	0.0	0.0	0.0	0.0	100

表4.124　W1003春季有效波高、平均周期联合分布

		平均周期（s）											
		≤3	3～3.5	3.5～4	4～4.5	4.5～5	5～5.5	5.5～6	6～6.5	6.5～7	7～7.5	>7.5	%
有效波高（m）	≤0.25	0.0	0.0	0.0	0.0	0.0	0.0	0.0	0.0	0.0	0.0	0.0	0.0
	0.25～0.5	2.2	1.7	4.4	9.9	5.7	1.2	0.0	0.0	0.0	0.0	0.0	25.1
	0.5～0.75	0.1	1.3	8.5	12.4	3.0	0.5	0.0	0.0	0.0	0.0	0.0	25.8
	0.75～1	0.0	0.5	13.0	11.8	2.2	0.0	0.0	0.0	0.0	0.0	0.0	27.6
	1～1.25	0.0	0.0	0.6	7.3	2.0	0.1	0.0	0.0	0.0	0.0	0.0	10.1
	1.25～1.5	0.0	0.0	0.1	2.3	4.3	0.7	0.0	0.0	0.0	0.0	0.0	7.5
	1.5～1.75	0.0	0.0	0.0	0.1	1.2	1.1	0.0	0.0	0.0	0.0	0.0	2.4
	1.75～2	0.0	0.0	0.0	0.0	0.1	1.1	0.5	0.0	0.0	0.0	0.0	1.7
	2～2.25	0.0	0.0	0.0	0.0	0.0	0.0	0.0	0.0	0.0	0.0	0.0	0.0
	2.25～2.5	0.0	0.0	0.0	0.0	0.0	0.0	0.0	0.0	0.0	0.0	0.0	0.0
	>2.5	0.0	0.0	0.0	0.0	0.0	0.0	0.0	0.0	0.0	0.0	0.0	0.0
	%	2.2	3.5	26.7	43.8	18.5	4.8	0.5	0.0	0.0	0.0	0.0	100

表 4.125 ～表 4.127 给出了 W10 区块各调查站夏季波高、周期联合分布。W1001 有效波高在 1.25 m ～ 1.50 m 之间频率最高，为 22.4%；W1002 有效波高在 1.00 m ～ 1.25 m 之间频率最高，为 25.3%；W1003 有效波高在 0.75 m ～ 1.00 m 之间频率最高，为 27.6%。W1001 平均周期在 5.5 s ～ 6.0 s 之间频率最高，为 20.5%；W1002 和 W1003 平均周期在 4.5 s ～ 5.0 s 之间频率最高，分别为 30.0% 和 24.9%。

表4.125　W1001夏季有效波高、平均周期联合分布

		平均周期（s）											
		≤3	3～3.5	3.5～4	4～4.5	4.5～5	5～5.5	5.5～6	6～6.5	6.5～7	7～7.5	>7.5	%
有效波高（m）	≤0.25	0.0	0.0	0.0	0.0	0.0	0.0	0.0	0.0	0.0	0.0	0.0	0.0
	0.25～0.5	0.0	0.0	0.0	0.0	0.0	0.0	0.0	0.5	0.9	0.1	0.1	1.5
	0.5～0.75	0.0	0.0	0.1	0.6	1.2	2.2	0.3	1.5	1.3	0.5	1.0	8.6
	0.75～1	0.0	0.0	0.0	0.0	3.2	3.5	1.9	1.6	0.9	0.8	0.9	12.8
	1～1.25	0.0	0.0	0.0	0.7	4.2	2.4	2.4	1.0	2.1	1.8	0.1	14.7
	1.25～1.5	0.0	0.0	0.0	0.1	3.2	2.7	4.0	4.2	4.2	1.5	2.4	22.4
	1.5～1.75	0.0	0.0	0.0	0.0	0.5	1.0	5.3	2.3	1.4	1.7	1.1	13.3
	1.75～2	0.0	0.0	0.0	0.0	0.1	1.3	4.0	1.9	0.5	0.9	0.3	9.0
	2～2.25	0.0	0.0	0.0	0.0	0.0	0.3	1.2	1.0	0.8	0.3	0.1	3.7
	2.25～2.5	0.0	0.0	0.0	0.0	0.0	0.1	1.0	1.9	1.2	0.4	0.1	4.7
	>2.5	0.0	0.0	0.0	0.0	0.0	0.0	0.6	1.7	4.4	1.8	1.0	9.4
	%	0.0	0.0	0.1	1.4	12.4	13.5	20.5	17.6	17.7	9.8	7.1	100

表4.126　W1002夏季有效波高、平均周期联合分布

		平均周期（s）											
		≤3	3～3.5	3.5～4	4～4.5	4.5～5	5～5.5	5.5～6	6～6.5	6.5～7	7～7.5	>7.5	%
有效波高（m）	≤0.25	0.0	0.0	0.0	0.0	0.0	0.0	0.0	0.0	0.0	0.0	0.0	0.0
	0.25～0.5	0.0	0.0	1.4	1.5	2.5	1.2	0.0	0.0	0.0	0.0	0.0	6.6
	0.5～0.75	0.0	0.3	2.9	4.9	1.5	0.9	0.2	0.0	0.0	0.0	0.0	10.8
	0.75～1	0.0	0.0	4.3	6.4	6.0	5.1	1.5	1.5	0.0	0.0	0.0	24.9
	1～1.25	0.0	0.0	0.1	6.4	7.6	6.7	2.3	1.4	0.9	0.0	0.0	25.3
	1.25～1.5	0.0	0.0	0.1	2.8	9.0	3.4	3.3	1.6	0.8	0.6	0.0	21.6
	1.5～1.75	0.0	0.0	0.0	0.4	2.4	0.9	0.3	0.7	0.3	0.1	0.0	5.2
	1.75～2	0.0	0.0	0.0	0.1	0.9	0.5	0.1	0.2	0.7	0.1	0.1	2.8
	2～2.25	0.0	0.0	0.0	0.0	0.0	0.2	0.7	0.3	0.5	0.1	0.1	1.9
	2.25～2.5	0.0	0.0	0.0	0.0	0.0	0.1	0.0	0.1	0.0	0.0	0.0	0.1
	>2.5	0.0	0.0	0.0	0.0	0.0	0.0	0.0	0.6	0.1	0.0	0.1	0.8
	%	0.0	0.3	8.9	22.5	30.0	19.0	8.5	6.3	3.3	1.0	0.3	100

表4.127　W1003夏季有效波高、平均周期联合分布

		平均周期（s）											
		≤3	3～3.5	3.5～4	4～4.5	4.5～5	5～5.5	5.5～6	6～6.5	6.5～7	7～7.5	>7.5	%
有效波高（m）	≤0.25	0.0	0.0	0.0	0.0	0.0	0.0	0.0	0.0	0.0	0.0	0.0	0.0
	0.25～0.5	0.0	0.8	1.2	1.2	0.8	3.3	2.4	0.7	0.1	0.0	0.0	10.3
	0.5～0.75	0.0	0.7	1.7	2.8	3.2	2.2	1.4	0.3	0.0	0.0	0.0	12.2
	0.75～1	0.0	0.6	3.4	7.5	6.7	5.1	3.3	0.9	0.1	0.0	0.0	27.6
	1～1.25	0.0	0.0	1.0	5.3	6.7	3.5	3.2	1.8	1.0	0.2	0.0	22.8
	1.25～1.5	0.0	0.0	0.1	2.9	6.3	3.1	1.5	2.3	0.8	0.9	0.1	17.9
	1.5～1.75	0.0	0.0	0.0	0.1	1.0	0.5	0.9	1.3	0.4	0.3	0.0	4.5
	1.75～2	0.0	0.0	0.0	0.0	0.3	0.3	1.5	0.3	0.3	0.3	0.0	3.0
	2～2.25	0.0	0.0	0.0	0.0	0.0	0.1	0.4	0.3	0.0	0.0	0.0	0.8
	2.25～2.5	0.0	0.0	0.0	0.0	0.0	0.0	0.1	0.3	0.0	0.0	0.0	0.3
	>2.5	0.0	0.0	0.0	0.0	0.0	0.1	0.2	0.2	0.1	0.0	0.0	0.6
	%	0.0	2.1	7.4	19.9	24.9	17.9	14.9	8.4	2.6	1.7	0.1	100

表 4.128 ～表 4.130 给出了 W10 区块各调查站秋季波高、周期联合分布。W1001 有效波高在 2.5 m 以上频率最高，为 49.0%；W1002 和 W1003 有效波高在 0.75 m ～ 1.00 m 之间频率最高，分别为 27.2% 和 45.5%。W1001 平均周期在 5.5 s ～ 6.0 s 之间频率最高，为 26.0%；W1002 平均周期在 4.5 s ～ 5.0 s 之间频率最高，为 35.5%；W1002 平均周期在 5.0 s ～ 5.5 s 之间频率最高，为 37.5%。

表4.128　W1001秋季有效波高、平均周期联合分布

		平均周期（s）											
		≤3	3～3.5	3.5～4	4～4.5	4.5～5	5～5.5	5.5～6	6～6.5	6.5～7	7～7.5	>7.5	%
有效波高（m）	≤0.25	0.0	0.0	0.0	0.0	0.0	0.0	0.0	0.0	0.0	0.0	0.0	0.0
	0.25～0.5	0.0	0.0	0.0	0.0	0.0	0.1	0.0	0.0	0.0	0.0	0.0	0.1
	0.5～0.75	0.0	0.0	0.0	0.0	0.4	0.8	0.3	0.0	0.0	0.0	0.0	1.5
	0.75～1	0.0	0.0	0.0	0.1	1.1	0.7	1.3	1.0	1.1	0.8	0.1	6.3
	1～1.25	0.0	0.0	0.0	0.1	1.1	0.8	0.8	0.3	0.6	0.3	0.0	4.0
	1.25～1.5	0.0	0.0	0.0	0.0	0.7	2.8	2.2	0.4	0.0	0.0	0.0	6.1
	1.5～1.75	0.0	0.0	0.0	0.0	0.3	1.7	2.5	0.8	0.0	0.0	0.0	5.3
	1.75～2	0.0	0.0	0.0	0.0	0.0	1.3	7.4	1.5	0.1	0.0	0.0	10.3
	2～2.25	0.0	0.0	0.0	0.0	0.0	0.3	6.1	2.4	0.1	0.0	0.0	8.9
	2.25～2.5	0.0	0.0	0.0	0.0	0.0	0.0	3.9	4.0	0.4	0.1	0.0	8.5
	>2.5	0.0	0.0	0.0	0.0	0.0	0.0	1.5	13.1	21.0	9.0	4.4	49.0
	%	0.0	0.0	0.0	0.3	3.6	8.5	26.0	23.5	23.3	10.3	4.6	100

表4.129　W1002秋季有效波高、平均周期联合分布

		平均周期（s）											
		≤3	3～3.5	3.5～4	4～4.5	4.5～5	5～5.5	5.5～6	6～6.5	6.5～7	7～7.5	>7.5	%
有效波高（m）	≤0.25	0.0	0.0	0.0	0.0	0.0	0.0	0.0	0.0	0.0	0.0	0.0	0.0
	0.25～0.5	0.0	0.0	0.0	0.0	0.1	0.0	0.0	0.0	0.0	0.0	0.0	0.1
	0.5～0.75	0.0	0.0	0.3	2.9	3.7	1.5	0.3	0.0	0.0	0.0	0.0	8.8
	0.75～1	0.0	0.0	0.9	7.2	11.5	7.2	0.3	0.0	0.0	0.0	0.0	27.2
	1～1.25	0.0	0.0	0.1	1.9	7.2	3.6	1.7	0.1	0.0	0.0	0.0	14.6
	1.25～1.5	0.0	0.0	0.0	0.6	8.8	5.3	1.3	0.1	0.0	0.0	0.0	16.1
	1.5～1.75	0.0	0.0	0.0	0.1	2.8	5.1	2.8	0.3	0.1	0.0	0.0	11.2
	1.75～2	0.0	0.0	0.0	0.1	1.3	4.4	2.9	0.6	0.1	0.0	0.0	9.5
	2～2.25	0.0	0.0	0.0	0.0	0.1	1.9	2.9	0.5	0.1	0.0	0.0	5.5
	2.25～2.5	0.0	0.0	0.0	0.0	0.0	0.6	1.9	1.5	0.1	0.0	0.0	4.2
	>2.5	0.0	0.0	0.0	0.0	0.0	0.0	0.8	1.0	0.8	0.1	0.0	2.7
	%	0.0	0.0	1.3	12.9	35.5	29.7	15.1	4.1	1.3	0.1	0.0	100

表4.130　W1003秋季有效波高、平均周期联合分布

		平均周期（s）											
		≤3	3～3.5	3.5～4	4～4.5	4.5～5	5～5.5	5.5～6	6～6.5	6.5～7	7～7.5	>7.5	%
有效波高（m）	≤0.25	0.0	0.0	0.0	0.0	0.0	0.0	0.0	0.0	0.0	0.0	0.0	0.0
	0.25～0.5	0.0	0.0	0.0	0.0	0.0	0.0	0.0	0.0	0.0	0.0	0.0	0.0
	0.5～0.75	0.0	0.0	1.4	2.0	2.3	6.6	1.2	0.0	0.0	0.0	0.0	13.5
	0.75～1	0.0	0.0	1.2	8.4	12.4	15.6	7.5	0.6	0.0	0.0	0.0	45.5
	1～1.25	0.0	0.0	0.0	0.3	4.0	3.2	2.3	0.0	0.0	0.0	0.0	9.8
	1.25～1.5	0.0	0.0	0.0	0.0	1.7	2.9	1.2	0.0	0.0	0.0	0.0	5.8
	1.5～1.75	0.0	0.0	0.0	0.3	1.2	4.6	1.7	0.0	0.0	0.0	0.0	7.8
	1.75～2	0.0	0.0	0.0	0.6	0.9	4.3	4.6	0.0	0.0	0.0	0.0	10.4
	2～2.25	0.0	0.0	0.0	0.0	0.0	0.3	4.3	0.0	0.0	0.0	0.0	4.6
	2.25～2.5	0.0	0.0	0.0	0.0	0.0	0.0	2.3	0.0	0.0	0.0	0.0	2.3
	>2.5	0.0	0.0	0.0	0.0	0.0	0.0	0.3	0.0	0.0	0.0	0.0	0.3
	%	0.0	0.0	2.6	11.5	22.5	37.5	25.4	0.6	0.0	0.0	0.0	100

表 4.131 ～表 4.133 给出了 W10 区块各调查站冬季波高、周期联合分布。W1001 和有效波高在 0.75 m ～ 1.00 m 之间频率最高，为 26.4%；W1002 有效波高在 1.25 m ～ 1.50 m 之间频率最高，为 25.8%；W1003 有效波高在 1.75 m ～ 2.00 m 之间频率最高，为 23.0%。W1001 平均周期在 4.5 s ～ 5.0 s 之间频率最高，为 32.3%；W1002 和 W1003 平均周期在 5.0 s ～ 5.5 s 之间频率最高，分别为 39.9% 和 39.8%。

表4.131　W1001冬季有效波高、平均周期联合分布

		平均周期（s）											
		≤3	3～3.5	3.5～4	4～4.5	4.5～5	5～5.5	5.5～6	6～6.5	6.5～7	7～7.5	>7.5	%
有效波高（m）	≤0.25	0.0	0.0	0.0	0.0	0.0	0.0	0.0	0.0	0.0	0.0	0.0	0.0
	0.25～0.5	0.0	0.0	0.0	0.0	0.0	0.0	0.0	0.0	0.0	0.0	0.0	0.0
	0.5～0.75	0.0	0.1	1.3	0.3	0.6	0.2	0.2	0.0	0.0	0.0	0.0	2.7
	0.75～1	0.0	0.0	4.8	7.8	8.5	3.5	1.7	0.2	0.0	0.0	0.0	26.4
	1～1.25	0.0	0.0	0.0	7.0	11.1	4.2	0.6	0.0	0.0	0.0	0.0	22.9
	1.25～1.5	0.0	0.0	0.0	0.0	12.2	9.5	1.4	0.2	0.0	0.0	0.0	23.3
	1.5～1.75	0.0	0.0	0.0	0.0	0.0	10.8	1.6	0.0	0.0	0.0	0.0	12.3
	1.75～2	0.0	0.0	0.0	0.0	0.0	0.7	9.6	0.5	0.0	0.0	0.0	10.8
	2～2.25	0.0	0.0	0.0	0.0	0.0	0.0	0.2	1.3	0.0	0.0	0.0	1.4
	2.25～2.5	0.0	0.0	0.0	0.0	0.0	0.0	0.0	0.2	0.0	0.0	0.0	0.2
	>2.5	0.0	0.0	0.0	0.0	0.0	0.0	0.0	0.0	0.0	0.0	0.0	0.0
	%	0.0	0.1	6.1	15.1	32.3	28.9	15.2	2.4	0.0	0.0	0.0	100

表4.132 W1002冬季有效波高、平均周期联合分布

		平均周期（s）											
		≤3	3～3.5	3.5～4	4～4.5	4.5～5	5～5.5	5.5～6	6～6.5	6.5～7	7～7.5	>7.5	%
有效波高（m）	≤0.25	0.0	0.0	0.0	0.0	0.0	0.0	0.0	0.0	0.0	0.0	0.0	0.0
	0.25～0.5	0.0	0.0	0.0	0.0	0.0	0.0	0.0	0.0	0.0	0.0	0.0	0.0
	0.5～0.75	0.0	0.0	0.0	0.1	0.7	0.0	0.0	0.0	0.0	0.0	0.0	0.9
	0.75～1	0.0	0.0	0.0	2.4	3.8	1.7	0.0	0.0	0.0	0.0	0.0	7.9
	1～1.25	0.0	0.0	0.1	0.9	4.9	3.8	0.3	0.0	0.0	0.0	0.0	10.0
	1.25～1.5	0.0	0.0	0.1	0.6	7.4	12.6	5.0	0.1	0.0	0.0	0.0	25.8
	1.5～1.75	0.0	0.0	0.0	0.1	2.5	8.5	3.6	0.2	0.0	0.0	0.0	14.9
	1.75～2	0.0	0.0	0.0	0.0	1.0	9.1	6.1	1.0	0.1	0.0	0.0	17.3
	2～2.25	0.0	0.0	0.0	0.0	0.0	2.6	4.4	1.6	0.0	0.0	0.0	8.6
	2.25～2.5	0.0	0.0	0.0	0.0	0.0	1.7	4.6	2.8	0.3	0.0	0.0	9.3
	>2.5	0.0	0.0	0.0	0.0	0.0	0.0	1.4	3.3	0.6	0.0	0.0	5.3
	%	0.0	0.0	0.2	4.2	20.3	39.9	25.4	9.0	1.0	0.0	0.0	100

表4.133 W1003冬季有效波高、平均周期联合分布

		平均周期（s）											
		≤3	3～3.5	3.5～4	4～4.5	4.5～5	5～5.5	5.5～6	6～6.5	6.5～7	7～7.5	>7.5	%
有效波高（m）	≤0.25	0.0	0.0	0.0	0.0	0.0	0.0	0.0	0.0	0.0	0.0	0.0	0.0
	0.25～0.5	0.0	0.0	0.0	0.0	0.0	0.0	0.0	0.0	0.0	0.0	0.0	0.0
	0.5～0.75	0.0	0.0	0.1	0.3	0.4	0.6	0.0	0.0	0.0	0.0	0.0	1.5
	0.75～1	0.0	0.0	0.1	1.7	2.1	4.6	2.2	0.0	0.0	0.0	0.0	10.8
	1～1.25	0.0	0.0	0.1	1.0	3.8	5.0	4.8	0.1	0.0	0.0	0.0	14.9
	1.25～1.5	0.0	0.0	0.0	0.6	5.2	6.9	5.3	0.0	0.0	0.0	0.0	18.0
	1.5～1.75	0.0	0.0	0.0	0.0	2.8	7.9	10.6	0.9	0.0	0.0	0.0	22.2
	1.75～2	0.0	0.0	0.0	0.0	0.7	9.8	11.9	0.5	0.0	0.0	0.0	23.0
	2～2.25	0.0	0.0	0.0	0.0	0.0	3.0	2.5	0.1	0.0	0.0	0.0	5.6
	2.25～2.5	0.0	0.0	0.0	0.0	0.0	1.6	1.9	0.0	0.0	0.0	0.0	3.5
	>2.5	0.0	0.0	0.0	0.0	0.0	0.3	0.3	0.0	0.0	0.0	0.0	0.5
	%	0.0	0.0	0.3	3.7	14.9	39.8	39.5	1.7	0.0	0.0	0.0	100

4.4.10.2 波向

表 4.134 给出了 W10 区块各调查站波向频率。W1001、W1002 和 W1003 春季以东向浪为主；夏季以南向浪为主；秋季和冬季 W1001，以北向浪为主，W1002 和 W1003 以东向浪为主。春季，W1001、W1002 和 W1003 主波向都为 E，频率分别为 18.5%、30.1% 和 49.6%；夏季，W1001、W1002 和 W1003 主波向都为 S，频率分别为 15.1%、24.1% 和 41.3%；秋季和冬季，W1001 主波向都为 N，频率分别为 48.2% 和 61.3%，W1002 主波向都为 E，频率分别为 36.2% 和 37.8%；W1003 秋季、冬季主波向都为 E，频率分别为 61.7% 和 74.3%。

表4.134 W10区块各调查站波向频率

%

站名	季节	N	NNE	NE	ENE	E	ESE	SE	SSE	S	SSW	SW	WSW	W	WNW	NW	NNW	主波向
W1001	春季	1.3	3.0	7.3	8.8	18.5	12.5	8.9	8.4	9.5	9.2	8.2	1.9	0.5	0.5	0.3	1.1	E
W1002		0.0	1.5	2.6	16.3	30.1	18.4	8.9	7.5	9.2	4.6	0.5	0.4	0.0	0.0	0.0	0.0	E
W1003		0.1	0.1	0.3	11.9	49.6	6.8	4.5	6.5	9.3	8.3	1.6	0.3	0.5	0.1	0.0	0.1	E
W1001	夏季	1.9	1.5	3.1	4.0	12.6	8.8	11.6	14.5	15.1	8.5	7.4	3.2	3.1	1.5	1.5	1.7	S
W1002		0.0	1.3	2.6	7.6	14.8	10.0	12.6	15.6	24.1	9.9	1.0	0.3	0.1	0.0	0.0	0.0	S
W1003		0.3	0.8	0.5	5.1	18.6	4.2	3.3	8.8	41.3	11.9	2.5	0.7	1.2	0.4	0.1	0.3	S
W1001	秋季	48.2	35.8	10.3	0.0	0.0	0.0	0.3	0.0	0.0	0.0	0.0	0.0	0.0	0.0	0.0	5.4	N
W1002		0.0	5.0	9.7	20.2	36.2	18.2	4.5	3.1	2.1	0.8	0.2	0.0	0.1	0.0	0.0	0.0	E
W1003		0.0	0.0	0.0	10.1	61.7	28.0	0.3	0.0	0.0	0.0	0.0	0.0	0.0	0.0	0.0	0.0	E
W1001	冬季	61.3	28.2	8.9	0.0	0.0	0.0	0.0	0.0	0.0	0.0	0.0	0.0	0.0	0.0	0.0	1.5	N
W1002		0.0	6.6	11.6	23.5	37.8	18.3	1.0	0.7	0.2	0.0	0.2	0.1	0.0	0.0	0.0	0.0	E
W1003		0.0	0.0	0.0	2.6	74.3	18.8	1.4	0.1	0.0	0.5	0.7	1.2	0.2	0.1	0.0	0.0	E

4.4.11 漳州海域调查数据分析

W1101 调查站位于该区南侧，横屿岛东南 48 km，水深 40 m；W1102 调查站位于该区西北侧，南碇岛东南 7 km，水深 10 m；W1103 调查站位于该区西南侧，象屿岛东南 2 km，水深 15 m。

4.4.11.1 有效波高和平均周期

表 4.135 ～表 4.137 给出了 W11 区块各调查站春季波高、周期联合分布。W1101 有效波高在 0.50 m ～ 0.75 m 之间频率最高，为 18.5%；W1102 和 W1103 有效波高在 0.25 m ～ 0.50 m 之间频率最高，分别为 28.3% 和 25.8%。W1101 平均周期在 5.0 s ～ 5.5 s 之间频率最高，为 36.6%；W1102 和 W1103 平均周期在 4.0 s ～ 4.5 s 之间频率最高，分别为 34.7% 和 41.6%。

表4.135 W1101春季有效波高、平均周期联合分布

		平均周期（s）											
		≤3	3～3.5	3.5～4	4～4.5	4.5～5	5～5.5	5.5～6	6～6.5	6.5～7	7～7.5	>7.5	%
有效波高（m）	≤0.25	0.0	0.0	0.0	0.0	0.0	0.0	0.0	0.0	0.0	0.0	0.0	0.0
	0.25～0.5	0.0	0.0	1.7	0.9	2.1	3.4	6.5	3.2	0.3	0.0	0.0	18.1
	0.5～0.75	0.0	0.0	0.4	0.7	3.0	7.3	4.8	1.6	0.7	0.0	0.0	18.5
	0.75～1	0.0	0.0	0.1	0.5	3.2	9.3	4.5	0.4	0.1	0.0	0.0	18.1
	1～1.25	0.0	0.0	0.0	0.1	3.6	6.1	1.2	0.1	0.0	0.0	0.0	11.2
	1.25～1.5	0.0	0.0	0.0	0.0	2.2	6.0	3.6	0.7	0.0	0.0	0.0	12.5
	1.5～1.75	0.0	0.0	0.0	0.0	0.1	2.3	3.1	0.3	0.1	0.0	0.0	5.8
	1.75～2	0.0	0.0	0.0	0.0	0.1	1.7	3.5	0.8	0.0	0.0	0.0	6.0
	2～2.25	0.0	0.0	0.0	0.0	0.0	0.3	1.3	1.0	0.1	0.0	0.0	2.7
	2.25～2.5	0.0	0.0	0.0	0.0	0.0	0.1	1.3	1.5	0.1	0.0	0.0	3.0
	>2.5	0.0	0.0	0.0	0.0	0.0	0.0	0.3	1.4	2.1	0.3	0.0	4.0
	%	0.0	0.0	2.2	2.3	14.2	36.6	30.1	11.0	3.4	0.3	0.0	100

表4.136 W1102春季有效波高、平均周期联合分布

		平均周期（s）											
		≤3	3～3.5	3.5～4	4～4.5	4.5～5	5～5.5	5.5～6	6～6.5	6.5～7	7～7.5	>7.5	%
有效波高（m）	≤0.25	0.2	0.5	0.4	0.0	0.0	0.0	0.0	0.0	0.0	0.0	0.0	1.1
	0.25～0.5	0.7	5.8	5.8	7.5	7.3	1.0	0.0	0.0	0.0	0.0	0.0	28.3
	0.5～0.75	0.1	2.3	4.4	7.3	4.2	1.9	0.0	0.0	0.0	0.0	0.0	20.2
	0.75～1	0.0	0.3	4.2	7.7	5.2	0.9	0.0	0.0	0.0	0.0	0.0	18.3
	1～1.25	0.0	0.0	1.7	6.5	3.1	0.3	0.0	0.0	0.0	0.0	0.0	11.6
	1.25～1.5	0.0	0.0	0.5	4.9	5.2	2.2	0.1	0.0	0.0	0.0	0.0	12.8
	1.5～1.75	0.0	0.0	0.0	0.6	1.9	0.6	0.1	0.0	0.0	0.0	0.0	3.2
	1.75～2	0.0	0.0	0.0	0.2	1.7	1.4	0.3	0.0	0.0	0.0	0.0	3.6
	2～2.25	0.0	0.0	0.0	0.0	0.1	0.5	0.1	0.1	0.0	0.0	0.0	0.8
	2.25～2.5	0.0	0.0	0.0	0.0	0.0	0.0	0.1	0.0	0.0	0.0	0.0	0.1
	>2.5	0.0	0.0	0.0	0.0	0.0	0.0	0.0	0.0	0.0	0.0	0.0	0.0
	%	1.1	8.9	17.0	34.7	28.6	8.9	0.7	0.1	0.0	0.0	0.0	100

表4.137 W1103春季有效波高、平均周期联合分布

		平均周期（s）											
		≤3	3～3.5	3.5～4	4～4.5	4.5～5	5～5.5	5.5～6	6～6.5	6.5～7	7～7.5	>7.5	%
有效波高（m）	≤0.25	0.1	0.0	0.3	0.3	0.0	0.0	0.0	0.0	0.0	0.0	0.0	0.7
	0.25～0.5	0.7	4.4	5.3	8.8	6.3	0.3	0.0	0.0	0.0	0.0	0.0	25.8
	0.5～0.75	0.0	0.8	3.5	10.1	7.8	1.1	0.1	0.0	0.0	0.0	0.0	23.5
	0.75～1	0.0	0.3	7.0	13.9	3.6	0.1	0.1	0.0	0.0	0.0	0.0	25.0
	1～1.25	0.0	0.0	1.5	5.0	2.7	0.1	0.0	0.0	0.0	0.0	0.0	9.4
	1.25～1.5	0.0	0.0	0.1	3.1	7.2	0.3	0.0	0.0	0.0	0.0	0.0	10.7
	1.5～1.75	0.0	0.0	0.0	0.3	1.9	1.2	0.0	0.0	0.0	0.0	0.0	3.4
	1.75～2	0.0	0.0	0.0	0.0	0.1	1.3	0.1	0.0	0.0	0.0	0.0	1.5
	2～2.25	0.0	0.0	0.0	0.0	0.0	0.0	0.0	0.0	0.0	0.0	0.0	0.0
	2.25～2.5	0.0	0.0	0.0	0.0	0.0	0.0	0.0	0.0	0.0	0.0	0.0	0.0
	>2.5	0.0	0.0	0.0	0.0	0.0	0.0	0.0	0.0	0.0	0.0	0.0	0.0
	%	0.8	5.5	17.8	41.6	29.5	4.5	0.3	0.0	0.0	0.0	0.0	100

表 4.138 ～表 4.140 给出了 W11 区块各调查站夏季波高、周期联合分布。W1101、W1102 和 W1103 有效波高在 1.25 m ～ 1.50 m 之间频率最高，分别为 19.1%、24.7% 和 28.6%。W1101 平均周期在 6.0 s ～ 6.5 s 之间频率最高，为 29.7%；W1102 和 W1103 平均周期在 4.5 s ～ 5.0 s 之间频率最高，分别为 27.9% 和 32.6%。

表4.138 W1101夏季有效波高、平均周期联合分布

	平均周期（s）											
有效波高（m）	≤3	3～3.5	3.5～4	4～4.5	4.5～5	5～5.5	5.5～6	6～6.5	6.5～7	7～7.5	>7.5	%
≤0.25	0.0	0.0	0.0	0.0	0.0	0.0	0.0	0.0	0.0	0.0	0.0	0.0
0.25～0.5	0.0	0.0	0.0	0.0	0.0	0.0	0.1	0.3	0.6	0.1	0.0	1.1
0.5～0.75	0.0	0.0	0.0	0.0	0.0	0.6	2.8	3.3	1.4	0.3	0.1	8.5
0.75～1	0.0	0.0	0.0	0.1	0.8	3.3	4.9	3.5	1.6	0.1	0.0	14.2
1～1.25	0.0	0.0	0.0	0.1	1.0	3.5	3.1	2.8	0.8	0.1	0.0	11.3
1.25～1.5	0.0	0.0	0.0	0.0	0.6	4.7	6.1	4.8	2.4	0.4	0.1	19.1
1.5～1.75	0.0	0.0	0.0	0.0	0.3	0.8	5.1	4.7	1.4	0.6	1.2	14.0
1.75～2	0.0	0.0	0.0	0.0	0.0	0.8	3.9	4.7	1.9	0.6	1.5	13.2
2～2.25	0.0	0.0	0.0	0.0	0.0	0.0	1.9	1.5	0.8	0.3	0.8	5.5
2.25～2.5	0.0	0.0	0.0	0.0	0.0	0.1	0.4	2.4	1.3	0.8	0.8	5.7
>2.5	0.0	0.0	0.0	0.0	0.0	0.0	0.1	1.7	2.8	1.9	0.9	7.5
%	0.0	0.0	0.0	0.1	2.6	13.7	28.4	29.7	14.9	5.3	5.3	100

表4.139 W1102夏季有效波高、平均周期联合分布

	平均周期（s）											
有效波高（m）	≤3	3～3.5	3.5～4	4～4.5	4.5～5	5～5.5	5.5～6	6～6.5	6.5～7	7～7.5	>7.5	%
≤0.25	0.0	0.0	0.0	0.0	0.0	0.0	0.0	0.0	0.0	0.0	0.0	0.0
0.25～0.5	0.0	0.0	0.6	1.7	1.4	2.2	1.1	0.3	0.0	0.0	0.0	7.3
0.5～0.75	0.0	0.1	1.3	3.6	4.4	1.5	0.3	0.3	0.0	0.0	0.0	11.5
0.75～1	0.0	0.1	1.3	6.2	4.7	3.9	3.8	1.4	0.0	0.1	0.0	21.5
1～1.25	0.0	0.0	0.1	2.5	7.7	3.9	2.6	1.8	1.1	0.8	0.1	20.6
1.25～1.5	0.0	0.0	0.0	1.1	6.9	8.6	2.9	1.9	1.0	1.7	0.4	24.7
1.5～1.75	0.0	0.0	0.0	0.1	2.2	2.6	0.7	0.6	1.0	0.7	0.3	8.2
1.75～2	0.0	0.0	0.0	0.0	0.6	1.0	0.1	0.5	0.8	0.6	0.3	3.9
2～2.25	0.0	0.0	0.0	0.0	0.1	0.0	0.1	0.1	0.2	0.3	0.1	0.8
2.25～2.5	0.0	0.0	0.0	0.0	0.0	0.0	0.2	0.4	0.1	0.1	0.0	0.8
>2.5	0.0	0.0	0.0	0.0	0.0	0.0	0.1	0.2	0.1	0.2	0.0	0.7
%	0.0	0.2	3.3	15.2	27.9	23.8	12.2	7.5	4.4	4.4	1.2	100

表4.140　W1103夏季有效波高、平均周期联合分布

		平均周期（s）											
		≤3	3～3.5	3.5～4	4～4.5	4.5～5	5～5.5	5.5～6	6～6.5	6.5～7	7～7.5	>7.5	%
有效波高（m）	≤0.25	0.0	0.0	0.0	0.0	0.0	0.0	0.0	0.0	0.0	0.0	0.0	0.0
	0.25～0.5	0.0	0.0	0.0	1.0	1.6	1.7	1.3	0.0	0.0	0.0	0.0	5.6
	0.5～0.75	0.0	0.6	0.6	3.6	6.0	2.4	0.3	0.0	0.0	0.0	0.0	13.4
	0.75～1	0.0	0.0	1.0	13.7	6.1	3.8	1.1	0.1	0.0	0.0	0.0	25.8
	1～1.25	0.0	0.0	0.1	2.8	6.6	4.8	2.6	0.4	0.0	0.0	0.0	17.3
	1.25～1.5	0.0	0.0	0.0	1.5	9.9	10.4	4.1	1.7	1.0	0.1	0.0	28.6
	1.5～1.75	0.0	0.0	0.0	0.0	2.2	4.7	0.6	0.1	0.0	0.0	0.0	7.5
	1.75～2	0.0	0.0	0.0	0.0	0.3	0.9	0.3	0.0	0.0	0.0	0.0	1.5
	2～2.25	0.0	0.0	0.0	0.0	0.0	0.2	0.1	0.0	0.0	0.0	0.0	0.3
	2.25～2.5	0.0	0.0	0.0	0.0	0.0	0.0	0.0	0.0	0.0	0.0	0.0	0.0
	>2.5	0.0	0.0	0.0	0.0	0.0	0.0	0.0	0.0	0.0	0.0	0.0	0.0
	%	0.0	0.6	1.7	22.5	32.6	28.9	10.4	2.2	1.0	0.1	0.0	100

表 4.141 ～表 4.143 给出了 W11 区块各调查站秋季波高、周期联合分布。W1101 有效波高在 2.50 m 以上频率最高，为 40.1%；W1102 和 W1103 有效波高在 0.75 m ～ 1.00 m 之间频率最高，分别为 55.6% 和 39.0%。W1101 平均周期在 6.0 s ～ 6.5 s 之间频率最高，为 26.3%；W1102 和 W1103 平均周期在 5.0 s ～ 5.5 s 之间频率最高，分别为 47.1% 和 44.9%。

表4.141　W1101秋季有效波高、平均周期联合分布

		平均周期（s）											
		≤3	3～3.5	3.5～4	4～4.5	4.5～5	5～5.5	5.5～6	6～6.5	6.5～7	7～7.5	>7.5	%
有效波高（m）	≤0.25	0.0	0.0	0.0	0.0	0.0	0.0	0.0	0.0	0.0	0.0	0.0	0.0
	0.25～0.5	0.0	0.0	0.0	0.0	0.0	0.0	0.0	0.0	0.0	0.0	0.0	0.0
	0.5～0.75	0.0	0.0	0.0	0.0	0.0	0.1	0.2	0.2	0.2	0.0	0.0	0.8
	0.75～1	0.0	0.0	0.0	0.1	1.0	2.7	3.2	1.7	0.3	0.0	0.0	9.0
	1～1.25	0.0	0.0	0.0	0.1	0.9	2.1	1.8	2.1	0.7	0.0	0.0	7.7
	1.25～1.5	0.0	0.0	0.0	0.0	0.6	4.5	4.9	2.5	0.2	0.0	0.0	12.7
	1.5～1.75	0.0	0.0	0.0	0.0	0.1	2.1	2.3	1.0	0.1	0.0	0.0	5.5
	1.75～2	0.0	0.0	0.0	0.0	0.0	1.7	4.7	2.5	0.6	0.0	0.0	9.5
	2～2.25	0.0	0.0	0.0	0.0	0.0	0.4	3.0	1.9	0.6	0.0	0.0	5.9
	2.25～2.5	0.0	0.0	0.0	0.0	0.0	0.0	3.0	3.5	2.2	0.1	0.0	8.8
	>2.5	0.0	0.0	0.0	0.0	0.0	0.0	1.4	10.9	16.0	9.1	2.6	40.1
	%	0.0	0.0	0.0	0.3	2.6	13.7	24.4	26.3	20.9	9.2	2.6	100

表4.142 W1102秋季有效波高、平均周期联合分布

		平均周期（s）											
		≤3	3～3.5	3.5～4	4～4.5	4.5～5	5～5.5	5.5～6	6～6.5	6.5～7	7～7.5	>7.5	%
有效波高（m）	≤0.25	0.0	0.0	0.0	0.0	0.0	0.0	0.0	0.0	0.0	0.0	0.0	0.0
	0.25～0.5	0.0	0.0	0.0	0.0	0.0	0.0	0.0	0.0	0.0	0.0	0.0	0.0
	0.5～0.75	0.0	0.0	0.4	0.0	0.8	6.5	1.5	0.0	0.0	0.0	0.0	9.2
	0.75～1	0.0	0.0	2.3	13.8	16.1	18.8	4.2	0.4	0.0	0.0	0.0	55.6
	1～1.25	0.0	0.0	0.0	4.6	5.7	5.0	0.0	0.0	0.0	0.0	0.0	15.3
	1.25～1.5	0.0	0.0	0.0	0.0	2.7	4.2	0.4	0.0	0.0	0.0	0.0	7.3
	1.5～1.75	0.0	0.0	0.0	0.0	0.0	3.1	0.0	0.0	0.0	0.0	0.0	3.1
	1.75～2	0.0	0.0	0.0	0.0	0.0	7.7	0.0	0.0	0.0	0.0	0.0	7.7
	2～2.25	0.0	0.0	0.0	0.0	0.0	1.9	0.0	0.0	0.0	0.0	0.0	1.9
	2.25～2.5	0.0	0.0	0.0	0.0	0.0	0.0	0.0	0.0	0.0	0.0	0.0	0.0
	>2.5	0.0	0.0	0.0	0.0	0.0	0.0	0.0	0.0	0.0	0.0	0.0	0.0
	%	0.0	0.0	2.7	18.4	25.3	47.1	6.1	0.4	0.0	0.0	0.0	100

表4.143 W1103秋季有效波高、平均周期联合分布

		平均周期（s）											
		≤3	3～3.5	3.5～4	4～4.5	4.5～5	5～5.5	5.5～6	6～6.5	6.5～7	7～7.5	>7.5	%
有效波高（m）	≤0.25	0.0	0.0	0.0	0.0	0.0	0.0	0.0	0.0	0.0	0.0	0.0	0.0
	0.25～0.5	0.0	0.0	0.0	0.0	0.0	0.0	0.0	0.0	0.0	0.0	0.0	0.0
	0.5～0.75	0.0	0.0	0.0	0.0	0.1	2.1	2.1	0.0	0.0	0.0	0.0	4.4
	0.75～1	0.0	0.0	2.0	5.0	10.8	17.0	4.0	0.3	0.0	0.0	0.0	39.0
	1～1.25	0.0	0.0	0.4	2.1	4.2	8.5	1.3	0.0	0.0	0.0	0.0	16.6
	1.25～1.5	0.0	0.0	0.1	1.0	1.8	3.5	2.3	0.0	0.0	0.0	0.0	8.8
	1.5～1.75	0.0	0.0	0.0	0.1	1.0	2.8	1.1	0.0	0.0	0.0	0.0	5.1
	1.75～2	0.0	0.0	0.0	0.3	1.4	3.8	1.4	0.1	0.0	0.0	0.0	7.1
	2～2.25	0.0	0.0	0.0	0.0	0.1	3.1	2.0	0.1	0.0	0.0	0.0	5.4
	2.25～2.5	0.0	0.0	0.0	0.0	0.1	3.0	4.0	0.3	0.0	0.0	0.0	7.4
	>2.5	0.0	0.0	0.0	0.0	0.0	1.0	3.1	2.3	0.0	0.0	0.0	6.4
	%	0.0	0.0	2.5	8.5	19.7	44.9	21.2	3.1	0.0	0.0	0.0	100

表 4.144 ～表 4.146 给出了 W11 区块各调查站冬季波高、周期联合分布。W1101 有效波高在 2.50 m 以上频率最高，为 68.0%；W1102 和 W1103 有效波高在 1.75 m ～ 2.00 m 之间频率最高，分别为 22.2% 和 25.0%。W1101 平均周期在 6.5 s ～ 7.0 s 之间频率最高，为 28.8%；W1102 和 W1103 平均周期在 5.0 s ～ 5.5 s 之间频率最高，分别为 47.3% 和 42.9%。

表4.144　W1101冬季有效波高、平均周期联合分布

		平均周期（s）											
		≤3	3～3.5	3.5～4	4～4.5	4.5～5	5～5.5	5.5～6	6～6.5	6.5～7	7～7.5	>7.5	%
有效波高（m）	≤0.25	0.0	0.0	0.0	0.0	0.0	0.0	0.0	0.0	0.0	0.0	0.0	0.0
	0.25～0.5	0.0	0.0	0.0	0.0	0.0	0.0	0.0	0.0	0.0	0.0	0.0	0.0
	0.5～0.75	0.0	0.0	0.0	0.0	0.0	0.0	0.0	0.0	0.0	0.0	0.0	0.0
	0.75～1	0.0	0.0	0.0	0.0	0.0	0.3	0.4	0.4	0.0	0.0	0.0	1.1
	1～1.25	0.0	0.0	0.0	0.0	0.0	0.4	0.5	0.2	0.1	0.0	0.0	1.2
	1.25～1.5	0.0	0.0	0.0	0.0	0.0	0.3	0.7	0.3	0.0	0.0	0.0	1.4
	1.5～1.75	0.0	0.0	0.0	0.0	0.0	1.0	2.4	1.0	0.0	0.0	0.0	4.4
	1.75～2	0.0	0.0	0.0	0.0	0.0	1.2	3.2	2.3	0.3	0.0	0.0	6.9
	2～2.25	0.0	0.0	0.0	0.0	0.0	0.1	1.6	3.0	0.8	0.0	0.0	5.5
	2.25～2.5	0.0	0.0	0.0	0.0	0.0	0.2	3.4	5.6	2.0	0.3	0.0	11.4
	>2.5	0.0	0.0	0.0	0.0	0.0	0.0	0.7	11.8	25.6	22.6	7.3	68.0
	%	0.0	0.0	0.0	0.0	0.0	3.6	12.8	24.6	28.8	22.8	7.3	100

表4.145　W1102冬季有效波高、平均周期联合分布

		平均周期（s）											
		≤3	3～3.5	3.5～4	4～4.5	4.5～5	5～5.5	5.5～6	6～6.5	6.5～7	7～7.5	>7.5	%
有效波高（m）	≤0.25	0.0	0.0	0.0	0.0	0.0	0.0	0.0	0.0	0.0	0.0	0.0	0.0
	0.25～0.5	0.0	0.0	0.0	0.0	0.0	0.0	0.0	0.0	0.0	0.0	0.0	0.0
	0.5～0.75	0.0	0.0	0.0	0.1	0.3	0.4	0.1	0.0	0.0	0.0	0.0	1.0
	0.75～1	0.0	0.0	0.0	0.8	2.1	2.9	1.3	0.0	0.0	0.0	0.0	7.1
	1～1.25	0.0	0.0	0.0	1.1	4.8	5.6	2.2	0.1	0.0	0.0	0.0	13.7
	1.25～1.5	0.0	0.0	0.0	1.7	7.9	9.5	1.8	0.1	0.0	0.0	0.0	20.9
	1.5～1.75	0.0	0.0	0.0	0.5	4.6	7.9	2.0	0.1	0.0	0.0	0.0	15.1
	1.75～2	0.0	0.0	0.0	0.1	2.8	13.0	6.2	0.2	0.0	0.0	0.0	22.2
	2～2.25	0.0	0.0	0.0	0.0	1.0	5.8	4.6	0.5	0.0	0.0	0.0	11.8
	2.25～2.5	0.0	0.0	0.0	0.0	0.1	1.9	3.8	0.9	0.0	0.0	0.0	6.8
	>2.5	0.0	0.0	0.0	0.0	0.0	0.4	0.9	0.1	0.0	0.0	0.0	1.4
	%	0.0	0.0	0.0	4.3	23.5	47.3	23.0	1.9	0.0	0.0	0.0	100

表4.146 W1103冬季有效波高、平均周期联合分布

		平均周期（s）											
		≤3	3～3.5	3.5～4	4～4.5	4.5～5	5～5.5	5.5～6	6～6.5	6.5～7	7～7.5	>7.5	%
有效波高（m）	≤0.25	0.0	0.0	0.0	0.0	0.0	0.0	0.0	0.0	0.0	0.0	0.0	0.0
	0.25～0.5	0.0	0.0	0.0	0.0	0.0	0.0	0.0	0.0	0.0	0.0	0.0	0.0
	0.5～0.75	0.0	0.0	0.1	0.5	0.1	0.3	0.0	0.0	0.0	0.0	0.0	1.1
	0.75～1	0.0	0.0	0.1	0.7	0.7	1.6	0.3	0.0	0.0	0.0	0.0	3.4
	1～1.25	0.0	0.0	0.0	0.9	3.4	2.5	0.7	0.0	0.1	0.0	0.0	7.6
	1.25～1.5	0.0	0.0	0.0	1.2	5.6	9.6	2.6	0.3	0.1	0.0	0.0	19.4
	1.5～1.75	0.0	0.0	0.0	0.1	4.4	7.8	2.4	0.1	0.0	0.0	0.0	14.9
	1.75～2	0.0	0.0	0.0	0.0	2.5	14.0	7.1	1.3	0.0	0.0	0.0	25.0
	2～2.25	0.0	0.0	0.0	0.0	0.0	5.4	9.1	0.9	0.1	0.0	0.0	15.5
	2.25～2.5	0.0	0.0	0.0	0.0	0.0	1.4	6.3	1.6	0.0	0.0	0.0	9.3
	>2.5	0.0	0.0	0.0	0.0	0.0	0.2	2.4	1.3	0.1	0.0	0.0	4.0
	%	0.0	0.0	0.3	3.4	16.8	42.9	30.9	5.5	0.3	0.0	0.0	100

4.4.11.2 波向

表 4.147 给出了 W11 区块各调查站波向频率。W1101 春季和夏季以东北向浪为主，秋季和冬季以南向稍偏西为主；W1103 春季、秋季和冬季都以东向浪为主。春季，W1101、W1102 和 W1103 主波向分别为 NE、ENE 和 E，频率分别为 19.6%、45.2% 和 22.5%；夏季，W1101、W1102 和 W1103 主波向分别为 NE、S 和 ESE，频率分别为 20.7%、28.3% 和 39.5%；秋季，W1101、W1102 和 W1103 主波向分别为 SSW、W 和 E，频率分别为 26.5%、52.9% 和 47.0%；冬季，W1101、W1102 和 W1103 主波向分别为 SSW、WSW 和 E，频率分别为 21.9%、76.9% 和 52.4%。

表4.147 W11区块各调查站波向频率

%

站名	季节	N	NNE	NE	ENE	E	ESE	SE	SSE	S	SSW	SW	WSW	W	WNW	NW	NNW	主波向
W1101	春季	1.5	8.2	19.6	12.2	6.9	2.4	2.2	2.6	5.5	16.1	17.6	2.6	0.7	0.5	0.8	0.7	NE
W1102		0.0	0.0	3.3	45.2	17.7	5.2	5.9	7.4	9.8	3.9	0.3	0.0	0.1	0.5	0.4	0.1	ENE
W1103		0.0	0.0	1.1	12.0	22.5	20.4	19.2	6.4	7.1	9.3	1.5	0.3	0.3	0.0	0.0	0.0	E
W1101	夏季	3.2	8.8	20.7	12.8	5.1	3.3	2.8	4.9	11.2	11.7	10.5	1.7	0.8	0.8	0.3	1.5	NE
W1102		0.0	0.0	1.5	26.0	15.1	3.5	5.4	12.2	28.3	7.8	0.2	0.0	0.0	0.0	0.0	0.0	S
W1103		0.0	0.1	0.0	2.2	8.7	39.5	12.8	10.1	20.5	5.1	0.2	0.3	0.5	0.0	0.0	0.0	ESE
W1101	秋季	3.4	8.6	15.6	4.8	2.1	0.7	1.4	1.6	9.3	26.5	15.8	4.4	1.9	1.2	1.5	1.2	SSW
W1102		0.0	0.0	0.0	0.0	0.0	0.0	0.0	0.0	0.0	0.0	0.0	35.2	52.9	11.9	0.0	0.0	W
W1103		0.0	0.0	0.0	8.9	47.0	23.8	19.0	1.3	0.0	0.0	0.0	0.0	0.0	0.0	0.0	0.0	E
W1101	冬季	5.2	13.3	9.3	0.7	0.1	0.2	0.2	0.9	6.8	21.9	21.4	8.5	3.4	3.2	2.4	2.6	SSW
W1102		0.0	0.0	0.0	0.0	0.0	0.0	0.0	0.0	0.0	0.0	3.2	76.9	19.7	0.3	0.0	0.0	WSW
W1103		0.0	0.1	0.0	2.0	52.4	27.2	15.5	2.8	0.0	0.1	0.0	0.0	0.0	0.0	0.0	0.0	E

4.4.12 汕头海域调查数据分析

W1201 调查站位于该区北侧，狮屿岛东南 7.5 km，水深 25 m；W1202 调查站位于该区北侧，龙屿岛东南 11 km，水深 20 m；W1203 调查站位于该区西南侧，靖海港东南 3 km，水深 15 m。

4.4.12.1 有效波高和平均周期

表 4.148 ~ 表 4.150 给出了 W12 区块各调查站春季波高、周期联合分布。W1201 和 W1202 有效波高在 0.50 m ~ 0.75 m 之间频率最高，分别为 23.5% 和 20.0%；W1203 有效波高在 0.25 m ~ 0.50 m 之间频率最高，为 36.0%。W1201 和 W1202 平均周期在 4.5 s ~ 5.0 s 之间频率最高，分别为 34.7% 和 33.5%；W1203 平均周期在 3.0 s 以下频率最高，为 34.4%。

表4.148 W1201春季有效波高、平均周期联合分布

		平均周期（s）											
		≤3	3~3.5	3.5~4	4~4.5	4.5~5	5~5.5	5.5~6	6~6.5	6.5~7	7~7.5	>7.5	%
有效波高（m）	≤0.25	0.0	0.0	0.0	0.6	0.4	0.3	0.3	0.1	0.0	0.1	0.0	1.8
	0.25~0.5	0.1	1.9	3.2	5.9	5.2	2.3	1.0	0.5	0.0	0.0	0.0	20.2
	0.5~0.75	0.0	1.3	2.6	5.2	8.3	5.8	0.3	0.0	0.0	0.0	0.0	23.5
	0.75~1	0.0	0.1	1.7	4.6	7.6	1.5	0.3	0.0	0.0	0.0	0.0	15.9
	1~1.25	0.0	0.0	0.5	5.2	5.0	2.5	0.6	0.0	0.0	0.0	0.0	13.8
	1.25~1.5	0.0	0.0	0.0	2.2	5.7	3.6	0.8	0.1	0.0	0.0	0.0	12.5
	1.5~1.75	0.0	0.0	0.0	0.1	1.9	1.7	0.6	0.1	0.0	0.0	0.0	4.4
	1.75~2	0.0	0.0	0.0	0.1	0.5	1.8	1.3	0.2	0.0	0.0	0.0	4.0
	2~2.25	0.0	0.0	0.0	0.0	0.0	0.6	0.7	0.1	0.0	0.0	0.0	1.4
	2.25~2.5	0.0	0.0	0.0	0.0	0.0	0.1	0.6	0.7	0.0	0.0	0.0	1.4
	>2.5	0.0	0.0	0.0	0.0	0.0	0.0	0.3	0.4	0.3	0.0	0.0	1.0
	%	0.1	3.4	8.0	24.1	34.7	20.2	6.8	2.4	0.3	0.1	0.0	100

表4.149 W1202春季有效波高、平均周期联合分布

		平均周期（s）											
		≤3	3~3.5	3.5~4	4~4.5	4.5~5	5~5.5	5.5~6	6~6.5	6.5~7	7~7.5	>7.5	%
有效波高（m）	≤0.25	0.0	0.0	0.1	0.3	0.0	0.0	0.0	0.0	0.0	0.0	0.0	0.3
	0.25~0.5	0.1	1.3	4.2	6.3	4.2	1.3	0.3	0.0	0.0	0.0	0.0	17.6
	0.5~0.75	0.0	1.9	2.3	4.2	7.7	3.7	0.3	0.0	0.0	0.0	0.0	20.0
	0.75~1	0.0	0.2	1.7	7.0	7.6	2.2	0.0	0.0	0.0	0.0	0.0	18.7
	1~1.25	0.0	0.0	1.0	5.3	4.5	1.5	0.5	0.0	0.0	0.0	0.0	12.8
	1.25~1.5	0.0	0.0	0.5	4.6	4.9	3.4	0.8	0.0	0.0	0.0	0.0	14.2
	1.5~1.75	0.0	0.0	0.0	0.2	3.1	1.6	0.7	0.1	0.0	0.0	0.0	5.6
	1.75~2	0.0	0.0	0.0	0.1	1.3	2.1	0.7	0.3	0.0	0.0	0.0	4.4
	2~2.25	0.0	0.0	0.0	0.0	0.3	1.0	0.3	0.1	0.0	0.0	0.0	1.7
	2.25~2.5	0.0	0.0	0.0	0.0	0.1	0.6	0.9	0.5	0.0	0.0	0.0	2.2
	>2.5	0.0	0.0	0.0	0.0	0.0	0.3	0.9	1.1	0.1	0.0	0.0	2.4
	%	0.1	3.4	9.8	27.9	33.5	17.7	5.4	2.1	0.1	0.0	0.0	100

表4.150　W1203春季有效波高、平均周期联合分布

		平均周期（s）											
		≤3	3～3.5	3.5～4	4～4.5	4.5～5	5～5.5	5.5～6	6～6.5	6.5～7	7～7.5	>7.5	%
有效波高（m）	≤0.25	0.0	0.0	0.0	0.0	0.0	0.0	0.0	0.0	0.0	0.0	0.0	0.0
	0.25～0.5	30.1	5.8	0.2	0.0	0.0	0.0	0.0	0.0	0.0	0.0	0.0	36.0
	0.5～0.75	4.0	5.8	3.4	1.4	0.0	0.0	0.0	0.0	0.0	0.0	0.0	14.6
	0.75～1	0.0	14.3	14.0	5.9	0.8	0.0	0.0	0.0	0.0	0.0	0.0	35.0
	1～1.25	0.2	2.8	7.6	0.0	0.0	0.0	0.0	0.0	0.0	0.0	0.0	10.6
	1.25～1.5	0.2	0.3	3.0	0.3	0.0	0.0	0.0	0.0	0.0	0.0	0.0	3.7
	1.5～1.75	0.0	0.0	0.0	0.0	0.0	0.0	0.0	0.0	0.0	0.0	0.0	0.0
	1.75～2	0.0	0.0	0.0	0.0	0.0	0.0	0.0	0.0	0.0	0.0	0.0	0.0
	2～2.25	0.0	0.0	0.0	0.0	0.0	0.0	0.0	0.0	0.0	0.0	0.0	0.0
	2.25～2.5	0.0	0.0	0.0	0.0	0.0	0.0	0.0	0.0	0.0	0.0	0.0	0.0
	>2.5	0.0	0.0	0.0	0.0	0.0	0.0	0.0	0.0	0.0	0.0	0.0	0.0
	%	34.4	29.0	28.2	7.6	0.8	0.0	0.0	0.0	0.0	0.0	0.0	100

表 4.151 ～表 4.153 给出了 W12 区块各调查站夏季波高、周期联合分布。W1201、W1202 和 W1203 有效波高在 1.25 m ～ 1.50 m 之间频率最高，分别为 23.3%、25.3% 和 28.3%。W1201 和 W1202 平均周期在 5.0 s ～ 5.5 s 之间频率最高，分别为 33.1% 和 30.4%；W1203 平均周期在 4.0 s ～ 4.5 s 之间频率最高，为 31.0%。

表4.151　W1201夏季有效波高、平均周期联合分布

		平均周期（s）											
		≤3	3～3.5	3.5～4	4～4.5	4.5～5	5～5.5	5.5～6	6～6.5	6.5～7	7～7.5	>7.5	%
有效波高（m）	≤0.25	0.0	0.0	0.0	0.0	0.1	0.1	0.1	0.3	0.3	0.0	0.1	1.0
	0.25～0.5	0.0	0.0	0.0	0.0	2.1	7.7	5.3	2.3	0.1	0.1	0.0	17.6
	0.5～0.75	0.0	0.0	0.1	0.3	1.2	4.0	3.6	1.3	0.6	0.3	0.0	11.5
	0.75～1	0.0	0.0	0.1	0.3	3.3	2.8	3.7	1.3	0.9	0.7	0.1	13.3
	1～1.25	0.0	0.0	0.0	0.2	2.6	3.8	2.6	1.5	0.3	0.1	0.5	11.7
	1.25～1.5	0.0	0.0	0.0	0.0	3.8	9.0	6.0	2.7	0.8	1.0	0.1	23.3
	1.5～1.75	0.0	0.0	0.0	0.0	0.8	3.2	1.9	1.0	0.8	0.6	0.2	8.5
	1.75～2	0.0	0.0	0.0	0.0	0.2	2.0	2.5	0.6	0.7	0.5	0.1	6.5
	2～2.25	0.0	0.0	0.0	0.0	0.0	0.1	0.8	0.5	1.0	0.8	0.0	3.1
	2.25～2.5	0.0	0.0	0.0	0.0	0.0	0.3	0.3	0.6	0.7	0.5	0.1	2.4
	>2.5	0.0	0.0	0.0	0.0	0.0	0.0	0.0	0.1	0.1	0.6	0.2	1.0
	%	0.0	0.0	0.3	0.9	14.0	33.1	26.7	12.2	6.4	5.1	1.4	100

表4.152　W1202夏季有效波高、平均周期联合分布

		平均周期（s）											
		≤3	3～3.5	3.5～4	4～4.5	4.5～5	5～5.5	5.5～6	6～6.5	6.5～7	7～7.5	>7.5	%
有效波高（m）	≤0.25	0.0	0.0	0.0	0.0	0.0	0.0	0.0	0.0	0.0	0.0	0.0	0.0
	0.25～0.5	0.0	0.0	0.0	0.1	0.5	1.8	1.2	0.0	0.0	0.0	0.0	3.5
	0.5～0.75	0.0	0.1	0.5	1.1	3.8	3.0	1.7	0.3	0.0	0.0	0.0	10.3
	0.75～1	0.0	0.0	0.4	2.7	3.3	3.8	1.1	0.1	0.0	0.0	0.0	11.5
	1～1.25	0.0	0.0	0.0	1.7	4.0	3.1	2.0	0.3	0.1	0.0	0.0	11.2
	1.25～1.5	0.0	0.0	0.0	2.4	8.8	8.3	4.7	0.8	0.4	0.0	0.0	25.3
	1.5～1.75	0.0	0.0	0.0	0.4	3.3	4.9	3.2	1.4	0.8	0.6	0.3	14.8
	1.75～2	0.0	0.0	0.0	0.0	1.5	3.8	2.5	1.6	0.5	1.1	0.3	11.3
	2～2.25	0.0	0.0	0.0	0.0	0.1	1.0	0.8	1.2	0.6	0.4	0.0	4.1
	2.25～2.5	0.0	0.0	0.0	0.0	0.0	0.8	1.3	1.4	1.2	0.6	0.1	5.2
	>2.5	0.0	0.0	0.0	0.0	0.0	0.1	0.3	1.0	0.8	0.5	0.1	2.7
	%	0.0	0.1	0.9	8.4	25.3	30.4	18.8	7.9	4.3	3.1	0.8	100

表4.153　W1203夏季有效波高、平均周期联合分布

		平均周期（s）											
		≤3	3～3.5	3.5～4	4～4.5	4.5～5	5～5.5	5.5～6	6～6.5	6.5～7	7～7.5	>7.5	%
有效波高（m）	≤0.25	0.0	0.0	0.0	0.0	0.0	0.0	0.0	0.0	0.0	0.0	0.0	0.0
	0.25～0.5	0.1	0.4	0.6	1.9	0.6	0.0	0.0	0.0	0.0	0.0	0.0	3.7
	0.5～0.75	0.6	2.4	4.1	3.3	1.8	0.1	0.0	0.0	0.0	0.0	0.0	12.2
	0.75～1	0.2	1.0	4.4	4.2	1.3	0.5	0.1	0.0	0.0	0.0	0.0	11.8
	1～1.25	0.6	1.3	4.1	10.4	3.5	0.3	0.0	0.0	0.0	0.0	0.0	20.3
	1.25～1.5	0.1	1.7	4.0	9.9	8.8	3.5	0.3	0.0	0.0	0.0	0.0	28.3
	1.5～1.75	0.0	1.0	1.6	1.0	2.6	1.0	0.8	0.4	0.2	0.0	0.0	8.7
	1.75～2	0.0	0.6	0.9	0.2	0.9	1.0	1.7	0.8	0.1	0.0	0.0	6.3
	2～2.25	0.0	0.1	1.0	0.0	0.1	0.8	0.2	1.0	0.3	0.0	0.0	3.5
	2.25～2.5	0.0	0.1	0.2	0.0	0.0	0.6	0.4	0.6	0.3	0.1	0.0	2.3
	>2.5	0.0	0.0	0.0	0.0	0.0	0.2	1.4	0.8	0.5	0.1	0.0	3.1
	%	1.5	8.5	21.0	31.0	19.7	8.1	5.0	3.6	1.4	0.3	0.0	100

表 4.154 ～表 4.156 给出了 W12 区块各调查站秋季波高、周期联合分布。W1201 和 W1202 有效波高在 1.00 m ～ 1.25 m 之间频率最高，分别为 29.9% 和 21.4%；W1203 有效波高在 1.25 m ～ 1.50 m 之间频率最高，为 21.8%。W1201 和 W1202 平均周期在 5.5 s ～ 6.0 s 之间频率最高，分别为 30.6% 和 34.2%；W1203 平均周期在 5.0 s ～ 5.5 s 之间频率最高，为 31.5%。

表4.154 W1201秋季有效波高、平均周期联合分布

		平均周期（s）											
		≤3	3～3.5	3.5～4	4～4.5	4.5～5	5～5.5	5.5～6	6～6.5	6.5～7	7～7.5	>7.5	%
有效波高（m）	≤0.25	0.0	0.0	0.0	0.0	0.0	0.0	0.0	0.0	0.0	0.0	0.0	0.0
	0.25～0.5	0.0	0.0	0.0	0.0	0.0	0.0	0.0	0.0	0.0	0.0	0.0	0.0
	0.5～0.75	0.0	0.0	0.0	0.1	0.0	0.7	1.3	0.4	0.0	0.0	0.0	2.6
	0.75～1	0.0	0.0	0.4	3.2	2.6	5.9	6.6	1.0	0.0	0.0	0.0	19.8
	1～1.25	0.0	0.0	0.4	1.6	8.9	10.1	7.2	1.6	0.0	0.0	0.0	29.9
	1.25～1.5	0.0	0.0	0.1	0.4	2.8	4.2	2.2	0.4	0.0	0.0	0.0	10.2
	1.5～1.75	0.0	0.0	0.0	0.0	0.6	0.7	0.4	0.7	0.1	0.0	0.0	2.6
	1.75～2	0.0	0.0	0.0	0.0	0.0	2.8	2.3	2.2	0.0	0.0	0.0	7.3
	2～2.25	0.0	0.0	0.0	0.0	0.0	1.2	1.6	0.9	0.3	0.0	0.0	4.0
	2.25～2.5	0.0	0.0	0.0	0.0	0.0	1.3	1.9	1.3	0.1	0.0	0.0	4.7
	>2.5	0.0	0.0	0.0	0.0	0.0	0.4	7.0	8.1	3.4	0.0	0.0	18.9
	%	0.0	0.0	1.0	5.4	14.9	27.4	30.6	16.7	4.0	0.0	0.0	100

表4.155 W1202秋季有效波高、平均周期联合分布

		平均周期（s）											
		≤3	3～3.5	3.5～4	4～4.5	4.5～5	5～5.5	5.5～6	6～6.5	6.5～7	7～7.5	>7.5	%
有效波高（m）	≤0.25	0.0	0.0	0.0	0.0	0.0	0.0	0.0	0.0	0.0	0.0	0.0	0.0
	0.25～0.5	0.0	0.0	0.0	0.0	0.0	0.0	0.0	0.0	0.0	0.0	0.0	0.0
	0.5～0.75	0.0	0.0	0.0	0.0	0.0	0.1	1.6	0.8	0.0	0.0	0.0	2.5
	0.75～1	0.0	0.0	0.2	1.0	2.7	6.4	7.3	2.6	0.1	0.0	0.0	20.4
	1～1.25	0.0	0.0	0.1	0.5	3.3	7.1	7.4	2.9	0.2	0.0	0.0	21.4
	1.25～1.5	0.0	0.0	0.0	0.3	1.9	3.5	6.7	1.0	0.0	0.0	0.0	13.6
	1.5～1.75	0.0	0.0	0.0	0.0	0.5	1.8	2.5	1.6	0.0	0.1	0.0	6.5
	1.75～2	0.0	0.0	0.0	0.0	0.1	1.6	2.4	0.9	0.2	0.0	0.0	5.2
	2～2.25	0.0	0.0	0.0	0.0	0.2	0.7	1.5	1.0	0.1	0.0	0.0	3.5
	2.25～2.5	0.0	0.0	0.0	0.0	0.0	0.3	1.8	3.4	0.5	0.0	0.0	6.0
	>2.5	0.0	0.0	0.0	0.0	0.2	0.6	3.0	7.9	6.7	2.4	0.0	20.8
	%	0.0	0.0	0.3	1.8	9.0	22.1	34.2	22.1	7.9	2.5	0.0	100

表4.156　W1203秋季有效波高、平均周期联合分布

		平均周期（s）											
		≤3	3～3.5	3.5～4	4～4.5	4.5～5	5～5.5	5.5～6	6～6.5	6.5～7	7～7.5	>7.5	%
有效波高（m）	≤0.25	0.0	0.0	0.0	0.0	0.0	0.0	0.0	0.0	0.0	0.0	0.0	0.0
	0.25～0.5	0.0	0.0	0.0	0.0	0.0	0.0	0.0	0.0	0.0	0.0	0.0	0.0
	0.5～0.75	0.0	0.0	0.0	0.0	0.0	0.2	0.3	0.0	0.1	0.0	0.0	0.6
	0.75～1	0.0	0.1	0.8	0.6	1.9	6.9	3.5	1.0	0.3	0.1	0.0	15.1
	1～1.25	0.0	0.1	1.7	1.5	3.8	4.4	2.2	0.4	0.1	0.0	0.0	14.2
	1.25～1.5	0.0	0.0	2.8	9.0	4.4	3.9	1.4	0.3	0.0	0.0	0.0	21.8
	1.5～1.75	0.0	0.4	0.9	4.3	2.4	1.1	0.8	0.1	0.0	0.0	0.0	10.1
	1.75～2	0.0	0.1	0.1	1.7	4.9	2.4	1.5	0.5	0.0	0.0	0.0	11.3
	2～2.25	0.0	0.0	0.0	0.0	2.9	2.1	0.6	0.0	0.0	0.0	0.0	5.6
	2.25～2.5	0.0	0.0	0.0	0.3	1.8	4.6	0.7	0.0	0.0	0.0	0.0	7.4
	>2.5	0.0	0.0	0.0	0.5	3.7	5.9	2.8	0.7	0.3	0.0	0.0	13.9
	%	0.0	0.7	6.4	17.7	25.9	31.5	14.0	3.1	0.7	0.1	0.0	100

表 4.157 ～表 4.159 给出了 W12 区块各调查站冬季波高、周期联合分布。W1201 和 W1202 有效波高在 2.50 m 以上频率最高，分别为 26.4% 和 26.1%；W1203 有效波高在 1.75 m ～ 2.00 m 之间频率最高，为 20.1%。W1201 平均周期在 5.5 s ～ 6.0 s 之间频率最高，为 32.5%；W1202 平均周期在 6.0 s ～ 6.5 s 之间频率最高，为 33.3%；W1203 平均周期在 5.0 s ～ 5.5 s 之间频率最高，为 36.9%。

表4.157　W1201冬季有效波高、平均周期联合分布

		平均周期（s）											
		≤3	3～3.5	3.5～4	4～4.5	4.5～5	5～5.5	5.5～6	6～6.5	6.5～7	7～7.5	>7.5	%
有效波高（m）	≤0.25	0.0	0.0	0.0	0.0	0.0	0.0	0.0	0.0	0.0	0.0	0.0	0.0
	0.25～0.5	0.0	0.0	0.0	0.0	0.0	0.0	0.0	0.0	0.0	0.0	0.0	0.0
	0.5～0.75	0.0	0.0	0.1	0.2	0.1	0.2	0.1	0.0	0.0	0.0	0.0	0.7
	0.75～1	0.0	0.0	0.2	0.4	0.7	0.7	0.6	0.0	0.0	0.0	0.0	2.6
	1～1.25	0.0	0.0	0.0	0.1	1.4	2.1	0.9	0.1	0.0	0.0	0.0	4.6
	1.25～1.5	0.0	0.0	0.0	0.1	2.2	3.4	2.2	0.5	0.0	0.0	0.0	8.5
	1.5～1.75	0.0	0.0	0.0	0.1	1.4	4.2	3.6	1.3	0.1	0.0	0.0	10.7
	1.75～2	0.0	0.0	0.0	0.0	1.3	4.4	6.7	3.4	0.3	0.0	0.0	16.1
	2～2.25	0.0	0.0	0.0	0.0	0.1	2.0	5.8	3.2	0.3	0.1	0.0	11.4
	2.25～2.5	0.0	0.0	0.0	0.0	0.1	1.0	8.7	7.3	1.8	0.1	0.0	19.0
	>2.5	0.0	0.0	0.0	0.0	0.0	0.1	4.0	13.3	8.0	1.0	0.0	26.4
	%	0.0	0.0	0.3	0.9	7.3	18.1	32.5	29.2	10.4	1.1	0.0	100

表4.158 W1202冬季有效波高、平均周期联合分布

		平均周期（s）											
		≤3	3～3.5	3.5～4	4～4.5	4.5～5	5～5.5	5.5～6	6～6.5	6.5～7	7～7.5	>7.5	%
有效波高（m）	≤0.25	0.0	0.0	0.0	0.0	0.0	0.0	0.0	0.0	0.0	0.0	0.0	0.0
	0.25～0.5	0.0	0.0	0.0	0.0	0.0	0.0	0.0	0.0	0.0	0.0	0.0	0.0
	0.5～0.75	0.0	0.0	0.0	0.1	0.5	0.4	0.1	0.1	0.0	0.0	0.0	1.1
	0.75～1	0.0	0.0	0.0	0.2	0.7	1.1	0.6	0.0	0.0	0.0	0.0	2.6
	1～1.25	0.0	0.0	0.0	0.0	1.1	1.5	1.3	0.1	0.0	0.0	0.0	4.0
	1.25～1.5	0.0	0.0	0.0	0.1	1.6	2.9	3.5	0.7	0.0	0.0	0.0	8.7
	1.5～1.75	0.0	0.0	0.0	0.0	0.7	4.1	3.0	1.7	0.3	0.1	0.0	9.8
	1.75～2	0.0	0.0	0.0	0.0	0.3	4.1	6.4	4.3	0.8	0.0	0.0	15.9
	2～2.25	0.0	0.0	0.0	0.0	0.0	1.7	6.0	4.4	1.1	0.0	0.0	13.2
	2.25～2.5	0.0	0.0	0.0	0.0	0.0	0.5	7.4	8.9	1.7	0.1	0.0	18.5
	>2.5	0.0	0.0	0.0	0.0	0.0	0.3	2.6	13.1	8.8	1.3	0.1	26.1
	%	0.0	0.0	0.0	0.3	4.8	16.5	30.8	33.3	12.8	1.4	0.1	100

表4.159 W1203冬季有效波高、平均周期联合分布

		平均周期（s）											
		≤3	3～3.5	3.5～4	4～4.5	4.5～5	5～5.5	5.5～6	6～6.5	6.5～7	7～7.5	>7.5	%
有效波高（m）	≤0.25	0.0	0.0	0.0	0.0	0.0	0.0	0.0	0.0	0.0	0.0	0.0	0.0
	0.25～0.5	0.0	0.0	0.0	0.0	0.0	0.0	0.0	0.0	0.0	0.0	0.0	0.0
	0.5～0.75	0.0	0.0	0.0	0.0	0.2	0.4	0.1	0.0	0.0	0.0	0.0	0.7
	0.75～1	0.0	0.0	0.0	0.0	1.7	1.8	0.8	0.2	0.0	0.0	0.0	4.4
	1～1.25	0.0	0.0	0.0	0.0	1.2	2.2	0.8	0.4	0.0	0.0	0.0	4.5
	1.25～1.5	0.0	0.0	0.0	0.0	2.4	4.2	2.1	0.6	0.1	0.0	0.0	9.4
	1.5～1.75	0.0	0.0	0.0	0.2	1.0	2.1	2.0	1.3	0.5	0.0	0.0	7.1
	1.75～2	0.0	0.0	0.0	0.2	2.9	5.2	7.5	3.8	0.4	0.1	0.0	20.1
	2～2.25	0.0	0.0	0.0	0.2	2.0	6.6	5.6	2.3	0.0	0.0	0.0	16.7
	2.25～2.5	0.0	0.0	0.0	0.6	3.5	8.0	3.9	2.0	2.0	0.0	0.0	19.9
	>2.5	0.0	0.0	0.0	0.8	6.6	6.4	1.2	0.1	2.0	0.1	0.0	17.1
	%	0.0	0.0	0.0	2.0	21.4	36.9	24.0	10.7	5.0	0.2	0.0	100

4.4.12.2 波向

表 4.160 给出了 W12 区块各调查站波向频率。W1201、W1202 和 W1203 秋季和冬季以东向浪（稍偏北或南）为主，W1202 夏季波向较乱，其主波向 SSW 仅为 8.3%。春季，W1201、W1202 和 W1203 主波向分别为 ENE、WNW 和 E，频率分别为 46.7%、19.5% 和 32.9%；夏季，W1201、W1202 和 W1203 主波向分别为 ENE、SSW 和 S，频率分别为 25.2%、8.3% 和 33.9%；秋季，W1201、W1202 和 W1203 主波向分别为 ENE、ENE 和 ESE，频率分别为 43.9%、46.0% 和 37.3%；冬季，各站主波向跟秋季一致，频率分别为 77.2%、53.2% 和 48.4%。

表4.160 W12区块各调查站波向频率

%

站名	季节	N	NNE	NE	ENE	E	ESE	SE	SSE	S	SSW	SW	WSW	W	WNW	NW	NNW	主波向
W1201	春季	0.5	0.3	4.4	46.7	20.4	7.0	5.8	5.6	5.2	1.7	1.2	0.2	0.1	0.2	0.5	0.1	ENE
W1202		6.9	5.1	3.2	3.8	8.9	7.9	6.3	4.1	3.6	3.7	1.5	0.9	4.7	19.5	11.0	8.9	WNW
W1203		0.0	0.0	0.9	4.2	32.9	20.9	8.7	5.0	7.8	17.1	2.5	0.0	0.0	0.0	0.0	0.0	E
W1201	夏季	1.3	1.7	2.6	25.2	12.8	8.4	10.6	9.6	9.2	8.2	2.9	0.7	1.1	2.3	1.7	1.7	ENE
W1202		6.4	4.2	4.4	5.9	8.0	5.6	5.4	6.7	7.0	8.3	6.2	4.9	4.2	8.2	7.5	7.3	SSW
W1203		0.0	0.0	0.0	0.1	13.8	12.8	13.3	17.9	33.9	8.1	0.0	0.0	0.0	0.0	0.0	0.0	S
W1201	秋季	0.0	0.0	6.3	43.9	27.7	13.5	8.5	0.1	0.0	0.0	0.0	0.0	0.0	0.0	0.0	0.0	ENE
W1202		0.1	0.9	3.8	46.0	22.3	5.6	3.3	0.0	0.0	0.0	0.0	0.1	2.4	5.4	7.5	2.6	ENE
W1203		0.0	0.0	0.6	3.5	36.8	37.3	11.7	9.0	1.0	0.0	0.0	0.0	0.0	0.0	0.0	0.0	ESE
W1201	冬季	0.0	0.0	2.6	77.2	19.5	0.7	0.1	0.0	0.0	0.0	0.0	0.0	0.0	0.0	0.0	0.0	ENE
W1202		2.0	1.3	8.1	53.2	8.0	0.3	0.1	0.1	0.2	0.0	0.0	2.6	3.3	5.3	9.8	5.7	ENE
W1203		0.0	0.0	0.2	7.0	32.0	48.4	9.1	2.4	0.9	0.0	0.0	0.0	0.0	0.0	0.0	0.0	ESE

4.4.13 汕尾海域调查数据分析

W1301 调查站位于该区北侧，白屿岛南 6.5 km，水深 25 m；W1302 调查站位于该区南侧，菜岛南 40 km，水深 50 m；W1303 调查站位于该区西北侧，神泉港南 10 km，水深 15 m。

4.4.13.1 有效波高和平均周期

表 4.161 ~ 表 4.163 给出了 W13 区块各调查站春季波高、周期联合分布。W1301、W1302 和 W1303 有效波高在 0.75 m ~ 1.00 m 之间频率最高，分别为 39.9%、20.8% 和 39.7%。W1301 和 W1303 平均周期在 3.5 s ~ 4.0 s 之间频率最高，分别为 54.6% 和 51.7%；W1302 平均周期在 5.0 s ~ 5.5 s 之间频率最高，为 47.3%。

表4.161 W1301春季有效波高、平均周期联合分布

		平均周期（s）											
		≤3	3~3.5	3.5~4	4~4.5	4.5~5	5~5.5	5.5~6	6~6.5	6.5~7	7~7.5	>7.5	%
有效波高（m）	≤0.25	0.0	0.0	0.0	0.0	0.0	0.0	0.0	0.0	0.0	0.0	0.0	0.0
	0.25~0.5	3.6	5.5	14.2	2.2	0.9	0.0	0.0	0.0	0.0	0.0	0.0	26.4
	0.5~0.75	0.5	2.1	7.0	2.4	0.2	0.0	0.0	0.0	0.0	0.0	0.0	12.2
	0.75~1	0.1	2.8	22.4	9.3	4.0	1.3	0.0	0.0	0.0	0.0	0.0	39.9
	1~1.25	0.0	0.7	7.5	2.2	0.3	0.0	0.0	0.0	0.0	0.0	0.0	10.6
	1.25~1.5	0.0	0.0	3.5	5.4	0.1	0.0	0.0	0.0	0.0	0.0	0.0	9.0
	1.5~1.75	0.0	0.0	0.1	1.3	0.0	0.0	0.0	0.0	0.0	0.0	0.0	1.3
	1.75~2	0.0	0.0	0.0	0.1	0.4	0.0	0.0	0.0	0.0	0.0	0.0	0.5
	2~2.25	0.0	0.0	0.0	0.0	0.1	0.0	0.0	0.0	0.0	0.0	0.0	0.1
	2.25~2.5	0.0	0.0	0.0	0.0	0.0	0.0	0.0	0.0	0.0	0.0	0.0	0.0
	>2.5	0.0	0.0	0.0	0.0	0.0	0.0	0.0	0.0	0.0	0.0	0.0	0.0
	%	4.2	11.1	54.6	22.8	5.9	1.3	0.0	0.0	0.0	0.0	0.0	100

表4.162　W1302春季有效波高、平均周期联合分布

		平均周期（s）											
		≤3	3～3.5	3.5～4	4～4.5	4.5～5	5～5.5	5.5～6	6～6.5	6.5～7	7～7.5	>7.5	%
有效波高（m）	≤0.25	0.0	0.0	0.0	0.0	0.0	0.0	0.0	0.0	0.0	0.0	0.0	0.0
	0.25～0.5	0.0	0.0	2.2	0.7	6.3	9.3	2.2	0.1	0.0	0.0	0.0	20.7
	0.5～0.75	0.0	0.0	1.3	1.1	4.8	5.4	2.3	0.1	0.0	0.0	0.0	15.1
	0.75～1	0.0	0.0	0.0	0.5	5.9	9.7	4.0	0.7	0.0	0.0	0.0	20.8
	1～1.25	0.0	0.0	0.0	0.1	4.6	6.5	2.4	0.0	0.0	0.0	0.0	13.6
	1.25～1.5	0.0	0.0	0.0	0.0	4.3	9.0	1.1	0.0	0.0	0.0	0.0	14.4
	1.5～1.75	0.0	0.0	0.0	0.0	0.4	3.4	0.5	0.0	0.0	0.0	0.0	4.3
	1.75～2	0.0	0.0	0.0	0.0	0.1	3.5	1.1	0.0	0.0	0.0	0.0	4.7
	2～2.25	0.0	0.0	0.0	0.0	0.0	0.5	2.4	0.0	0.0	0.0	0.0	3.0
	2.25～2.5	0.0	0.0	0.0	0.0	0.0	0.1	3.0	0.4	0.0	0.0	0.0	3.5
	>2.5	0.0	0.0	0.0	0.0	0.0	0.0	0.0	0.0	0.0	0.0	0.0	0.0
	%	0.0	0.0	3.5	2.4	26.5	47.3	19.0	1.3	0.0	0.0	0.0	100

表4.163　W1303春季有效波高、平均周期联合分布

		平均周期（s）											
		≤3	3～3.5	3.5～4	4～4.5	4.5～5	5～5.5	5.5～6	6～6.5	6.5～7	7～7.5	>7.5	%
有效波高（m）	≤0.25	0.0	0.0	0.0	0.0	0.0	0.0	0.0	0.0	0.0	0.0	0.0	0.0
	0.25～0.5	1.3	15.2	12.0	1.5	1.5	0.0	0.0	0.0	0.0	0.0	0.0	31.4
	0.5～0.75	0.1	0.1	9.8	3.9	0.3	0.0	0.0	0.0	0.0	0.0	0.0	14.2
	0.75～1	0.0	3.9	21.7	10.5	1.9	1.6	0.2	0.0	0.0	0.0	0.0	39.7
	1～1.25	0.0	0.0	5.7	2.7	0.2	0.0	0.0	0.0	0.0	0.0	0.0	8.6
	1.25～1.5	0.0	0.0	2.6	2.7	0.0	0.0	0.0	0.0	0.0	0.0	0.0	5.2
	1.5～1.75	0.0	0.0	0.0	0.2	0.3	0.0	0.0	0.0	0.0	0.0	0.0	0.5
	1.75～2	0.0	0.0	0.0	0.0	0.3	0.0	0.0	0.0	0.0	0.0	0.0	0.3
	2～2.25	0.0	0.0	0.0	0.0	0.0	0.0	0.0	0.0	0.0	0.0	0.0	0.0
	2.25～2.5	0.0	0.0	0.0	0.0	0.0	0.0	0.0	0.0	0.0	0.0	0.0	0.0
	>2.5	0.0	0.0	0.0	0.0	0.0	0.0	0.0	0.0	0.0	0.0	0.0	0.0
	%	1.4	19.1	51.7	21.4	4.6	1.6	0.2	0.0	0.0	0.0	0.0	100

表 4.164 ～表 4.166 给出了 W13 区块各调查站夏季波高、周期联合分布。W1301 有效波高在 0.75 m ～ 1.00 m 之间频率最高，为 35.3%；W1302 和 W1303 有效波高在 1.25 m ～ 1.50 m 之间频率最高，分别为 22.6% 和 26.6%。W1301 和 W1303 平均周期在 4.0 s ～ 4.5 s 之间频率最高，分别为 49.8% 和 36.0%；W1302 平均周期在 5.5 s ～ 6.0 s 之间频率最高，为 33.9%。

表4.164 W1301夏季有效波高、平均周期联合分布

		平均周期（s）											
		≤3	3~3.5	3.5~4	4~4.5	4.5~5	5~5.5	5.5~6	6~6.5	6.5~7	7~7.5	>7.5	%
有效波高（m）	≤0.25	0.0	0.0	0.0	0.0	0.0	0.0	0.0	0.0	0.0	0.0	0.0	0.0
	0.25~0.5	0.0	0.0	0.0	0.0	0.0	0.0	0.0	0.0	0.0	0.0	0.0	0.0
	0.5~0.75	0.0	0.0	0.0	1.4	5.1	0.5	0.0	0.0	0.0	0.0	0.0	7.0
	0.75~1	0.0	1.4	14.9	4.7	14.0	0.5	0.0	0.0	0.0	0.0	0.0	35.3
	1~1.25	0.0	0.0	7.9	16.3	1.4	0.9	0.0	0.0	0.0	0.0	0.0	26.5
	1.25~1.5	0.0	0.0	1.9	20.9	1.4	0.0	0.0	0.0	0.0	0.0	0.0	24.2
	1.5~1.75	0.0	0.0	0.0	6.5	0.5	0.0	0.0	0.0	0.0	0.0	0.0	7.0
	1.75~2	0.0	0.0	0.0	0.0	0.0	0.0	0.0	0.0	0.0	0.0	0.0	0.0
	2~2.25	0.0	0.0	0.0	0.0	0.0	0.0	0.0	0.0	0.0	0.0	0.0	0.0
	2.25~2.5	0.0	0.0	0.0	0.0	0.0	0.0	0.0	0.0	0.0	0.0	0.0	0.0
	>2.5	0.0	0.0	0.0	0.0	0.0	0.0	0.0	0.0	0.0	0.0	0.0	0.0
	%	0.0	1.4	24.7	49.8	22.3	1.9	0.0	0.0	0.0	0.0	0.0	100

表4.165 W1302夏季有效波高、平均周期联合分布

		平均周期（s）											
		≤3	3~3.5	3.5~4	4~4.5	4.5~5	5~5.5	5.5~6	6~6.5	6.5~7	7~7.5	>7.5	%
有效波高（m）	≤0.25	0.0	0.0	0.0	0.0	0.0	0.0	0.0	0.0	0.0	0.0	0.0	0.0
	0.25~0.5	0.0	0.0	0.0	0.0	0.0	0.0	0.3	0.8	0.0	0.0	0.0	1.1
	0.5~0.75	0.0	0.0	0.0	0.0	0.4	2.5	2.2	6.4	0.7	0.0	0.0	12.2
	0.75~1	0.0	0.0	0.0	0.0	0.4	2.9	1.8	1.8	0.1	0.0	0.0	7.1
	1~1.25	0.0	0.0	0.0	0.0	0.0	3.2	3.1	2.5	0.4	0.0	0.0	9.2
	1.25~1.5	0.0	0.0	0.0	0.0	0.6	7.9	10.1	3.1	1.0	0.0	0.0	22.6
	1.5~1.75	0.0	0.0	0.0	0.0	0.1	2.4	7.2	6.4	1.9	0.0	0.0	18.1
	1.75~2	0.0	0.0	0.0	0.0	0.0	1.9	5.7	2.8	2.8	0.8	0.1	14.2
	2~2.25	0.0	0.0	0.0	0.0	0.0	0.1	1.8	0.4	0.4	0.6	0.3	3.6
	2.25~2.5	0.0	0.0	0.0	0.0	0.0	0.0	1.5	0.0	0.3	0.4	1.1	3.3
	>2.5	0.0	0.0	0.0	0.0	0.0	0.0	0.1	0.8	0.7	1.1	5.8	8.6
	%	0.0	0.0	0.0	0.0	1.5	21.0	33.9	25.0	8.3	2.9	7.4	100

表4.166 W1303夏季有效波高、平均周期联合分布

		平均周期（s）											
		≤3	3～3.5	3.5～4	4～4.5	4.5～5	5～5.5	5.5～6	6～6.5	6.5～7	7～7.5	>7.5	%
有效波高（m）	≤0.25	0.0	0.0	0.0	0.0	0.0	0.0	0.0	0.0	0.0	0.0	0.0	0.0
	0.25～0.5	0.5	0.6	0.4	3.5	3.1	0.3	0.0	0.0	0.0	0.0	0.0	8.4
	0.5～0.75	0.0	1.6	1.5	3.0	3.4	0.6	0.0	0.0	0.0	0.0	0.0	10.0
	0.75～1	0.0	0.4	4.9	5.3	3.8	1.2	0.1	0.0	0.0	0.0	0.0	15.6
	1～1.25	0.0	0.0	2.3	11.1	4.7	2.1	0.2	0.0	0.0	0.0	0.0	20.3
	1.25～1.5	0.0	0.0	1.0	12.0	8.4	4.4	0.8	0.0	0.0	0.0	0.0	26.6
	1.5～1.75	0.0	0.0	0.3	0.6	3.3	1.4	0.7	0.1	0.0	0.0	0.0	6.5
	1.75～2	0.0	0.0	0.0	0.2	1.5	0.8	0.4	0.6	0.2	0.0	0.0	3.6
	2～2.25	0.0	0.0	0.0	0.0	0.4	0.1	0.3	0.6	0.4	0.0	0.0	1.7
	2.25～2.5	0.0	0.0	0.0	0.1	0.4	0.6	0.3	1.0	0.6	0.1	0.0	3.2
	>2.5	0.0	0.0	0.1	0.1	0.3	1.2	0.7	1.0	0.4	0.1	0.1	4.1
	%	0.5	2.6	10.3	36.0	29.2	12.6	3.5	3.3	1.7	0.3	0.1	100

表 4.167 ～表 4.169 给出了 W13 区块各调查站秋季波高、周期联合分布。W1301 有效波高在 1.25 m ～ 1.50 m 之间频率最高，为 16.2%；W1302 有效波高在 2.50 m 以上频率最高，为 26.7%；W1303 有效波高在 0.75 m ～ 1.00 m 之间频率最高，为 26.4%。W1301 平均周期在 5.0 s ～ 5.5 s 之间频率最高，为 29.6%；W1302 平均周期在 6.0 s ～ 6.5 s 之间频率最高，为 34.0%；W1303 平均周期在 4.5 s ～ 5.0 s 之间频率最高，为 32.3%。

表4.167 W1301秋季有效波高、平均周期联合分布

		平均周期（s）											
		≤3	3～3.5	3.5～4	4～4.5	4.5～5	5～5.5	5.5～6	6～6.5	6.5～7	7～7.5	>7.5	%
有效波高（m）	≤0.25	0.0	0.0	0.0	0.0	0.0	0.0	0.0	0.0	0.0	0.0	0.0	0.0
	0.25～0.5	0.0	0.0	0.0	0.0	0.0	0.0	0.0	0.0	0.0	0.0	0.0	0.0
	0.5～0.75	0.0	0.2	0.2	0.3	0.1	0.7	0.2	0.0	0.0	0.0	0.0	1.6
	0.75～1	0.1	2.0	2.7	2.1	3.2	3.6	0.6	0.0	0.0	0.0	0.0	14.3
	1～1.25	0.0	0.9	3.6	4.0	3.2	1.7	0.6	0.0	0.0	0.0	0.0	14.1
	1.25～1.5	0.0	0.9	1.4	2.8	3.9	4.9	2.0	0.2	0.0	0.0	0.0	16.2
	1.5～1.75	0.0	0.7	2.7	1.4	2.8	4.7	1.2	0.0	0.0	0.0	0.0	13.5
	1.75～2	0.0	1.0	4.3	1.8	3.0	4.7	0.5	0.0	0.0	0.0	0.0	15.3
	2～2.25	0.0	1.0	2.3	0.6	1.6	3.5	0.8	0.0	0.0	0.0	0.0	9.7
	2.25～2.5	0.0	0.2	0.9	0.5	1.7	2.8	0.7	0.0	0.0	0.0	0.0	6.8
	>2.5	0.0	0.2	0.5	0.8	3.5	2.8	0.6	0.0	0.0	0.0	0.0	8.5
	%	0.1	7.3	18.5	14.4	22.9	29.6	7.1	0.2	0.0	0.0	0.0	100

表4.168　W1302秋季有效波高、平均周期联合分布

		平均周期（s）											
		≤3	3～3.5	3.5～4	4～4.5	4.5～5	5～5.5	5.5～6	6～6.5	6.5～7	7～7.5	>7.5	%
有效波高（m）	≤0.25	0.0	0.0	0.0	0.0	0.0	0.0	0.0	0.0	0.0	0.0	0.0	0.0
	0.25～0.5	0.0	0.0	0.0	0.0	0.0	0.0	0.0	0.0	0.0	0.0	0.0	0.0
	0.5～0.75	0.0	0.0	0.0	0.0	0.0	0.0	0.4	0.3	0.0	0.0	0.0	0.7
	0.75～1	0.0	0.0	0.0	0.0	0.1	0.6	1.9	2.5	0.1	0.0	0.0	5.3
	1～1.25	0.0	0.0	0.0	0.0	0.3	2.5	1.8	1.5	0.6	0.0	0.0	6.7
	1.25～1.5	0.0	0.0	0.0	0.0	0.0	5.3	9.0	2.5	0.1	0.0	0.0	16.9
	1.5～1.75	0.0	0.0	0.0	0.0	0.0	1.8	4.6	3.1	0.4	0.0	0.0	9.9
	1.75～2	0.0	0.0	0.0	0.0	0.0	2.8	5.3	5.1	1.5	0.0	0.0	14.7
	2～2.25	0.0	0.0	0.0	0.0	0.0	0.1	6.1	2.8	0.8	0.1	0.0	10.0
	2.25～2.5	0.0	0.0	0.0	0.0	0.0	0.0	3.1	4.9	1.3	0.0	0.0	9.2
	>2.5	0.0	0.0	0.0	0.0	0.0	0.0	1.4	11.4	12.9	1.0	0.0	26.7
	%	0.0	0.0	0.0	0.0	0.4	13.1	33.6	34.0	17.8	1.1	0.0	100

表4.169　W1303秋季有效波高、平均周期联合分布

		平均周期（s）											
		≤3	3～3.5	3.5～4	4～4.5	4.5～5	5～5.5	5.5～6	6～6.5	6.5～7	7～7.5	>7.5	%
有效波高（m）	≤0.25	0.0	0.0	0.0	0.0	0.0	0.0	0.0	0.0	0.0	0.0	0.0	0.0
	0.25～0.5	0.0	0.0	0.0	0.0	0.0	0.0	0.0	0.0	0.0	0.0	0.0	0.0
	0.5～0.75	0.0	0.1	1.3	0.3	0.6	0.2	0.2	0.0	0.0	0.0	0.0	2.7
	0.75～1	0.0	0.0	4.8	7.8	8.5	3.5	1.7	0.2	0.0	0.0	0.0	26.4
	1～1.25	0.0	0.0	0.0	7.0	11.1	4.2	0.6	0.0	0.0	0.0	0.0	22.9
	1.25～1.5	0.0	0.0	0.0	0.0	12.2	9.5	1.4	0.2	0.0	0.0	0.0	23.3
	1.5～1.75	0.0	0.0	0.0	0.0	0.0	10.8	1.6	0.0	0.0	0.0	0.0	12.3
	1.75～2	0.0	0.0	0.0	0.0	0.0	0.7	9.6	0.5	0.0	0.0	0.0	10.8
	2～2.25	0.0	0.0	0.0	0.0	0.0	0.0	0.2	1.3	0.0	0.0	0.0	1.4
	2.25～2.5	0.0	0.0	0.0	0.0	0.0	0.0	0.0	0.2	0.0	0.0	0.0	0.2
	>2.5	0.0	0.0	0.0	0.0	0.0	0.0	0.0	0.0	0.0	0.0	0.0	0.0
	%	0.0	0.1	6.1	15.1	32.3	28.9	15.2	2.4	0.0	0.0	0.0	100

表 4.170 ～表 4.172 给出了 W13 区块各调查站冬季波高、周期联合分布。W1301 有效波高在 1.75 m ～ 2.00 m 之间频率最高，为 30.0%；W1302 有效波高在 2.25 m ～ 2.50 m 之间频率最高，为 26.7%；W1303 有效波高在 1.25 m ～ 1.50 m 之间频率最高，为 43.5%。W1301 平均周期在 4.5 s ～ 5.0 s 之间频率最高，为 40.4%；W1302 平均周期在 6.0 s ～ 6.5 s 之间频率最高，为 43.0%；W1303 平均周期在 5.0 s ～ 5.5 s 之间频率最高，为 41.3%。

表4.170 W1301冬季有效波高、平均周期联合分布

	平均周期（s）											
有效波高（m）	≤3	3～3.5	3.5～4	4～4.5	4.5～5	5～5.5	5.5～6	6～6.5	6.5～7	7～7.5	>7.5	%
≤0.25	0.0	0.0	0.0	0.0	0.0	0.0	0.0	0.0	0.0	0.0	0.0	0.0
0.25～0.5	0.0	0.0	0.0	0.0	0.0	0.0	0.0	0.0	0.0	0.0	0.0	0.0
0.5～0.75	0.0	0.0	0.0	0.0	0.0	0.2	0.0	0.0	0.0	0.0	0.0	0.2
0.75～1	0.0	0.5	0.5	0.1	1.2	1.5	0.5	0.0	0.0	0.0	0.0	4.4
1～1.25	0.0	0.0	0.0	2.1	2.7	1.6	1.2	0.1	0.0	0.0	0.0	7.6
1.25～1.5	0.0	0.0	0.3	4.9	10.2	4.7	1.2	0.3	0.0	0.0	0.0	21.6
1.5～1.75	0.0	0.0	0.3	5.1	8.4	4.0	2.2	0.9	0.2	0.0	0.0	21.1
1.75～2	0.0	0.0	0.1	5.4	12.5	6.0	4.8	1.1	0.1	0.0	0.0	30.0
2～2.25	0.0	0.0	0.0	1.8	3.4	2.1	1.3	0.1	0.0	0.0	0.0	8.6
2.25～2.5	0.0	0.0	0.0	1.3	1.4	1.7	0.2	0.0	0.0	0.0	0.0	4.6
>2.5	0.0	0.0	0.0	0.5	0.7	0.5	0.3	0.0	0.0	0.0	0.0	1.9
%	0.0	0.5	1.2	21.1	40.4	22.2	11.9	2.4	0.2	0.0	0.0	100

表4.171 W1302冬季有效波高、平均周期联合分布

	平均周期（s）											
有效波高（m）	≤3	3～3.5	3.5～4	4～4.5	4.5～5	5～5.5	5.5～6	6～6.5	6.5～7	7～7.5	>7.5	%
≤0.25	0.0	0.0	0.0	0.0	0.0	0.0	0.0	0.0	0.0	0.0	0.0	0.0
0.25～0.5	0.0	0.0	0.0	0.0	0.0	0.0	0.0	0.0	0.0	0.0	0.0	0.0
0.5～0.75	0.0	0.0	0.0	0.0	0.0	0.1	0.0	0.0	0.0	0.0	0.0	0.1
0.75～1	0.0	0.0	0.0	0.0	0.4	0.3	0.4	0.1	0.0	0.0	0.0	1.2
1～1.25	0.0	0.0	0.0	0.1	0.1	0.4	0.5	0.1	0.0	0.0	0.0	1.3
1.25～1.5	0.0	0.0	0.0	0.0	0.7	3.6	2.7	1.1	0.0	0.0	0.0	8.1
1.5～1.75	0.0	0.0	0.0	0.0	0.1	2.6	4.8	2.2	0.1	0.0	0.0	9.8
1.75～2	0.0	0.0	0.0	0.0	0.0	1.2	10.2	6.5	0.9	0.0	0.0	18.8
2～2.25	0.0	0.0	0.0	0.0	0.0	0.3	5.9	7.0	2.3	0.1	0.0	15.6
2.25～2.5	0.0	0.0	0.0	0.0	0.0	0.0	5.2	16.7	4.4	0.4	0.0	26.7
>2.5	0.0	0.0	0.0	0.0	0.0	0.0	1.3	9.4	7.0	0.5	0.0	18.3
%	0.0	0.0	0.0	0.1	1.3	8.5	31.2	43.0	14.8	1.1	0.0	100

表4.172 W1303冬季有效波高、平均周期联合分布

		平均周期（s）											
		≤3	3～3.5	3.5～4	4～4.5	4.5～5	5～5.5	5.5～6	6～6.5	6.5～7	7～7.5	>7.5	%
有效波高（m）	≤0.25	0.0	0.0	0.0	0.0	0.0	0.0	0.0	0.0	0.0	0.0	0.0	0.0
	0.25～0.5	0.0	0.0	0.0	0.0	0.0	0.0	0.0	0.0	0.0	0.0	0.0	0.0
	0.5～0.75	0.0	0.0	0.6	0.0	0.0	0.0	0.0	0.0	0.0	0.0	0.0	0.6
	0.75～1	0.0	0.0	2.6	4.6	3.4	2.2	0.5	0.2	0.0	0.0	0.0	13.5
	1～1.25	0.0	0.0	0.1	1.5	6.7	3.5	1.5	0.7	0.0	0.0	0.0	14.0
	1.25～1.5	0.0	0.0	0.1	0.3	13.5	21.6	6.8	1.1	0.2	0.0	0.0	43.5
	1.5～1.75	0.0	0.0	0.0	0.7	2.3	10.8	3.2	0.7	0.0	0.0	0.0	17.6
	1.75～2	0.0	0.0	0.1	0.6	1.8	2.9	3.1	0.3	0.0	0.0	0.0	8.8
	2～2.25	0.0	0.0	0.0	0.3	0.7	0.3	0.1	0.3	0.0	0.0	0.0	1.7
	2.25～2.5	0.0	0.0	0.1	0.1	0.1	0.1	0.0	0.0	0.0	0.0	0.0	0.3
	>2.5	0.0	0.0	0.0	0.0	0.0	0.0	0.0	0.0	0.0	0.0	0.0	0.0
	%	0.0	0.0	3.4	8.1	28.4	41.3	15.3	3.3	0.2	0.0	0.0	100

4.4.13.2 波向

表4.173给出了W13区块各调查站波向频率。W1301四季以东向为主浪向，W1303除夏季外，也以东向为主浪向。春季，W1301、W1302和W1303主波向分别为ESE、SW和ESE，频率分别为33.8%、15.3%和37.2%；夏季，W1301、W1302和W1303主波向分别为ESE、N和S，频率分别为68.4%、11.1%和44.8%；秋季，W1301、W1302和W1303主波向分别为E、SSE和ESE，频率分别为52.2%、22.8%和67.5%；冬季，W1301、W1302和W1303主波向分别为ESE、SE和ESE，频率分别为55.7%、26.2%和82.3%。

表4.173 W13区块各调查站波向频率

%

站名	季节	N	NNE	NE	ENE	E	ESE	SE	SSE	S	SSW	SW	WSW	W	WNW	NW	NNW	主波向
W1301	春季	0.0	0.0	0.0	2.4	18.0	33.8	17.7	5.9	10.2	10.3	1.6	0.0	0.0	0.0	0.0	0.0	ESE
W1302		8.7	6.3	4.2	1.9	1.9	2.0	2.7	4.2	8.7	12.2	15.3	8.9	4.7	4.8	7.5	5.9	SW
W1303		0.0	0.0	0.0	0.0	12.8	37.2	24.0	8.9	13.4	3.4	0.3	0.0	0.0	0.0	0.0	0.0	ESE
W1301	夏季	0.0	0.0	0.0	0.0	31.6	68.4	0.0	0.0	0.0	0.0	0.0	0.0	0.0	0.0	0.0	0.0	ESE
W1302		11.1	10.6	7.4	5.3	2.5	1.3	3.2	2.8	5.8	6.9	8.9	7.5	6.5	4.0	6.9	9.3	N
W1303		0.0	0.0	0.0	0.0	0.1	17.7	12.6	23.4	44.8	1.4	0.0	0.0	0.0	0.0	0.0	0.0	S
W1301	秋季	0.0	0.0	0.0	0.9	52.2	43.9	2.9	0.0	0.0	0.0	0.0	0.0	0.0	0.0	0.0	0.0	E
W1302		0.6	0.0	0.7	4.3	8.5	14.0	20.1	22.8	15.3	6.8	2.2	1.3	1.1	0.7	0.7	1.0	SSE
W1303		0.0	0.0	0.0	0.0	0.2	67.5	32.4	0.0	0.0	0.0	0.0	0.0	0.0	0.0	0.0	0.0	ESE
W1301	冬季	0.0	0.0	0.0	0.4	41.5	55.7	2.4	0.1	0.0	0.0	0.0	0.0	0.0	0.0	0.0	0.0	ESE
W1302		0.0	0.3	0.8	2.8	14.4	23.7	26.2	18.4	9.8	2.3	0.5	0.5	0.3	0.0	0.0	0.0	SE
W1303		0.0	0.0	0.0	0.0	8.2	82.3	9.3	0.1	0.0	0.0	0.0	0.0	0.0	0.0	0.0	0.0	ESE

4.4.14 小结

4.4.14.1 有效波高

表 4.174 给出了各调查站各季波浪有效波高统计结果。由表可知，各调查站季平均有效波高变化在 0.25 m ～ 3.32 m 之间，季节变化明显。基本特点是：冬季有效波高最大，变化范围为 0.41 m ～ 3.32 m，平均值为 1.54 m；其次是秋季，变化范围为 0.44 m ～ 2.55 m，平均值为 1.36 m；夏季第三，变化范围为 0.25 m ～ 2.23 m，平均值为 1.11 m；春季的最小，变化范围为 0.25 m ～ 1.39 m，平均值为 0.87 m。

各调查站全年有效波高最大值在 2.60 m ～ 8.20 m 之间。基本特点是：最大值一般出现在夏、秋季台风活动期间（总共 39 个调查站中，有 17 个最大值发生在夏季，15 个站发生在秋季）。

表4.174 各调查站各季波浪有效波高分布

单位：m

调查站	平均有效波高				有效波高最大值				
	春季	夏季	秋季	冬季	春季	夏季	秋季	冬季	全年
W0101	0.38	0.31	0.81	0.84	3.40	1.80	4.20	3.50	4.20
W0102	0.53	0.37	0.94	0.72	2.90	1.60	4.30	2.50	4.30
W0103	0.31	0.25	0.70	0.80	2.70	1.50	2.80	2.60	2.80
W0201	0.59	0.56	0.57	0.51	2.30	4.00	2.80	2.60	4.00
W0202	0.60	0.72	0.44	0.41	1.60	1.80	4.70	1.40	4.70
W0203	0.63	0.79	0.94	0.46	1.60	3.60	3.90	1.40	3.90
W0301	0.95	1.11	1.02	1.18	2.60	3.20	2.20	2.30	3.20
W0302	0.95	1.12	1.03	1.23	2.60	3.30	2.30	2.40	3.30
W0303	0.91	1.26	1.38	1.64	3.80	4.30	4.00	5.40	5.40
W0401	0.25	0.25	1.01	0.42	1.30	0.80	2.60	1.40	2.60
W0402	0.57	0.69	1.54	1.21	1.90	3.80	5.10	2.90	5.10
W0403	0.89	1.43	1.20	1.43	2.20	4.40	3.30	3.50	4.40
W0501	1.28	1.28	1.05	1.39	3.20	2.40	3.00	2.90	3.20
W0502	0.98	1.17	1.34	1.22	2.80	4.90	2.70	2.70	4.90
W0503	1.07	1.89	1.41	1.26	2.60	6.70	3.10	2.60	6.70
W0601	1.39	2.23	2.07	2.00	4.30	8.20	6.00	4.90	8.20
W0602	0.75	0.83	1.00	0.96	1.90	3.60	2.20	2.10	3.60
W0603	1.22	1.59	1.19	1.27	3.70	5.10	3.70	2.90	5.10
W0701	1.06	1.89	1.71	2.03	2.40	4.80	4.80	3.30	4.80
W0702	0.85	0.99	1.31	1.21	1.90	3.00	3.10	2.20	3.10
W0703	1.09	1.60	1.04	1.79	3.00	4.50	2.60	3.50	4.50
W0801	1.34	1.20	2.11	2.41	3.80	3.60	5.40	5.80	5.80
W0802	1.27	1.24	2.22	2.67	3.70	2.50	5.10	4.50	5.10
W0803	1.05	0.73	1.35	1.23	2.20	2.10	2.80	2.50	2.80
W0901	1.10	0.99	1.94	2.85	2.60	3.70	4.80	4.60	4.80
W0902	0.78	0.89	0.84	1.47	3.60	3.00	3.60	3.90	3.90
W0903	0.85	0.94	0.87	0.85	2.20	3.50	2.00	1.60	3.50
W1001	1.23	1.53	2.55	3.32	3.70	5.20	5.20	6.20	6.20
W1002	0.80	1.12	1.36	1.68	1.90	3.60	3.20	3.40	3.60
W1003	0.82	1.06	1.17	1.56	2.00	2.90	2.60	2.60	2.90
W1101	1.11	1.54	2.26	2.97	3.40	4.40	4.50	5.10	5.10
W1102	0.86	1.15	1.08	1.65	2.40	3.40	2.10	2.90	3.40
W1103	0.81	1.09	1.39	1.78	1.90	2.10	3.10	3.10	3.10
W1201	1.04	1.42	1.64	2.15	3.00	3.70	3.80	4.00	4.00
W1202	0.68	1.31	1.73	2.16	1.30	3.60	4.30	4.60	4.60
W1203	0.83	1.11	1.72	2.06	2.10	1.70	5.60	4.00	5.60
W1301	1.05	1.56	1.66	1.74	2.50	4.40	4.30	3.80	4.40
W1302	0.76	1.26	2.07	2.16	1.90	3.50	4.00	3.70	4.00
W1303	0.44	0.78	1.29	1.40	1.20	2.80	2.30	2.60	2.80
平均值	0.87	1.11	1.36	1.54					

4.4.14.2 平均周期

表 4.175 给出了各调查站各季波浪平均周期统计结果。由表可知，各调查站季平均周期变化在 0.70 s ~ 8.03 s 之间。基本特点是：秋季平均周期最大，变化范围为 3.54 s ~ 8.03 s，平均值为 5.38 s；其次是冬季，变化范围为 3.07 s ~ 6.79 s，平均值为 5.27 s；夏季第三，变化范围为 3.02 s ~ 8.00 s，平均值为 5.21 s；春季的最小，变化范围为 2.49 s ~ 6.70 s，平均值为 4.79 s。

各调查站全年平均周期最大值在 6.00 s ~ 12.70 s 之间。最大值一般发生在夏季（25 站），其次为秋季（10 站），春、冬季较少。

表4.175 各调查站各季波浪平均周期分布

单位：s

调查站	平均周期				平均周期最大值				
	春季	夏季	秋季	冬季	春季	夏季	秋季	冬季	全年
W0101	4.17	4.70	4.51	4.52	7.50	12.10	6.80	6.70	12.10
W0102	2.49	3.02	3.79	3.51	11.00	4.50	6.70	5.90	11.00
W0103	2.85	3.06	3.62	3.50	5.80	5.00	6.00	5.70	6.00
W0201	4.23	4.37	3.54	3.65	7.70	9.50	7.40	6.20	9.50
W0202	3.71	5.10	5.37	3.07	7.20	8.10	8.70	4.80	8.70
W0203	4.31	4.48	4.24	3.68	7.00	7.00	7.60	6.40	7.60
W0301	5.00	5.54	4.97	5.22	9.30	9.90	8.40	7.90	9.90
W0302	5.04	5.56	4.88	5.42	9.20	10.90	8.00	8.30	10.90
W0303	5.68	5.97	5.71	5.77	8.60	9.60	8.90	7.70	9.60
W0401	3.61	3.21	5.65	3.49	10.10	7.20	9.90	5.90	10.10
W0402	5.99	6.13	5.91	5.57	10.10	10.70	8.90	7.60	10.70
W0403	5.82	6.28	5.68	5.57	8.60	9.80	8.30	7.50	9.80
W0501	5.11	5.27	6.19	6.34	8.00	8.00	8.30	8.50	8.50
W0502	4.24	4.08	4.50	3.88	6.80	8.00	7.50	5.80	8.00
W0503	5.02	5.91	5.12	4.89	7.00	9.60	7.60	7.40	9.60
W0601	5.83	6.78	6.54	6.21	8.20	9.80	9.40	8.10	9.80
W0602	5.02	5.01	5.11	4.88	7.50	11.10	8.50	7.00	11.10
W0603	5.49	6.01	5.98	5.14	8.00	11.00	12.00	7.50	12.00
W0701	5.90	6.63	6.31	5.79	7.90	10.70	10.40	8.30	10.70
W0702	4.37	4.14	4.52	4.68	6.40	8.90	7.90	6.40	8.90
W0703	5.90	6.46	6.03	6.22	7.50	9.40	7.20	7.50	9.40
W0801	5.62	5.28	6.24	6.28	7.80	9.40	9.50	8.90	9.50
W0802	5.68	5.17	6.39	6.29	7.60	7.90	9.60	8.20	9.60
W0803	3.64	3.31	4.37	4.64	5.50	6.20	7.40	6.10	7.40
W0901	5.51	5.14	6.18	6.49	7.70	8.00	10.20	8.30	10.20
W0902	6.70	8.00	8.03	6.70	9.80	11.40	11.90	8.60	11.90
W0903	6.00	5.67	6.15	6.31	8.60	12.70	8.90	7.80	12.70
W1001	5.58	6.15	6.32	6.79	7.50	8.90	8.30	8.80	8.90
W1002	4.29	4.97	5.11	5.39	5.70	7.90	7.30	6.70	7.90
W1003	4.26	5.06	5.16	5.24	6.00	7.60	6.20	6.30	7.60
W1101	5.49	6.20	6.23	6.68	7.50	8.90	8.00	8.40	8.90
W1102	4.36	5.27	5.00	5.27	6.10	7.80	6.10	6.40	7.80
W1103	4.34	4.97	5.22	5.39	5.60	7.20	6.50	6.80	7.20
W1201	4.68	5.40	5.53	5.89	6.60	7.90	7.00	7.50	7.90
W1202	3.80	4.45	5.79	5.98	5.10	7.40	7.40	7.60	7.60
W1203	3.89	4.28	4.84	5.39	5.40	5.20	7.10	7.10	7.10
W1301	5.21	6.12	4.66	5.04	6.40	9.30	6.40	6.80	9.30
W1302	3.87	4.66	6.09	6.12	5.60	8.10	7.50	7.40	8.10
W1303	4.10	5.21	4.17	4.66	5.70	9.30	5.70	6.80	9.30
平均值	4.79	5.21	5.38	5.27					

4.4.14.3 波向

表 4.176 给出了各调查站各季波浪主波向统计结果。结果表明：总体来讲，春季、秋季和冬季主波向均为 E，频率分别为 24.3%、30.5% 和 21.8%，夏季主波向为 S，频率为 28.4%；春季和秋季次波向为 ENE，频率分别为 19.1% 和 16.0%，夏季和冬季次波向为 ESE，频率分别为 14.0% 和 15.7%。

表4.176 各调查站各季波浪主波向分布

%

调查站	春季		夏季		秋季		冬季	
	主波向	频率	主波向	频率	主波向	频率	主波向	频率
W0101	SSE	14.1	SSE	15.1	S	13	SE	11.7
W0102	ENE	12.9	ENE	17	NNE	23.6	N	21.1
W0103	NE	28.5	NE	39.7	N	28.4	NNE	37.8
W0201	SE	52.9	SE	37.6	SE	25	ESE	24.9
W0202	SE	46.6	SE	54.3	SE	12.5	ESE	27
W0203	SE	23.5	SSE	23.2	SE	13.9	NE	12.7
W0301	SE	11.9	SSE	22.8	NNW	11.3	N	26.7
W0302	SSE	10.9	SE	20.8	N	11.2	N	27.1
W0303	ESE	14.3	SE	13.7	N	11	N	19.2
W0401	N	65.2	N	41.3	NNE	18.9	NNE	34.6
W0402	NNW	35.7	NNW	84.3	ENE	10	NNE	28.9
W0403	SE	12.4	NNW	29.5	ESE	15.4	ESE	14.9
W0501	NNE	26.9	SW	12.7	SSE	13.6	NE	19.4
W0502	ESE	31.8	E	22.7	ENE	39.4	NE	23.6
W0503	ENE	51.7	SE	18.1	ENE	69.9	ENE	57.6
W0601	NE	17.5	ESE	13.2	NNE	29.2	NNE	28.1
W0602	ENE	50.2	N	23.8	NE	24.9	NE	67.3
W0603	E	15.8	S	12.8	NE	11.9	NE	15.8
W0701	ENE	14.8	SSE	19.1	SE	55.6	SE	51.1
W0702	ESE	44.4	ESE	40.1	E	52.3	E	74.4
W0703	E	43.8	E	36.9	E	67.9	E	70.6
W0801	NE	16.2	WSW	15.3	NE	22.6	NE	20.9
W0802	SSE	13.2	S	29.3	WNW	18.5	WNW	29.5
W0803	E	55	S	46.4	E	82.5	ENE	59
W0901	NE	39.2	ENE	42.9	NE	36.6	NE	40.5
W0902	E	13.8	NW	9.6	NW	7.8	E	41.9
W0903	SE	26.1	S	52.3	SE	42.7	SE	55.1
W1001	E	18.5	S	15.1	N	48.2	N	61.3
W1002	E	30.1	S	24.1	E	36.2	E	37.8
W1003	E	49.6	S	41.3	E	61.7	E	74.3
W1101	NE	19.6	NE	20.7	SSW	26.5	SSW	21.9
W1102	ENE	45.2	S	28.3	W	52.9	WSW	76.9
W1103	E	22.5	ESE	39.5	E	47	E	52.4
W1201	ENE	46.7	ENE	25.2	ENE	43.9	ENE	77.2
W1202	WNW	19.5	SSW	8.3	ENE	46	ENE	53.2
W1203	E	32.9	S	33.9	ESE	37.3	ESE	48.4
W1301	ESE	33.8	ESE	68.4	E	52.2	ESE	55.7
W1302	SW	15.3	N	11.1	SSE	22.8	SE	26.2
W1303	ESE	37.2	S	44.8	ESE	67.5	ESE	82.3

4.4.14.4 波浪能流密度

表 4.177 给出了各调查站各季波浪能流密度统计结果。由表可知，各调查站季平均能流密度变化在 0.12 kW/m ~ 41.87 kW/m 之间。基本特点是：冬季平均能流密度最大，变化范围为 0.38 kW/m ~ 41.87 kW/m，平均值为 9.57 kW/m；其次是秋季，变化范围为 1.08 kW/m ~ 25.39 kW/m，平均值为 7.66 kW/m；夏季第三，变化范围为 0.12 kW/m ~ 28.56 kW/m，平均值为 5.79 kW/m；春季的最小，变化范围为 0.16 kW/m ~ 7.52 kW/m，平均值为 2.76 kW/m。

各调查站全年最大能流密度在 1.27 kW/m ~ 292. 49 kW/m 之间，基本特点是：最大值均发生在夏秋季台风活动期，或冬季季风期，其中有 18 个调查站最大能流密度发生在夏季，14 个站发生在秋季，7 个站发生在冬季，春季为 0。

表4.177 各调查站各季波浪能流密度分布

单位：kW/m

调查站	平均能流密度				最大能流密度				
	春季	夏季	秋季	冬季	春季	夏季	秋季	冬季	全年
W0101	0.66	0.32	2.99	2.70	38.73	7.94	59.09	39.20	59.09
W0102	0.64	0.31	2.86	1.64	46.26	5.63	61.94	18.44	61.94
W0103	0.46	0.17	1.88	2.07	21.14	5.40	23.13	18.93	23.13
W0201	1.08	1.38	1.08	0.74	13.75	52.00	27.05	17.91	52.00
W0202	0.94	1.49	1.49	0.38	6.53	9.00	60.75	4.02	60.75
W0203	1.16	1.97	3.01	0.54	7.30	40.82	51.71	4.61	51.71
W0301	3.11	4.74	3.41	4.67	30.08	41.21	19.84	20.90	41.21
W0302	3.11	5.20	3.49	5.31	31.10	54.45	20.90	22.46	54.45
W0303	3.18	6.88	7.25	9.66	49.82	76.73	55.20	107.89	107.89
W0401	0.16	0.12	3.56	0.47	4.31	1.27	21.29	5.78	21.29
W0402	1.24	2.53	9.44	4.73	10.50	65.70	104.04	26.07	104.04
W0403	2.71	9.50	5.23	6.78	16.40	76.73	35.39	44.10	76.73
W0501	4.81	4.85	4.38	7.01	33.28	17.64	33.75	33.64	33.75
W0502	2.55	5.67	5.16	3.47	23.52	94.84	23.32	21.14	94.84
W0503	3.43	16.81	6.54	4.60	23.66	215.47	31.71	24.34	215.47
W0601	7.52	28.56	19.35	15.53	67.49	292.49	153.00	93.31	292.49
W0602	1.67	4.23	3.14	2.54	9.93	67.38	14.76	13.23	67.38
W0603	5.02	12.99	6.71	4.69	54.76	143.05	82.14	25.35	143.05
W0701	3.57	17.16	11.87	12.55	18.72	88.20	84.10	37.03	88.20
W0702	1.70	3.63	4.96	3.68	8.12	40.05	33.75	14.04	40.05
W0703	4.82	12.85	3.89	10.74	33.75	78.98	23.66	45.33	78.98
W0801	6.88	4.43	18.29	22.46	56.32	42.12	122.47	139.55	139.55
W0802	5.89	4.61	19.93	23.98	50.65	18.75	105.34	75.94	105.34
W0803	2.34	1.05	4.86	3.83	9.04	8.38	25.88	17.50	25.88
W0901	4.10	3.17	16.25	28.28	21.97	49.28	102.53	78.29	102.53
W0902	2.73	4.37	3.90	8.72	60.91	46.80	71.93	53.24	71.93
W0903	2.44	3.48	2.61	2.43	19.60	44.10	14.20	8.83	44.10
W1001	5.95	9.09	25.39	41.87	51.34	105.46	108.16	163.72	163.72
W1002	1.72	3.72	5.76	8.58	9.39	51.19	35.84	38.73	51.19

续 表

调查站	平均能流密度				最大能流密度				
	春季	夏季	秋季	冬季	春季	夏季	秋季	冬季	全年
W1003	1.74	3.37	4.29	6.91	11.60	26.91	19.60	19.27	26.91
W1101	4.82	8.94	19.88	33.16	42.19	72.11	78.98	105.34	105.34
W1102	2.16	4.18	3.28	7.78	16.13	41.04	12.13	24.39	41.04
W1103	1.83	3.35	6.22	9.28	10.11	12.57	30.27	31.23	31.23
W1201	3.57	6.63	9.66	15.18	29.25	52.02	47.65	59.20	59.20
W1202	1.02	4.83	11.63	15.74	3.46	42.77	66.56	76.95	76.95
W1203	1.58	2.79	8.50	12.20	10.80	6.50	70.56	37.60	70.56
W1301	3.64	9.58	7.43	8.08	18.44	67.15	40.68	34.66	67.15
W1302	1.33	4.76	15.41	15.26	8.66	35.26	56.00	47.92	56.00
W1303	0.48	2.04	3.76	4.87	3.74	29.01	12.10	14.37	29.01
平均值	2.76	5.79	7.66	9.57					

4.5 波浪能资源评估

4.5.1 国内外波浪能资源评估方法

国内外波浪能资源评估方法大致可分为两类，即天气学方法和气候学方法。天气学方法指利用某一时刻或较短时间（天气学时间尺度）的波浪数据计算波浪能资源储量的方法；气候学方法指较长时间系列（如数年，即气候学时间尺度）的波浪资料进行波浪能资源储量估算的方法。波浪能资源评估根据数据形式的不同大致可以分为现场观测、波浪数值模式和遥感观测三种。

4.5.1.1 基于现场观测资料的波浪能资源评估

1975 年，R.Tornkvist 利用 Hogben 和 Blumb 的实测波浪统计资料，采用气候学方法计算了全球海洋沿岸各地的波浪能流密度并绘制了全球海洋的年平均波浪能流密度分布图。

田瑞竹千穗等根据 1978 年日本沿岸代表站的波浪统计资料，采用折线连接沿岸各代表站，计算了日本沿岸的波浪能流密度，得到日本全国沿岸波浪能资源为 $2\,900 \times 10^4$ kW。后来又利用 1975 年—1978 年共 4 年的实测波浪资料计算得到日本沿岸波浪能资源为 $3\,100 \times 10^4$ kW。

王传崑等利用 1960 年—1969 年海洋站的年、月平均波高和平均周期，计算了沿岸各站（各省若干代表站）的年平均波功率密度并得到全国沿岸波浪能储量为 $7\,000 \times 10^4$ kW。

Wilson et al. 和 Defne et al. 分别利用 NDBC 等浮标数据，评估了加利福尼亚海岸的 10 个区域和美国大西洋的东南海岸波浪能资源。

对气候学波浪能资源评估原则上可以实测资料完成，但是进行长期波浪调查代价昂贵且很难实现，因此许多学者尝试用数值模式进行波浪能资源评估。

4.5.1.2 基于海浪数值模式的波浪能资源评估

1976 年，小皮尔逊（W. J. Pierson. Jr.）和萨尔夫（R. E. Salfi）利用数值预报模型后报的波浪资料，采用天气学方法（某一时刻、短时段的波浪数据）计算了北美洲西部沿岸的波功率密度并分析了波功率密度的日、月、季变化及随纬度的变化。1977 年，美国潘尼克（N. N. Panicker）采用天气学方法，利用波浪谱数值波浪预报模型后报的北半球海洋 1975 年 10 月 2 日 12 时的波浪数值，计算了全球海洋的总波浪能和总波浪功率。

1984 年，李陆平等人采用天气学方法，计算了渤海、黄海 1980 年 1 月 30 日 8 时的总波能和波功率总量，分别为 3 400 TJ 和 227 TW。经计算沿岸消耗的波能功率和由风浪传输的能量消耗后，分别修正为 10 TJ ～ 1 500 TJ 和 10 TW ～ 200 TW 并认为渤海、黄海波能再生率为 1 GW ～ 10 GW。

1995 年，欧盟内英国、西班牙、葡萄牙、意大利、希腊等国合作完成了欧洲波能地图计算机信息系统 WERATLAS。该系统的数据覆盖了大西洋欧洲沿岸和地中海沿岸的欧盟成员国和挪威沿岸。由波浪方向谱数值预报模型（WAM）后报得到的波浪数据，在 80 多个测点都分别给出年和季的图表，其中包括如波高、周期、波高与周期的联合分布、多年平均波功率密度及其方向分布等。

2015 年，韩家新等以 MM5 模式再分析风场为驱动场，应用 SWAN 波浪数值模拟了我国近海波浪场，模拟时段为 2007 年 1 月至 2008 年 12 月，网格分辨率为 0.1° ×0.1° 。研究结果表明：我国近海离岸 20 km 一线的波浪能蕴藏量为 1 599.52 × 10^4 kW。

4.5.1.3 基于遥感技术的波浪能资源评估

地波雷达、X 波段雷达、合成孔径雷达（Synthetic Aperture Radar, SAR）和卫星高度计为代表的遥感探测技术可以大面积获得海上实测波浪数据。但是对于近岸波浪能评估，尚存在一些困难。主要是测量波浪精度问题，遥感测波在外海和洋面上具有较高的精度，但在近岸海域，特别是靠近海岸的沿海海域，其测量精度较差（许富祥，2002）。

地波雷达是一种以海岸为基地，利用 6 MHz ～ 20 MHz 频段的无线电波来测量波浪及海流的遥感系统。该系统需要建立两个发射 / 接收站，观测方向近似成直角。最主要的观测是从海面发射回来的无线电波的多普勒频谱。此频率是反相的，需要运用一个复杂的数值程序转换得到海浪的方向谱。受诸多条件限制，完整方向谱只能在雷达波束交叉定义的网格内进行测量，空间分辨率视雷达设计不同，大约在 1 km ～ 5 km。测量的局限性与可用的最高波频以及能够观测到的有效波高的范围有关，其测量距离可达 10 km ～ 100 km。HF（High Frequency，高频）雷达大多数情况下可以准确测量出波谱，但有时候却不行。这是因为数据解析（转换）技术对于雷达数据中不合格的数据相当敏感。以波向参数为例，波浪的平均方向是合理可靠的，但传播方向并不是很准确。

X 波段雷达是一种遥感技术，波浪场可以从航海雷达的 X 波段（波长为 3 cm）获取。该技术可以从数千米范围内的雷达图像中推导出高分辨率的方向谱。获得的波浪信息是 1.5 km^2 海域内有序的平均值，而不是单点的测量值。X 波段雷达可以在近岸反射条件下测量波浪能，而其他技术是做不到的。但是，这种方法存在两个问题：① 雷达强度和波高之间没有明确的换算关系。虽然可以从观测到的信噪比中推断出得到一个全局比例，但要得到更为精确的结果，需要一个辅助的确定比例的方法；② 该系统不适用于微幅波测量。

作为工作在微波波段的成像雷达，SAR 具有全天候、全天时和高分辨率成像的优点。

SAR 是目前唯一一种能够测量海浪方向谱的星载遥感器，它能够实现大范围的海浪方向谱和海浪参数的测量。SAR 反演海浪参数的一般步骤为：首先，由 SAR 图像反演得到二维海浪方向谱；然后，再由二维海浪方向谱的谱矩计算得到海浪参数。常用的 SAR 海浪谱反演方法主要有 MPI 方法、交叉谱方法、半参数化方法（SPRA）、参数化方法、结合 MPI 和交叉谱算法的 PARSA 方法。Schulz-Stellenfleth 等曾用其开发的 CWAVE 算法得到的海浪参数，计算了波浪能流密度，与浮标比对结果显示，该方法在深水区域效果较好。Pontes 等利用 ENVISAT ASAR 2 级产品计算了波浪能功率密度。通过与美国 NDBC 浮标数据进行了比较，Pontes 等认为，ENVISAT ASAR 2 级产品的波浪能流密度反演结果，在波浪能资源调查与评估中有很好的应用前景。

卫星高度计能够对海浪有效波高实现较为精确的观测，因此也越来越多地应用于波浪能资源调查与评估研究中。Ebuchi（1994）应用浮标观测数据对高度计有效波高测量精度进行了验证，结果表明，高度计测得的有效波高是可信的，其精度为 10% 或 0.5 m。但是，卫星高度计无法提供海浪周期、海浪谱和波向信息，在近岸海区精度不佳甚至没有测量数据，这都在一定程度上限制了其在波浪能资源调查与评估中的应用。

4.5.2 数值模型配置与验证

4.5.2.1 WRF气象模式介绍

气象条件，尤其是风，是驱动波浪场的重要动力因素，本书中驱动波浪场的气象条件由 WRF 给出。WRF（Weather Research and Forecasting Model）是由美国国家大气研究中心（NCAR）、美国国家海洋和大气管理局（美国国家环境预报中心，NCEP）及预报系统实验室（FSL）、空军气象局（AFWA）、海军研究实验室、奥克拉荷马大学及联邦航空管理局（FAA）共同合作开发的成果。WRF 可以实现让研究人员运用模拟计算方式来反映真实资料或是理论参数。WRF 提供一套在计算上具有高度弹性及高效率的预报模式，同时更提供了物理、数值及资料同化等先进功能。为使研究成果能够迅速地应用到现实的天气预报当中去，WRF 模式分为 ARW（the Advanced Research WRF）和 NMM（the NonhydrostaticMesoscale Model）两种，即研究用和业务用两种形式，分别由 NCAR 和 NCEP 管理维持着。这里使用的是前者 WRF ARW。

WRF 是中尺度数值天气预报模式，现已在国内外广泛应用，可实现从数千米到上千千米尺度的应用。目前，WRF 被广泛应用于常规天气预报以及台风、暴雨、气候等相关气象研究工作并表现出较好的模拟效果。从 V3.0 版本开始，WRF 可实现全球—区域—城市多尺度双向嵌套模拟，可同时满足不同时空尺度研究的需求。本书波浪能资源评估采用的是 WRF 的最新版本 V3.3。

4.5.2.2 波浪模式简介

1）WaveWatchIII（WW3）模式简介

对于随机海浪来说，海面的不规则变化可以用谱密度 $F(k,\sigma,\omega,x,t)$ 描述，其中 k 为波数矢量（波数 k 和方向 θ）；σ,ω 分别为固有频率和绝对频率；x,t 分别代表地理空间和时间，参数k, σ, ω不是相互独立的，它们通过波动的频散关系和多普勒方程建立联系。以前的海浪模式基本都是以频率和方向为参数，建立控制方程，WW3 模式选择以波数k和方向θ为基本的参数组成谱 $F(k, \theta)$，但模式的输出仍然采用以往模式的频率和方向谱作为基本输出，这两种谱的转换可以通过雅可比变换来实现。

2）SWAN模式简介

SWAN 是 Simulating Waves Nearshore 的简称，是由代尔夫特科技大学（Delft University of Technology）研制发展起来的第三代近岸海浪数值计算模式，经过多年的改进，已经逐渐趋于成熟，在许多浅海数值研究中得到了广泛的运用。

SWAN 模式采用基于能量守恒原理的平衡方程，除了考虑第三代海浪模式共有的特点，它还充分考虑了模式在浅水模拟的各种需要。首先 SWAN 模式选用了全隐式的有限差分格式，无条件稳定，使计算空间网格和时间步长上不会受到牵制；其次在平衡方程的各源项中，除了风输入、四波相互作用、破碎和摩擦项等，还考虑了深度破碎（Depth-induced wave breaking）的作用和三波相互作用。

3）MASNUM-WAM模式简介

MASNUM-WAM 模式是在区域性 LAGFD-WAM 第三代海浪数值模式基础上研制开发的球坐标系海浪模式。该模式基于波数谱空间下能量平衡程，以海浪谱直接模拟为目标的海流数值模拟方法。它考虑到国际上最新海浪研究成果，提出了耗散源函数，波—波非线性相互作用源函数以及波—流相互作用源函数，能够很好地模拟波浪方向谱和各特征波要素，提供可靠合理的海浪参数。

该模式具有如下特点：

① 控制方程在球坐标系下导出；

② 海浪能量传播采用复杂特征线嵌入计算格式；

③ 考虑了大圆传播折射机制；

④ 破碎耗散源函数采用 Yuan 等 (1986) 的参数化形式；

⑤ 考虑了波流相互作用源函数。

4.5.2.3 嵌套模块设计

在海浪数值模拟中，计算网格的精细程度直接影响了模拟的准确度，尤其是在近岸复杂地形下，较粗的网格无法反映岛屿、岸线及复杂水深变化的真实情况。然而较精细的网格又带来计算量的剧增，若计算较大的范围会使得机时的消耗在实际应用中难以承受；而若仅在小范围内以精细网格计算，模拟结果又会显著地受到边界影响，严重降低模拟精度。

一个较好解决上述矛盾的方法就是采用嵌套（Nested）的方式，该方式也在目前最先进的第三代海浪模式（如 WAM、WaveWatchIII、SWAN 等）中得到了广泛的应用。嵌套的基本原理是先计算较大的区域（粗网格），在此基础上提供所关注小区域（细网格）边界上的波谱；在计算小区域时，从保存的波谱中读取对应时刻的值，以此作为精细海浪场的外边界；由此既保证了计算的可行性又满足了所关注区域的模拟精度要求。该项工作的难点在于：

（1）由于粗细网格空间和计算时间步长都不一致，需选择合理的时空插值方案；

（2）模块设置须有一定的灵活性，在一些较为复杂的情况下会需要“二重嵌套”甚至“三重嵌套”；

（3）计算时可能由于地形的特殊性导致嵌套边界不是简单的矩形；

（4）考虑到计算可能由于特殊原因中途停止，模块应具有断点续算的能力。

OE-W01 区块波浪模拟采用 MASNUM-WAM 二重嵌套模式，外部粗网格计算范围（图 4.6 中大区）覆盖了 OE-W01 区块所有 4 个重点勘查区和整个非重点勘查区；内部细网格计算范围（图 4.6 中小区）分别覆盖 4 个重点勘察区。模型网格及嵌套方案见表 4.178。

表4.178　OE-W01区块模型网格及嵌套方案

网格	纬度范围	经度范围	分辨率	采用模型
大区	27° N—41° N	118° E—128° E	5′×5′	MASNUM-WAM
小区	37° N—38.75° N	119.75° E—121.75° E	1′×1′	
	35.25° N—36.75° N	119.50° E—121.25° E	1′×1′	
	29.25° N—31.75° N	121.00° E—123.50° E	1′×1′	

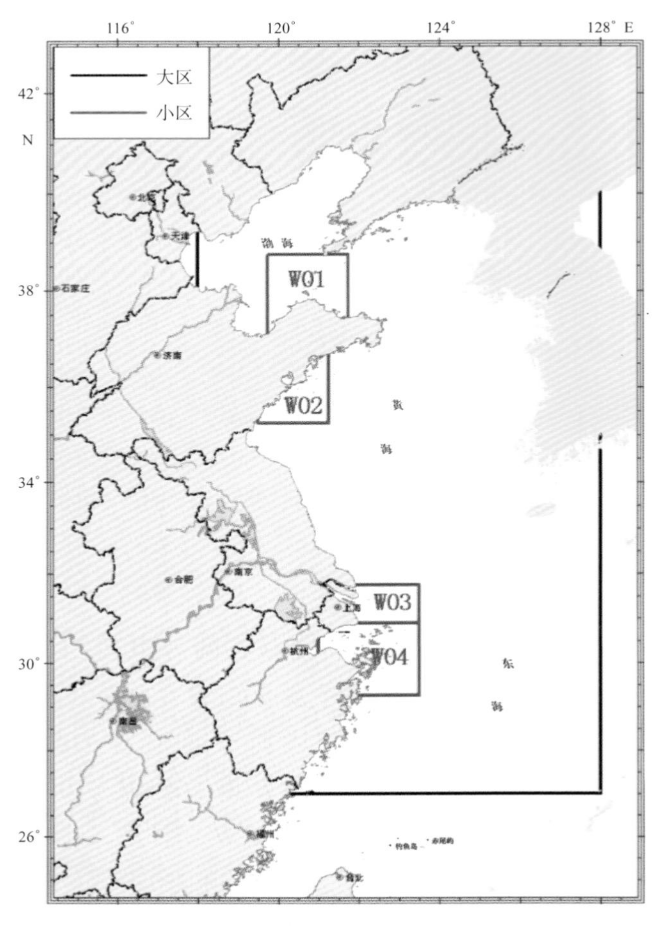

图4.6　OE-W01区块模拟区域示意图

OE-W02 和 OE-W03 区块采用三层嵌套方案，根据 4.5.2.2 节介绍，WW3 更适用于较大尺度范围的波浪模拟，而 SWAN 则关注于浅水波浪的传播和演变，在近海小范围中更为适用，为了充分发挥各模型的优势，采用 WW3 模型进行大区网格的模拟计算，自输出嵌套文件，作为 SWAN 模型的边界输入条件，采用 SWAN 模型进行中区和小区网格的波浪模拟计算。OE-W02 和 OE-W03 区块模拟区域分别见图 4.7 和图 4.8，模型网格及嵌套方案见表 4.179 和表 4.180。

表4.179　OE-W02区块模型网格及嵌套方案

网格	纬度范围	经度范围	分辨率	采用模型
大区	10° N—40° N	110° E—140° E	0.5°×0.5°	WW3
中区	24.0° N—30.0° N	118.5° E—123.5° E	0.1°×0.1°	SWAN
小区	28.0° N—29.8° N	121.0° E—123.5° E	2′×2′	
	27.2° N—28.4° N	120.2° E—122.4° E		
	26.4° N—27.6° N	119.4° E—121.8° E		
	25.6° N—26.6° N	119.0° E—120.8° E		
	24.5° N—25.8° N	118.6° E—120.6° E		

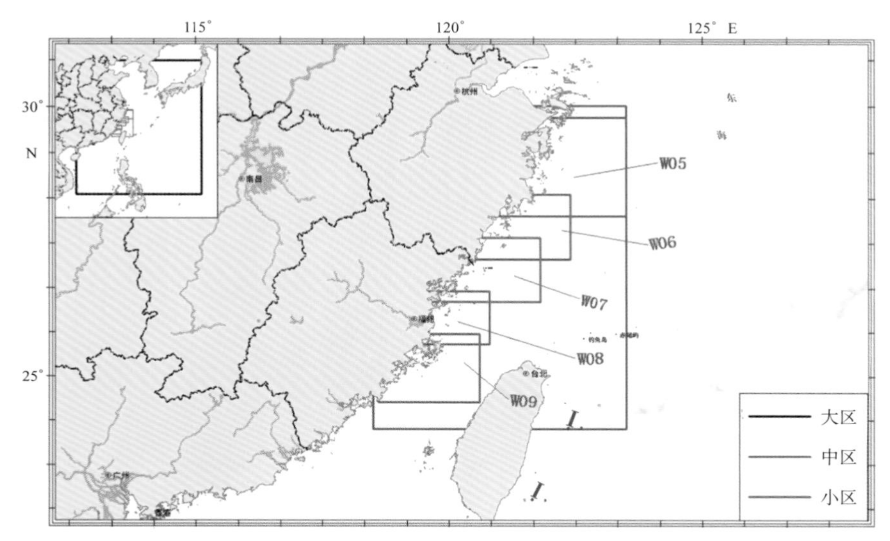

图4.7　OE-W02区块模拟区域示意图

表4.180　OE-W03区块模型网格及嵌套方案

网格	纬度范围	经度范围	分辨率	采用模型
大区	10° N—40° N	110° E—130° E	0.5°×0.5°	WW3
中区	24.0° N—26.0° N	113° E—120° E	0.1°×0.1°	SWAN
小区	24.1° N—24.9° N	117.6° E—119.4° E	2′×2′	
	23.5° N—24.1° N	116.9° E—119.0° E		
	22.9° N—23.5° N	116.1° E—118.1° E		
	22.0° N—22.9° N	115.0° E—117.0° E		

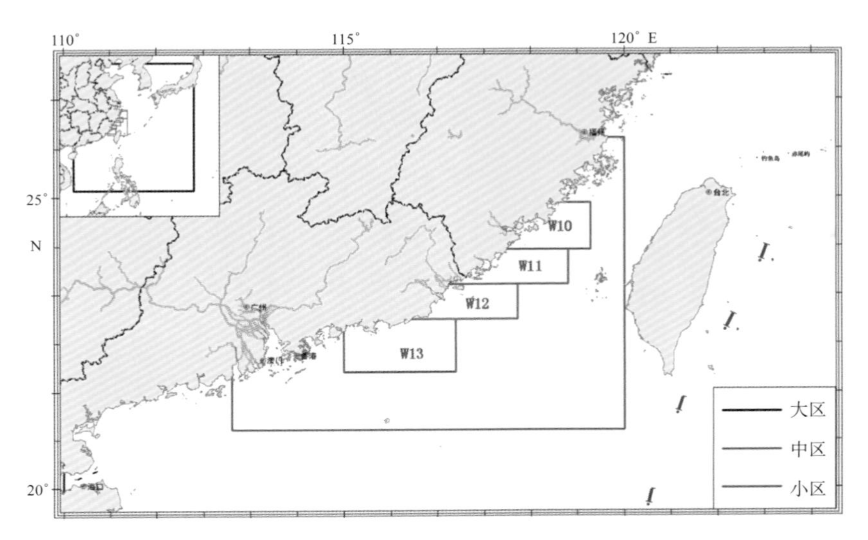

图4.8 OE-W03区块模拟区域示意图

OE-W04 区块采用波浪模拟采用 MASNUM-WAM 模式，网格分辨率为 5′ ×5′ 。

4.5.2.4 数值模拟检验

1）驱动风场检验

模式驱动风场的检验选取 12 个波浪气象浮标和 4 个海洋站 4 季现场实测数据对应时间段进行对比验证。对比检验的内容为平均风速和风向，波浪气象浮标、海洋站观测高度和驱动风场结果均为海表面 10 m。对于风速主要考察：

平均误差：$$MER=\frac{1}{N}\sum_{i=1}^{N}\left(S_{i,\mathrm{mod}}-S_{i,obs}\right) \tag{4.1}$$

绝均差：$$AER=\frac{1}{N}\sum_{i=1}^{N}\left|S_{i,\mathrm{mod}}-S_{i,obs}\right| \tag{4.2}$$

均方差：$$RMS=\sqrt{\frac{1}{N}\sum_{i=1}^{N}\left(S_{i,\mathrm{mod}}-S_{i,obs}\right)^2} \tag{4.3}$$

平均相对误差：$$ARE=\frac{1}{N}\sum_{i=1}^{N}\frac{\left|S_{i,\mathrm{mod}}-S_{i,obs}\right|}{S_{i,obs}} \tag{4.4}$$

其中，N 为总样本数，$S_{i,\mathrm{mod}}$ 为模式驱动风场，$S_{i,obs}$ 为观测结果，单位 m/s。风速 5 m/s 以下的结果不予检验。对于风向主要考察：

风向偏差：$$AER=\frac{1}{N}\sum_{i=1}^{N}\min\left(\left|S_{i,\mathrm{mod}}-S_{i,obs}\right|,360-\left|S_{i,\mathrm{mod}}-S_{i,obs}\right|\right) \tag{4.5}$$

风向均按照气象角度表示，单位为°，正北为 0°/360°，顺时针旋转。对于 5 m/s 以下的风速，风向不稳定，不予检验。

按上述方法对驱动风场进行对比检验，检验结果良好：风速平均误差仅为 1.49 m/s，绝均差为 2.33 m/s；风向偏差平均值为 40° 左右。

图 4.9 ~图 4.11 为部分站点的部分季节观测记录与驱动风场对比，其中黑色实线为驱动风场值，红色点为调查站；驱动风场时间间隔 6 h，实测资料时间间隔 10 min。可见，在实测资料的印证下，该模式驱动风场能够较好的表现真实的风场状况，可以用来驱动海浪模式，为海浪模式模拟海浪场的准确性提供了坚实的基础。

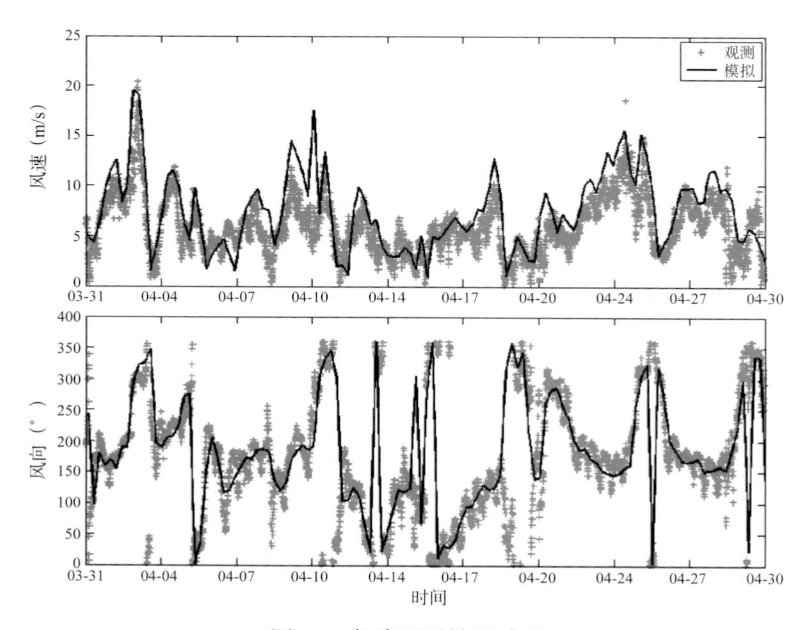

图4.9　春季观测结果检验

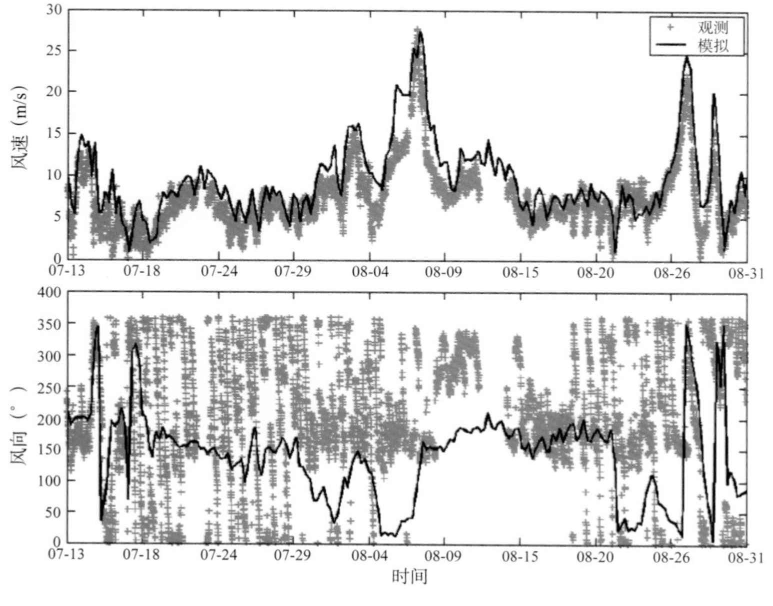

图4.10　夏季观测结果检验

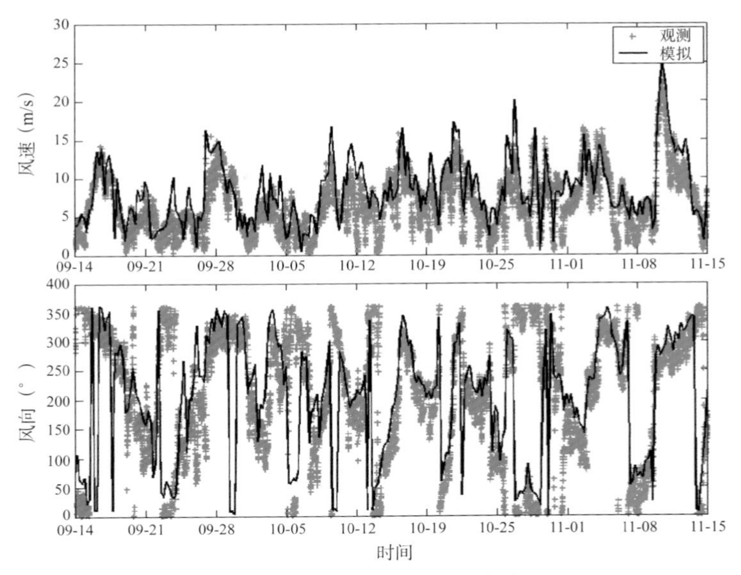

图4.11　秋季观测结果检验

2）波浪数值模拟检验

由于波浪海上观测十分艰难，历史上所积累的波浪观测资料十分有限，本次波浪能资源评估采用的验证观测资料首次联合多家单位，对全国沿海进行了大规模的波浪调查，共布置了 28 个波浪气象浮标、11 个“浪龙”和 6 个雷达观测站，分春季、夏季、秋季、冬季 4 个航次进行观测，为波浪模型验证提供了时间和空间上多层次的宝贵资料。

对比检验的内容为有效波高、平均周期和波向，图 4.12 给出了实测数据与模拟数据比对。

波向定义为波浪的来向，单位为°，正北为 0°/360°，顺时针旋转。同样，对于 0.5 m 以下的有效波高对应之波向不予检验。

按上述方法对波浪场进行对比检验，检验结果良好：均方差为 0.41 m，平均相对误差 0.19，绝均差为 0.31 m。

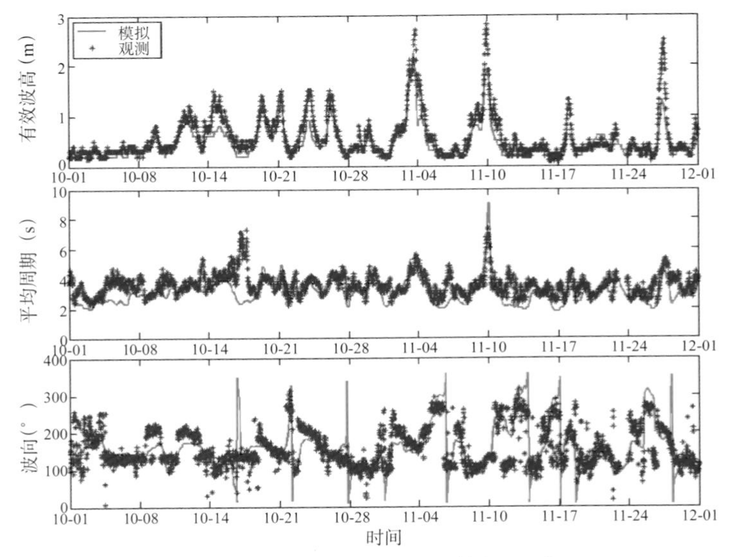

图4.12　实测数据与模拟数据比对

4.5.3 各海区波浪能资源分布

4.5.3.1 评估参数

1）有效波高

有效波高（H_s）又称为1/3大波波高（$H_{1/3}$）。将某一时段连续测得的波高序列从大到小排列，取排序后前1/3个波高的平均值，单位：m。

由海浪谱所描述的有效波高表示为 $H_s = 4\sqrt{m_0}$，单位：m。

其中 $m_n = \iint f^n S(f,\theta) df d\theta$ 为海浪能谱的 n 阶矩。

2）平均周期

平均周期（$\overline{T}$）是波浪连续记录中所有周期的平均值，单位：s。

平均周期在海浪谱中用能量平均周期来描述，$T_e = \dfrac{2\pi m_{-1}}{m_0}$（文圣常，余宙文等，1984），单位：s。

3）有效波时

据《中国海洋灾害四十年资料汇编（1949—1990）》统计，波高在4 m ～ 5 m以上的海浪，就会容易造成恶性的海难。因此本书中有效波时定义为一个自然年内有效波高在1 m ～ 4 m之间且波浪平均周期大于2.5 s的累计时间。

4）波浪能流密度

波浪能流密度表示沿波浪传播方向通过单位宽度断面的能通量，单位：kW/m。

波浪能流密度按下式计算：

$$P_w = 0.5 \times H_{1/3}^2 \times \overline{T} \tag{4.6}$$

其中，P_w 为波浪能流密度，单位为kW/m；$H_{1/3}$ 为有效波高，单位为m；$\overline{T}$ 为平均周期，单位为s。

5）波浪能资源储量

波浪能资源储量按下式计算：

$$N = \int P_w dL \tag{4.7}$$

式中，N 为波浪能蕴藏量，单位为kW；L 为代表区段长度，单位为m，本书中 L 取离岸20 km沿线。

4.5.3.2 各区波浪能资源评估分析

资源评估的范围同图4.1调查范围一致，OE-W01、OE-W02和OE-W03区块采用嵌套的方式，对近10年（2003年—2012年）海浪场进行了高分辨率的逐时模拟，OE-W04区块模拟时间为 2008 年，结合 SAR 和卫星高度计的遥感资料以及现场实测资料的验证，对该海域的波浪场特征有了较为准确的把握。通过对波浪场各项波浪能评估参数的统计、归纳，开展波浪能资源评估分析研究。

本节讨论的渤海、黄海和东海波浪的有效波高、平均周期、波浪能流密度、有效波时和波浪能资源储量等要素的分布和变化，指海区的波浪 10 年平均状况——波候特征。为了说明中国近海的波候特征，这里以 3 月至 5 月、5 月至 8 月、9 月至 11 月、12 月至次年 2 月，分别作为春季、夏季、秋季和冬季，来叙述四季的波浪分布状况。

1）有效波高

图 4.13 给出了近 10 年 OE-W01、OE-W02 和 OE-W03 区块和 2008 年 OE-W04 区块平均有效波高分布图。有效波高由北向南增趋势明显，就海区而言，渤海有效波高最小，黄海比渤海略大，东海的又大于黄海，南海最大。但是存在几个低值区，分别为渤海的辽东湾和莱州湾、东海北部长江口海域和北部湾。

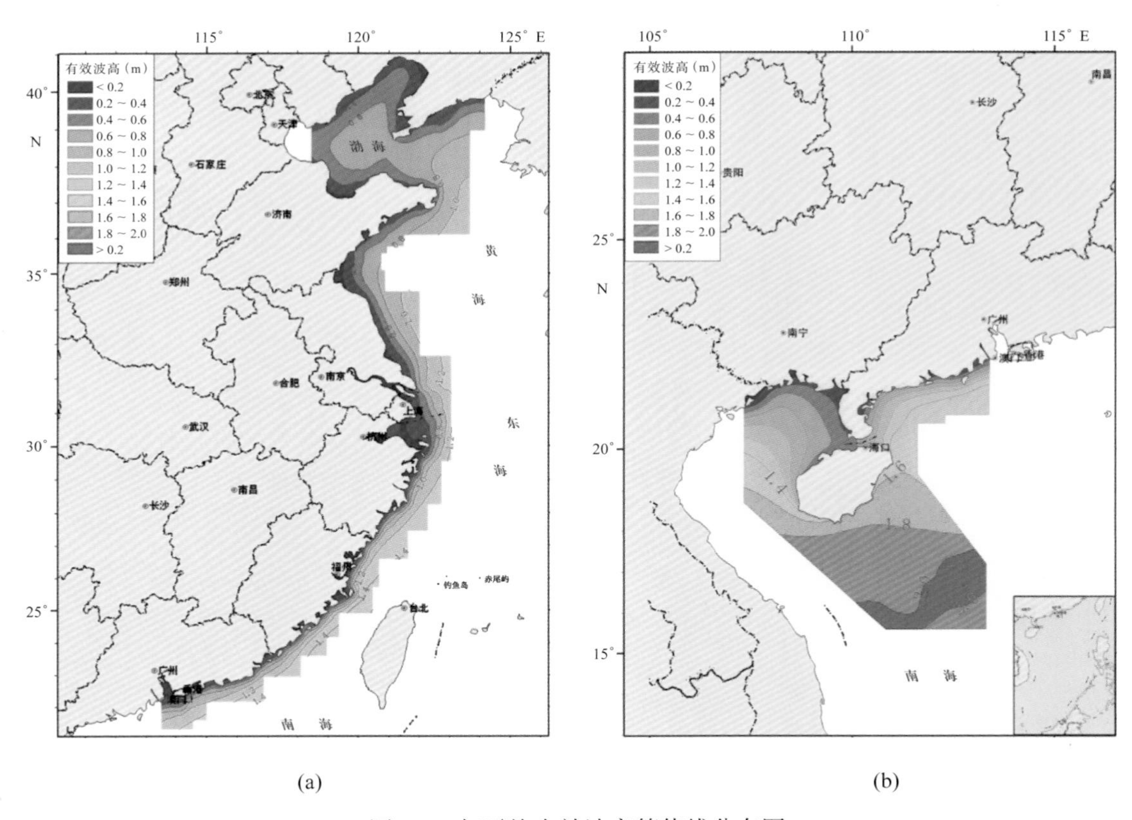

图4.13 年平均有效波高等值线分布图

(a) OE-W01、OE-W02和OE-W03区块；(b) OE-W04区块

表 4.181 给出了各海区有效波高分布，由表可知：渤海北部（39°N—41°N，118°E—121.1°E，下同）有效波高平均值为 0.54 m，其中 71.43% 的海域有效波高在 0.50 m ~ 0.75 m 之间；渤海南部（37°N—39°N，118°E—121.1°E，下同）有效波高平均值为 0.65 m，其中 90.83% 的海域有效波高在 0.5 m ~ 0.75 m 之间；黄海北部（37°N—40°N，121.1°—

123.5°E，下同）有效波高平均值为 0.61 m，其中 53.83% 的海域有效波高在 0.50 m ~ 0.75 m 之间；黄海中部（34°N—37°N，下同）有效波高平均值为 0.69 m，其中 28.34% 的海域有效波高在 0.50 m ~ 0.75 m 之间；黄海南部（31.7°N—34°N，下同）有效波高平均值为 0.73 m，其中 25.68% 的海域有效波高在 0.75 m ~ 1.00 m 之间；东海北部（28°N—31.7°N，下同）有效波高平均值为 0.67 m，其中 25.43% 的海域有效波高在 1.00 m ~ 1.25 m 之间；东海中部（25°N—28°N，下同）有效波高平均值为 1.16 m，其中 50.47% 的海域有效波高超过 1.25 m；东海南部（21.9°N—25°N，下同）有效波高平均值为 1.06 m，其中 34.55% 的海域有效波高超过 1.25 m。南海有效波高自西北向东南方向逐渐增大，年平均值最大可超过 2.00 m。

表4.181　各海区有效波高统计（10年平均值）

海区	平均值（m）	最大值（m）	各级有效波高频率（%）					
			≤0.25	0.25~0.5	0.5~0.75	0.75~1	1~1.25	>1.25
渤海北部	0.54	0.69	4.97	23.60	71.43	0.00	0.00	0.00
渤海南部	0.65	0.72	0.00	9.17	90.83	0.00	0.00	0.00
黄海北部	0.61	1.06	6.25	20.05	53.83	17.72	2.16	0.00
黄海中部	0.69	1.12	9.82	17.51	28.34	26.95	17.38	0.00
黄海南部	0.73	1.30	14.86	15.44	15.25	25.68	25.48	3.28
东海北部	0.67	1.50	19.39	20.47	15.03	17.61	25.43	2.07
东海中部	1.16	1.46	0.27	3.00	7.57	10.97	27.72	50.47
东海南部	1.06	1.68	1.33	8.14	8.14	19.10	28.74	34.55

OE-W01、OE-W02 和 OE-W03 区块季平均有效波高分布如图 4.14 所示。季平均有效波高地理分布特征与年平均有效波高分布特征基本相似。三个区块季有效波高平均值变化在 0.65 m ~ 0.79 m 之间。基本特点是秋冬季节波高较大，春夏季波高较小：冬季有效波高最大，平均值为 0.79 m；秋季次之，为 0.77 m；夏季居第三，为 0.66 m；春季最小，为 0.65 m。

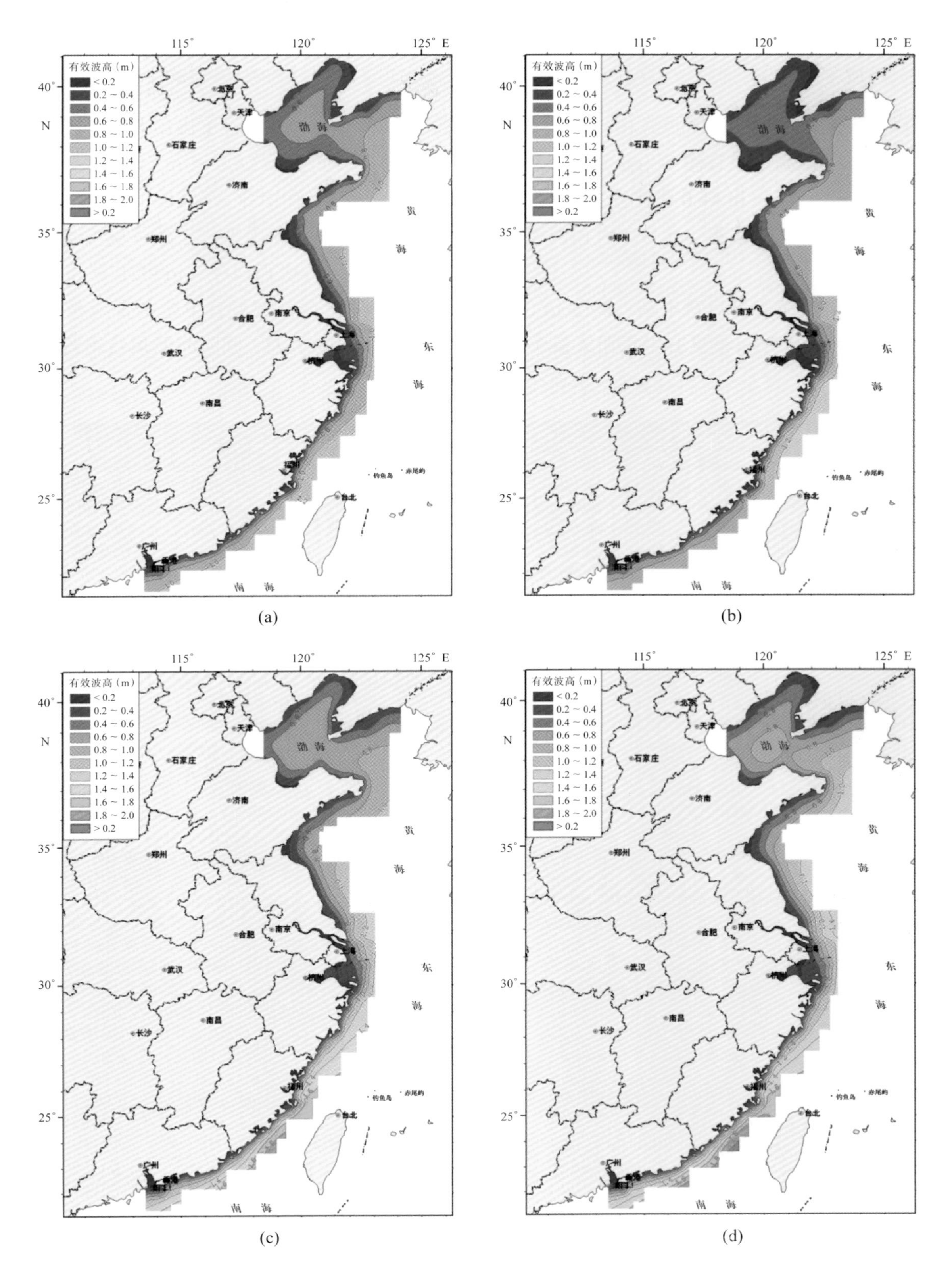

图4.14 各季平均有效波高等值线分布

(a) 春季；(b) 夏季；(c) 秋季；(d) 冬季

表 4.182 和图 4.15 给出了各海区季平均有效波高分布，各海区季节变化也不尽相同：如黄海中部夏季有效波高平均值最大，渤海北部和东海北部秋季有效波高平均值最大；渤海、黄海北部、黄海南部和东海南部均为夏季有效波高最小。

表4.182　各海区有效波高统计（10年平均值）

单位：m

海区	春季		夏季		秋季		冬季	
	平均值	最大值	平均值	最大值	平均值	最大值	平均值	最大值
渤海北部	0.55	0.67	0.41	0.49	0.61	0.79	0.58	0.82
渤海南部	0.60	0.68	0.45	0.50	0.73	0.81	0.82	0.90
黄海北部	0.60	1.01	0.51	0.94	0.63	0.98	0.71	1.31
黄海中部	0.68	1.05	0.68	0.99	0.65	1.11	0.74	1.40
黄海南部	0.69	1.19	0.66	1.25	0.76	1.32	0.83	1.50
东海北部	0.60	1.31	0.65	1.44	0.71	1.57	0.70	1.69
东海中部	0.98	1.20	1.05	1.38	1.32	1.77	1.34	1.82
东海南部	0.81	1.91	0.78	1.44	1.13	1.89	1.21	2.10

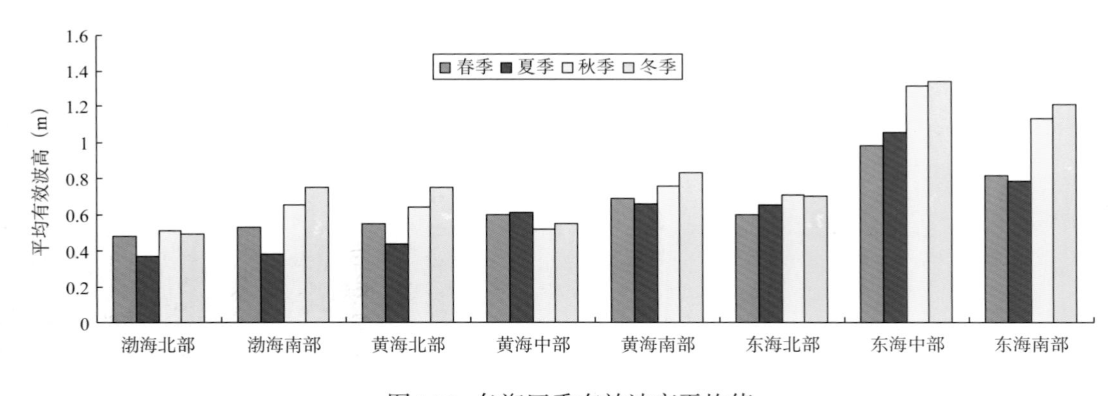

图4.15　各海区季有效波高平均值

2）平均周期

图 4.16 给出了近 10 年 OE-W01、OE-W02 和 OE-W03 区块和 2008 年 OE-W04 区块年平均周期分布图。就海区而言，渤海平均周期最小，黄海比渤海略大，东海的又大于黄海，南海最大。但是存在三个低值区，分别为渤海的辽东湾、莱州湾和东海北部长江口海域。

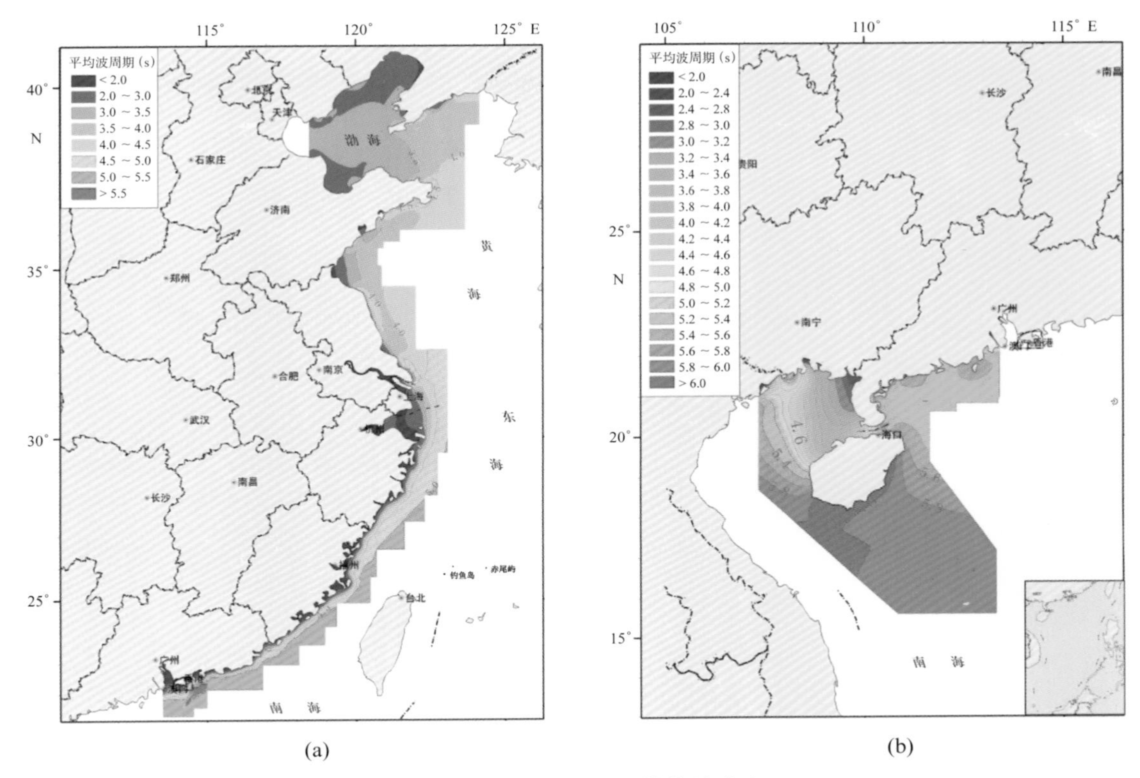

图4.16 年平均周期等值线分布

(a) OE-W01、OE-W02和OE-W03区块；(b) OE-W04区块

表 4.183 给出了各海区平均周期统计，由表可知：渤海北部平均周期为 2.94 s，其中 62.73% 的海域平均周期在 3.0 s 以下；渤海南部平均周期为 3.39 s，其中 89.91% 的海域平均周期在 3.0 s ~ 3.5 s 之间；黄海北部平均周期为 3.47 s，其中 41.11% 的海域平均周期在 3.0 s ~ 3.5 s 之间；黄海中部平均周期为 3.90 s，其中 41.69% 的海域平均周期在 3.5 s ~ 4.0 s 之间；黄海南部平均周期为 4.00 s，其中 41.51% 的海域平均周期在 4.0 s ~ 4.5 s 之间；东海北部平均周期为 3.74 s，其中 34.72% 的海域平均周期在 4.5 s ~ 5.0 s 之间；东海中部平均周期为 4.72 s，其中 40.20% 的海域平均周期在 4.5 s ~ 5.0 s 之间；东海南部平均周期为 5.00 s，其中 71.59% 的海域平均周期超过 5.0 s。南海平均周期自东北向西南方向逐渐增大，年平均值最大可超过 6.0 s。

表4.183 各海区平均周期统计（10年平均值）

海区	平均值（s）	最大值（s）	各级平均周期频率（%）					
			≤3	3~3.5	3.5~4	4~4.5	4.5~5	>5
渤海北部	2.94	3.35	62.73	37.27	0.00	0.00	0.00	0.00
渤海南部	3.39	5.29	0.92	89.91	6.42	0.92	0.00	1.83
黄海北部	3.47	7.84	16.92	41.11	27.83	10.56	1.65	1.93
黄海中部	3.90	8.05	6.05	8.82	41.69	38.16	2.39	2.90
黄海南部	4.00	8.28	11.00	2.32	21.62	41.51	20.66	2.89
东海北部	3.74	12.84	29.35	8.54	8.74	15.52	34.72	3.13
东海中部	4.72	5.20	2.54	2.88	4.51	10.69	40.20	39.18
东海南部	5.00	5.71	1.83	0.83	2.33	4.82	18.60	71.59

OE-W01、OE-W02 和 OE-W03 区块季平均周期等值线分布如图 4.17 所示，四季的平均周期地理分布特征与年平均周期分布特征基本相似。三个区块季平均周期变化在 3.64 s ~ 3.85 s 之间。基本特点是平均周期季节变化较小，其中秋季最大，为 3.85 s；夏季次之，为 3.78 s；冬季居第三，为 3.77 s；春季最小，为 3.64 s。

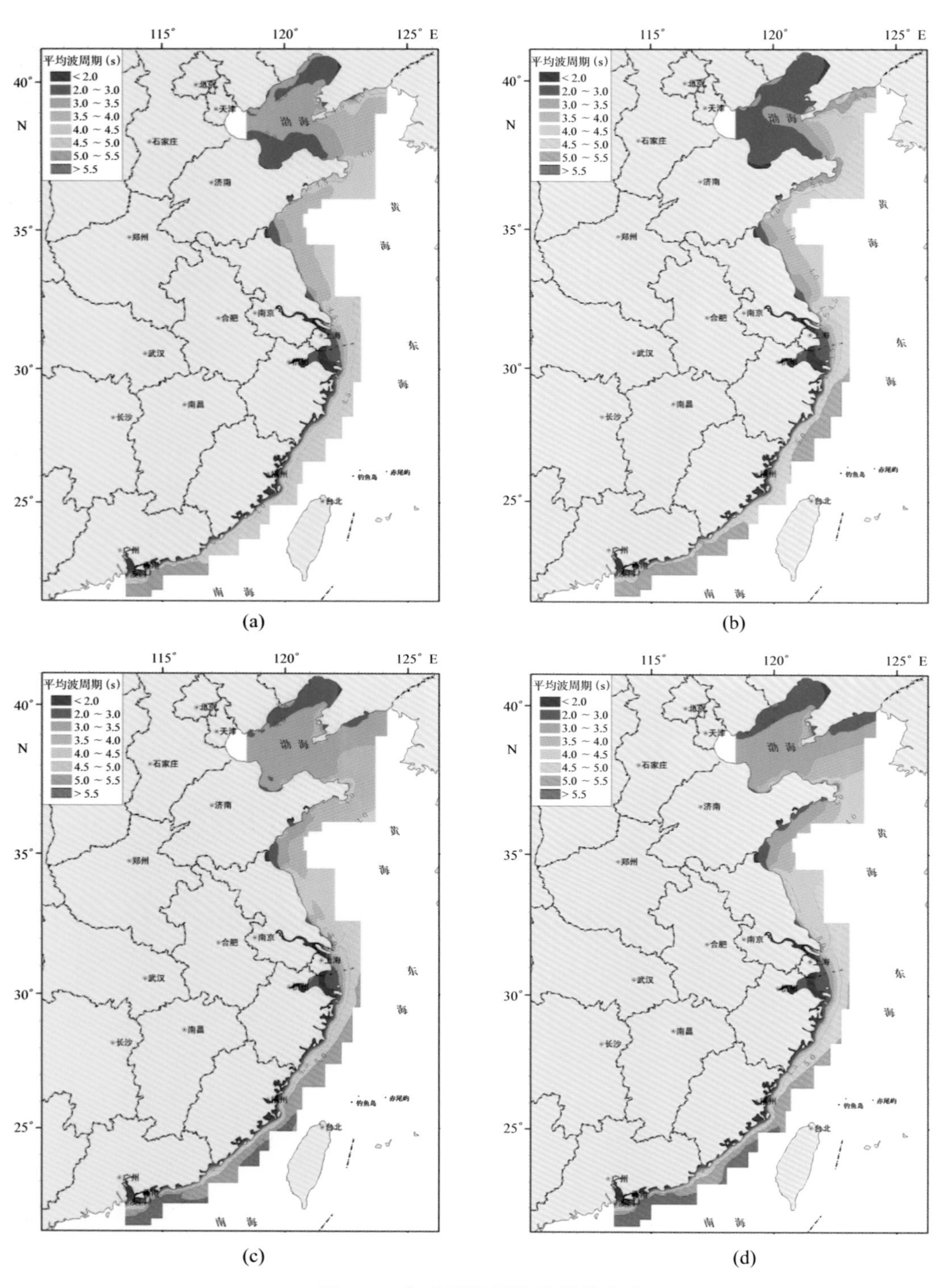

图4.17 各季平均周期等值线分布

(a) 春季；(b) 夏季；(c) 秋季；(d) 冬季

表 4.184 和图 4.18 给出了各海区季平均周期分布，各海区季节变化也不尽相同：如渤海南部、黄海北部、黄海南部和东海南部均为冬季平均周期最大，黄海中部夏季周期最大；渤海北部、渤海南部、黄海北部、黄海南部和东海南部均为夏季平均周期最小，黄海中部冬季平均周期最小。

表4.184 各海区平均周期统计（10年平均值）

单位：s

海区	春季		夏季		秋季		冬季	
	平均值	最大值	平均值	最大值	平均值	最大值	平均值	最大值
渤海北部	2.77	7.27	2.61	5.58	2.78	6.78	2.72	7.75
渤海南部	2.93	7.37	2.71	5.68	3.24	7.23	3.45	7.76
黄海北部	3.08	7.74	3.03	10.17	3.26	7.23	3.43	8.03
黄海中部	3.69	8.19	4.10	10.55	3.39	6.91	3.20	6.58
黄海南部	3.84	7.89	3.81	8.02	4.10	8.83	4.25	8.36
东海北部	3.61	11.90	3.75	13.13	3.85	13.35	3.70	13.12
东海中部	4.42	4.82	4.68	5.28	4.92	5.56	4.85	5.53
东海南部	4.58	5.52	4.11	12.81	4.97	5.93	5.01	6.24

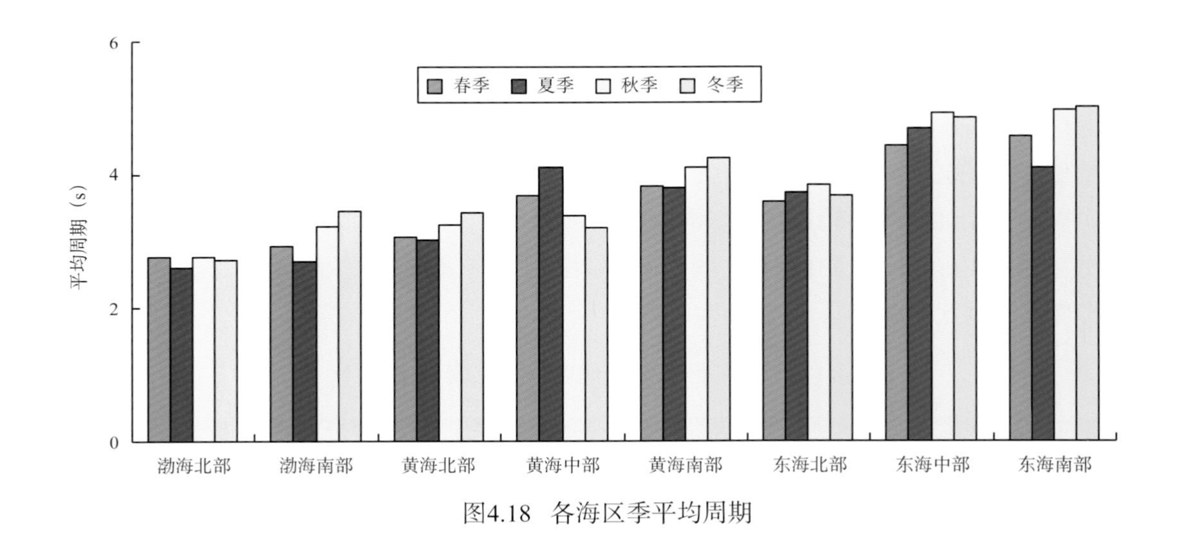

图4.18 各海区季平均周期

3）有效波时

图 4.19 给出了近 10 年 OE-W01、OE-W02 和 OE-W03 区块有效波时分布图。就海区而言，有效波时跟有效波高趋势类似，渤海最短，黄海比渤海略长，东海高于黄海。

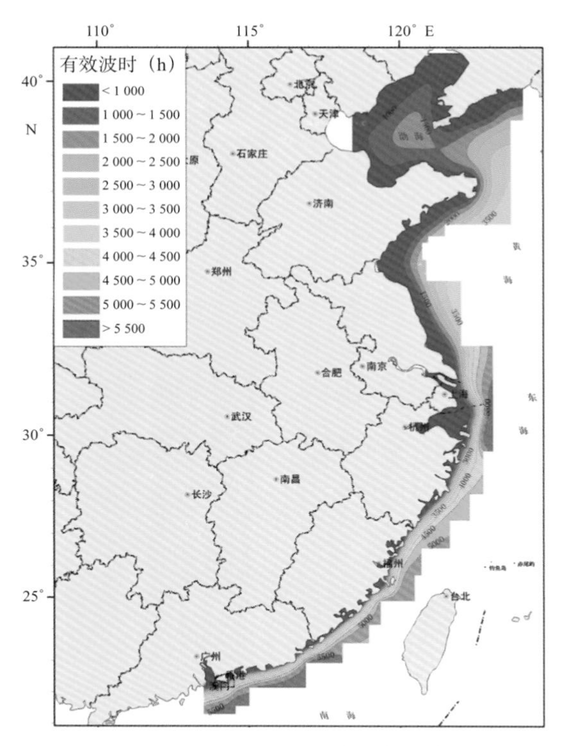

图4.19　有效波时等值线分布

表 4.185 给出了各海区有效波时，由表可知：渤海北部平均有效波时为 844 h，其中 53.94% 的海域有效波时在 1 000 h 以下；渤海南部平均有效波时为 1 134 h，其中 63.70% 的海域有效波时在 1 000 h ~ 2 000 h 之间；黄海北部平均有效波时为 1 425 h，其中 47.81% 的海域有效波时在 1 000 h ~ 2 000 h 之间；黄海中部平均有效波时为 2 023 h，其中 29.26% 的海域有效波时在 3 000 h ~ 4 000 h 之间；黄海南部平均有效波时为 2 882 h，其中 27.11% 的海域有效波时在 3 000 h ~ 4 000 h 之间；东海北部平均有效波时为 3 172 h，其中 39.76% 的海域有效波时在 4 000 h ~ 5 000 h 之间；东海中部平均有效波时为 4 148 h，其中 49.43% 的海域有效波时在 4 000 h ~ 5 000 h 之间；东海南部平均有效波时为 4 348 h，其中 51.81% 的海域有效波时超过 5 000 h。

表4.185　各海区有效波时统计（10年平均值）

海区	平均值（h）	最大值（h）	各级有效波时频率（%）					
			≤1000	1000～2000	2000～3000	3000～4000	4000～5000	>5000
渤海北部	844	1 634	53.94	46.06	0.00	0.00	0.00	0.00
渤海南部	1 134	1 726	36.30	63.70	0.00	0.00	0.00	0.00
黄海北部	1 425	3 572	31.36	47.81	12.85	7.98	0.00	0.00
黄海中部	2 023	3 929	25.94	25.04	19.76	29.26	0.00	0.00
黄海南部	2 882	5 362	11.58	17.37	21.58	27.11	16.05	6.31
东海北部	3 172	6 231	18.53	7.09	8.34	20.43	39.76	5.85
东海中部	4 148	5 352	6.57	4.23	5.00	10.62	49.43	24.15
东海南部	4 348	5 855	8.66	4.25	2.05	6.77	26.46	51.81

4）波浪能流密度

图 4.20 给出了近 10 年 OE-W01、OE-W02 和 OE-W03 区块波浪能流密度分布图和 2008 年 OE-W04 区块波浪能流密度分布图。就海区而言，波浪能流密度跟有效波高趋势类似，渤海最小，黄海比渤海略大，东海的又大于黄海，南海最大。

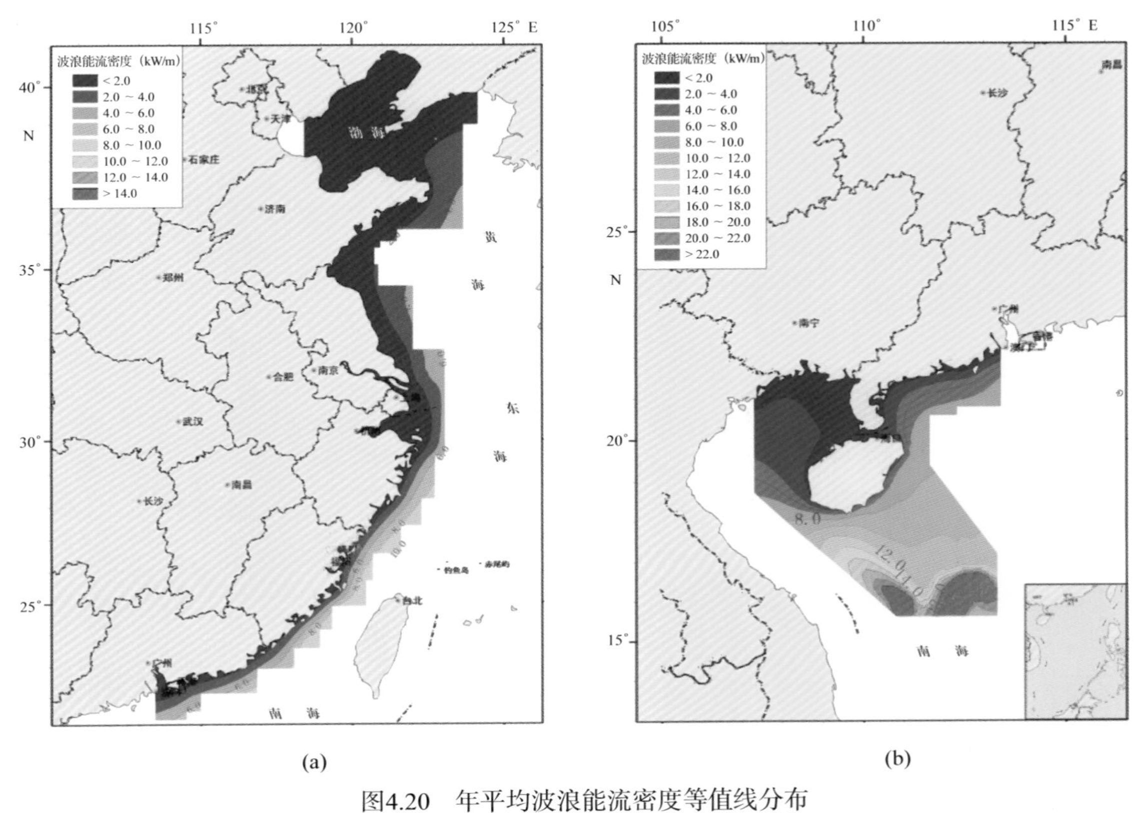

图4.20　年平均波浪能流密度等值线分布

(a) OE-W01、OE-W02和OE-W03区块；(b) OE-W04区块

表 4.186 给出了各海区波浪能流密度分布，由表可知：渤海北部平均波浪能流密度为 0.79 kW/m，其中 70.81% 的海域波浪能流密度在 1 kW/m 以下；渤海南部平均波浪能流密度为 1.36 kW/m，其中 89.99% 的海域波浪能流密度在 1 kW/m ~ 2 kW/m 之间；黄海北部平均波浪能流密度为 1.33 kW/m，其中 46.68% 的海域波浪能流密度在 1 kW/m ~ 2 kW/m 之间；黄海中部平均波浪能流密度为 1.84 kW/m，其中 34.38% 的海域波浪能流密度不足 1 kW/m；黄海南部平均波浪能流密度为 2.28 kW/m，其中 31.66% 的海域波浪能流密度不足 1 kW/m；东海北部平均波浪能流密度为 2.04 kW/m，其中 45.42% 的海域波浪能流密度在 1 kW/m ~ 2 kW/m 之间；东海中部平均波浪能流密度为 6.28 kW/m，其中 61.44% 的海域波浪能流密度超过 6 kW/m；东海南部平均波浪能流密度为 5.30 kW/m，其中 39.37% 的海域波浪能流密度超过 6 kW/m。南海波浪能流密度自东北向西南方向逐渐增大，年平均值最大可超过 22 kW/m。

表4.186　各海区波浪能流密度（10年平均值）

海区	平均值（kW/m）	最大值（kW/m）	各级波浪能流密度频率（%）						
			≤1	1～2	2～3	3～4	4～5	5～6	>6
渤海北部	0.79	1.37	70.81	29.19	0.00	0.00	0.00	0.00	0.00
渤海南部	1.36	1.60	11.01	88.99	0.00	0.00	0.00	0.00	0.00
黄海北部	1.33	4.36	37.71	46.68	9.09	5.74	0.80	37.71	0.00
黄海中部	1.84	5.06	34.38	29.47	12.72	11.71	11.59	0.13	0.00
黄海南部	2.28	6.14	31.66	16.02	16.41	16.80	9.85	8.49	0.77
东海北部	2.04	8.81	45.42	12.45	10.44	14.18	8.81	2.44	6.27
东海中部	6.28	10.29	6.12	5.70	5.03	6.06	6.88	8.79	61.44
东海南部	5.30	10.91	8.97	6.98	9.47	11.30	12.96	10.96	39.37

OE-W01、OE-W02和OE-W03区块季平均能流密度如图4.21所示，季平均能流密度地理分布特征与年平均能流密度分布特征基本相似。三个区块季平均能流密度变化在1.60 kW/m ～ 2.88 kW/m之间。基本特点是夏季、秋季、冬季波浪能流较大且变化较小，春季明显小，其中秋季最大，为2.88 kW/m；冬季次之，为2.62 kW/m；夏季居第三，为2.46 kW/m；春季最小，为1.60 kW/m。夏季，波浪能资源富集区集中于浙江南部海域；秋季，波浪能资源富集区分布于浙江南部海域及台湾海峡；冬季，波浪能资源富集区集中于台湾海峡。

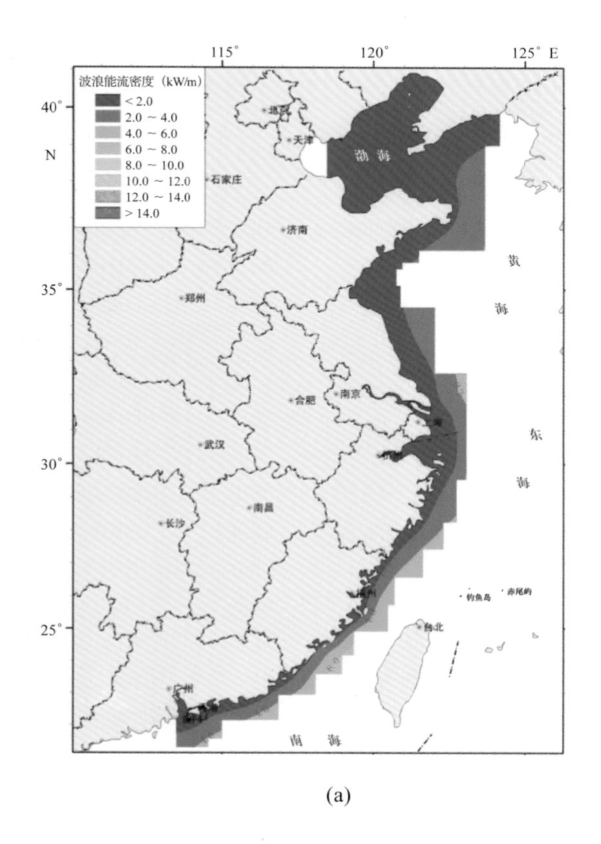

(a)

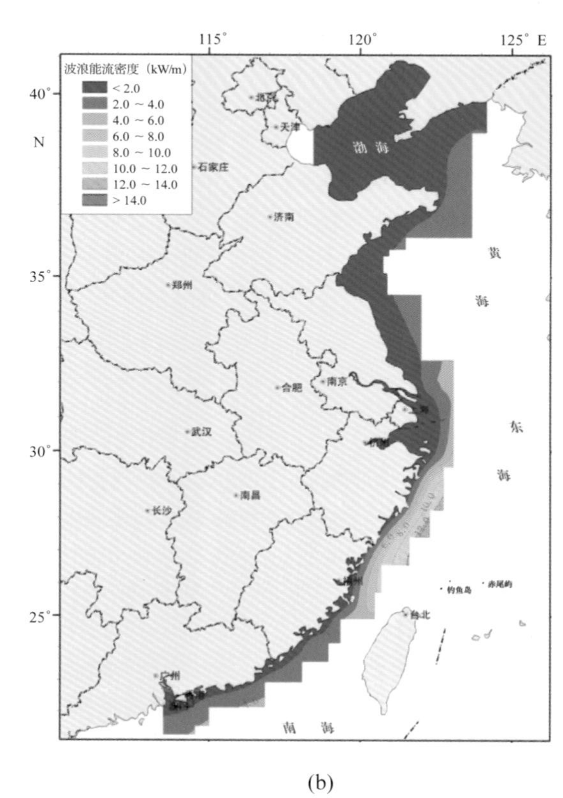

(b)

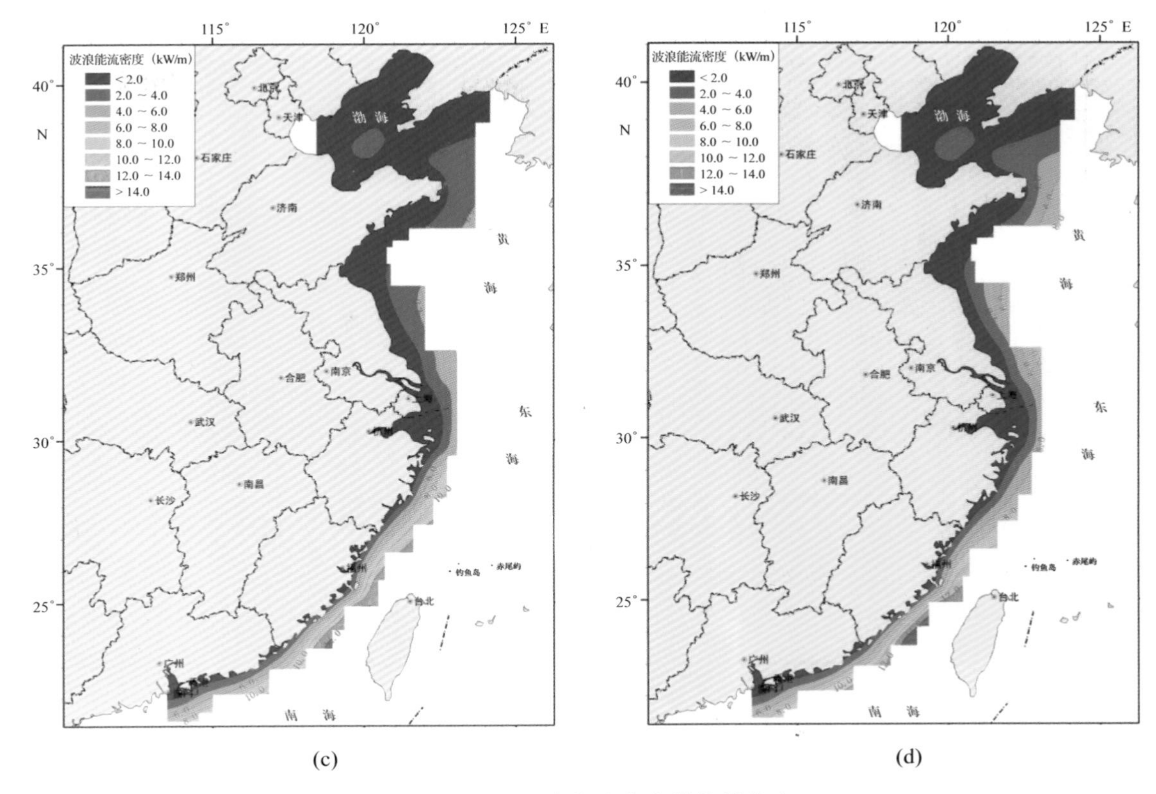

图4.21 各季平均能流密度等值线分布

(a) 春季；(b) 夏季；(c) 秋季；(d) 冬季

表 4.187 和图 4.22 给出了各海区季平均能流密度分布，各海区季节变化也不尽相同：如渤海南部、黄海北部、黄海南部和东海南部均为冬季波浪能流密度最大，黄海中部和东海北部夏季能流密度最大；渤海和黄海北部均为夏季能流密度最小，黄海中部秋季能流密度最小。

表4.187 各海区能流密度季节分布（10年平均值） 单位：kW/m

海区	春季		夏季		秋季		冬季	
	平均值	最大值	平均值	最大值	平均值	最大值	平均值	最大值
渤海北部	0.65	1.15	0.34	0.58	0.88	1.95	0.75	1.85
渤海南部	0.77	1.19	0.34	0.62	1.61	2.32	1.84	2.57
黄海北部	0.90	3.64	0.55	3.09	1.53	3.89	1.83	6.80
黄海中部	1.14	4.05	1.23	3.56	0.89	4.47	1.05	8.21
黄海南部	1.79	4.59	1.80	5.92	2.41	6.05	3.13	9.17
东海北部	1.38	5.68	2.46	12.78	2.32	10.58	1.98	10.35
东海中部	3.61	6.01	6.57	13.69	8.18	14.25	6.96	13.55
东海南部	3.26	15.66	3.82	12.78	6.14	15.56	6.41	17.66

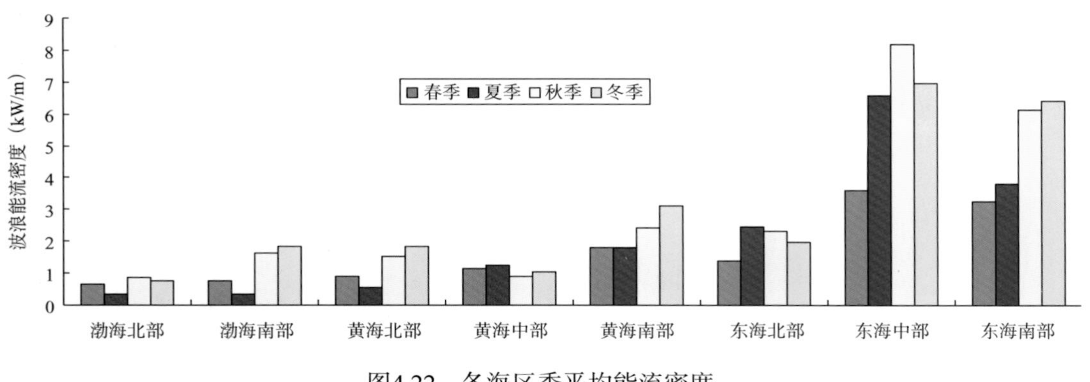

图4.22　各海区季平均能流密度

5）波浪能资源储量

按式（4.7）对 OE-W01、OE-W02 和 OE-W03 区块近 10 年的波浪能资源储量进行估算，估算范围如图 4.23 所示。

图4.23　波浪能资源储量评估范围

具体方法如下：沿上述连线标记若干点，通过双线性插值得到这些点上能流密度年平均估计值，设两点间的距离为 $L_{i\sim i+1}$ (m), i=1, 2,⋯, X-1, X 为标记点的总个数，设各标记点处的能流密度平均值为 P_i (kW/m)，采用积分法求的波浪能资源储量。

表 4.188 和图 5.24 给出了各海区波浪能资源储量，结果表明渤海、黄海和东海波浪能资源储量 1 046.76 × 10^4 kW，其中东海储量最高为 770.90 × 10^4 kW，其次为黄海，储量为 211.67 × 10^4 kW，渤海最少，为 64.19 × 10^4 kW。

表4.188　各海区波浪能资源储量

单位：10^4 kW

海区	渤海		黄海			东海		
	北部	南部	北部	中部	南部	北部	中部	南部
储量	21.14	43.05	132.23	58.30	21.14	129.53	170.09	471.28

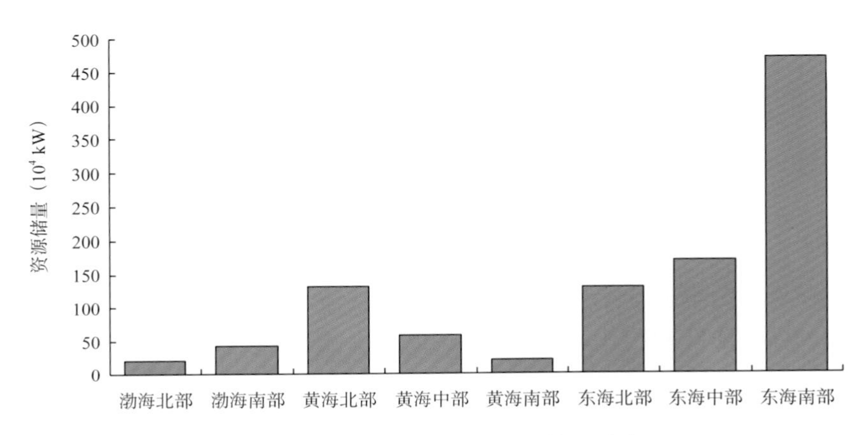

图4.24　各海区波浪能资源储量分布

4.6　小结

利用 10 年的波浪场模拟数据对研究海域波浪季节特征、空间分布特征、资源总量进行分析，结果如下。

（1）渤海、黄海和东海波浪能资源储量 1 046.76 × 10^4 kW，其中东海储量最高，为 770.90 × 10^4 kW，其次为黄海，储量为 211.67 × 10^4 kW，渤海最少，为 64.19 × 10^4 kW。夏季，波浪能资源富集区集中于浙江南部海域；秋季，波浪能资源富集区分布于浙江南部海域及台湾海峡；冬季，波浪能资源富集区集中于台湾海峡。

（2）渤海、黄海和东海波浪能资源（以波浪能流密度为指标）季节变化特征：从整体来看，秋季最大，春季最小，夏季、冬季为过渡期；但不同海区情况各异，如渤海南部、黄海北部、黄海南部和东海南部均为冬季资源最大，黄海中部和东海北部夏季最大，渤海和黄海北部夏季最小，黄海中部秋季最小。

（3）此次波浪能资源评估根据数值模拟给出的波浪季节特征和前人的研究结果（许富祥，2002；孙湘平，2008；乔方利等，2012）有所不同。除了采用的统计数据不同外，根本原因是本研究严格以季节内波浪特征值的平均值作为季节波浪特征值，而不是将某一个月份的波浪特征值作为某一季节的波浪特征值且研究海域范围也不完全一致。

第 5 章　海洋能资源评估与开发利用建议

5.1　海洋能资源勘查与评估

当前，由于近些年沿海围填海和海洋工程的建设使沿海岸线或近海水深地形发生较为剧烈的变化，从而严重地改变了附近海域海洋能资源的空间分布状况，因此有必要进一步更新或补充调查资料，为海洋能开发利用的规划布局和电站建设提供依据。自 21 世纪初，虽然开展了 908 专项、海洋能专项两次较大规模的海洋能调查与评估，基本掌握了我国近海海域的潮汐能、潮流能和波浪能资源状况，达到了“选划出一批具有开发潜力的海洋能重点开发利用区，为制定国家海洋能开发利用发展规划提供服务”的基本目的，但尚无法满足逐步开展的海洋能示范工程建设以及后期大规模开发的需要，为此，未来我们仍需在进一步分析和完善前期调查评估工作的基础上，对已经确定的重点海域开展海洋能资源工程调查研究，完善海洋能电场建设资源评估标准与技术规范，精确刻画局部海域海洋能资源分布特征和变化规律，遴选合适的海洋能转换装置，结合自然和社会环境资料、海洋功能区划等政策法规，优化大规模海洋能开发的站位布局（潮汐能除外），准确估算海洋能年发电量，分析预测大规模海洋能开发对海洋环境的影响，进一步提高海洋能调查与评估研究对其开发利用的应用水平，为工程建设的（预）可行性研究和具体工程设计提供全面详实的海洋能资源评估资料。

5.1.1　海洋能电站（场）的环境勘查

海洋能电站站址是在对建站地区自然条件和社会经济条件进行系统调查以后，经综合分析比较得出的结果。当电力的供需条件确认以后，潮汐、海流、波浪能等水文条件、地形与地质条件、综合利用条件等应列为调查的主要内容。因此，建议对海洋能资源选划一类区所在海域进行的更为详尽的海洋环境工程勘察工作，尤其需要加强以下两方面要素的调查力度。

5.1.1.1　含沙量

站址的选择应避开海水泥沙含量大又容易淤积的地方，含沙量多的水体对海洋能电站的管道、阀门及水轮机叶片的磨蚀作用会影响其使用寿命，尤其是对于开发利用技术最为成熟的潮汐能，从某种程度上讲，泥沙淤积问题是关系到潮汐电站建设成败的关键所在，因此，对泥沙淤积问题必须引起高度重视。

在后期的工程调查阶段，应对所选站址选取若干条断面进行同步或准同步水文测量（包括水位、海流、波浪、含沙量、盐度、泥沙与沉积物粒度等）并对所获得的资料进行分析研究，明确站址地区的泥沙特性、来源及其分布特征，定性分析所在海域的泥沙冲淤特性。

5.1.1.2 地质条件

漂浮式海洋能装置的对地质条件的要求不算太高，但座底式的潮流能或波浪能装置，尤其是潮汐能的电站选址一般都要避开断层、滑坡和岩石破碎带等不稳定地段，但事实上，我国已建成的多座潮汐电站基础多建在软黏土地基上，因其土质粒径细小，含水量多而质软，常常发生不均匀沉降和圆弧滑动，故应尽可能选择软黏土层较薄而下面为不易压缩层或岩基为好。局部沉陷对大中型电站而言，是一个重要工程问题，因此，应对工程基础进行地质勘探，获得工程地质剖面图及各种土壤的物理力学指标。主要是了解岩石风化情况、埋藏深度及各层分布范围、黏聚力、内摩擦角等指标，作为具体选址方案比较的依据。

5.1.2 海洋能电场资源评估标准与技术规范

随着国家对海洋能开发利用的进一步重视以及海洋能开发利用技术的不断进步，我国的海洋能资源评估工作已经有“摸家底”式的普查阶段逐步进入服务于国家和地方海洋能发展战略规划阶段，也即将面临海洋能大规模开发工程建设的选址和设计的技术支撑需求。在海洋能资源评估技术方法上也由过去的基于海图、历史调查观测数据的资料统计分析方法发展到了采用数值模拟、GIS 空间分析等现代科学技术的海洋能资源评估方法，但国际上评估理论基础与估算公式，表征参数体系，适用范围与阶段等整个评估体系仍未正式建立，使得其评估结果没有权威性和可比性或实用性不强，因此，需要针对不同评估阶段进一步制定相关的海洋能资源评估技术标准和规范，统一评估海洋能资源蕴藏量、品质、可开发利用率等技术指标，规范海洋能资源勘察和实测资料分析的质量控制，推荐技术成熟的数值模型、统计分析等评估方法。

5.1.3 大规模海洋能开发利用对近海环境的影响

大型海洋能电场（站）与传统的海洋工程建设不同，由于其用海面积巨大，其建成与运行后，无疑将改变原有周边海域水位、潮流、波浪等动力场的运动特征，甚至还将影响整个中国近海环流、潮波运动的时空分布特性，从而对海湾的泥沙淤积带来的通航变化、渔场分布等重要的海洋经济活动产生重要影响，传统海洋工程建设的海洋环境评价和海域使用论证中的局地小尺度环境影响评估难以涵盖，因此，有必要对大规模的海洋能开发对我国近海环境的影响变化进行深入、细致的研究和预测，即根据现场水文测量资料和地形资料，建立研究海域的波浪、潮波以及泥沙冲淤模型，在经过与实测数据的对比分析和调整优化的基础上，准确刻画海洋能开发利用海域的海洋环境特征并结合具体的电站设计对建成后的海流、水位、波浪、泥沙等动力要素进行预测分析。

5.2 海洋能开发利用建议

海洋可再生能源是国家未来的重要能源，特别是在解决边远地区和海岛的能源供应上具有十分重要的意义。从发展的眼光来看这是一种不可忽视的很有前途的新能源，而潮汐能、潮流能和波浪能又是其中十分有开发利用前景的三种可再生能源。当前应该未雨绸缪，加强对海洋可再生能源开发利用支持力度，制定相应的激励政策，促进海洋可再生能源开发利用技术研究和相关产业形成。为此，提出如下建议。

5.2.1 明确海洋可再生能源的战略地位，加强宣传力度

国家主管部门和沿海省市的各级政府要提高对海洋可再生能源重要战略地位的认识，落实《中华人民共和国可再生能源法(修正案)》，做好海洋可再生能源开发利用战略研究和统筹规划，把多能互补、洁净化和可持续发展作为基本政策，紧密地和国土资源开发、国防建设和环境保护联系起来，充分利用我国历次有关海洋可再生能源资源调查与评价成果，适时调整区域性能源结构，确定优先开发区，优化功能区划，以此拉动海洋可再生能源开发利用又好又快发展。

同时，要充分发挥政府部门和非政府组织的作用，利用各种媒体及多种渠道，做好开发利用海洋可再生能源资源的宣传科普工作，提高全民对海洋可再生能源的认知度，提高公众海洋可再生能源意识和参与的积极性，科学、合理地开发利用海洋可再生能源资源，自觉地保护资源和海上的资源开发设施。

5.2.2 稳步发展潮汐发电，积极推进潮流发电

我国在潮汐能开发上已经有较好的基础和丰富的经验，潮汐能发电不仅技术上是成熟的，在经济上也具有很强的竞争性。但是潮汐能发展仍存在三方面的制约因素，一是我国潮汐能存在装机容量小、单位造价高于水电站、水轮发电机组尚未实现标准化定型。二是经济因素的影响，与水利电站类似，潮汐电站需要建设围堰和水库，土建投资成本较大。与常规电站相比，潮汐电站的投资比较大，成本回收期较长，不确定因素较多。三是潮汐电站对海洋环境的影响，潮汐电站会改变潮差和潮流，也会对海水水温和水质造成影响，更为重要的是，大型潮汐能发电站会对生态环境造成负面影响，比如泥沙淤积问题以及对沿海动植物、鱼类和鸟类栖息地等特殊生态环境造成不利影响。从生态和可持续发展及综合利用的角度考虑，结合我国海洋潮汐能资源的分布特点，我国在潮汐能发电方面应采取谨慎的态度，适度发展中型潮汐电站。

目前世界潮流发电正处于从科学试验向产业化开发转变的过程中。发展潮流发电的最大困难在于缺少多机组、规模化电站建设和运行的经验。潮流发电原理与风力发电相似，但在安装维护、电力输送、防腐蚀、海洋环境中的载荷与安全性能等方面要求较高。目前世界上潮流发电技术尚不成熟，水轮机对水流的适应性、能量利用效率、工作稳定性方面还有待于进一步改进。发电装置、特别是在深海区域发电装置的固定、维护、电力输送技术还不完善。如高速流下的锚系、叶片冲蚀、生物附着、大风浪下安全运行等问题，尚未得到妥善解决。

除技术问题外，目前潮流发电同样存在发电成本过高的问题。目前的技术水平尚不足以支撑潮流发电的商业化、规模化发展。但是随着科学技术水平的不断提升，一旦攻克技术瓶颈，潮流发电将是人类十分重要的新能源。因此，我国应通过国家产业化示范的方式，在国内选取能源资源条件较好、适宜海流发电发展的海域，先行建设服务于潮流能装备测试的试验场区和一定规模示范电站，尝试进行并网发电，为将来规模化建设、市场化经营和产业化发展积累经验。

5.2.3 加速海洋能装备研发，提升核心技术竞争力

围绕提升我国海洋能核心装备竞争力的需求，坚持自主创新，开展关键技术攻关，加快新技术、新装置研究，突破海洋能发电装置在高效转换、高效储能、高可靠性、低成本建造等方面的技术瓶颈，形成一批具有自主知识产权的核心装备。重点开展万千瓦级超低水头大容量潮汐水轮发电机组和兆瓦级潮流发电机组的研制并进行示范试验。潮汐发电重点突破发电机组低成本建造、潮汐电站综合利用、提高电站效益，降低电站发电成本等问题；潮流发电重点突破发电机组水下密封、低流速启动、模块设计与制造等关键技术，为近岸补充能源奠定技术储备。开展百千瓦级新型波浪能发电装置研制，提高转换效率，突破波能装置的海上生存能力技术，形成一批适合我国波浪能特点的工程样机。通过采取产学研相结合的方式，支持、引导企业培育、转化一批较成熟的技术成果，形成具有自主知识产权的核心装备，为我国海岛及近岸海洋能开发利用提供技术和设备支撑。

以企业为龙头，促进海洋能战略性产业联盟，按照地域及行业优势，结合我国海洋能技术发展现状，推进产业化进程，逐步形成海洋能研发、制造、转化、施工、管理的产业联盟。培育山东、浙江、福建、广东等海洋能装备制造龙头企业，形成装备制造基地。选择技术成熟、有示范试验基础的海洋能发电装置，进行低成本、模块化建造技术的转化和培育，孵化出能够规模化生产的实用装备。重点开展潮汐能、潮流能、小型波浪能发电装置的产业化生产，实现商品化应用。鼓励企业采取技术引进方式，消化吸收国外先进技术，结合自主创新，形成具有自主知识产权、适合我国海洋能特点的高质量发电装置，实现本地化生产。重点开展发电系统关键设备和整机、海上安装施工关键技术以及海上电力储存、输运技术的引进消化吸收及本地化生产。此外，还应加大海洋能发电装置的铸造和装配工艺、台风防护等辅助技术研究，以适应我海水含沙量大、热带气旋多发的海域特征。

5.2.4 加强海洋能开发利用示范工程建设

为解决我国缺电岛屿的电力供给问题，选择有淡水需求，海洋能资源丰富的海岛，和当地政府合作，建设并开展潮汐能、潮流能、波浪能、风能、太阳能等多能互补独立电站的示范运行，探索独立电站的建设及运行管理模式，研究独立电站的能量互补特性，攻克能量调节、能量储存、不稳定能源组合供电、电能输送、防腐蚀等关键技术。结合海水淡化等多种综合利用模式，为海岛提供淡水。在山东、浙江、福建、广东、广西、海南等有居民海岛，建设一批示范电站。依靠自主创新和技术引进相结合的方式，在潮流能资源丰富地区建设潮流能电站并进行并网运行示范。在山东、浙江、福建、海南（琼州海峡）等潮流能资源丰富

地区，建设兆瓦级潮流能示范工程。建设万千瓦级大型潮汐电站，重点开展库区综合利用、电站方案设计及优化、万千瓦级水轮发电机组设计与制造、环境影响评价及预测分析，电站运行管理等关键技术研发。

5.2.5 合理集约利用海域空间资源，优化海洋能开发项目布局

综合分析各行业的用海现状及需求，协调各行业用海需求，合理确定海洋能开发项目发展规模。选择最适宜发展海洋能的海域，按照集中区块布置的规划思路，调整海洋能开发项目布局方案，实现与其他海洋开发活动的和谐共存、共同发展，谨慎大规模发展海洋能开发项目。积极推行海洋能开发项目深水远岸布局。考虑到近岸海域是海洋活动开发的密集区域，为尽可能地减少海洋能开发项目建设对近岸海域资源利用和环境的影响，提倡海洋能开发项目的离岸深水布置，减缓对海岸带地区的资源环境压力，减少与其他行业用海需求的冲突，有效开发我国深海空间资源。加强海洋能开发项目的管理和引导。科学论证海洋能开发项目电场选址和布局，结合海洋能开发技术的最新进展，提高平均装机容量，节约海洋空间资源。

5.2.6 加大投资力度，提供持续资金支持

海洋能的开发利用作为一项高技术项目和国家的基础设施建设，各级政府应有较大的资金投入。目前有这种需要，也有这种可能。因为一方面我国特别是沿海地区近 20 年来的经济总量有了较大增长，已具备一定的经济基础；另一方面，在市场机制发展的条件下，可采取各种办法多方集资，建立一定规模的风险基金，或以 BOT（Build-Operation-Transfer，意为“建设－经营－转让”）方式引进外资。有些重大科技项目还可积极争取国家支持。为保证海洋能开发利用可持续发展，将海洋能专项资金纳入财政预算，建立长效、稳定的财政投入机制并根据海洋能开发利用发展，保持财政投入逐年稳定增加。地方人民政府和相关行业管理部门给予相应基础设施、配套资金、财税政策等支持。建立多渠道、多元化的投资融资机制，引导、鼓励私人和民营资本投入。

5.2.7 制定开发利用海洋能的优惠政策和管理政策

海洋能开发利用与其他可再生能源相比，基础薄弱、投资高，产业化运行机制尚不成熟，现阶段海洋能开发利用需要激励政策的引导和扶持。在优惠政策方面包括税收策：减免海洋能技术产品所得税、对引进的国外先进技术实行低关税等；加速折旧政策：缩短海洋能技术产品的折旧年限，提高开发海洋能技术的激励强度；投资融资政策：把海洋能科研及建设项目所需资金纳入国家开发银行予以支持，提供中长期低息贷款等；电价政策：电力部门应支持海洋能电力的并网并优先、优价收购，通过收取常规能源用户的碳税，对海洋能电价实行补贴等。

海洋能开发利用涉及多部门，不同行业，综合性强。为保证海洋能开发利用顺利实施，建立由不同部门、机构和地方人民政府参加的综合协调机构，负责统一领导、分工协作、组织协调，既避免海洋能开发利用项目难以落地，又避免多方建设、重复投资。调动地方人民

政府参与海洋能开发利用的积极性，为海洋能开发利用工程项目创造优惠条件。建立海洋能开发利用科研和建设项目的招标竞争机制；由一个管理委员会（或开发公司）统一管理海洋能发电和各种综合利用的收益，对咨询、勘测、设计、施工、维护保养等实行微利服务，独立承担风险；向用户积极宣传利用海洋能的意义和价值，对海洋能电力用户给予补贴或奖励等。所有这些政策在经过一段时间的试行以后，都要给予立法，以获得发展海洋能开发利用的法律保障。

参考文献

陈红霞, 华锋, 袁业立. 2006.中国近海及邻近海域海浪的季节特征及其时间变化[J]. 海洋科学进展.24 (4).

陈金瑞. 2013. 厦门湾海域及金门水道潮流能特征分析[J]. 海洋通报. 32 (6):641-647

尔・勃・伯恩斯坦. 1996.潮汐电站.电力部华东勘测设计研究院译. 杭州: 浙江大学出版社.

方国洪, 郑文振, 陈宗镛,等. 1986. 潮汐和潮流的分析和预报[M]. 北京: 海洋出版社.

国家发展改革委. 发改能源[2004]865号 全国风能资源评价技术规定[S].

国家海洋局. GB/T 12763.2-2007《海洋调查规范 第2部分：海洋水文观测》[S].

海洋科学技术名词审定委员会. 2007. 海洋科技名词（第二版）[M].北京: 科学出版社.

韩家新. 2014. 中国近海海洋 —— 海洋可再生能源[M]. 北京: 海洋出版社.

侯放, 于华明, 鲍献文, 等. 2014. 舟山海域潮流能数值估算与分析[J]. 太阳能学报. 35 (1):125-133.

黄祖珂, 黄磊. 2005. 潮汐原理与计算[M]. 青岛: 中国海洋大学出版社.

匡国瑞, 周德坚, 1987. 成山角潮流能初步估算[J]. 海洋技术. 6 (2): 44-48.

梁贤光, 蒋念东, 王伟, 等. 1999. 5kW 后弯管波力发电装置的研究[J]. 海洋工程, 17 (4): 55-63.

梁贤光, 王伟, 蒋念东, 等. 1995. 5kW 后弯管波力发电浮标模型性能的试验研究[J]. 新能源, 17 (4): 4-10.

梁贤光, 王伟, 杜彬, 等. 1997b. 后弯管波力发电浮标模型性能试验研究[J]. 海洋工程, 15 (3): 77-86.

林勇刚, 李伟, 刘宏伟, 等, 2008. 水下风车海流能发电技术[J]. 浙江大学学报 (工学版). 42 (7): 1242-1246.

刘宏伟, 李伟, 林勇刚, 等. 2009. 水平轴螺旋桨式海流能发电装置模型分析及试验研究[J]. 太阳能学报, 30 (5): 633-638.

吕新刚, 乔方利. 2008. 海洋潮流能资源估算方法研究进展[J]. 海洋科学进展. 26 (1): 98-108.

吕新刚, 乔方利, 赵昌, 等. 2010. 海洋潮流能资源的数值估算 —— 以胶州湾口为例[J]. 太阳能学报.31 (2):137-143.

麦考密克. 1985. 海洋波浪能转换[M]. 许适, 译. 北京: 海洋出版社.

乔方利, 甘子钧, 王东晓, 等. 2012.中国区域海洋学 —— 物理海洋学. 北京: 海洋出版社.

孙湘平. 2008. 中国近海区域海洋[M]. 北京: 海洋出版社.

田瑞竹千穗, 柳生忠彦, 福田功. 1980. 在日本沿海的波浪能[R]. 港湾技术研究资料. (364): 1-20.

王传崑, 卢苇. 2009. 海洋能资源分析方法及储量评估[M]. 北京: 海洋出版社.

王传崑. 1984. 我国沿岸波浪能资源状况的初步分析[J]. 东海海洋. 2 (2): 32-38.

王树杰. 2009. 柔性叶片潮流能水轮机水动力学性能研究[D]. 青岛: 中国海洋大学.

王智峰, 周良明, 张弓贲, 等. 2010. 舟山海域特定水道潮流能估算[J]. 中国海洋大学学报(自然科学版). 40 (8): 27-33.

吴必军, 咎红军, 游亚戈, 等. 2010a. 振荡型波浪能转换装置中两种优化方法研究[J]. 太阳能学报, 31 (6): 769-774.

吴必军, 盛松伟, 张运秋, 等. 2010b. 复杂圆柱型波能装置能量转换特性研究[J]. 哈尔滨工程大学学报.

吴伦宇, 熊学军. 2013. 渤海海峡潮流能高分辨率数值估算[J]. 海洋科学进展.

武贺, 王鑫, 韩林生. 2012. 成山头海域潮流能资源可开发量评估[J]. 海洋与湖沼. 44 (3): 570-576.

武贺, 赵世明, 徐辉奋, 张智慧. 2010. 成山头外潮流能初步估算[J]. 海洋技术 . 29 (3): 98-100.

武贺, 赵世明, 张松, 等. 2011. 老铁山水道潮流能初步估算[J]. 海洋通报. 30 (3): 310-314.

许富祥. 2002. 海浪的地理分布与季节变化(I)[J].海洋预报.19 (2): 74-79.

许富祥. 海洋波浪能资源评估方法研究进展与展望[C]. 中国可再生能源学会海洋能专业委员会第三届学术讨论会论文集.

杨庆宝, 李宏, 李殿森, 等. 2000. 大管岛30kW摆式波浪能电站研发[R]. 天津: 国家海洋技术中心.

游亚戈, 蒋念东, 余志. 2000. 100kW岸式波力电站系统研究报告[R]. 广州: 中国科学院广州能源研究所.

游亚戈, 郑永红, 马玉久, 等. 2006. 海洋波浪能独立发电系统的关键技术研究报告[R]. 广州: 中国科学院广州能源研究所.

张亮, 李志川, 张学伟, 等. 2011. 垂直轴潮流能水轮机研究与利用现状[J]. 应用能源技术, 9:1-7.

张松, 刘富铀, 张滨, 等. 2012.我国近海波浪能资源调查与评估[J]. 海洋技术. 31(3): 79-85.

郑崇伟, 李训强. 2011.基于WAVEWATCH-III模式的近22年中国海波浪能资源评估[J].中国海洋大学学报.(11): 5-12.

郑志南, 1987. 海洋潮流能的估算[J]. 海洋通报. 6(4): 70-75

中国海湾志编纂委员会. 1991. 中国海湾志 (第三分册). 北京: 海洋出版社.

中国海湾志编纂委员会. 1993. 中国海湾志 (第八分册). 北京: 海洋出版社.

中国海湾志编纂委员会. 1993. 中国海湾志 (第九分册). 北京: 海洋出版社.

中国海湾志编纂委员会. 1993. 中国海湾志 (第六分册). 北京: 海洋出版社.

中国海湾志编纂委员会. 1993. 中国海湾志 (第七分册). 北京: 海洋出版社.

中国海湾志编纂委员会. 1993. 中国海湾志 (第三分册). 北京: 海洋出版社.

中国海湾志编纂委员会. 1993. 中国海湾志 (第五分册). 北京: 海洋出版社.

ABP environmental research Ltd. 2008. Atlas of UK Marine Renewable Energy Resource: Technical report. http://www.renewables-atlas.info/.

Alves M, Brito-Melo A , Sarmento A J N A. 2002. Numerical Modeling of the Pendulum Ocean Wave Power Converter using a Panel Method [C]. Proceedings of the 12th International Offshore and Polar Engineering Conference, Kitakyushu, Japan: 655-661.

Black & Veatch Consulting, Ltd, 2004. UK, Europe, and tidal energy resource assessment[J]. Marine Energy Chanllenge Report No. 107799/D/2100/05/1.

Black & Veatch Consulting, Ltd, 2005. Phase II, UK tidal stream energy resource assessment[J]. Marine Energy Challenge Report, No. 107799/D/2200/03.

Chen, C, Beardsley, R. C., and Cowles G. 2006. An unstructured grid, finite-volume coastal ocean model (FVCOM) system[J]. Oceanography, 19(1), 78-89.

Chen,C. Beardsley, R. C., and Cowles G. 2006. An unstructured grid, finite-volume coastal ocean model[M]. FVCOM User Manual, SMAST/UMSSD Technical Report-04-0601, p. 183.

Claire Legrand, Black & Veatch Ltd. 2009. Assessment of tidal energy Resource. Marine renewable Energy guides[M]. The European Marine Energy Centre, Ltd.

CornettA.M.. 2008.A global wave energy resource assessment[C].Proc.18th International Conference onOffshore and Polar Engineering Vancouver, BC, Canada.

Davis S. Energy from Ocean to Supply Scotland Homes with Utility [J/OL]. (2010-9) [2012-04-28]. Power Electronics Technology: 18-22. http://powerelectronics.com/images/OceanWaveEnergy910.pdf.

Defne Z, Haas KA, Fritz HM ,2009. Wave power potential along the Atlantic coast of the southeastern USA[J]. Renewable Energy, 34(10):2197-2205.

European Commisssion. 1996. The exploitation of tidal and marine currents energy, project result, Tcchnical report, Commission of European Communities[M]. Directorate General for Science Research and Development.

Falcâo A F de O, Sabino M, Whittaker T J T, et al. 1996. Design of a Shoreline Wave Power Pilot Plant for the Island of Pico, Azores [C]. In: Elliot G, Diamantaras K, editors. The Second European Wave Power Conference. Lisbon: 87-93.

Henderson R. 2006. Design, simulation, and testing of a novel hydraulic power take-off system for the Pelamiswave energy converter [J]. Renewable energy, 31(1): 271-283.

Iglesias G, Carballo R. 2010. Wave energy resource in the Estaca de Bares area (Spain). [J]. Renewable Energy, 35(7): 1574-1584.

Kofoed J P, Frigaard P, Friis-Madsen E, et al. 2006. Prototype testing of the wave energy converter wave dragon [J]. Renewable energy, 31 (2):181-189.

Leijon M, Danielsson O, Eriksson M, et al. 2006. An Electrical Approach to Wave Energy Conversion [J]. Renewable Energy, 31(9): 1309-1319.

Liang Xianguang, Gao Xiangfan, Zheng Wenjie, et al.1991. Experimental wave power plant at the Pearl River Estuary [J]. China Ocean Engineering,4: 94-99.

N.N.Panicker. Energy from Ocean Surface Wave[J].The Energy Technology Conference,1977,Sep:18-23.

Oceanlinx. 2012. Our Technology, Design Evolution [EB/OL]. New South Wales: Oceanlinx Ltd, [2012-04-28]. http://www.oceanlinx.com/oceanlinx-advantage/design-evolution/.

Pontes M.T, Bruck M, Gonçalves A.M, et al. 2007. Satellite wave data for wave energy resource assessment [C]. Proc Wave Data Workshop:Defining a GLOBWAVE project. France.

R.Tornkvist. 1975.Ocean Wave Power Station, Report 28[R]. Swedish Technical Scientific Academy, Helsinki Finland.

Salter S H.1974.Wave Power [J]. Nature, 249: 720-724.

The European Marine Centre Ltd. 2009.Assessment of Wave Energy Resource.

Voith Hydro. 2009. Islay[EB/OL]. Wavegen. (2009-6-9) [2012-4-28]. http://www.wavegen.co.uk/pdf/what_we_offer_limpet_islay-voith%2009pdf.pdf.

Wave Dragon . 2005. Specifications. http://www.wavedragon.net/index.php?option=com_content&task=view&id=7&Itemid=7.

Wilson JH, Beyene A. 2007. California wave energy resource evaluation [J]. Journal of Coastal Research 2007, 23(3):679-690.

You Yage, Sheng Songwei, Wu Bijun, et al. 2012. Review: Wave energy technology in China[J], Philosophical Transactions of the Royal Society A, 370: 472–480.

You Yage, Yu Zhi. 1995. The Simulation of a Backward Bend Duct Wave Power Device[C]. The Second European Wave Power Conference, Lisbon: 389-395.

You Yage, ZhengYonghong, ShenYongming, et al. 2003. Wave Energy Study in China: Advancements and Perspectives[J]. China Ocean Engineering, 17(1): 101-109.

Yu Zhi, Jiang Niandong, You Yage. 1993. Power Output of an Onshore OWC Wave Power Station at DawanshanIsland [C]. European Wave Energy Symposiumb Edinburgh: 21-24.

Yu Zhi, Ye Jiawei. 1997. Site test of a 20kW wave power station at DawanshanIsland [C], ASME, Japan: 97-104.